高密度城市中的公共开放空间

——上海城市社区游憩与生态服务功能共轭研究

Public Open Spaces in High-density Cities

— Conjugation of Recreational and Ecological Service Functions in Shanghai Urban Communities

于冰沁　等著

復旦大學出版社

参著人　车生泉　阚丽艳　谢长坤　孙文书
李志刚　卫宏健　张　杨　杨硕冰
芮文娟　周　娴

国家社科基金后期资助项目
出版说明

后期资助项目是国家社科基金设立的一类重要项目，旨在鼓励广大社科研究者潜心治学，支持基础研究多出优秀成果。它是经过严格评审，从接近完成的科研成果中遴选立项的。为扩大后期资助项目的影响，更好地推动学术发展，促进成果转化，全国哲学社会科学工作办公室按照“统一设计、统一标识、统一版式、形成系列”的总体要求，组织出版国家社科基金后期资助项目成果。

全国哲学社会科学工作办公室

前　言

城市社区作为城市规划、建设和管理的基本单元和生态城市建设的重要基础，对城市生态文明的建设起到了举足轻重的作用。而公共开放空间作为城市社区综合服务系统的重要组成，更与居民生活紧密相关，因此居民游憩行为的时空分异特征、规律及城市社区公共空间发挥的生态效益等必然与城市社区规划设计的理念、途径和方法息息相关。本书以上海为例，以上海城市社区居民的休闲游憩行为大数据统计、游憩需求与行为特征的厚数据补充，以及生态、游憩等综合服务功能为出发点，探讨与城市社区居民休闲游憩需求、行为规律及环境生态效益提升相耦合的城市社区公共开放空间优化设计的理念、途径和方法，这对于我国城市生态社区、生态城市及生态文明的建设均具有积极的理论和现实意义。

同时，随着社会经济的发展和人们生活水平的不断提升，退休及老龄人口的增加（如第4章，通过对3个上海城市社区内公共开放空间的游憩居民年龄构成的分析及行为观察可知，上海城市社区居民的人口老龄化程度比较高，已经成为社区公共开放空间游憩的主体，所以在社区公共开放空间的规划设计及建设管理过程中，应该更多地关注老年人的游憩需求，以契合上海地区游憩居民年龄构成的特点），以及城镇化率逐年提高，城市居民人口及其闲暇时间也逐渐增加，其休闲、健身、社交、出行等游憩模式日益多元化，城市社区公共开放空间随之成为居民开展游憩活动的重要的场所。目前，城市社区公共开放空间存在着资源利用率不高、游憩功能与居民潜在游憩需求不匹配、生态效益与居民心理感知不吻合等现实问题，导致了城市社区公共开放空间的综合服务功能与居民健康及满意度之间产生了一定的偏离，社区居民潜在的休闲游憩需求得不到满足、满意度和参与度不高，城市社区公共开放空间生态效益有待提升。

因此，为解决上海城市社区中存在的问题，满足日益增长的城市社区居民的美好生活需求，提升城市社区居民生活的满意度和幸福感，在一定程度上缓解城市社区公共开放空间资源发展不平衡的矛盾，本书明确了城市社区公共开放空间的概念、意义和价值，归纳梳理了国内外相关理论和实践的发展进程，并以 GIS 空间分析技术、GPS 大数据分析方法、驻点研究和视频分析技术、眼动追踪技术等国际前沿的研究方法和技术为支撑，分析了上海城市社区公共开放空间的特征模式、居民的休闲游憩需求及行为模式和公共开放空间资源吸引力，探讨了城市社区居民的游憩环境心理体验与城市社区公共开放空间特征之间的关系，研判了城市社区公共开放空间的结构、模式、效益对居民的视觉和心理的影响力，并从影响体验者的角度，构建了能够代表城市社区公共开放空间游憩机会条件的指标体系，将城市社区公共开放空间划分为不同的游憩机会等级，使城市社区居民可以根据自己的游憩需求、期望和目的，高效地选择并利用城市社区公共开放空间资源，以提升城市社区公共开放空间的休闲游憩服务功能。

此外，本书还基于群落学调查法、GIS 空间分析技术、统计分析和 Citygreen 模型模拟方法，力图优化城市社区公共开放空间的模式、景观和群落结构，以提升城市社区公共开放空间绿地的降温增湿、调节小气候等生态效益，实现城市社区公共开放空间的休闲游憩与生态功能的耦合。城市社区公共开放空间生态与游憩综合功能的共轭机制与优化提升的研究有助于为居民提供不同的游憩体验和管理对策，也有益于居民根据心理体验和游憩需求参与游憩活动并获得游憩满足。并且，城市社区公共开放空间的生态与游憩功能的共轭研究对于提升城市社区生态效益、居民的参与意愿和满意度都具有积极意义。

党的十八大报告明确指出，中国特色社会主义事业总体布局是经济建设、政治建设、文化建设、社会建设、生态文明建设“五位一体”。习近平总书记在十九大报告中明确指出，中国特色社会主义进入新时代，我国社会主要矛盾已经转化为人民日益增长的美好生活需要和不平衡不充分的发展之间的矛盾。而人民美好生活需要日益广泛，不仅对物质文化生活提出了更高要求，而且在民主、法治、公平、正义、安全、环境等方面的要求日益增长。所以，我们要形成绿色发展方式和生活方式，坚定走生产发展、生活富裕、生态良好的文明发展道路，建设美丽中国。“我们要建设的现代化是人与自然和谐共生的现代化，既要创造更多物质财富和精神财富以满足人民日益增长的美好生活需要，也要提供更多优质生态产品以满足人民日益增长的优美生态环境需要。必须坚持节约优先、保护优先、自然恢复为主的方针，形成节约资源和保护环境的空间格局、产业结构、生产方式、生活方式，还自然以宁静、和谐、美丽。”本书的研究也有助于更好地理解并贯彻落实党的重要方针和政策。

本书适合风景园林学、社会学、生态学等相关学科及专业的师生、专业技术人员和管理人员阅读参考。具有以下特点：

(1) 系统全面。突破了对于城市社区研究单一尺度规划设计研究的关注，从宏观、中观和微观等多个维度，全面而系统地构建了城市社区公共开放空间规划设计的理念、方法体系和技术实践途径，对我国城市生态社区及生态城市的建设具有积极的理论和现实意义。

(2) 注重方法。立足于上海城市社区公共开放空间的优化，采用国际前沿的研究方法，如大数据研究方法、驻点研究方法、眼动分析方法、模型模拟方法等，研究城市社区居民的休闲游憩行为、需求和偏好，对提升上海城市社区公共开放空间的综合服务功能和居民满意度均具有积极的推动意义。

(3) 突出实践。基于上海城市社区公共开放空间，将理论研究和分析研究的结果应用到切实的城市社区公共开放空间游憩和生态功能共轭的优化实践中，突出理论研究的实践应用价值，促进读者对理论知识和方法体系的理解与深化。

本书共 9 章，其中第 1 章“城市社区的概念及研究进展”、第 2 章“上海城市社区公共开放空间研究对象及方法”、第 5 章“上海城市社区公共开放空间游憩吸引力分析”、第 8 章“上海城市社区公共开放空间服务功能共轭策略”由于冰沁执笔；第 3 章“上海城市社区公共开放空间体系与特征模式”由于冰沁、车生泉、卫宏健执笔；第 4 章“上海城市社区公共开放空间休闲需求分析”由于冰沁、谢长坤、杨硕冰执笔；第 6 章“上海城市社区公共开放空间游憩机会谱构建”主要由张杨执笔；第 7 章“上海城市社区公共开放空间生态效益分析”主要由阚丽艳、芮文娟执笔；第 9 章“上海城市社区公共开放空间优化设计实证研究”主要由于冰沁、孙文书、张杨、杨硕冰、周娴执笔。

本书得到了国家社会科学基金后期资助项目“城市社区公共开放空间游憩与生态服务功能共轭研究——以上海为例”(17FSH011)的资助。在研究的过程中，上海交通大学教师阚丽艳、陈丹以及研究生孙文书、郭健康、李志刚、谢长坤、卫宏健、杨硕冰、张杨、芮文娟、周娴等均参与了本书的部分研究方案的制定、资料收集、调查和实验、数据分析、图表绘制和文字撰写与校对等方面的工作，在此一并感谢！

由于本书是研究的阶段性成果，成书仓促，不足和错误之处敬请读者批评指正！

作 者

2020 年 8 月

目　录

第一章　城市社区的概念及研究进展

一、城市社区研究的缘起

党的十八大报告提出了“发展生态文明，建设美丽中国”的发展目标；习近平总书记明确指出，国土是生态文明建设的空间载体，要按照人口资源环境相均衡、经济社会生态效益相统一的原则，整体谋划国土空间开发，科学布局生产空间、生活空间、生态空间，给自然留下更多修复空间。城市社区作为城市规划、建设和管理的基本单元，对城市生态文明的建设起到了举足轻重的作用。国家科技部在“十二五”期间设立了国家科技支撑计划：“社区绿地空间生态化优化设计与管理技术集成与示范”。这项研究计划的重要内容之一，就是以游憩需求为导向的城市社区功能调查与优化提升对策研究，研究目的是为城市生态社区的建设提供理论和技术指导。

随着城市的快速发展、城市人口的快速增加和城市建设用地的急剧扩张，我国出现了“人均生存空间减少、城市自然资源紧缺、环境恶化、城市公共开放空间绿地等公共开放空间衰退”等问题。上海作为中国最发达的城市之一，正处在优化发展的新时期，而“经济的飞速增长给城市化带来了绝佳时机，但同时也带来了诸多的难题”[①]；并且，城市的高速发展也大大刺激了市民休闲需求的上升，上海城市休闲化趋势已经初步呈现[②]。《上海市城市总体规划（1999—2020）实施评估报告（简稿）》指出，上海城市公共开放空间规划建设实际已明显落后于城市经济发展与市民需求增长，在空间布局、空间质量以及相关研究成果方面较之国外大都市有明显的不足。同时，《关于编制上海新一轮城市总体规划的指导意见》也指出，市民幸福是上海城市

---

① 顾冬晨：《新时代上海城市化发展过程中的若干问题探讨》，《上海城市规划》2003 年第 4 期。

② 楼嘉军：《休闲新论》，立信会计出版社，2010 年，第 116—147 页。

发展的根本追求,而城市公共开放空间规划、建设对构建宜居上海、提升居民幸福感至关重要。

城市社区公共空间系统是社会、自然、经济复合的生态系统,也是城市生态系统的子系统,其中社区公共开放空间是城市绿地系统中的一个构成要素,也是居民日常生活中使用频率最高的绿地类型,是居民户外休闲娱乐活动开展最频繁的场所,对城市社区的生态环境调节、园林景观营造、生态效益和游憩休闲活动均发挥着重要的作用[①]。然而,随着社会经济的发展和居民生活水平的不断提升,城市居民的闲暇时间也逐渐增加,其休闲、健身、社交、出行等游憩模式日益多元化,人们更希望能够在居住地附近感受接近自然的环境,因此,相比风景区和郊野公共开放空间,城市社区公共开放空间的价值也随之提升。相应地,居民对城市社区公共开放空间的综合服务功能也提出了更高、更深层次的需求。在这样的背景下,本书以位于上海城市中心、城市近郊和城市远郊的社区公共开放空间为研究对象,展开了城市社区公共开放空间的系统性研究。

二、城市社区的概念辨析

1. 社区

在汉语里,“社区”(Community)是个外来语。“Community”一词源于拉丁语,其含义是共同的东西和亲密的伙伴关系。德国社会学家 F. 滕尼斯(Ferdinand Tonnies)于 1887 年在其著作《社区与社会》(*Community and Society*)中首先使用“社区”这一名词,并将其应用到社会学的研究中,并由此成为重要的社会学范畴。他的“社区”在当时主要是指由具有共同的习俗和价值观念的同质人口组成的、关系密切的社会团体或共同体。滕尼斯认为社区中的社会关系是合作的、紧密的、富有人情的社会团体,社区中人们基于情感的关系形成了彼此亲密、相互信任的关系[②]。第一次给“社区”定义的是美国芝加哥大学的社会学家罗伯特 · E. 帕克(Robert Ezra Park)。他认为,社区是“占据在一块被或多或少明确地限定了的地域上的人群汇

① 王保忠、王彩霞、和平等:《城市绿地研究综述》,《城市规划汇刊》2004 年第 2 期;祝宁、关崇:《城市绿地 · 城市绿地系统》,《东北林业大学学报》2006 年第 2 期。

② 程娟:《社区概念的演变》,《知识经济》2012 第 4 期。

集”“一个社区不仅仅是人的汇集，也是组织制度的汇集”。

20 世纪 30 年代初，我国学者费孝通先生在翻译滕尼斯的著作《社区与社会》时，将英文单词“Community”翻译为“社区”，后来被许多学者所引用，并流传至今。近些年，我国的很多社会学家都对“社区”进行了深入细致的研究，一方面，社会学家们对“社区”的理解和认识并不完全相同，他们给社区下出的定义有 140 多种；另一方面，社会学家们对“社区”的理解和认识也有一致之处和基本的共识，一般认为，社区是若干社会群体或社会组织聚集在某一个领域里所形成的一个生活上相互关联的大集体，是社会有机体最基本的内容，是宏观社会的缩影。在构成社区的基本要素上认识也是基本一致的，普遍认为一个社区应该包括一定数量的人口、一定范围的地域、一定规模的设施、一定特征的文化、一定类型的组织。社区就是这样一个聚居在一定地域范围内的人们所组成的社会生活共同体。

2000 年，我国在《民政部关于在全国推进城市社区建设的意见》中将“社区”定义为“聚居在一定地域范围内的人们所组成的社会生活共同体”，并强调了其地域特征，即具备一定规模、基本要素和地理边界。在我国社区规模同城市规划中的居住区相近，社区邻里规模类似居住小区。在上海行政区规划范畴内，社区规模介于街道和居委会之间①。

所以，具体地说，“社区”的内涵主要包括：(1)有一定的地理区域，有它特有的自然条件或生态环境；(2)具体的、有限的、相对固定的地域范围内的人群所组成的社会生活共同体；(3)具有相对完整及独立意义的区域性社会单位，是社会的基本行政单元、规划单元和功能单元；(4)社会成员参与社会活动的基本的和共同的场所，是人们各种社会活动，物质、精神需求及互动关系的主要载体，并由此产生共同的结合感和归属感；(5)因此“社区”是社会空间和地理空间的结合②。

2. 城市社区

城市社区(Urban Community)产生于第三次社会分工时期，部分从业者逐渐从农业中分离出来，聚居在交通便利、地理位置适当和利于交换的地方，形成了城市社区。城市社区是指居住在城市的一定数量的人口组成的

---

① 童明、戴晓辉等：《社区的空间结构与职能组织——以上海市江宁路街道社区规划为例》，《城市规划学刊》2005 年第 4 期。

② 周涛：《居住小区绿地的人性化景观设计研究》，山东农业大学博士学位论文，2008 年；罗长海、骆何伟：《社区绿地使用中的若干社会问题调研》，载中国城市规划学会编：《规划 50 年：2006 中国城市规划年会论文集》(下册)，中国建筑工业出版社，2006 年，第 446—451 页。

多种社会关系的社会群体，大多数人从事工商业及其他非农业劳动的社区，是人类居住的基本形式之一，是一定区域内由特定生活方式并具有成员归属感的人群所组成的地域社会共同体①。

广义的社区包括乡村社区和城市社区。如乡村中的各种村落就是规模不等的社区。滕尼斯当时所分析的社区主要就是传统农业社会的社区。需要强调指出的是，作为本项研究对象的社区主要是指城市社区，即位于城市中的社区。

3. 城市社区公共开放空间

（1）城市社区公共开放空间（Public Open Space）的概念。与私有空间相对应，城市公共空间是指此空间所接纳的对象是公众，是提供给城市居民日常生活和社会生活公共使用的室外空间②，如公共开放空间、都市商业性空间、公共性建筑附属空间和徒步区、林荫大道等通道性空间。城市公共空间规划的目的在于创造富有特色、功能完备的环境，重点是公共绿地、广场、街道等空间的布局与设计。结合国内规划建设实践，深圳市在《深圳城市规划标准与准则》中就指出："公共空间是指具有一定规模、面向所有市民24小时免费开放并提供休闲活动设施的公共场所；一般指露天或有部分遮盖的室外空间，符合上述条件的建筑物内部公共大厅和通道也可作为公共空间。"

城市开放空间与城市公共空间既有密切联系，又有一定区别。城市开放空间可以从广义和狭义两个角度去理解。广义角度，除建筑实体围合的空间外，其外部空间均可被认为是开放空间，山、水、森林、湿地、广场等空间均属于开放空间；狭义角度，开放空间指可供公众使用的非建筑实体空间，具有休闲、运动、连接空间、美化城市等功能，主要包含公共开放的绿地、广场、街道等。美国著名景观设计师劳伦斯·哈普林（Lawrence Halprin）曾提出："我们对城市的整体意象是依赖于开放的虚体空间的，如街道、广场、园林大道、公园、水滨、山丘、河谷，以及快速公路编织而成的都市。"哈普林同样认为公共开放空间包含广义和狭义两个概念，即广义的水滨、河谷、山丘等，也包含狭义的林荫道、公园、广场等。而凯文·林奇（Kevin Lynch）则在其著作《城市形态》（*Good City Form*）中将开放空间按照级别分为地区级公园、都市公园、城市广场、线型公园、儿童游戏场和成人运动场、居住区内儿童游戏场所等。

---

① 吴忠观主编：《人口科学辞典》，西南财经大学出版社，1997年，第12—15页。

② 吴志强、李德华主编：《城市规划原理（第四版）》，中国建筑工业出版社，2010年，第563—564页。

而城市公共开放空间不是简单的偏正词语，亦不是公共空间与开放空间的简单叠加。国内外诸多学者均从定性的角度描述了公共开放空间的含义。城市公共开放空间被认为是在城市地域内存在于城市建筑实体之外的开敞空间①，向公众服务、供市民免费使用，其空间形态是开放的，具有休闲、娱乐、集会、公共交往等多重功能②，人在其中的行为和心理均为开放的③。城市公共开放空间被认为是与其依存的自然环境进行物质、能量和信息交流的重要场所，是城市生态和城市生活的重要载体④，是承载着生活性公共活动为主的场所空间，具有社会和自然的双重属性⑤和公共性、开放性及动态性等特征。

从土地管理的角度，公共开放空间一般被定义为"土地分区内的土地，除明文列举许可的建筑无任何障碍，从地面到天空均为开放的，同时其必须为居住于此土地分区内所有居民可使用的"。

综上所述，城市公共开放空间一般指接纳公众的开放空间，面向公众，具有空间的开放性、视觉的开放性、行为的开放性和心理的开放性，它既包括城市建成区内的公共开放绿地、广场、街区等休闲活动空间，亦包括市域范围内的森林、湿地、河湖水域、滩涂沙地、山地丘陵等自然开敞空间。

本书将"城市社区公共开放空间"定义为：位于城市社区范围内，存在于建筑实体外部、对所有城市居民开放、并可供城市社区居民方便使用的开敞空间实体，是承载城市居民进行各类公共活动的重要场所，包括城市用地中的街道(S19)、广场(S2)和公共绿地(G1)(见表1-1)。

表1-1　城市社区公共开放空间与城乡用地分类的对应

类别代码(大类)	类别代码(中类)	类别名称	范　　围
S道路与交通设施用地(市级、区级和居住区级道路和停车场等用地)	S1	城市道路用地	快速路、主干路、次干路和支路用地，包括其交叉路口用地，不包括居住用地、工业用地等内部配建的道路用地

① 王发曾：《论我国城市开放空间系统的优化》，《人文地理》2005年第2期。

② 付国良：《城市公共开放空间设计探讨》，《规划师》2004年第5期。

③ 毛蔚瀛：《城市公共开放空间的规划控制研究》，同济大学硕士学位论文，2003年。

④ 周进：《城市公共空间建设的规划控制与引导——塑造高品质城市公共空间的研究》，中国建筑工业出版社，2005年，第108页；杨晓春、司马晓、洪涛：《城市公共开放空间系统规划方法初探——以深圳为例》，《规划师》2008年第6期。

⑤ 宋立新、周春山、欧阳理：《城市边缘区公共开放空间的价值、困境及对策研究》，《现代城市研究》2012年第3期。

（续表）

类别代码(大类)	类别代码(中类)	类别名称	范　围
G绿地与广场用地（公园绿地、防护绿地等开放空间用地，不包括居住区、单位内部配建的绿地）	G1	公园绿地	向公众开放，以游憩为主要功能，兼具生态、美化、防灾等作用的绿地
	G2	防护绿地	用地独立，城市中具有卫生、隔离和安全防护功能的游人不宜进入的绿地，包括卫生隔离带、道路防护绿地、城市高压走廊绿带、公用设施防护绿地等
	G3	广场用地	以硬质铺装为主，以游憩、纪念、集会和避险等功能为主的城市公共活动场地（绿化占地比例宜大于或等于35%；绿化占地比例大于或等于65%的广场用地计入公园绿地）
	XG	附属绿地	附属于各类城市建设用地（除绿地与广场用地）的绿化用地，包括居住用地、公共管理与公共服务设施用地、商业服务业设施用地、工业用地、物流仓储用地、道路与交通设施用地、公共设施用地中的绿地

备注：《城市用地分类与规划建设用地标准》(GB50137—2011)自2012年1月1日起实施。《城市绿地分类标准》(CJJ/T 85—2017)自2018年6月1日起实施。

在城市社区中，由不同类型公共开放空间组成、具有一定结构形态和功能构成的公共开放空间集合则构成了该城市社区的“公共开放空间体系”。而城市社区的公共开放空间体系，即指位于城市中心城区、边缘城区、远郊城区（卫星城、新市镇）等城市社区内的各类公共开放空间形成的系统，它是城市居民公共活动的空间基础与载体，是城市居民身边的公共开放空间集合，可以满足城市社区居民的生态、文化、休闲、游憩、健康等综合需求。

（2）城市社区公共开放空间界定的基础标准。根据上述城市社区公共开放空间的概念界定可见，城市社区公共开放空间的典型特征可概括为“公共性”“开放性”“休闲性”和“便捷性”，四者相辅相成，共同构成了城市社区公共开放空间界定的基础标准①。

公共性。公共开放空间是城市居民开展各类公共活动的核心场所，归城市居民“公共使用”。公共开放空间的这种公共性主要体现在：接纳对象

① 车生泉、徐浩、李志刚、卫宏健：《上海城市公共开放空间与休闲研究》，上海交通大学出版社，2019年，第10—11页。

的公共性，即使用者为普通大众，不以居民的性别、年龄、职业、户籍、收入等的不同而限制居民对该空间的使用；功能用途的公共性，即能够满足城市居民进行日常生活中各种公共活动的使用需求。

开放性。公共开放空间虽然具有明确、清晰的边界，但在常规时间内对外开放，让使用人群可以方便到达、随意进出并开展各类活动。

休闲性。公共开放空间具有一定的规模和配套服务设施，兼具生态、经济、文化、景观等功能，能够提供一定的休闲活动场地或连接相关功能节点，便于居民开展各类休闲活动，满足其休息、交流、游览、运动、康体等多种需求。

便捷性。城市社区内的公共开放空间对可达性和便捷性的要求更高，适宜在15分钟步行生活圈范畴内。《上海市城市总体规划（2017—2035年）》中率先提出了打造“15分钟社区生活圈”。在上海市规划和国土资源管理局编制的《上海市15分钟社区生活圈规划导则（试行）》的指引下，新建和改建的社区均增加了公共开放空间，以满足老年人、儿童等居民群体的生活需求，充分发挥公共开放空间的社会服务等综合功能。

(3) 城市社区公共开放空间形态类型。公共开放空间可以分为闭合空间、单边开放空间、双边开放空间、三边开放空间、交通岛式空间、无边界开放空间等多种形式。

城市社区公共开放空间按照空间形态划分，可分为点状、线状和面状3类。其中，点状公共开放空间是面积相对较小，具有一定几何形状的节点型空间，如分散于城市各地的街旁绿地、集散广场、具有公共性质的附属绿地等，具有灵活向社区渗透的特点，但同时也能保持空间的独立性。

线状公共开放空间是沿某个轴向呈线性分布的，具有一定休闲游憩和生态功能的公共性场所，如街道、滨水游憩带等，还包含市域范围的绿道、蓝道、生态廊道、慢行系统等，连接了重要的点状和面状公共开放空间。

面状公共开放空间是指具有一定规模和设施的大型公共开放空间，其主要类型包括综合公园、社区公园、动植物园、游乐公园和游园，或其他自然开敞空间。其中，综合公园规模宜大于10公顷（hm^2），内容丰富，适合开展各类户外活动，具有完善的游憩和配套管理服务设施的绿地。

根据2018年我国建设部颁布的《城市绿地分类标准》，社区公园被定义为“为一定居住用地范围内的居民服务，具有一定活动内容和设施的集中绿地”。结合国家现行标准《城市居住区规划设计规范》（GB50180—2018）的规定，社区公园包括居住区公园和小区游园两个类别，从而社区公园可以被定义为具有一定活动内容和设施，为居住区配套建设的集中绿地，主要是为其附近居民服务的活动场地。其中,小区游园的服务半径仅为0.3～0.5千米(km),仅服务于一个居住小区的居民;而居住区公园的服务半径则为0.5～1.0千米,可以为整个居住区的居民服务[①]。居住区公园和小区游园的建设往往与社区内的公共服务设施、青少年活动中心等游憩场所相结合。

需要强调的是,小区游园服务于独立的居住小区,并由相应的物业公司或业主委员会进行统一管理。居住区公园则是能够为一定范围内的社区居民提供公共性服务,并满足大多数使用者休闲娱乐需求的社区公园。

而城市社区内公共开放空间的生态环境效益与空间的特征和绿地植物群落息息相关。绿地植物群落是由不同种类和规格的植物形成的整体,一般城市社区公共开放空间的绿地多为人工植物群落,其植物种类的多样性,产生的降温、增湿等环境效应,以及围合出的空间特征(公共、私密、半私密等)均会对居民的休闲游憩行为和心理产生直接的影响。

"点、线、面"空间是城市公共开放空间体系的形态构成因素。点状空间虽然灵活性和便利性更高,但斑块的破碎化易对社区的整体环境和社会价值造成负面影响,而通过线状空间的连接,与面状空间形成公共开放空间网络,则可能大幅度提高公共开放空间的可达性和利用强度,从而影响居民使用的游憩行为特征、休闲需求和社区的宜居程度。

三、城市社区公共开放空间的服务功能

城市社区公共开放空间是各类共性要素集合而成的社群性空间,有着明显的空间价值取向和完整结构的内稳态机制,反映出城市社区空间的整体性;同时,城市社区公共开放空间也可以被视为一种累积性建构过程和一种穿插式建构过程,存在着周期性的演替规律,这反映了城市社区空间的持续发展性。[②] 而生态社区是根据生态学原理,综合研究社会—经济—自然复合生态系统,并应用生态、社会、系统工程等现代科学与技术手段而建设的社会、经济、自然可持续发展、居民满意、经济高效、生态良性循环的人类居住区。城市生态社区公共开放空间是城市生态社区空间的一种,其基本特征包括资源高效循环利用、低消耗、舒适的环境、方便的文化设施、和睦的邻里关系及健康的生活方式等;其服务功能主要包含环境保护功能、生态调

① 纪芳华:《社区公园设计初探》,华中农业大学硕士学位论文,2009年。
② 姜洪庆:《城市社区空间营造》,华南理工大学博士学位论文,2009年。

节功能、休闲游憩功能、社区凝聚功能、社会教化功能等。其中，社区公共开放空间的休闲游憩功能和生态调节功能的矛盾最突出，也最亟待解决。

1. 城市社区公共开放空间的休闲游憩功能

休闲活动是指在特定的时间(工作日的业余时间、节假日等)内，休闲主体自愿从事的、与谋生和获取报酬无关的、自己感兴趣的、有意义的活动。休闲活动是人们在休闲时间内实现休闲目标的具体形式。

城市社区公共开放空间是休闲活动顺利开展的空间载体与物质保障。城市社区公共开放空间作为最基础性的、居民日常生活中利用程度最高的城市空间类型，在其内部开展的休闲活动是整个城市居民休闲活动的基础。由此可见，公共开放空间休闲活动是指在常规时间内，以城市居民为主的休闲主体合理利用公共开放空间开展的各类休闲活动的总称。

休闲活动的分类方法多种多样。我国学者楼嘉军等根据人们日常休闲活动的形式及其对人自身发展的意义，将休闲活动分为消遣娱乐类、怡情养身类、体育健身类、旅游观光类、社会活动类、教育发展类、消遣娱乐类 7 大类①。参照上述分类方法，本书根据休闲活动的具体形式，将上海城市社区公共开放空间的相关休闲活动分为体育健身类、生活怡情类、娱乐消遣类、游览观光类和社会交往活动类 5 个大类，包含了 30 余种常见的、社区范围内可能发生的公共开放空间休闲活动类型。具体分类情况见表 1 - 2。

表 1 - 2　城市社区公共开放空间休闲活动②

活动大类	空间类型	常见休闲活动项目
体育健身类	绿地、广场	跑步、健身操、球类、舞蹈、体育器材活动
	广场、绿地	武术太极、放风筝、踢毽子、抖空竹
	广场、街道	自行车、小轮车、轮滑滑板
生活怡情类	绿地、街道	孩童看护、玩耍嬉戏、遛狗、动物投喂(鱼、鸽子等)
	绿地、广场	摄影拍照、书法绘画、棋牌活动、垂钓、乐器演奏、戏曲唱歌、读书看报
娱乐消遣类	街道	散步、逛街购物
	广场	游乐场娱乐活动、户外休闲餐饮、户外商业活动

① 楼嘉军：《休闲新论》，立信会计出版社，2010 年，第 116—147 页。

② 车生泉、徐浩、李志刚、卫宏健：《上海城市公共开放空间与休闲研究》，上海交通大学出版社，2019 年，第 21 页。

（续表）

活动大类	空间类型	常见休闲活动项目
游览观光类	绿地	动物园、植物园、游乐园等专类园观光
	街道	历史街区等游赏
社会交往活动	绿地	志愿者活动等、社区农园共治
	广场	社区邻里社交集会等

而游憩活动是与休闲活动既紧密联系又有所区别的活动。“游憩”一词来源于英文“recreation”。目前，已有从事不同领域研究的国内外学者从各自科学的角度对游憩给出了理解。英国学者托可尔岑（Torkildsen）在《休闲与游憩管理》（*Leisure and Recreation Management*）一书中，将人们对“游憩”的不同定义进行归纳，基本可以作为人们对“游憩”一词的共同认识：①游憩是一种人类自身的本能需求，是人们为了获得快乐、自我提升等而表现的多种外在行为；②游憩是人们在闲暇时间内参与的所有活动类型，它既包括活动方式本身，也包括支持这些活动开展的相关设施等；③游憩是一种影响个人生活和社会利益的重要力量，帮助人们塑造健全的人格并获得丰富的生活体验；④游憩是促进体力与精力的恢复并发挥创造力的源泉。[①]

要更好地把握什么是游憩活动还必需了解游憩行为、游憩需求、游憩满意度、游憩机会谱和社区游憩机会谱这几个重要概念。

游憩行为。游憩行为是游憩者根据自己的思想决策，凭借现有的游憩资源进行的各项游憩活动。这些活动是受游憩者的心理、动机和决策意愿等方面影响的，最终目的是为了达成某种愉悦的游憩感受和体验。因而，游憩行为是一个涉及地理学、社会学、心理学等学科的综合概念。对游憩行为的研究则主要是研究游憩者在进行游憩活动的过程中所表现出来的一些行为方式、特征和模式，以及这些行为给社会带来的影响等[②]。

游憩需求。莫（Maw，1974）认为游憩需求是从事任何活动时所表现出的需求或欲望；阿利斯特（Alister，1984）认为游憩需求是指人们离开其工作岗位或住处，在旅游过程中使用游憩设施，获得服务和使用游憩资源的一种行为。事实上，游憩需求一般分为游憩需求与游客需求两类，前者是指游

① [英]乔治・托可尔岑：《休闲与游憩管理》，田里、董建新、曾萍等译，重庆大学出版社，2010年，第23页。

② 陈洁、吴晋峰：《国内游憩行为研究综述》，《商场现代化》2010年第13期。

憩上所缺少的需求，或是供需差异的需求；后者是指游客对游憩机会的需求。游憩需求是民众参与的欲望与游憩资源状况相互作用后所显现的结果，是作为个体，对旅游与游憩等休闲活动所表现出来的参与意愿，并且希望从参与旅游过程中所获得的体验，来满足自身所存在的生理及心理需求。游憩需求可定义为"游客所表现出来的、对于参与游憩休闲活动的意愿、偏好及生理或心理上对于游憩的欲望"①。

游憩满意度。一般认为满意度是期望与实际体验之间的比较，即当体验与期望产生负面差距时，不满意的态度或意向也随即产生②，容易受到与个人经历、心理状况、社会因素、环境因素、群体互动等外在因素的影响③。游憩满意度是基于游客期望和实际体验相比较的正效应基础之上的，是进行游憩活动的游人（社区居民）所达到的心理状态，及所感知的景观、环境、设施、服务管理的质量与期望的差异④。由上可知，游客满意度是游客的期望值与游憩体验对比后的态度反馈，它强调的是人的主观感知与其期望值相比较的结果，是一种主观心理状态与实际比较重叠后而得的结果。

游憩机会谱（Recreation Opportunity Spectrum，ROS）。游憩机会是国外户外游憩资源规划管理中的一个重要概念，它表示"游憩者被赋予一个可真正选择的机会，选择在其喜好的游憩环境类型中，实现个人所倾向的活动方式，以获取期望得到的满意体验"⑤。可以说，游憩机会是由游憩环境和游憩活动相互构成的多种游憩体验。因此，游憩机会在很大程度上决定于游憩环境。一个游憩环境是由物质环境（自然属性、人工构筑物）、社会环境（游憩活动与类型）和管理环境（开发水平、管理规章、服务制度）共同耦合而成，管理者将这 3 种环境序列及其相关指标进行多种组合，为游憩者创造各种游憩机会类型。

游憩机会谱(ROS)是一个综合考量游憩资源编制和游憩环境（物质的、社会的、管理的）规划的框架，是实现游憩体验与资源保护统一协调的有效工具⑥。

---

① 吴勉勤：《休闲游憩活动与游憩需求之研究——以台湾为例》，载于周武忠、邢定康主编：《旅游学研究（第四辑）》，东南大学出版社，2008 年，第 119 页。

② Gronroos C.，"A Service Quality Model and Its Marketing Implications"，*European Journal of Marketing*，1984(4).

③ Crompton J. L.，L. L. Love，"The Predictive Validity of Alternative Approach to Evaluation Quality of Fesrtival"，*Journal of Travel Research*，1995(1).

④ 李琼：《免费开放城市公共开放空间的居民满意度研究：以南京玄武湖公共开放空间为例》，南京大学硕士学位论文，2011 年。

⑤ 陈宛君、廖学诚：《应用旅游成本法分析宜兰县英士、玉兰及仑埤小区的游憩效益》，《中华林学季刊》2007 年第 3 期。

⑥ 王惠：《北京的社区休闲状况》，《北京观察》2009 年第 9 期。

它通过在不同类型的游憩区域设计不同的游憩活动来缓解资源压力，并通过多种机会的共同提供给予游憩者最好的体验质量。在ROS的构建过程中，一般从影响游憩者游憩体验的角度出发，引入一个可量化的指标体系作为游憩机会序列的整体环境条件，以此将游憩环境本底划分为不同等级的游憩区域（如美国林务局《ROS使用者指南》(1982)中划分为从开发强度较低的原始区域到开发强度较高的城市区域），并针对不同等级游憩区域的环境特征进行相应的规划管理，以提供特定的、多样性的游憩体验[①]。

社区游憩机会谱（Community Recreation Opportnity Spectrum, CROS）。ROS体系最初被设计产生并得到推广应用，重点是为了解决美国西部大面积土地资源的保护与管理问题，并不能完全适应地区性的或者城市层面的一些面积较小的多样化区域[②]。已有的文献研究也表明，ROS理论已经广泛应用于森林公园、自然保护区、地质公园等场所的管理与规划中，但是ROS理论对自然环境类的户外游憩资源研究较多，而对其他性质的游憩场地研究较少，特别是对人类干扰较为频繁的接近"城市区域"这一极的区域研究更少[③]。而社区户外空间作为居民最基本的活动场所，其游憩功能的建设能否满足居民的游憩需求，已经成为城市社区规划设计亟待解决的问题。同时，社区户外环境受到游憩活动行为的干扰也日趋明显，对以人工建设为主的社区游憩环境进行资源规划与管理已愈发重要。

在这样的背景下，社区游憩机会谱(CROS)是基于游憩机会谱理论(ROS)加以适当地调整而提出的一种衍生概念。借鉴国外ROS体系的实施方法和发展经验，结合社区居民的游憩需求特征和我国社区当前的开发利用现状，本书在ROS理论上将进行相应调整并重新制定划分机会谱等级的指标体系，以便有针对性地建立不同类型的社区游憩区域，使居民获得满意的游憩体验。

2. 城市社区公共开放空间的生态调节功能

城市生态社区环境的生态化符合对环境利用的生态原则，既能使环境作为一种公共资源得到利用，又使环境受到保护，并具有资源持续供给的调

---

① 蒋艳：《居民社区休闲满意度及其影响因素研究——以杭州市小河直街历史街区为例》，《旅游学刊》2011年第6期。

② Wagar J. A., "Campgrounds for many tastes", *USDA-Forest Service Research Paper*, 1966(6).

③ 孙瑜、冯健：《郊区居民游憩行为过程与个体决策——基于北京回龙观社区的调查》，《城市发展研究》2013年第6期。

节能力、环境持续容纳的调节能力、自然持续缓冲功能以及人类社会的自组织调节功能。此外，城市生态社区的公共开放空间应该具有一定的生态效益，以使城市社区生态系统具有自我净化、调节、修复和恢复的能力，维持城市社区生态系统的平衡和稳定，包括维持碳氧平衡、调节温度、调节湿度、净化空间、杀死病菌、净化水体及土壤、通风、防风、减低噪音等。对城市绿地生态效益影响较大的因素主要包括 4 个方面，分别是二维特征(绿地面积、绿地分布格局、绿地形状、绿地位置)、三维生态特征(绿地空间布局形式、绿地类型、绿地结构、绿地三维量)、绿地生态系统的稳定性和绿地管理水平[①]。

四、城市社区公共开放空间的研究进展

在风景园林学领域，近代城市公共开放空间建设始于 1843 年，英国国家议会颁布法令，同意动用政府税收建设城市绿地，以缓解工业革命后带来的城市环境问题。随着刘易斯・芒福德(Lewis Murnford)、奥姆斯特德(F. Olmsted)和查尔斯・埃利奥特(Charles Eliot)等城市规划师、风景园林师对城市环境的思考席卷英国、法国和美国的城市公园运动、城市美化运动的持续推进、城市公园系统和大都市公园体系的提出、巴黎改扩建规划的制定，城市公共开放空间成为城市基础设施中不可或缺的一部分，并引起了近代城市公共开放空间结构的剧烈变化。

而对城市公共开放空间的研究始于英国首都伦敦 1877 年《大都市开放空间法》(*Metropolitan Open Space Act*)的制定，其后，欧美其他国家亦展开了对公共开放空间的理论研究与规划探索。其对公共开放空间的研究主要包括：功能与价值探讨、城市空间影响研究、空间评价、保护及规划研究以及空间景观格局演变及其机制分析 4 个方面。

其中，在城市公共开放空间功能与价值探讨方面，主要表现在生态价值和社会经济价值两个层面。在生态价值层面，绿地作为公共开放空间的主要类型，其自然生态功能一直为人们所重视。公共开放空间降低空气和噪音污染、改善小气候、保护物种与栖息地等生态功能已得到了广泛的认同。

以下从城市社区公共开放空间的宏观、中观和微观等维度，简述国内外城市社区公共开放空间的研究进展。

---

① 吴云霄、王海洋：《城市绿地生态效益的影响因素》，《林业调查规划》2006 年第 2 期。

1. 城市社区公共开放空间格局及设计响应

就空间优化设计层面而言，研究者多以城市外围区域或社区及邻里单元为对象，以引导公共开放空间功能发挥和吸引力优化为目标，对其进行优化设计。Francis M.（2003）从使用者需求出发，指出利用乡土植物、增加栖息地斑块面积、蓄留城市雨水、透水铺装应用等有利于提升环境生态功能的技术应该在公共开放空间设计中加以推广应用[①]。Owens P. E.（1997）、Turel H. S. 等（2007）的研究则旗帜鲜明地提出设计、建设时应关注不同人群，尤其是老人、儿童及残疾人士的身体条件和游憩需求，营建人性化的公共开放空间[②]。同时，Germeraad P. W.（2003）在对西班牙城市公共开放空间的研究中强调了文化对于公共开放空间设计的重要性[③]；Thompson J. W. 等（2000）则对现代景观设计追求标新立异而忽视了传统文化的传承与景观化应用表示了担忧[④]。归纳至今的研究进展，国外公共开放空间优化设计表现出了功能化、人性化、人文景观化的趋势与特点。

在城市公共开放空间景观格局演变分析方面，公共开放空间数量的增减、形状的改变及类型的转换常被看作土地利用类型、土地覆被的变化来研究[⑤]。Herlod M. 等（2005）利用 Ikonos 卫星高分辨率影像数据和 Fragstats 景观格局分析软件，对圣塔芭芭拉城（Santa Barbara）公共绿地的景观格局进行了分析，并建模分析了城市增长和土地利用格局的变化[⑥]。Taylor J. J. 等（2007）则利用航片分析了密歇根州芬顿镇（Fenton）开放空间景观格局的演变[⑦]。国外学者基于 3S 技术，对公共开放空间景观格局演变的量化

---

① Francis M. ,*Urban open space: designing for user needs*, Island Press, 2003.

② Owens P. E. , "dolescence and the cultural landscape: Public policy, design decisions, and popular press reporting", *Landscape and Urban Planning*, 1997(39); Turel H. S. , Yigit E. M. , Altug I. , "Evaluation of elderly people's requirements in public open spaces: A case study in Bornova District (Izmir, Turkey)", *Building and Environment*, 2007(42).

③ Germeraad P. W. , "Islamic traditions and contemporary open space design in Arab-Muslim settlements in the Middle East", *Landscape and Urban Planning*, 1993(2).

④ Thompson J. W. , Sorvig K. , *Sustainable landscape construction: A guide to green building outdoors*, Island Press, 2000.

⑤ Bomansa K. , Steenberghenb T. , Dewaelheynsa V. , et. al, "Underrated transformations in the open space: The case of an urbanized and multifunctional area", *Landscape Urban Plan*, 2009(3-4).

⑥ Herlod M. , Goldstein N. C. , Clarke K. C. , "The spatiotemporal form of urban growth: measurement, analysis and modeling", *Remote sensing of Environment*, 2002(86).

⑦ Taylor J. J. , Brown D. G. , Larsen L. , "Preserving natural features: A GIS-based evaluation of a local open-space ordinance", *Landscape and Urban Planning*, 2007(1-2).

分析研究较多，但对格局演变的机制却研究较少，这也是目前相关研究的难点与突破点。

2. 城市社区公共开放空间游憩需求及偏好

国外学者对于城市居民游憩需求的研究主要包括对游憩需求差异性的研究、对游憩需求预测的研究和影响游憩需求的因素研究等 3 个方面[①]。在游憩需求差异性研究方面，国外学者从性别差异、年龄差异、文化背景差异、地域差异等角度对游憩需求进行了较多的探讨。斯蒂文(Steven R. Lawson)和罗伯特(Robert E. Manning)在《隔离还是接近》(*Solitude Versus Access: a Study of Tradeoffs in Outdoor Recreation Using In difference Curve Analysis*)一文中，通过无差异曲线对户外游憩的人均空间状况和游人的参与意愿之间的关系进行了分析，并指出不同性质的游憩活动对户外空间有不同的要求[②]。2000 年，瑞文斯考夫特(N. Ravenscroft)等学者提出了通过城市公园和休闲游憩功能融合不同种族和文化背景的青少年的方法。2005 年，杰弗里(Geffrey C.)等学者探索了城市公园游憩价值的开发与公园管理对于居民健康的重要意义，认为除了公园的规划设计以外，环境、交通、公共休闲互动和服务管理对于居民的游憩体验同样至关重要。

国外学者对游憩需求的基础理论、实际案例的探讨、研究和分析是较为完善、深入和广泛的。他们运用了预测模型、引力模型、SIM 模型等一系列的数学模型以及无差异曲线、定量分析法等基本方法，其中定量分析方法及预测模型使用最为广泛。而城市公园游憩方面的研究则集中于影响游憩体验的因素探讨、游憩相关职能部门的功能、游憩管理及其对于居民生理和心理健康及居民文化差异造成的游憩需求分化等方面。

较之国外，我国的城市公共开放空间研究尚处于起步阶段。"公共开放空间"或与其相关的概念尚未收录于行政法规名词之中，没有规范或标准性质的界定；并且，研究者多立足于各自的学科与研究视角提出对这一概念的理解，目前对公共开放空间的定义尚未取得相对统一的结论；同时，虽然国内的相关研究定量化正成为趋势，但目前的大部分研究多只提观点，缺乏实

---

① 蒋盈：《游憩需求视野下的中国城市游憩发展对策研究——基于中美城市游憩发展的比较》，上海师范大学硕士学位论文，2008 年。

② Paul R. Saunders, Herman Senter, James Jarvis, "Forcasting Receation Demand in the Upper Savannah River Basin", *Annals of Tourism Research*, 1981(8); David Snepenger, Barry House, Mary Snepenger, "Seasonality of Demand", *Annals of Tourism Research*, 1990(17).

证过程，往往带有较为强烈的主观色彩，不能揭示公共开放空间规划设计所需要的"客观规律"。就研究内容而言，大部分研究多着眼于宏观层面，规划设计实践研究也多借鉴国外相关理论成果，关于中国城市公共开放空间的现状及自身发展较少涉及；而涉及具体城市公共开放空间较为深入的调查和研究则往往从公共开放空间、广场、街道、绿道、郊野公共开放空间、农业观光园等某一类型入手，从整体视角对具体城市公共开放空间体系构建以及基于公共开放空间居民休闲活动现状和需求的空间规划设计研究十分缺乏。由此，定量化、系统化是我国公共开放空间相关研究的发展趋势。

国内学者对城市公共开放空间游憩需求的研究主要集中于游憩者对休闲生活的需求、游憩者行为及生活方式的变化对游憩需求的影响及游憩满意度评价等方面[①]。关于游憩满意度的研究主要基于期望—感知模型和结构方程模型，用层次分析法提取指标，并在调查问卷的基础上运用合图法(Co-plot)及 T 检验等方法进行聚类分析和差异性分析，以便在区域或风景区尺度对游憩满意度进行因子分析和评价，以指导旅游业的经营与管理[②]。由于研究对象的不同，游憩满意度的评价体系也存在显著的差异性，在城市公园(国家公园)尺度，主要涉及游人的特征因素、资源环境及其他行人等干涉变量、游人的行为偏好、游憩的需求 4 个因素[③]，其中游憩需求包括景观、设施和管理 3 个维度[④]。然而，面向区域或风景区尺度的游憩满意度评价体系并不完全适用于社区公园尺度，而社区公园作为城市社区管理单元的一部分、居民日常游憩意愿及参与程度最高的活动场所，基于居民游憩感知满意度和重要性探讨其规划设计、建设管理和功能提升途径的研究却尚属少见。此外，关于城市公园游憩方面的现有研究往往单一地采用封闭式问卷调查方法或者李克特量表法调查分析游憩者的时空分布特征、需求、偏好和满意度，在某种程度上忽略了游憩者的主观感知，问卷问题的设定受设计者个人经历及文化背景的影响较大，因此开放式和封闭式问卷及定性描述和定量分析相互结合的方法构建就显得十分必要。

此外，"厚数据"理论支持下的居民休闲游憩行为的现象解释和基于贝叶斯统计和机器学习的居民审美偏好评价等方法，也能实现将居民的主观

---

① 吴承照：《游憩效用与城市居民户外游憩分布行为》，《同济大学学报(自然科学版)》1999 年第 6 期。

② 万绪才、丁敏、宋平：《南京市国内游客满意评估及其区域差异性研究》，《经济师》2004 年第 1 期。

③ Ryan C., *Researching Tourist Satisfaction: Issues, Concepts, Problems*, Routledge, 1995.

④ 肖星、杜坤：《城市公园游憩者满意度研究——以广州为例》，《人文地理》2011 年第 1 期。

偏好定量化转译的目标，辅助探讨居民休闲游憩行为背后隐藏的影响因素和机制。

3. 城市社区绿地中植物群落生态效益分析

目前，对城市社区公共开放空间生态功能与价值的研究多集中在公共开放空间绿地规模、类型、区位与其生态功能效率发挥等方面[①]。Lam K. C. 等(2005)和 Lee S. W. 等(2008)的研究表明公共开放空间生态效应的发挥与其规模有密切关系，距离远、规模小、单元破碎度高的绿地开放空间生态效应低下[②]；Taha H. (1998)等对公共开放空间植被降温增湿影响的研究表明，该影响有明显随距离增加而递减的趋势[③]。

社区绿地是城市绿地的重要组成部分，而社区绿地植物群落是指在社区绿地中，通过不同种类、不同规格植物形成的一个整体。社区植物群落除部分片断化的自然保留地外，多为典型的人工群落，往往被赋予与自然群落不同的功能，并按照人们的意愿，进行绿化植物种类选择、配置、营造和养护管理[④]。

社区绿地的生态服务功能包括固碳释氧、降温增湿效应、滞尘效应、降噪效应、遮阴效应、空气负离子效应等。绿量是植物群落生态效益的一个综合性指示指标，生态效益指标中降温增湿效应、遮阴效应、空气负离子效应3个指标是重要的指示性指标。

对城市广场、街道和林荫路等公共开放空间昼夜温度观测结果表明，绿化较好的地区昼夜温度比广场要低。而公园与花园内的空气含尘量要比城市广场低[⑤]。计算机技术，如 ArcviewGIS 应用软件基础上的 CITYgreen

---

① Gittings T., O'Halloran J., Kelly T., et. al, "The contribution of open spaces to the maintenance of hoverfly (Diptera, Syrphidae) biodiversity in Irish plantation forests", *Forest Ecology and Management*, 2006(3).

② Lee S. W., Ellis C. D., Kweon B. S., et. al, "Relationship between landscape structure and neighborhood satisfaction in urbanized areas", *Landscape and Urban Planning*, 2008(1).

③ Taha H., Konopacki S., Akbari H., "Impacts of lowered urban air temperatures on precursor emission and ozone air quality", *Journal of the Air & Waste Management association*, 1998(9).

④ 茹雷鸣：《南京公园绿地地被植物群落调查与优化配置研究》，南京农业大学硕士学位论文，2008年。

⑤ Dnaiel T. C., Vining J., "Methodological issues in the assessment of landcapa quali" t, *Behavior and the Natural Enviromnent*, 1983(39); Jonh F., Karlik, Arthur M. Winer, "Plant species composition, caculated leaf masses and estimated biogenic emissions of ubran landscape types form a field suvrey in Phoenix, Arizona", *Landcape and Urban Planning*, 2001(53); DeWelle D. R., Heisler G. M., Jacobs R. E., "Foresthomesites influence heating and cooling energy", *J. For*, 1983(81).

模型，常用于模拟评估绿地生态效益，可以从碳贮存及碳吸收、水土保持、大气污染物清除、节能以及提供野生动物生境 5 个方面对城市绿地的生态效益进行直接评估[①]。

城市社区绿地中的植被是城市生态系统中的重要组成部分，一方面，通过树冠阻挡阳光，减少阳光对地面的辐射热量；另一方面，通过蒸腾作用向环境中散发水分，同时大量吸收周围环境中的热量，降低环境空气温度并增加空气湿度。因此，植物对城市热岛效应可以起到缓解作用[②]。植物群落具有降温增湿作用，且群落间降温增湿效应差异较大[③]。乔灌草型绿地对改善环境降温增湿方面优于灌草型和草坪型两种绿地[④]。结构复杂、郁闭度高、叶面积指数大、植株高的群落比结构简单、郁闭度低、叶面积指数小、植株矮的群落降温增湿作用明显[⑤]。因此，采用乔灌草搭配的形式不仅可以丰富群落的物种多样性，增加垂直层次，同时可以获得更大的绿量，而且在改善小气候方面的功效也比较显著[⑥]。

此外，城市绿地植物群落由于树冠对太阳辐射热的吸收、蒸腾散热和反射作用，而具有良好的遮荫效应[⑦]，在夏、冬季节对调节小气候的作用十分明显。同时，植物群落也具有增加空气负离子浓度的显著作用[⑧]。通过对上海市 6 种典型城市绿地植物群落空气负离子浓度的测定，得出城市绿地植物群落的空气负离子水平受到群落叶面积指数 LAI 的影响，且与 LAI 呈显著的正相关关系；受局地小气候因素的影响，城市绿地植物群落空气负离子浓度与温度呈显著的负相关关系，与相对湿度呈显著的正

① Jenkins J. C., Chojnacky D. C., Heath L. S., etc, "National-scale biomass estimators for United States tree species", *Forest Science*, 2003(1); Pataki D. E., Carreiro M. M., Cherrier J., etc, "Coupling biogeochemical cycles in urban environments: ecosystem services, green solutions, and misconceptions", *Frontiers in Ecology and the Environment*, 2011(1).

② 张明丽、秦俊、胡永红：《上海市植物群落降温增湿效果的研究》，《北京林业大学学报》2008 年第 2 期。

③ 秦俊等：《上海居住区植物群落的降温增湿效应》，《生态与农村环境学报》2009 年第 1 期。

④ 李辉、赵卫智等：《居住区不同类型绿地释氧固碳及降温增湿作用》，《环境科学》1999 年第 6 期。

⑤ 吴楚材、钟林生、刘晓明：《马尾松纯林林分因子对空气负离子浓度影响的研究》，《中南林学院学报》1998 第 1 期。

⑥ 熊丽君等：《上海崇明岛风景旅游区空气负离子浓度分布研究》，《环境科学与技术》2013 年第 8 期。

⑦ 潘桂菱、靳思佳、车生泉：《城市公园植物群落结构与绿量相关性研究——以成都市为例》，《上海交通大学学报（农业科学版）》2012 年第 4 期。

⑧ 张凯旋等：《城市化进程中上海植被的多样性、空间格局和动态响应（Ⅵ）：上海外环林带群落多样性与结构特征》，《华东师范大学学报（自然科学版）》2011 年第 4 期。

相关关系[①]。

可见，城市环境受到热岛效应的影响，居民体感温度较高，而社区公共开放空间中的绿化植物则具有积极的降温、增湿、小气候调节、固碳释氧、滞尘效应、降噪效应、遮阴效应、空气负离子效应等作用。

五、城市社区公共开放空间游憩与生态服务功能共轭研究的意义

城市社区公共开放空间游憩与生态服务功能共轭研究具有重要的理论意义和现实意义。

第一，有助于城市社区居民根据自己的需求和期望高效地选择并利用相关资源，提升城市社区公共开放空间的游憩服务功能，对于提升城市社区居民的参与意愿和满意度都具有积极的意义。

随着社会经济的发展、人们生活水平的提高、退休及老龄人口的增加，以及城镇化率逐年提高所带来的农业人口的转移，城市居民人口数量及其闲暇时间逐渐增多，其游憩的需求和期望越来越高，人们休闲、健身、社交、出行等游憩模式也日益多元化，城市社区公共开放空间随之成为居民开展游憩活动的重要场所。并且，人们更希望能够在居住地附近感受近自然的环境，因此，相比于风景区和郊野公共开放空间，城市社区公共开放空间的价值不断提升。相应地，居民对城市社区公共开放空间的综合服务功能也提出了更高、更深层次的需求。然而，目前城市社区公共开放空间存在着资源利用率不高，游憩功能与居民潜在游憩需求不匹配、生态效益与居民心理感知不吻合等现实问题，导致城市社区公共开放空间的综合服务功能与居民健康及满意度之间产生了一定的偏离，社区居民潜在的需求得不到满足，满意度和参与度都不高。

上海作为中国最发达的城市之一，正处在优化发展的新时期。上海城市的高速发展大大刺激了市民休闲需求的上升，上海城市休闲化趋势已经初步呈现。但正如《上海市城市总体规划（1999—2020）实施评估报告（简稿）》所指出的，上海城市公共开放空间规划建设实际已明显落后于城市经济发展与市民需求增长，在空间布局、空间质量以及相关研究成果方面较之

① 达良俊、方和俊、李艳艳：《上海中心城区绿地植物群落多样性诊断和协调性评价》，《中国园林》2008 年第 3 期。

国外大都市，有明显的不足。《关于编制上海新一轮城市总体规划的指导意见》也指出，市民幸福是上海城市发展的根本追求，而城市公共开放空间规划、建设对构建宜居上海，提升居民幸福感至关重要。

本书以大数据分析方法、GIS 空间分析技术、驻点研究方法和眼动追踪技术为支撑，分析了上海城市社区公共开放空间的特征模式、居民的休闲游憩需求和行为模式以及公共开放空间资源吸引力，探讨了城市社区居民的游憩学心理体验与城市社区公共开放空间特征之间的动态关系，研判了城市社区公共开放空间的结构、模式、效益对居民的视觉和心理的影响力，并从影响体验者的角度，构建了能够代表城市社区公共开放空间游憩机会条件的指标体系，将城市社区公共开放空间划分为不同的游憩机会等级，使城市社区居民可以根据自己的需求和期望高效地选择并利用这一资源，以提升城市社区公共开放空间的游憩服务功能及居民的参与意愿和满意度。

第二，对于提升城市社区生态效益及城市生态文明建设具有重要意义。

随着城市的快速发展、城市人口的快速增加和城市建设用地的急剧扩张，我国出现了人均生存空间减少、城市自然资源紧缺、环境恶化、城市公共开放空间绿地等公共开放空间衰退等生态和环境问题。

如前所述，城市社区作为城市规划、建设和管理的基本单元和生态城市建设的重要基础，对城市生态文明的建设有着举足轻重的作用。城市社区公共空间系统是社会、自然、经济复合的生态系统，也是城市生态系统的子系统，而其中的社区公共开放空间是城市绿地系统中一个重要构成要素，也是居民日常生活中使用频率最高的绿地类型，是居民户外休闲娱乐活动开展最频繁的场所，对城市社区的生态环境调节、园林景观营造、生态效益和游憩休闲活动均发挥着重要作用。所以，随着城市化进程的加快，城市生态文明建设占有越来越重要的地位。例如，城市社区绿地作为城市绿地的一部分，其绿化在给社区居民带来健康生态空间的同时，在社区绿化植物群落配置方面也出现了一些新的问题，如高能耗、高成本、低生态效益、低自我维持。而以建立生态效益高植物群落为目标的社区绿地的规划建设，是解决这些问题的必然选择，针对城市社区不同类型的绿地构建生态效益高的植物群落，是提升城市社区生态效益及城市生态文明建设的重要途径和载体。所以，城市社区公共开放空间生态与游憩综合功能的共轭机制与优化提升的研究，既有助于为居民提供不同的游憩体验和管理对策，有益于居民根据心理体验和游憩需求参与游憩活动并获得游憩满足，也有助于提升城市社区生态效益。

本书基于群落学调查法、GIS 空间分析技术、统计分析方法和 Citygreen 模型模拟方法，力图模拟并提升城市社区公共开放空间绿地的生态效益，以实现城市社区公共开放空间的游憩与生态功能的耦合。特别是，以往的研究大都针对一个城市甚至是一个区域尺度的绿地，本书则从城市社区的角度出发，通过对社区不同类型绿地中植物群落结构特征的调查分析，以及对植物群落结构特征与生态效益指标绿量、降温增湿效应、负离子效应、遮阴效应的相关性分析，力图找出不同类型绿地中主要影响社区绿地生态效益的结构特征指标，探索社区绿地植物群落的优化对策，为社区不同类型绿地植物群落配置提供理论依据，为城市社区绿地建设提供技术支撑。这对于我国城市生态社区及生态城市的建设具有积极的理论和现实意义。

进而言之，党的十八大报告明确指出，中国特色社会主义事业总体布局是经济建设、政治建设、文化建设、社会建设、生态文明建设“五位一体”。习近平总书记在十九大报告中又明确指出：“我们要建设的现代化是人与自然和谐共生的现代化，既要创造更多物质财富和精神财富以满足人民日益增长的美好生活需要，也要提供更多优质生态产品以满足人民日益增长的优美生态环境需要。必须坚持节约优先、保护优先、自然恢复为主的方针，形成节约资源和保护环境的空间格局、产业结构、生产方式、生活方式，还自然以宁静、和谐、美丽”。习近平总书记还指出：“我们要形成绿色发展方式和生活方式，坚定走生产发展、生活富裕、生态良好的文明发展道路，建设美丽中国。”因此，本书对于贯彻落实党的十九大精神，特别是推进生态文明建设、建设美丽中国也有一定的积极意义。

第三，有助于探讨与居民游憩需求及行为规律相耦合的城市社区公共开放空间优化设计的理念、途径、方法和模式。

城市社区是城市规划、设计、建设和管理的基本单元。而城市社区公共开放空间作为城市社区综合服务系统的重要组成部分，更与居民生活紧密相连，因而居民游憩行为的时空分异特征、规律、生态效益等必然与城市社区规划设计的理念、途径、方法和模式息息相关。本书虽然是以上海为例，以上海城市社区居民的大数据统计、游憩需求与行为特征以及生态服务功能为基础和出发点，探讨与上海居民游憩需求及行为规律相耦合的城市社区公共开放空间优化设计的理念、途径、方法和模式，其中很多共性的内容对于我国城市社区公共开放空间的优化设计及科学管理也会具有一定的意义。

第二章　上海城市社区公共开放空间研究对象及方法

一、上海城市社区公共开放空间研究对象

特殊的历史决定了上海城市形态的多元与杂糅。本书从“历史—空间—社会”的三重视角，综合比较上海各地区发展特点、城市区位、形成时期与空间类型特色等多方面因素，以确立样点选择的标准。

根据城市整体结构功能特征，由中心向外延伸，可以将上海城市按区位划分为3类，依次为：城市中心、近郊城区、远郊新城，如表2-1所示。

表2-1　上海城市建成区分类

类型	概　　述
城市中心	城市政治、经济、文化的复合核心区，具有典型的风貌特色与象征意义。人民广场地区为上海市的城市中心
近郊城区	中心城区以外的集中城市用地，上海市近郊城区的范围是A20外环以外，A30高速、沈海高速、申嘉湖高速圈环状区域以内的城市建成区
远郊新城	远离中心城区、具有相对独立城市结构功能的新建城区，主要包含上海城市外围新城、新市镇等建成区

从区位、形成时期及空间类型特色3个方面综合考虑，选择位于城市中心的黄浦区瑞金社区（RJ）、城市近郊的闵行区莘城社区（XC）和城市远郊的松江区方松社区（FS）3个城市社区（见表2-2）作为公共开放空间生态效益现状调查和居民空间休闲游憩情况观察和优化设计的研究样地（见图2-1）。

表 2-2　研究样点选择

样点	规模(km²)	区位	主要形成时期	类型特色
瑞金社区	1.72	中心城区	19 世纪中叶～20 世纪初	历史租界地
莘城社区	1.76	近郊城区	20 世纪 90 年代末～21 世纪初	新城住宅
方松社区	2.36	远郊新城	21 世纪初	卫星城住宅

图 2-1　上海城市社区公共开放空间研究样地选取

其中，瑞金社区位于上海市的黄浦区，东起南北高架路，西到陕西南路，南临建国西路，北至淮海中路。样点属于上海历史文化风貌保护区，文化发达、环境优雅，各类住宅建筑风格别具。社区总面积约 171.75 hm²，绿地面积 34.11 hm²，绿化覆盖率为 19.86%，其中复兴公园总面积为 68 500 m²，绿地率为97%，实际可游憩面积约为31 240 m²。瑞金社区北临淮海中路，南接建国中路和建国西路，西至陕西南路，东至重庆南路，社区内包含医院、学校、居住小区、文化中心、社区公共开放空间、商业步行街等商业中心，是传统与现代、东方与西方、商业与文化相交融的城市空间。其中，居住小区的建筑类型以传统街坊为主，因此可供居民游憩的绿地空间面积有限。而发挥社区公共开放空间作用的复兴公园是上海开辟最早的社区公园之一，1908年由当时的法国驻沪机构改建为公园，称为“法国花园”，1945年后改名为“复兴公园”，面向市民开放（见图2-2）。

图2-2　上海市黄浦区瑞金社区绿地分类图

莘城社区位于上海市闵行区，北临地铁1号线高架桥，南到春申路，西至沪闵公路，东至沪金高速公路(S4)。样点内分布有区域商业、文化核心节点，同时居住区众多，人居环境较好。莘城社区的总面积约为183.67 hm²，绿地面积为63.86 hm²，绿化覆盖率为34.77%，其中莘城中央公园总面积为45 000 m²，绿地率为92%，实际可游憩面积约为10 000 m²。社区内包含社区公园、居住小区、商业中心、学校、河流、防护绿地等。其居住小区的建筑类型以多层、小高层住宅为主,可游憩的户外空间比较充足。作为社区公园的莘城中央公园建设于 1999 年 12 月,风格融合了西方规则式园林与中国现代园林风格,游憩空间包括活动草坪、儿童活动场、林下休闲广场等(见图 2-3)。

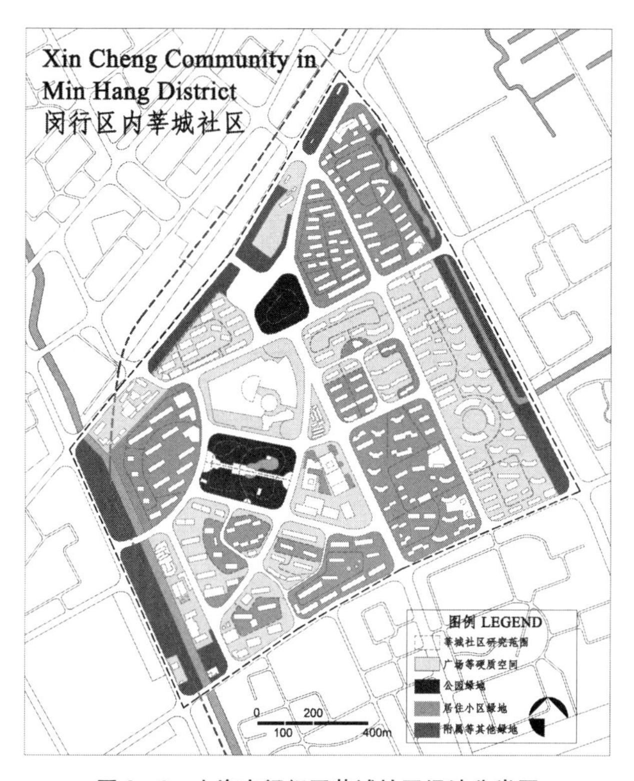

图 2-3　上海市闵行区莘城社区绿地分类图

方松社区是上海市郊松江新城的重要组成部分,北临新松江路,南达思贤路,西至滨湖路,东至人民北路。样点内道路纵横、交通便捷、人居环境优美,是松江新城的核心区域。社区总面积约 235.88 hm^2,绿地面积为 83.36 hm^2,绿化覆盖率为 35.34%,其中松江中央公园总面积为 412 200 m^2,绿地率为 78%,实际可游憩面积约为 150 000 m^2。社区内包含区级公园、居住小区、学校、商业中心和文化中心,其居住小区的建筑形式以别墅、高层和小高层住宅为主,居住小区内可游憩的绿地空间相对充足。松江中央公园于 2000 年 12 月始建,2004 年 2 月全部建设完成,包含青少年活动中心、图书馆等文化设施,及健身步道、器械健身场、活动草坪、滨水平台等多样的游憩空间。松江中央公园本质上属于区级公园,但由于方松社区紧邻中央公园,对于方松社区的居民来说,居民的休闲游憩活动主要在中央公园中开展,因此它承担了方松社区内社区公园的功能(见图 2-4)。

图 2-4 上海市松江区方松社区绿地分类图

二、上海城市社区公共开放空间研究方法

1. 城市社区公共开放空间体系构建

参考国内外研究和规划设计案例中公共开放空间体系构建成果，走访相关专家听取分类建议，结合上海城市社区空间的实际情况，分析上海城市社区公共开放空间构成要素类型，构建城市社区公共开放空间体系。

2. 城市社区公共开放空间现状调查

根据自然格局、行政区划、城市道路网、用地性质等综合因素确定研究对象及调查样地的边界，并将社区样地和居民规模控制在适当的规模尺度。然后，逐一对每个社区样地中的公共开放空间样地进行行为观察、问卷调查和访谈，详细观察并记录样地内可供社区居民参与休闲游憩活动的户外公共开放空间，以备对城市社区的公共开放空间进行聚类。

依据公共开放空间分类体系及其界定标准，将社区内的公共开放空间归纳到休闲绿地、休闲广场、休闲街道、其他等不同类型的公共开放空间，并将该空间进行编号，标记其区位分布及尺寸、形状，记录相关参数信息，同时拍照。

3. 城市社区公共开放空间游憩需求调查

关于城市社区居民对公共开放空间休闲游憩需求的调查主要采用社会学研究方法。常用的社会学研究的基本方法有 5 种：(1)社会调查方法：即按计划搜集大量具体的社会现实，在对搜集资料进行统计分析的基础上，对该现象进行解释的一种认识活动；(2)社会实验方法：按实验设计的模型，人为地控制社会条件，运用观察、记录等方法，探索并分析对象变化的过程及原因；(3)社会统计方法：运用统计学原理，对收集的数据资料进行统计分析。统计分析的方法主要有推断性统计和描述性统计；(4)文献方法：搜集各种文献资料包括书籍、报刊、文件、统计资料、网络数据等进行研究；(5)观察法：研究者利用自己的感官和其他科学手段对社会现象进行观察和研究。适合本研究的社会学调查方法主要有访谈法，包括结构式访谈和无结构式访谈；观察法；文献法；问卷法，包括抽样法(随机抽样和非随机抽样)和追踪调查法等[①]。

在进行社会学调查的过程中，首先，要确定调查的目标和主体，根据目标设计问卷，以了解调查对象的实际情况。其次，围绕确定的主题计量问题。例如，要获取社区居民的生活方式和行为偏好，可以围绕此目的设计简单的问题，如居民去社区公共开放空间的频率、偏好的游憩活动、游憩活动的持续时间等。在计量问题中，需要记录调查对象的职业、性别、年龄、文化程度等基本的人口统计学特征。第三，社会学调查一般采用问卷调查法，可以根据调查对象的特征选择自填式和代填式两种。例如，调查对象为老人、儿童或文化程度较低的成年人时，因读写能力的限制，可以选择代填式；如调查对象的文化程度较高，读写并无障碍，则可以选择自填式。第四，抽样样本的确定要侧重样本所具有的代表性而不是样本量的大小，可采用随机抽样、定额抽样和偶遇抽样等 3 种方式，一般认为随机抽样是相对具有代表性且便于操作的。第五，调查时访问者采用问卷方式还是问答式需要根据受访者的具体情况调整。例如，有些老年人的文化水平较低，记忆力衰退，因此采用问答的方式比较理想，适合采用问卷调查的人群为具有一定文化水平的调查对象。最后，资料的整合需要选择适合的计算机软件进行数据的整理、编码、录入和统计分析，以获取规律、联系及对现象的解释[②]。

---

① 郑丹：《默顿一般社会学理论与其科学社会学理论的关系》，《科学文化评论》2007 年第 1 期。

② [美]林楠：《社会研究方法》，本书翻译组译，农村读物出版社，1987 年，第 182 页。

（1）休闲游憩行为观察。针对每个样点现状，分别选取具有代表性的休闲绿地、城市广场和休闲街道中居民聚集地作为观察点。

根据居民休闲活动的普遍性规律，将一天分为早晨（7:00～9:00）、上午（10:00～12:00）、中午（13:00～15:00）、下午（16:00～18:00）及夜间（19:00～21:00）5个观察时段，分工作日和节假日，对样点公共开放空间居民使用情况进行7:00～21:00连续14小时的行为观察，记录休闲活动类型、游人构成（年龄、性别）、主要停留场所等信息数据。采用驻点视频采集、分析，结合人为观察补充和GPS路径分析的方法，采集并分析城市社区公共开放空间中居民的休闲游憩行为。同时，根据城市社区公共开放空间的服务功能，推测理论驻点的可能存在位置，并通过人为观察和GPS路径跟踪进行验证和修正，结合视频分析技术，分析城市社区居民休闲游憩行为的时空分布规律。

在对上海城市社区公共开放空间居民使用有了初步了解的基础上，设计封闭式的问卷调查表，运用简单随机的抽样方法，采用自填式与代填式相结合的方式，于调研的社区中选取有能力完成表格内容的居民发放问卷，通过问卷收集城市社区居民对于公共开放空间的休闲游憩基础数据。

（2）休闲游憩心理调查。眼动追踪技术（eye trace movement technique）用来记录被试的眼动信息，探测被试对信息的选择取向，从而研究不同个体在相同情境下的动机与态度取向，并通过分析记录眼动数据来探讨眼动与人的心理活动的关系。眼动追踪技术是通过对眼动轨迹的记录从中提取诸如注视点、注视时间和次数、眼跳距离、瞳孔大小等数据，研究被试的心理认知过程。眼动的时空特征是视觉信息提取过程中的生理和行为表现，与心理活动具有直接或间接的关系。

利用眼动分析技术，分析居民对不同类型的社区公共开放空间资源的眼动频率、眼动路径、注视次数、眼跳距离、兴趣区间的转换概率等，以识别和判断社区居民对城市社区公共开放空间资源的心理反应和认知过程。以眼动追踪技术为支撑的居民游憩体验的数量化转译及影响力的确定，是使城市社区公共开放空间的规划设计符合居民心理需求和身心特点的重要途径，也是实现居民、游憩体验、游憩环境之间耦合的关键方法，使社区居民能够更有效、更舒适、更安全地开展游憩活动。此外，通过数据分析，对社区公共开放空间的结构、设计、样式对游憩者的影响力做出判断，并进一步判断布局方式对居民所产生的最大视觉和心理影响，再基于影响力判断游憩机会谱指标体系的构成因子。

（3）休闲时空分布提取。城市社区居民休闲游憩的时空分布特征主要包括居民的游憩时间分布、游憩流量、方向、途径、停留时间等，这种休闲游憩的时空分布特征不仅能为城市社区公共开放空间的优化设计提供现状数据信息，也能为解决资源利用效率等问题提供数据支持[①]。随着手机终端的普及，采用手机定位等新技术采集交通信息逐渐受到重视。中国的手机用户2015年就已经达到13.06亿，庞大的手机用户群为数据的采集提供了大量的数据源[②]。基于手机用户所在的基站校区ID来确定位置信息，可以将用户定位到该基站小区新号覆盖的区域[③]。

手机信令定位数据主要包括IMSI，Time Stamp，Longitude，Latitude和Event ID等字段。其中，IMSI为手机用户的唯一标识码，能唯一标识用户；Time Stamp表示手机信令的发生时间；Longitude和Latitude共同描述手机用户的位置，分别为用户的经度和纬度；Event ID表示事件类型，其字段含义如表2-3所示。

表2-3 Event ID字段及触发方式类型

触发方式类型	Event ID	事件类型
主动方式	0	主叫
	2	被叫
	4	短信
	5	位置区切换
被动方式	7	定时扫描

为提取社区居民休闲游憩的时空分布特征，根据腾讯宜出行公众号所抓取的上海城市社区居民工作日和休息日的地理数据与签到数据，对所研究的公共开放空间进行划分，在此基础上结合空间分析技术(ArcGIS)和核密度估算，利用手机信令的大数据等，对社区居民休闲游憩时空分布特征进行提取，以分析包括社区公园在内的城市社区公共开放空间游憩资源的吸

① 李祖芬、于雷、高永等：《基于手机信令定位数据的居民出行时空分布特征提取方法》，《交通运输研究》2016年第1期。

② Schlaich J.，Otterstatter T.，Friedrich M.，*Generating Trajectories from Mobile Phone Data*，*TRB 89th Annual Meeting Compendium of Papers*，Transportation Research Board，2010.

③ Cheng P.，Qiu Z. J.，Ran B.，*Traffic Estimation Based on Particle Filtering with Stochastic State Reconstruction Using Mobile Network Data*，*TRB 85th Annual Meeting Compendium of Papers CDROM*，Transportation Research Board，2006；秦艳珊、宁彬、徐凯等：《蜂窝网络单基站定位技术的研究与实现》，《计算机时代》2015年第7期。

引力。例如，社区居民在公共开放空间中的游憩路径、游憩密度、停留的地点和时间，可以利用 ArcGIS 空间分析技术，提取居民在城市社区公共开放空间中开展休闲游憩活动的时空分布结构和模式特征，以及影响社区公共开放公园使用空间差异的外部因素，如车行可达性、步行可达性、人口密度、商业办公设施等。

(4) 游憩机会因子判别。游憩机会因子、影响力判别及游憩机会谱的构建主要通过社会学调查中的问卷调查法实现。为了达到良好的调查效果，本书根据研究内容的需要设计了问卷初稿，在尝试了小规模的预调查之后，针对预调查中反映出的问题和实施的难度，结合研究内容进一步调整，对问卷的内容和部分问题的语言表述进行了修改，确定了最终的问卷形式，其中包括卷首语(介绍调查研究的背景与目的)、问题的提问与回答和其他相关信息(问卷名称、调查的地点与时间)。

a. 调查内容设计

在具体的问题设计上采用了封闭式提问，主要涵盖 4 个方面的内容：

居民的客观社会属性：反映社区居民人口构成的社会统计学特征，主要包括游憩者的性别、年龄、家庭人数、文化程度和职业类型等相关指标。

居民的游憩行为特征：了解居民发生游憩行为的动机、开展游憩活动的时间段和活动持续时长。

居民的游憩偏好：了解居民所偏好的游憩活动类型，以及对社区内不同游憩环境类型(生态型、景观型、生活型、设施型和商业型)的偏好程度。

居民的游憩体验感知：采用李克特 5 点量表赋分制，以“1～5”分值相应表示“完全无关—非常重要”的重要性程度，描述居民对社区的 3 个环境序列的 35 个环境变量的重要性评价，确定可能对社区游憩体验产生影响的因素。

b. 样本规模选取

在社会调查实践中，对于样本量的理论值并不要求很高的精确度。随着社会研究领域中抽样理论的广泛普及和发展，人们总结出一套简便、易操作的针对不同规模或不同调查类型的样本容量选取范围(见表 2 - 4)[①]。所选取的社区居民的总体规模约在 3 万人，根据 5%～1%的抽样比样本量应在 400～1 500 人；同时，基于地区性调查的研究性质，样本容量选取范围为 500～1 000 人。因此综合来看，调查问卷选取的样本规模应控制在 500～1 000 之间为宜。根据调研区域的实际情况以及对调研实施的预期评估，最终确定的样本发放量为 750 份。

① 杜智敏主编：《抽样调查与 SPSS 应用》，电子工业出版社，2010 年，第 25—27 页。

表 2-4　社会学调查样本容量选取范围

经验样本量的范围	调查范围	地区性调查	样本量为 500～1 000
		全国性调查	样本量为 1 500～3 000
	总体规模	100 人以下	抽样比为 50%以上
		100～1 000 人	抽样比为 50%～20%
		1 000～5 000 人	抽样比为 30%～10%
		5 000～1 万人	抽样比 15%～3%
		1 万～10 万人	抽样比 5%～1%
		10 万人以上	抽样比 1%以下

c. 问卷投放与回收

问卷调查于 2014 年 4 月至 2015 年 10 月展开，包括工作日和节假日，涵盖春、夏、秋、冬 4 个季节。根据雷默尔(Raymore)提出的问卷发放方法，采取简单随机的抽样方式在各社区内随机选取有能力作答的居民群进行问卷发放(独行居民可单独视为一群)①。由于受访者的年龄、文化差异，问卷以自填式和代填式两种形式完成，以自填式为主，对于不能独立完成填写的居民，由调查人员询问交谈后代为填写。

实际发放的问卷总数为 750 份，其中，每个社区各发放 250 份；共回收 679 份，回收率为 90.5%。剔除空白及回答不完整的无效问卷，有效问卷为 641 份，有效率为 85.5%。

d. 统计分析

统计分析法就是运用数学方式，对调查搜集的各种信息及相关资料进行数据分析和量化描述，对现状所反映的问题，形成定量的结论，并利用图表的形式使结果更为直观和形象。应用社会科学统计软件 SPSS18.0 是研究的主要辅助工具，为了便于计算机的录入和处理，对每一份问卷和问卷中的每一个问题的每一个答案编定唯一的代码，编码由常见的 1，2，3，4……等阿拉伯数字组成。数据分析的主要过程涉及以下 4 个方面：

信度(Reliability)分析：即可靠性分析，其原理是采用同一种方法对同一调研结果进行反复测量所得到的一致性结果，是判定数据测量方式是否稳定可靠的主要方法。在社会学调查中，无论调查展开的对象是谁，也无论采用什么形式，只要产生相似的结果，即可认为调查结果是可信的。信度分

① 杨硕冰、于冰沁、谢长坤、车生泉：《人群职业分异对社区公园游憩需求的影响分析》，《中国园林》2015 年第 1 期。

析是问卷分析的第一步，也是检验该问卷是否合格有意义的标准之一。同样，信度分析也是因子分析中评估量表的一致性和稳定性的重要指标。

描述性分析：运用频数、百分比、均值、标准差，针对人口构成、游憩时间特征、活动类型的选择、游憩偏好程度、环境因子重要性评价等变量数据进行基础性的描述统计，对变量的整体特征进行初步的全面了解。

列联表卡方检验：通过计算卡方值判断两组变量数据是否相互独立，可以以此分析不同性别、年龄、文化、职业等人群在游憩行为特征和游憩偏好方面有无差异性。

因子分析：因子分析的意义在于寻求数量关系的基本结构并简化复杂的数据，用较少的几个因子去描述众多原始数据或变量之间的关系。将相关性较为明显的若干变量归类为同一类变量，每一类变量就独立成为一个因子，通过因子分析归纳出的因子能够反映并保留初始资料的大部分信息，具有代表意义。

4. 城市社区公共开放空间使用特征调查

（1）空间面积及密度（RD）。将城市社区公共开放空间的调查结果分为点状空间、面状空间（包括休闲绿地与休闲广场）和线性空间（包括休闲街道）三类进行。其中，对于点、面状空间，统计城市社区中公共开放空间，比较分析其总面积，计算面积占比。而对于线状空间，则限定了“休闲街道相对密度”的定义，即作为对比线性空间数量的指标，休闲街道相对密度数值越大，表明样地内休闲街道数量越多，公共开放空间连接越密切，即休闲街道相对密度（RD）＝休闲街道总长（TLs）/城市主要道路总长（TLr）。

（2）空间使用强度（UI）。基于工作日、节假日各观察点记录数据的统计与处理，从游人构成和空间使用强度两个层面就不同的公共开放空间体系使用情况进行对比。提出“公共开放空间使用强度”的定义，即单位面积的城市社区公共开放空间每天5个时段记录的游人总数，即空间使用强度（UI）＝观察点记录活动总人数（PN）/观察点空间面积（SA）。

5. 城市社区公共开放空间的生态学调查

参照城市绿地系统规划方法并结合上海城市社区公共开放空间及城市社区绿地的具体情况，将上海社区公共开放空间系统中休闲绿地、休闲广场及休闲街道对应的绿地按用地类型划分为休闲公园绿地（居住区公园、小区游园、街旁绿地、带状公园、广场绿地）、居住区休闲绿地（组团绿地、宅旁绿地、小区道路绿地、配套公建绿地）、休闲道路绿地（行道树绿带、分车绿带、交通岛、停车场）3 种类型。然后，分别从面积大小、地理位置、功能类型等方面选择具有代表性的城市社区公共开放空间相关的绿地样地进行调研。其中，休闲公园绿地选取 47 个样地，居住区休闲绿地选取 68 个样地，休闲道路绿地选取 22 个样地，其他绿地选取 30 个样地，共调研 168 个样地。

根据法瑞学派的选样原则，对社区公共开放空间中不同类型绿地设置不同数量和大小的样地，样地边界主要由路缘、水岸等地理界线来确定，样地的面积一般在 100 m^2～600 m^2 范围内。根据城市绿地绿化特点，将各绿化斑块在垂直空间上划分为 5 层：第 1 层（T_1）高度为 8 m 以上，第 2 层（T_2）高度在 4～8 m，T_1 和 T_2 合为乔木层；第 3 层（S）高度在 1～4 m，为灌木层；第 4 层（H）高度在 0.1～1 m，为草本层；第 5 层高度在 0～0.1 m，为草坪。在调研过程中记录样方的群落类型，面积（m^2）以及各层中每种植物的数量、胸径（DBH，cm）、高度（H，m）、冠幅（C_W，m）、枝下高（H_B，m）、冠型以及多盖聚生度。叶面积指数是通过 LAI－2200 冠层分析仪测定，其中样点采用梅花布点法设置①。

（1）城市社区公共开放空间绿地植物群落结构指标的计算。选取乔木平均胸径、平均高度、平均冠幅、灌草平均高度、平均盖度、叶面积指数、郁闭度，乔木丰富度、乔木和灌木多样性指数（Shannon-winner）等 11 个指标。其中，郁闭度由 LAI－2200 冠层分析仪测定。物种多样性和聚类分析采用 PC-ORD 5.0 软件完成。

（2）城市社区公共开放空间绿地绿量的计算及相关性分析。通过样地总绿量换算成每个样地 1 m^2 所贡献的绿量，即单位面积的绿量（G）来进行比较分析。单位面积绿量的计算方法分为乔木层和灌草层两部分计算。

根据样地内每种乔木树冠形状选择合适的计算公式，计算出每种乔木的绿量。群落所有树木绿量累计相加即得到样方乔木总绿量，所得的样方乔木总绿量除以样地面积得到乔木的单位面积绿量（G_1）。灌草层总绿量，用灌草总绿量除以样地面积得到灌草的单位面积绿量（G_2）。累加乔木层、灌草层单位面积上的绿量，得到样地的单位面积绿量（G），即 $G = G_1 + G_2$。②

① 陈明玲：《上海城市典型林荫道生态效益调查分析与管理对策探讨》，上海交通大学硕士学位论文，2013 年。

② 芮文娟、阚丽艳、靳思佳、李玉红、车生泉：《上海社区不同类型绿地植物群落结构特征与绿量相关性研究——以瑞金社区、莘城社区、方松社区为例》，《上海交通大学学报（农业科学版）》2015 年第 8 期。

表 2-5 三维绿量计算公式

序号	树冠形状	计算公式
1	卵形 OV	$\pi x^2 y/6$
2	圆锥形 CO	$\pi x^2 y/12$
3	球形 SP	$\pi x^2 y/6$
4	半球形 SS	$\pi x^2 y/6$
5	圆柱形 RC	$\pi x^2 y/4$

备注：x 为冠幅(m) y 为冠径(m)

(3) 城市社区公共开放空间绿地群落生态效益指标的测定。

a. 温湿度的测定方法。在 2013 年 7 月下旬至 8 月上旬的晴朗高温天气，选择 12:00～14:00 时间段，使用 Tesco 温湿度仪测定所选群落的温湿度，测点距地面约 1.5 m，在调查的样方采取梅花布点法选取 5 个点来测定温度和湿度，每个点测 5 次取平均值，计算出这 5 个点的平均值即为样方内的温度和湿度。另设没有植物的空地作为对照，对照点也是测 5 次取平均值即为对照样地的温度和湿度。

b. 遮阴率的测定方法。光照强度是指物体被照明的程度，也即物体表面所得到的光通量与被照面积之比，单位是 lux(1 勒克斯是 1 流明的光通量均匀照射在 1 m^2 的面积上所产生的照度或英尺烛光)。采用 3415FQF Field Scout 光量子照度双辐射计，检测精度±5%。采样点设在距离地面 1.5 m 处，在调查的样方采用梅花布点法选取 5 个点来测定，每个点测 5 次取平均值。另设没有植物的空地作为对照，对照点也是测 5 次取平均值。

c. 负离子浓度的测定。采用美国 Alphalab 公司生产的 AIC1000 型空气负离子测定仪进行测量，其测量范围为 10×10^6～2.0×10^6 个/cm^3，检测精度±10%。采样点设在距离地面 1.5 m 处，在调查的样方采用梅花布点法选取 5 个点来测定离子浓度，每个点测 5 次取平均值，计算出这 5 个点的平均值即为样方内的离子浓度。另设没有植物的空地作为对照，对照点也是测 5 次取平均值即为对照样地的离子浓度。

第三章　上海城市社区公共开放空间体系与特征模式

一、城市社区公共开放空间分类体系

城市公共开放空间的品质是城市的基础。随着日常物质生活质量的不断提升，人们对社会文明的要求也不断提高，如对公共活动的参与度和社交文化的需求等不断加大。而城市公共开放空间作为承载人民社会交往活动和文化精神培育的场所，对城市和城市社区的发展均起到了至关重要的作用。因此，城市公共开放空间不仅是城市生活品质的基础，也是社会文明进步、实现社会公平的载体，是新型城镇化建设和生态文明建设的核心内容①。

城市公共开放空间系统包含从宏观到中观再到微观的层级结构和“点、线、面”的结构特征。就其形态构成因素而言，城市共开放空间包括点状空间（如广场、公园、街旁绿地、社区绿地等）和线性空间（即沿某个轴向呈线性分布的空间，如步行街、带状公园、滨水绿带等）②。其中，点状公共开放空间可以渗透到社区生活内部，具有空间个体的独立性。线性空间连接重要点状空间或者面状区域空间，以形成系统的公共开放空间网络。从土地权属的角度看，城市公共开放空间包含城市公园、街道等由政府出资建设、为公众服务的用地，也包含非独立的占地，如建筑退让空间、建筑与街道之间形成的过渡空间（如交通集散广场、商业广场等）。

《上海城市总体规划（2017—2035 年）》提出，“以城乡社区为基础，构建 15 min 生活圈，构建高品质公共空间网络，增加广场、公园等独立占地的公

① 李荣平：《构建公共开放空间体系提升城市品质——以南京江宁上坊中心区城市设计为例》，《城市建设理论研究（电子版）》2014 年第 4 期。

② 吴雅婷、肖斌、杨艳：《基于“点”、“线”体系的城市公共开放空间景观设计研究》，《中国农学通报》2009 年第 19 期。

共开放空间，充分满足居民的基本生活需求，城乡社区公共开放空间(400 m^2以上的公园和广场)的 5 min 步行可达率达到 90%以上”。《上海市城市总体规划(2040)》中确定将城市公共开放空间规划纳入专项规划。结合城市公共开放空间相关理论、上海城市总体规划的要求、上海城市社区公共空间的调查，我们可以构建上海城市社区公共开放空间体系。

以城市中心、城市近郊、城市远郊等建成区公共开放空间为研究对象，不考虑城市外围的生态开敞空间，将上海城市社区公共开放空间划分为休闲绿地、休闲广场和休闲街道 3 大类，并进一步细分为市区级公共开放空间、社区级公共开放空间、游园与活动绿地、开放性附属绿地、游憩集会广场、交通广场、附属广场、商业休闲型街道、生态休闲型街道、文化休闲型街道、复合型街道 11 种具体类型(见图 3-1)。

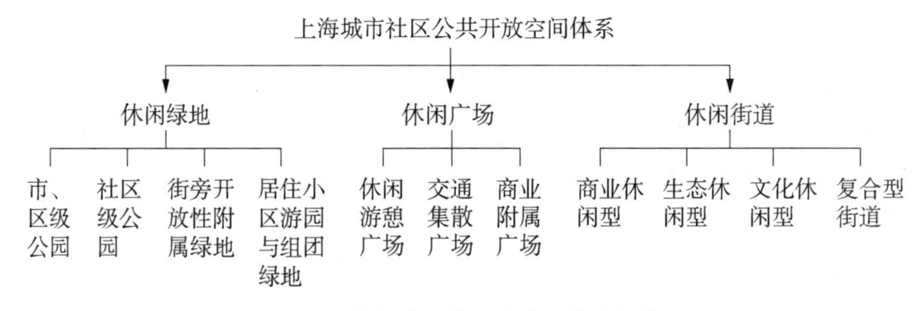

图 3-1　上海城市社区公共开放空间体系

a. 休闲绿地。城市公共开放空间中的休闲绿地包含位于城市社区内部的市级和区级公园、社区公园、街旁绿地、居住小区游园及组团绿地、附属开放性绿地等。参考相关国家规范和地方标准，综合公园(G11)规模宜大于 10 hm^2，社区公园(G12)规模宜大于 1 hm^2，专类园中游乐公园及其他专类公园的绿化占地比例宜大于或等于 65%。游园(G14)中带状游园的宽度宜大于 12 m，且绿化占地比例应大于或等于 65%。

附属开放性绿地属于城市绿地分类中附属绿都(XG)的一部分，是附属于各类城市建设用地的开放性绿化用地。

b. 休闲广场。根据城市用地分类与规划建设用地标准，休闲广场属于广场用地(G3)，即城市社区内以休闲游憩、纪念、集会和避险等功能为主的城市公共开放空间，绿化占地比例宜大于或等于 35%。绿化占地比例大于或等于 65%的广场用地计入公园绿地。

c. 休闲街道。休闲街道指在城市社区范围内，依托于城市道路，具有一定人行空间宽度，全部或大部分地段两侧建有各式建筑物或绿化景观并布置有服务设施，可供居民、游人开展休闲活动的线性公共开放空间。

休闲街道是适于市民开展休闲活动的空间，不同于交通功能为主的街道，作为公共开放空间的一大类，其在具有“交通性”的前提下兼具“休闲性”。休闲街道应具有一定的人行空间宽度①。同时，根据休闲街道构成要素、景观类型等的不同，可以将休闲街道分为商业休闲型街道、生态休闲型街道、文化休闲型街道及复合型街道 4 类。以街道立面为依据，当商业界面所占比例超过 50%时，该休闲街道则偏向于商业休闲型；若商业界面所占比例不超过 50%，则需根据主体景观的不同，判定为生态休闲或文化休闲型街道。

二、城市社区公共开放空间特征分析

对上海瑞金、莘庄和方松 3 处城市社区内户外休闲游憩空间进行现场调研，根据城市社区公共开放空间分类体系及其界定标准，对空间进行鉴定和分类，并综合分析各个样点公共开放空间布局及其类型构成特征。

1. 黄浦区瑞金社区公共开放空间特征分析

瑞金社区城市公共开放空间布局如图 3－2 所示，样地内公共开放空间休闲绿地以东北部复兴公园为主，其余绿地规模较小，零散分布于居住区周边；除分布于西侧的上海文化广场规模较大，其余广场均为较小的附属广场，且多沿北部淮海中路和东部重庆南路分布；区域内公共开放空间的突出特色是依托地域历史文化风貌特色和生态林荫道形成了相对完整的休闲街道网络体系，休闲街道有机串联了样点内公共开放空间等休闲游憩节点。总体上，瑞金样点以复兴公园、上海文化广场为区域休闲游憩核心，呈现出“双核、多点、休闲街道网络化”的空间分布特征。

2. 闵行区莘城社区公共开放空间特征分析

莘城社区公共开放空间布局如图 3－3 所示，区域内休闲绿地以莘城中央公园为核心功能节点，其余 6 处分散布局。值得注意的是，东部带状防护绿地现状条件较好且可以用作休闲开发，为之后规划用作休闲绿地提供了机会。广场空间多沿各个商业、文化单位分布，主要几处高利用强度的广场

① 《上海市道路人行道设计指南 SZ－50－2006》

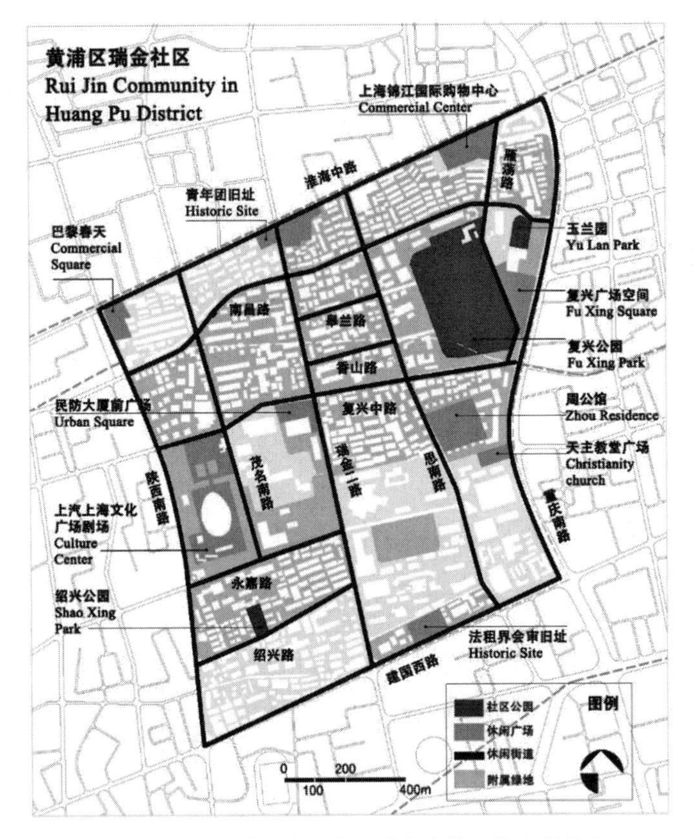

图 3-2　上海黄浦瑞金社区城市公共开放空间分布

集中分布于恒盛商城、闵行博物馆以及莘城中央公园构成的区域中心地带。样点公共开放空间最突出的特色就是环绕各个居住小区形成的休闲街道体系(人行空间宽、地面铺装多样、林荫覆盖率高),虽然存在局部不连续的问题,但已初步形成了区域休闲街道空间网络。总体上,样点公共开放空间呈现出“一核、多点、休闲街道网络化”的特征。

3. 松江区方松社区公共开放空间特征分析

方松城市社区公共开放空间布局如图 3-4 所示,样地内松江中央公园形成的区域公共开放空间绿轴,规模较大,成为周边居民休闲的主要节点,其余休闲绿地多以小型游园和街头绿地的形式存在,分布较为分散;广场与商业节点结合,分布于区域主要道路一侧,其中以新松江路中段、东段与文诚路周边居多;样地内休闲街道多围绕居住区分布,空间人行宽度较大,北部以商业型休闲街道为主,南部则生态景观型休闲街道为主。样地公共开放空间总体上呈现出“一轴、多点”的特征。

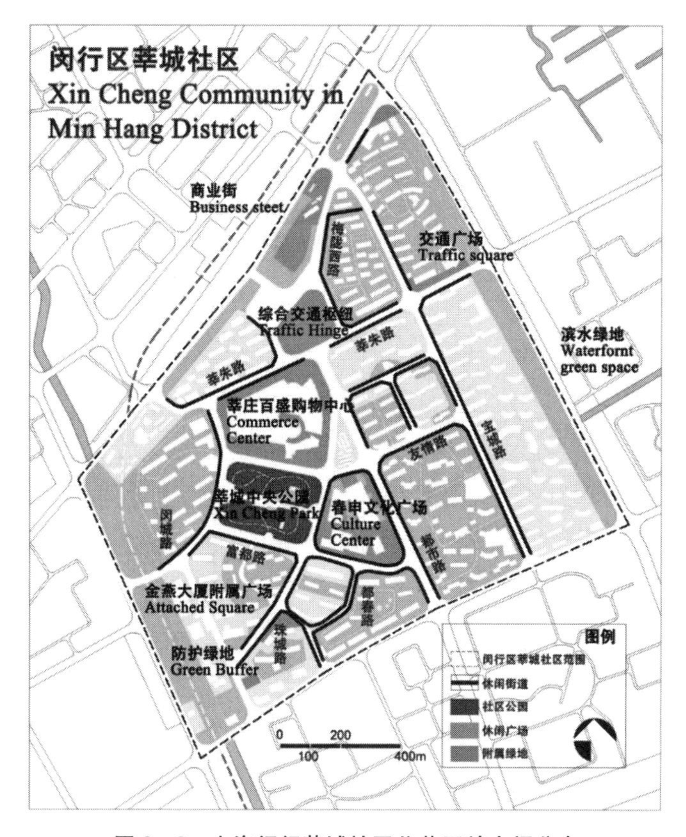

图 3－3　上海闵行莘城社区公共开放空间分布

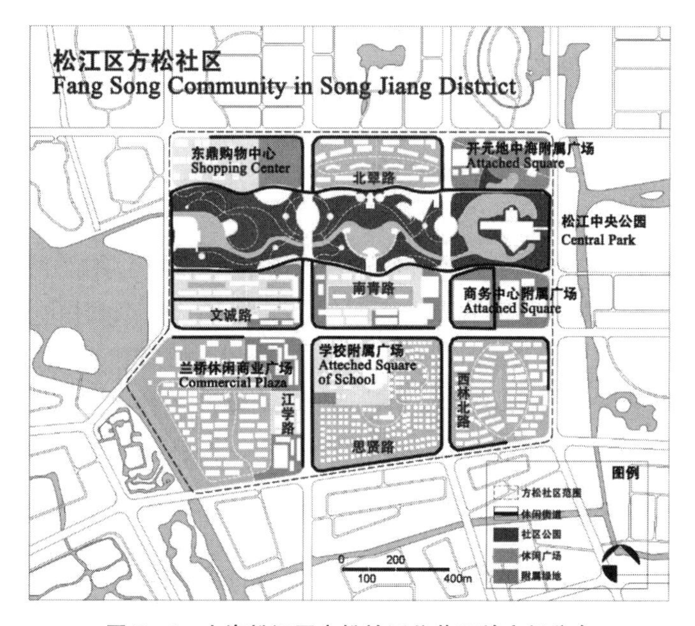

图 3－4　上海松江区方松社区公共开放空间分布

三、城市社区公共开放空间类型构成分析

根据3处上海城市社区公共开放空间布局特征分析发现，各个样地内均包含有3大类公共开放空间。3大类城市社区公共开放空间对应的11个细分类型在各个样地中的分布特征如表3-1所示。

表3-1 上海城市社区公共开放空间类型概况

类型		瑞金	莘庄	方松
休闲绿地	市区级公共开放空间	●	●	●
	社区级公共开放空间	●	●	×
	游园与活动绿地	○	○	●
	开放性附属绿地	○	○	○
休闲广场	游憩集会广场	○	○	○
	交通广场	●	●	○
	附属广场	●	●	●
休闲街道	商业休闲型	○	●	●
	生态休闲型	●	●	○
	文化休闲型	○	○	×
	复合型	×	○	×

“●”：主要存在类型；“○”：次要存在类型；“×”：类型缺失

四、城市社区公共开放空间典型模式分析

综合分析样地公共开放空间类型及现状分布，结果表明，公共开放空间常由某一大型点面状空间或多个点面状空间形成区域居民休闲核心节点，因空间核心节点数目及其组合形式的不同，样地区域公共开放空间往往呈现出不同的结构特征，而不同结构特征的样点之间又表现出位置分布和空间数量上的不同。

1. 城市社区公共开放空间模式调查分析

闵行区莘城社区仅有1处规模较大、吸引力强的核心节点，即莘城中央公园及其周边商业广场，为单核型模式；瑞金社区具有复兴公园和上海文化

广场两处分散的公共开放空间核心节点，为多核型模式；方松社区松江中央公园连续分布，形成区域公共开放空间带状主轴，为轴向型模式(见表 3 - 2 和图 3 - 5)。

表 3 - 2　不同模式样点对比

典型模式	代表样点	核心节点数量	核心节点构成
单核型	莘庄	1	莘城中央公园、仲盛南广场、莘庄博物馆北广场共同形成样点核心节点
双核型	瑞金	2	分开布局的复兴公园和上海文化广场形成样点双核心
轴向型	方松	3	连续分布的松江中央公园(3 段)形成样点公共开放空间绿色轴带

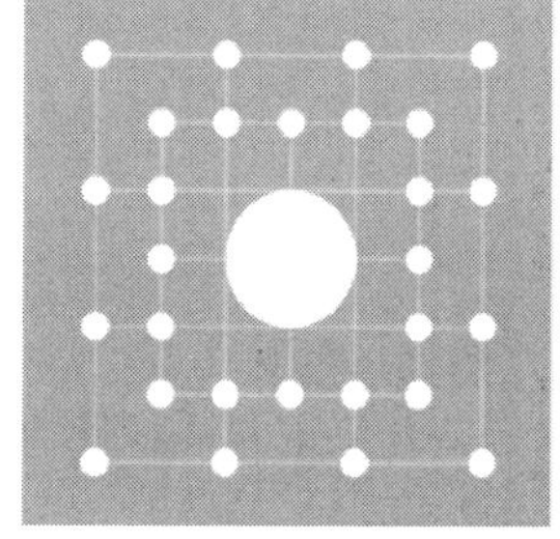

a. 单核型—莘城社区

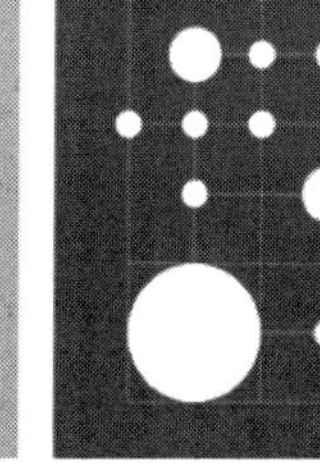

b. 多核型—瑞金社区

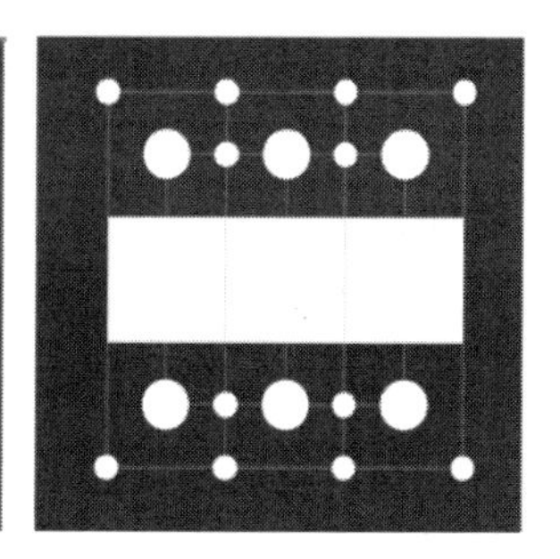

c. 轴向型—方松社区

图 3 - 5　不同城市社区模式的示意图

(1) 单核型模式：指仅有 1 处规模较大、设施完备、场地类型多样的公共开放空间核心节点的空间结构模式。一般空间核心由规模较大的公共开放空间构成，亦可由公共开放空间、广场等集中分布的多类空间组合而成。莘城社区为其代表样点，样点内莘城中央公园及邻近的文化广场和仲盛商城南广场构成区域公共开放空间核心，形成典型的单核型模式。

(2) 多核型模式：指样点具有两处及以上核心节点的公共开放空间结构模式。一般多核心节点由多处较大规模的公共开放空间组成，亦可由公共开放空间和规模较大的城市休闲广场组成。瑞金社区表现出多核型的模式特征，复兴公园、玉兰园、上海文化广场等构成了区域公共开放空间的核心，由区域城市主干道和休闲街道将各个节点连接，形成多核型空间分布结构。

（3）轴向型模式：指多处大型公共开放空间（以公共开放空间绿地为主）连续分布，形成区域公共开放空间带状主轴的结构模式。方松样地为其代表样点，样点内松江中央公园规模大且设施完备，东西连续分布形成了区域绿色轴带，将样点分为上下两个部分，形成较为典型的轴向型模式①。

2. 城市社区公共开放空间模式比较分析

公共开放空间服务能力的评价指标包含公共开放空间面积、数量、空间分布、可达性和步行可达范围覆盖率等②。2005年，深圳公共开放空间规划将人均面积配置标准由4.7 m^2/人提升为8.3～16 m^2/人，步行可达范围覆盖率设定为60%～75%；2007年，杭州公共开放空间规划将人均面积配置标准设置为8.0 m^2/人，5 min步行和5 min自行车可达范围覆盖率增至80%～100%③；上海颁布的《上海城市总体规划（2017—2035年）》中明确指出社区公共服务设施15 min步行可达覆盖率达到99%左右，人均公园绿地面积达到13 m^2/人。

对于单核、双核和轴向3种模式的公共开放空间的特征比较，可以从数量、面积和使用强度等方面进行对比分析。

（1）空间数量对比分析

a. 空间总量对比分析。就空间绝对数量而言，方松社区（63.74 hm^2）＞瑞金社区（27.27 hm^2）＞莘城社区（16.28 hm^2）。以公共开放空间面积比为指标，方松社区（27.02%）＞瑞金社区（15.85%）＞莘城社区（9.26%），空间总量与样地核心节点数量呈现出一定的正相关关系。

计算各城市社区公共开放空间人均面积（见表3-3），参考《城市用地分类与规划建设用地标准》，即“规划人均绿地面积不应小于10.0 m/人，其中人均公共开放空间绿地面积不应小于8.0 m^2/人”，同时绿地和广场用地应占规划建设用地的10～15%。由此可见，从空间总量来说，方松和瑞金社区内公共开放空间的总量相对充足，莘城社区存在一定的不足。

① 车生泉、徐浩、李志刚、卫宏健：《上海城市公共开放空间与休闲研究》，上海交通大学出版社，2019年，第35—36页。

② 李荣平：《构建公共开放空间体系提升城市品质——以南京江宁上坊中心区城市设计为例》，《城市建设理论研究（电子版）》2014年第4期。

③ 杨晓春、洪涛：《城市公共开放空间系统规划的再思考——从深圳到杭州》，《世界建筑导报》2009年第4期。

表 3-3　不同模式城市社区公共开放空间数量、面积比较①

类　别		瑞金	莘庄	方松
休闲街道	数量(条)	20	22	16
	总长度(km)	12.54	8.10	8.14
	面积(hm^2)	12.20	5.34	11.27
	密度(km/hm^2)	7.29	4.61	3.45
休闲广场	数量(个)	13	17	16
	面积(hm^2)	1.99	2.28	5.97
	面积比例(%)	1.15	1.30	2.53
休闲绿地	数量(个)	4	7	8
	面积(hm^2)	15.07	8.65	46.50
	面积比例(%)	8.86	5.09	21.14
公共开放空间总面积(hm^2)		27.27	16.28	63.74
样点区域人口(万人)		1.5	2.5	2
人均公共开放空间(m^2/人)		18.18	6.51	31.87

b. 不同类别空间数量对比分析。休闲绿地方面，就总面积而言，方松社区(46.50 hm^2)＞瑞金社区(15.07 hm^2)＞莘城社区(8.65 hm^2)。比较绿地面积比，方松社区内休闲绿地面积占比最高(21.14%)，瑞金社区内公园等休闲绿地面积占比次之(8.86%)，莘城社区内休闲绿地面积占比(5.09%)最低。

休闲广场方面，就总面积而言，方松社区(5.97 hm^2)＞莘城社区(2.28 hm^2)＞瑞金社区(1.99 hm^2)。比较广场面积比，方松社区(2.53%)＞莘城社区(1.30%)＞瑞金社区(1.15%)。

休闲街道方面，就总长度而言，瑞金社区(12.20 km)＞方松社区(8.14 km)＞莘城社区(8.10 km)。计算休闲街道相对密度后发现，瑞金社区(0.94)＞莘城社区(0.79)＞方松社区(0.68)②。

(2) 使用强度对比分析

a. 总体空间使用强度分析。总体空间使用强度(工作日与节假日两日

① 车生泉、徐浩、李志刚、卫宏健：《上海城市公共开放空间与休闲研究》，上海交通大学出版社，2019 年，第 37 页。

② 卫宏健、李志刚、迟娇娇：《上海建成区公共开放空间模式和优化对策研究》，《上海交通大学学报(农业科学版)》2016 年第 1 期。

叠加之和)：瑞金社区(1 987 人/hm^2)>莘城社区(480 人/hm^2)>方松社区(305 人/hm^2)。

位于城市中心的瑞金社区周边的居民人口密度较高，且周边聚集着交通枢纽及与之结合的休闲广场，多核心节点的服务面积广泛，且居民的游憩参与度较高；莘城社区公共开放空间的使用强度次之，可能的原因是，周边居住小区众多，单核心节点辐射面积基本可以覆盖社区，且社区居民喜好大型集体性休闲活动(合唱、团体太极、广场舞)；方松社区则由于较偏远的区位和较少的人口，导致社区内的公共开放空间使用率较低。可见，城市社区公共开放空间的使用强度可能与社区内居住人口直接相关。

此外，工作日各城市社区公共开放空间的使用强度排序为：瑞金(970 人/hm^2)>莘庄(263 人/hm^2)>方松(167 人/hm^2)；节假日各社区公共开放空间使用强度同样为：瑞金(1 017 人/hm^2)>莘庄(217 人/hm^2)>方松(138 人/hm^2)(见表 3-4)。但是，对比工作日和节假日社区公共开放空间的使用强度可知，瑞金和方松社区公共开放空间的使用强度在节假日有一定提升，而莘城社区的使用强度反而有所下降。可能的原因是，节假日市民的休闲活动范围扩大至城市中心和远郊地区。

表 3-4　样点总体使用强度(单位：人)

使用强度	瑞金	莘庄	方松
总体	1 987	480	305
工作日	970	263	167
节假日	1 017	217	138

b. 不同类型空间使用强度分析。休闲绿地使用强度：瑞金社区(806 人/hm^2)>莘城社区(509 人/hm^2)>方松社区(326 人/hm^2)。休闲广场使用强度：莘城社区(4 664 人/hm^2)>瑞金社区(234 人/hm^2)>方松(84 人/hm^2)；休闲街道使用强度：莘庄(5 031 人/hm^2)>瑞金(553 人/hm^2)>方松社区(318 人/hm^2)。

不同类型空间的使用强度表现出了与总体使用强度较为一致的趋势。莘城社区三大类空间使用强度均较高，其中由于中心区域商业节点的带动，极高的广场和街道使用率带动了整体使用强度的升高；与之相对应的是瑞金社区，复兴公园等休闲绿地是周边居民户外活动的主要场所，而广场、街道空间使用强度偏低；方松社区空间使用强度较低则更多地受制于偏远的区位和较低的人口密度。

五、小结

1. 上海城市社区公共开放空间体系构建。基于对上海城市公共开放空间构成要素的分析发现,城市社区公共开放空间主要由休闲绿地和休闲广场等点、面状空间要素以及以休闲街道为主的线性空间要素构成。以此为基础,研究构建上海城市社区公共开放空间构成体系,其以休闲绿地、休闲广场、休闲街道3类公共开放空间为主体,包含市区级公园、社区级公园、居住区游园、附属广场、商业休闲街道等11个细分类型。同时,参考相关规范,结合上海城市社区的实际情况,确定了各类空间的界定标准。

2. 上海城市社区公共开放空间类型构成分析。空间类型构成方面,就休闲绿地而言,各级公园是城市社区休闲绿地的重要构成元素,虽然社区内的公园绿地属于市级或区级公园,但使用主体是社区居民,即其承担了社区公园的功能。

休闲广场中,附属广场广泛分布于各个城市社区,是城市广场的主体类型。瑞金社区和莘城社区中,商业型附属广场是人流相对集中的休闲广场类型,而方松社区中的游憩居民则更多集中在公园附属的游憩集会型广场类型。

休闲街道中,上海城市社区公共开放空间中休闲街道以商业型和生态型为主,以文化型和复合型街道为辅。瑞金社区中的休闲街道以商业型和文化型为主,莘城社区中的休闲街道以商业型和复合型为主,而方松社区则以生态型和复合型为主,缺失了文化休闲型街道类型。

3. 上海城市社区公共开放空间布局结构模式。结合对样地公共开放空间类型及其分布的分析,构建了上海城市社区公共开放空间单核型、多核型、轴向型3种典型的布局结构模式,并对比了各类结构模式之间公共开放空间位置分布和数量特征方面的异同。

单核型和多核型模式分别具有1处和多处核心节点,以莘城社区和瑞金社区为代表,是上海地区较为常见的公共开放空间模式布局结构,在中心城区、近郊、远郊新城均有分布,一般由具有一定规模的公园绿地、休闲广场等形成社区公共开放空间的核心,功能辐射社区的居住、科教文卫等用地。轴向型模式中多由连续设置的公园绿地形成区域绿轴,休闲广场和居住区游园等公共开放空间围绕轴线布局,这种结构模式一般在新城区较为多见,以方松社区为代表。

空间数量方面，调查分析发现，对比人均公共空间面积与相关标准要求，轴向型模式总量充足；单核型、多核型模式有一定的空间保有量，但总量有所欠缺。究其原因，轴向型的空间模式易聚集数个规模较大的点、面状空间，形成大型的公共开放空间核心，甚至深入社区的公共开放空间网络系统，使得公共开放空间总量较多；而单核型、多核型模式一般具有单个或数个公园绿地或休闲广场为主的空间核心，从而具有一定的空间总量，但由于社区居民人口密度较高，核心分散，导致了总量的不足。

第四章　上海城市社区公共开放空间休闲需求分析

以上海社区公共开放空间常见休闲活动为基础，设计居民公共开放空间休闲需求调查问卷，运用简单随机的抽样方法，于城市社区公共开放空间样地中选取有能力完成表格内容的居民发放问卷，收集城市居民公共开放空间休闲基础数据，并分析居民休闲活动选择偏好及其差异化特征。

根据开放式问卷及访谈的结果，将城市社区中居民的游憩偏好归纳为主要的游憩交通方式、游憩可达性、游憩活动频率、游憩活动类型、游憩活动内容、游憩活动动机、游憩活动时间段、游憩活动持续时间、游憩设施使用频率、游憩标识系统、植物景观及类型偏好、景观风格及吸引力、游憩空间及设施偏好等指标。根据开放式问卷和访谈的初步结果，上述指标可以用来表征居民的游憩偏好，并且具有一定的重要性。游憩偏好与居民的文化背景、年龄、职业等人口统计学特征息息相关，而社区居民的构成特征差异性很可能导致游憩偏好的不同。关于社区中居民游憩偏好的调查数据由封闭式问卷调查及统计获取。

影响居民对城市社区公共开放空间游憩感知质量满意度的因素主要表现为景观质量满意度、游憩空间满意度、游憩环境满意度、游憩设施满意度、服务管理满意度 5 个方面，以及景点数量、地域特色、空间多样性、互动体验性、游憩设施数量、设施安全性、维护现状、环境舒适性、温湿感受、尺度感受、停车管理、开放时间等多项指标，基本涵盖了开放式问卷及访谈中居民反馈的影响游憩感知质量的、且具有一定重要性的社区公共开放空间游憩功能特征，其结果反映了居民在社区公共开放空间中的感受和对社区公共开放空间未来发展的态度。

为检测受访者（社区居民）对游憩感知质量满意度的每个方面及指标的满意程度并实现对满意度的卡方检查、差异性分析和对应性分析，在居民游憩感知满意度的测量上采用李克特五点量表尺度（Likert Sealer）作为评判标准，即针对社区公共开放空间游憩功能现状的问题描述，依次设定“1、2、

3、4、5”5个数字,它们分别代表满意度等级的“非常不满意”“不满意”“一般”“较满意”和“非常满意”,以及严重性等级的“非常严重”“较严重”“一般”“不严重”和“极不严重”。根据受访者的年龄差异和文化差异,调查问卷分为自填式和代填式两种,以自填式为主。数据的获取由封闭式问卷和量表获得。

一、调查对象及样本构成

1. 调查对象及样本量

在非概率抽样下,样本规模与总体规模密切相关。由于所选取的社区居民的总体规模约为3~4万人,因此调查问卷选取的样本规模为900~1 100人(见图4-1)[①],在置信度为95%的条件下,容许误差为3.5%~3.0%[②]。样本规模最终确定为两组社区居民,每组居民的数量为1 200人,分别进行开放式问卷的调查和封闭式问卷及量表的调查。本次调查问卷先后分两次发放,实际发放问卷1 150份,回收问卷1 043份,回收率90.70%;剔除无效问卷44份,共获得有效问卷999份,问卷有效率86.87%。其中第一次发放问卷900份,回收有效问卷786份;后补充发放问卷250份,回收有效问卷213份。

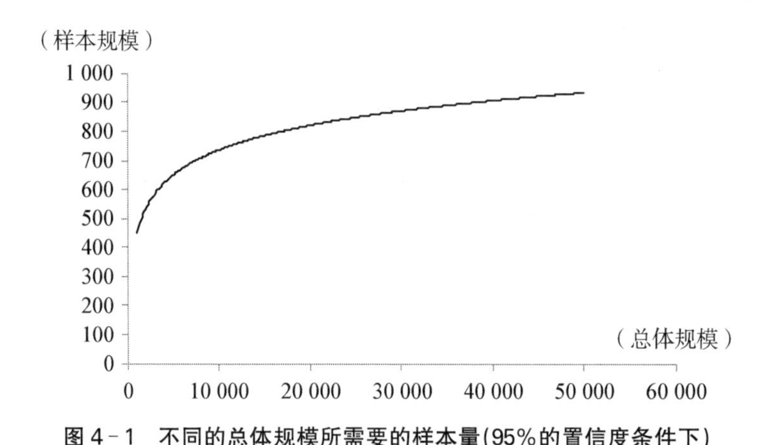

图4-1 不同的总体规模所需要的样本量(95%的置信度条件下)

① [美]林楠:《社会研究方法》,本书翻译组译,农村读物出版社,1987年,第182页。

② D. A. de Vaus, *Surbey in Social Research*, George Allen & Unwin Ltd, 1986.

根据人口统计学特征、相关文献及社区居民的现实情况，将性别、年龄、受教育程度、家庭构成、从事的职业类型等内容作为表征社区公共开放空间中开展游憩活动的居民构成特征，以研究居民的构成特征与游憩需求、偏好及满意度之间的相关性。其中，由于处于不同年龄阶段的社区居民的生理和心理特征均存在差异，因此年龄的差异性很可能导致游憩需求的巨大差别。此外，不同的文化背景产生不同的经历和体验，随之产生的游憩预期和满意程度评判也不同。而不同的职业类型很可能导致闲暇时间的差异性，可游憩时间的差别会直接影响游憩需求、偏好及满意度。因此，居民构成特征中的年龄、文化程度及职业类型将作为分析其与游憩需求差异关系的主要因变量。

就样本构成而言，此次调查的居民中，男性占总样本量的 57.3%；女性占 42.7%。受访者年龄分布以 18～25 岁和 26～35 岁的青年人为主，分别占总数的 32.4%和 39.4%；其次是 60 岁以上的老年人和 36～45 岁的中青年，分别占 11.3%和 8.9%；45～60 岁的壮中年人和 18 岁以下的青少年比例较低，仅占总数的 4.7%和 3.3%。就户籍构成而言，外来人口占受访者总人数的 56.3%，上海户籍人口占 43.7%。同时，过半的外来人口中，居住年数超过半年以上的常住人口占绝大多数，达 85.2%。考虑到此次研究的休闲主体以上海城市常住居民为主，受访者户籍构成基本与上海总体人口趋势吻合。综合以上分析，本次问卷调查人群的人口学特征与上海第六次人口普查相关数据的人口学特征基本一致。由此，本次问卷调查数据的分析结果，总体能够反映上海城市居民休闲活动的需求和特征。

2. 样本构成特征分析

(1) 游憩居民职业构成。根据霍兰德(Holland)职业兴趣代码及与其相应的职业对照表(见图 4 - 2)，将社区公共开放空间中开展游憩活动的居民按职业分异划分为 7 大类型：现实型、研究型、艺术型、社会型、事业型、常规型和无职业型(包含学生、退休老人、家庭主妇、待业青年等)。区别于传统的职业分类方法，霍兰德认为兴趣是描述心理的方法之一，而人们本身所具备的心理和状态及兴趣特征均与其选择的职业密切相关，因此霍兰德提供了一种和个人的兴趣相近而内容互有关联的职业分类方法和理论，将个人心理特质和适合这种特质的职业类型联合起来，巧妙地拉近了个人兴趣和心理与职业的距离[①]。

---

① 李永鑫：《Holland 职业兴趣理论及其中国化研究》，《华北水利水电学院学报(社科版)》2003 年第 3 期。

传统的职业分类方法将人群的职业类型简单地划分为教师、学生、专业技术人员、企事业单位负责人、商业及服务业人员、军人等类型。这种职业分类方式并不能充分地反映从业者的心理和兴趣倾向。而霍兰德的职业分类方法将职业与从业人的性格和心理联系在一起，这两种因素也恰恰是影响居民游憩需求、偏好和满意度的重要因子，因此本书采用霍兰德的职业分类法对社区居民的职业构成进行划分，以期探索职业分异与社区居民潜在的游憩需求、偏好及满意度之间可能的相关性。

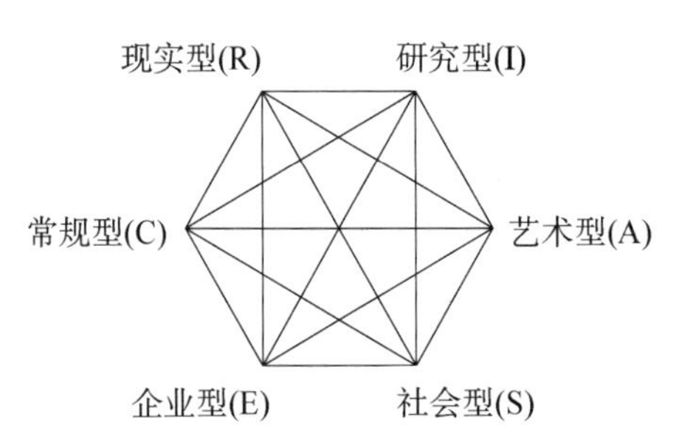

图 4－2 霍兰德职业兴趣代码分类

a. 现实型(R)：选择这类职业的从业者偏向于技术型及体力型的工作，喜欢修理和操作有形的事物，如机械、电子产品或设备等；不善于与人交流，为人较为保守和谦虚。从事该典型职业的人群为技术性人员（如制图员、计算机硬件人员、摄影师等）和技能性人员（如木匠、厨师、技工、农民、修理工等）。

b. 研究型(I)：这类人群学识较为渊博，有明显的科学理性倾向和逻辑思维能力，无论在工作还是生活中，其思想都相对独立，喜欢对生活及工作中的事物进行观察、推理和分析。研究型人群喜欢进行创造性的研究工作，喜欢探索未知领域，以求发现新事物，提出新的理论。典型的研究性人群为科学研究人员。

c. 艺术型(A)：这类人群具有较高的审美品质、艺术才能，且渴望在生活中表现出自己独特的个性，一般比较理想化，凡事追求完美，理性思维能力相对较弱，感性思维能力强。典型职业人群为音乐家、画家、作家、设计师。

d. 社会型(S)：这类人群有较强的社会责任感和社会义务，擅长与人交流，有较高的人际交往水平；且热衷于为他人提供社会服务，如培训、咨询、传授等，渴望发挥自身的社会服务作用。典型职业人群为教育工作者（教师）、社会工作者（公关人员、咨询人员）及社会公益活动服务人员。

e. 事业型(E)：这类人群比较看重政治和经济方面的成就，追求更高的领导地位、权力以及物质上的财富，工作具有较强的目的性，有长远的理想及职业抱负，且喜欢竞争和冒险。典型职业人群为政府官员、企业家、项目经理、律师等。

f. 常规型(C)：这类人群在工作中偏好于按计划办事，工作细心，思维缜密且有条理，习惯于接受他人的领导、指挥和安排；工作中不会主动谋求领导职务，遵守各项规章制度，没有竞争和冒险的意识。典型职业人群为会计、秘书、行政助理、出纳、办公室人员等。

g. 无职业型：该类型原本并不包含于霍兰德的职业分类中，但是基于社区公共开放空间中现实存在的游憩主体除了有工作的壮中年之外，离退休的老年人、学龄前儿童、青少年及待业人员也是游憩的主体，因此本书在霍兰德理论的基础上增加了无职业的类型，包括儿童、学生、离退休人员、家庭主妇、待业人员等。

以职业为标准对有效样本进行再次筛选，得到符合要求的样本879份，其中技术型76人(9%)、研究型124人(14%)、艺术型93人(11%)、社会型77人(9%)、事业型148人(17%)、常规型119人(14%)、无职业型242人(28%)(其中学生54人、退休人员145人、家庭妇女5人、待业人员3人)。根据瑞金、莘庄、方松社区内公共开放空间与游憩居民职业构成的对应分析与卡方检验结果，可以看到两者之间存在显著差异，卡方值为129.522，P值为0.000，即瑞金、莘庄和方松社区中公共开放空间中的游憩居民的职业类型存在明显分异。

其中，瑞金社区公共开放空间中游憩居民以无职业型(31.51%)、艺术型(17.47%)和研究型(14.73%)职业人群为主；莘城社区公共开放空间中以无职业型(40.82%)、事业型(16.77%)、常规型(12.03%)职业人群为主；而方松社区公共开放空间中的休闲游憩居民则以事业型(27.31%)、技术型(11.81%)、社会型(11.44%)职业人群为主(见图4-3和图4-4)。

通过对瑞金、莘庄、方松3个社区内的游憩居民职业构成的分析及前期观察可知，上海城市社区中居民构成比较丰富，职业分异明显。处于上海城市中心的瑞金社区公共开放空间中的游憩居民主要为上海老知青及本地居民，且周边的历史文化遗迹较多，艺术型人群较之其他社区公共开放空间要多，具有相对丰富的兴趣爱好及较高的文化知识背景。处于上海城市近郊的莘城社区公共开放空间中的主要游憩居民为在上海定居创业的新上海居民及来沪探亲的外来老年人，因此老年人和事业型人群居多。而处于上海城市远郊卫星城的方松社区公共开放空间中游憩居民主要为老上海居民、

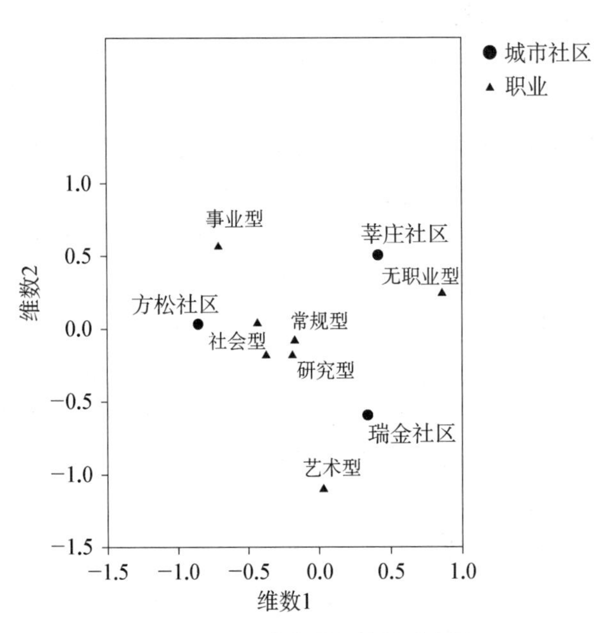

图4－3　职业分异与社区对应图

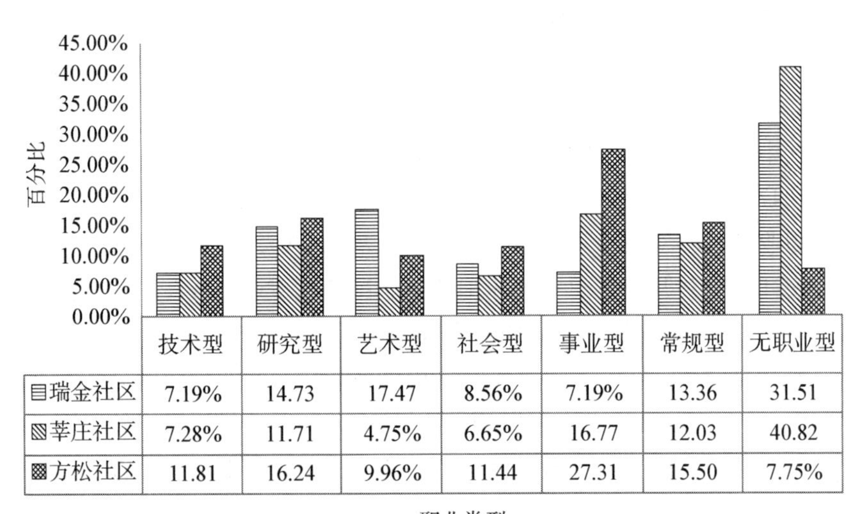

	技术型	研究型	艺术型	社会型	事业型	常规型	无职业型
瑞金社区	7.19%	14.73	17.47	8.56%	7.19%	13.36	31.51
莘庄社区	7.28%	11.71	4.75%	6.65%	16.77	12.03	40.82
方松社区	11.81	16.24	9.96%	11.44	27.31	15.50	7.75%

图4－4　社区开放空间游憩居民的职业构成

来沪创业的新上海居民及外来务工人员，因此事业型和技术型人群较多，游憩特征的差异性也相对显著。

(2) 游憩居民年龄构成。依据联合国世界卫生组织最新发布的年龄划分标准，将社区居民的年龄构成划分为 4 大时期 8 个小阶段，分别为学龄前儿童(0～6 岁)、青少年(7～14 岁、15～18 岁、19～22 岁)、壮中年(23～30 岁、31～50 岁、51～60 岁)和老年人(>60 岁)。

以居民年龄构成为标准对有效样本进行再次筛选，得到符合要求的样本 1 002 份，其中 0～6 岁人群 9 人(1%)，7～14 岁 12 人(1%)，15～18 岁 22 人(2%)，19～22 岁 152 人(15%)，23～30 岁 342 人(34%)，31～50 岁 237 人(24%)，51～60 岁 103 人(10%)，>60 岁 125 人(12%)(见图 4－5 和图 4－6)。根据 3 个社区公共开放空间与游憩居民年龄构成的卡方检验与对应分析，结果显示二者之间存在显著差异，卡方值为 130.008，P 值为 0.000，即瑞金社区、莘城社区和方松社区中的居民的年龄构成存在明显差异性。其中，瑞金社区中游憩居民以壮年(23～30 岁)及老年人(>60 岁)为主；莘城社区的游憩主体以壮中年(23～30 岁，51～60 岁)及老年人(>60 岁)为主；而方松社区则以壮中年(31～50 岁)及青少年(19～22 岁)为主。因此，通过对 3 个社区内公共开放空间的游憩居民年龄构成的分析及行为

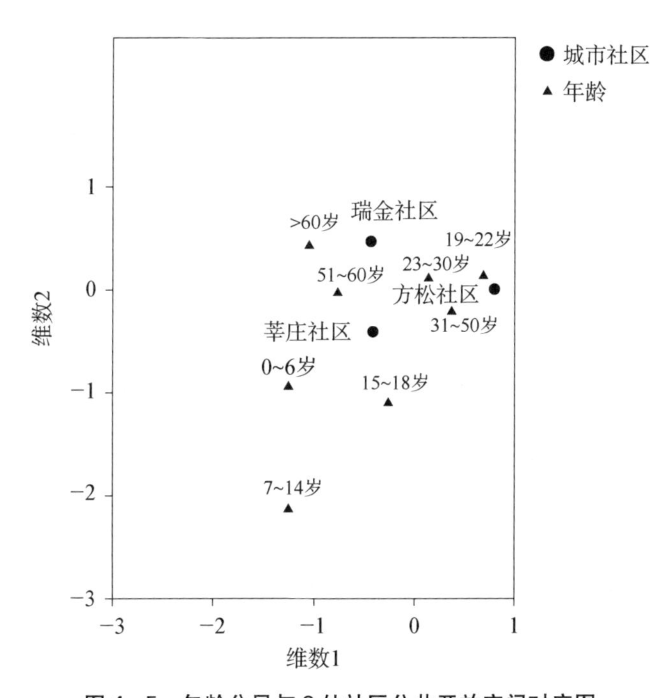

图 4－5　年龄分异与 3 处社区公共开放空间对应图

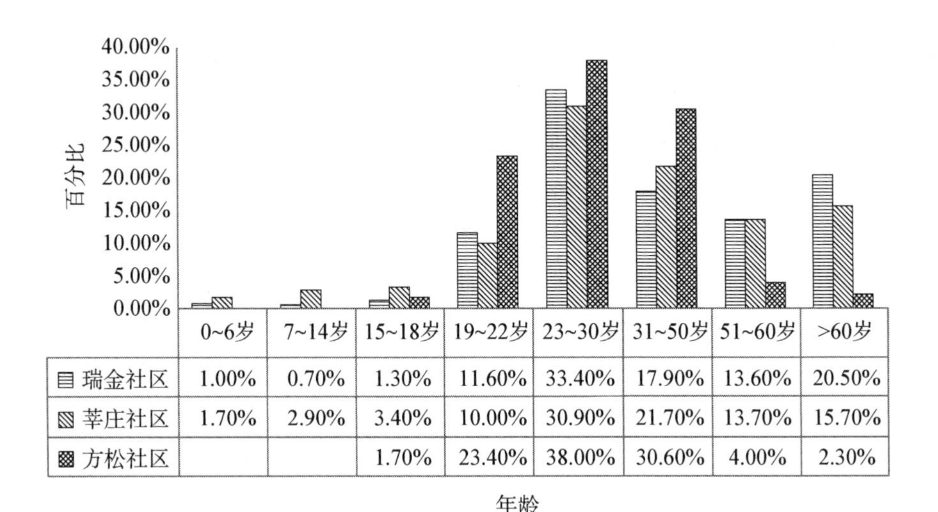

	0~6岁	7~14岁	15~18岁	19~22岁	23~30岁	31~50岁	51~60岁	>60岁
瑞金社区	1.00%	0.70%	1.30%	11.60%	33.40%	17.90%	13.60%	20.50%
莘庄社区	1.70%	2.90%	3.40%	10.00%	30.90%	21.70%	13.70%	15.70%
方松社区			1.70%	23.40%	38.00%	30.60%	4.00%	2.30%

图 4－6　社区公共空间游憩居民的年龄构成

观察可知，上海社区居民的人口老龄化程度比较高，成为社区公共开放空间游憩的主体。所以，在社区公共开放空间的规划设计及建设管理过程中，应该更多地关注老年人的游憩需求，以契合上海地区游憩居民年龄构成的特点。

（3）游憩居民文化构成。以居民的文化程度为标准对有效样本进行再次筛选，得到符合要求的样本 1 002 份，其中初中及初中以下人群 109 人（11％），高中 316 人（32％），本科及以上人群 577 人（57％）（见图 4－10 和图 4－11）。根据 3 个社区公共开放空间与游憩居民文化构成的卡方检验与对应分析，结果显示二者间存在显著差异，卡方值为 12.642，P 值为 0.013，即瑞金社区、莘城社区和方松社区中前往公共开放空间游憩的居民的文化程度构成存在明显差异性。其中，瑞金社区及方松社区游憩居民均以本科及以上文化人群为主，莘城社区以高中及初中以下文化程度人群为主。这与城市社区形成的时间及教育机构、就业岗位的设置相关（见图 4－7 和图 4－8）。因此，通过对 3 个社区内的公共开放空间游憩居民文化构成的分析及行为观察可知，上海城市社区中游憩居民的平均文化程度较高，且文化程度较高的人群对休闲游憩质量的期望值也相应较高。因此，在社区公共开放空间的优化提升中，应更多地关注本科及以上文化人群的游憩偏好及需求，以符合上海城市社区中主要居民文化背景的特征。

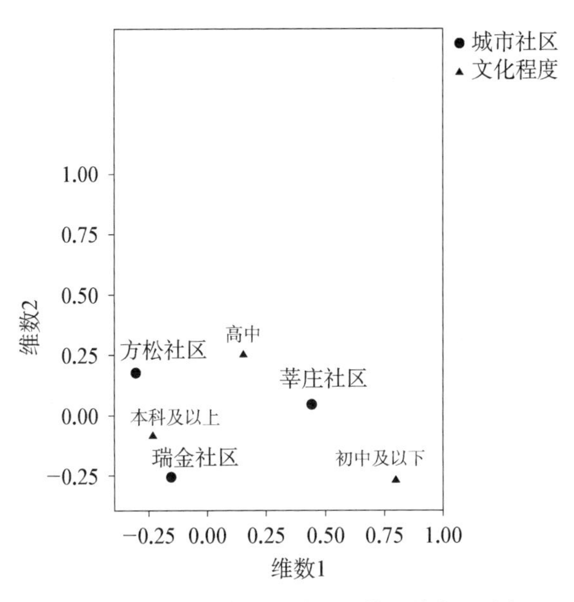

图 4－7　文化分异与 3 处社区公共开放空间对应图

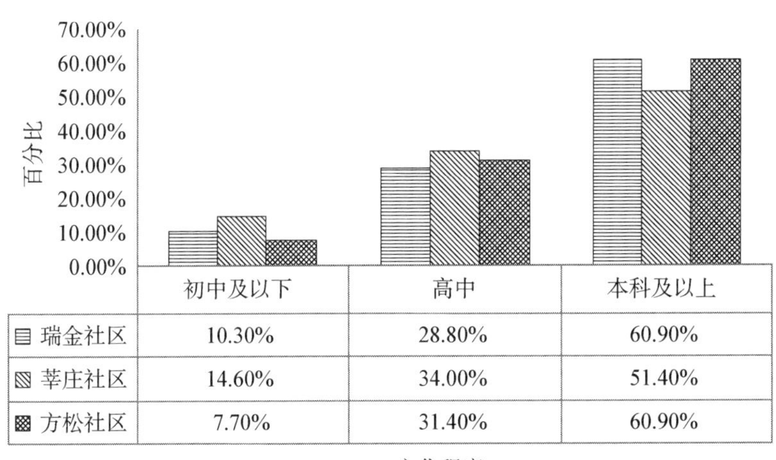

	初中及以下	高中	本科及以上
瑞金社区	10.30%	28.80%	60.90%
莘庄社区	14.60%	34.00%	51.40%
方松社区	7.70%	31.40%	60.90%

图 4－8　瑞金、莘庄、方松社区公共开放空间游憩居民的文化构成

二、居民游憩行为模式分析

1. 居民游憩行为强度分析

（1）学龄前儿童（0～6 岁）。学龄前儿童游憩活动的开展需要家人的陪

伴和引领，主要开展的游憩活动类型偏向于中低强度的、较温和且稳定的休闲活动。其中，低强度的游憩活动包括散步、休憩、野餐、野营、日光浴等；中等强度的游憩活动包括追逐、嬉戏、儿童器械、骑小轮车（玩具车）、踢球及放风筝等（如图 4-9）。

图 4-9　学龄前儿童低等及中等强度游憩活动

由于方松社区中可游憩的户外公共开放空间的面积远大于瑞金社区和莘城社区，有较多的绿地空间供学前儿童玩耍，因此学龄前儿童可以开展的活动类型明显较多。但是由于瑞金社区和莘城社区分别处于城市中心区和城市近郊，并在社区公共开放空间中专门设置了儿童游戏场，并配备了相应的儿童游戏设施，因此在瑞金和莘城社区的公共开放活动空间中参与游憩活动的儿童数量和强度也较高，导致了儿童游憩设施数量不足、儿童游憩活动与青少年及壮中年的器械健身活动相互冲突，以及儿童游憩活动受到强烈干扰等问题。

（2）青少年（7～22 岁）。青少年由于闲暇时间有限，其游憩活动主要集中于工作日的清晨、傍晚和节假日。参与社区公共开放空间游憩活动的青少年主要开展中、高强度的游憩活动，低等强度的活动有散步、休憩、野餐、野营、阅读；中等强度的活动有跑步、轮滑、骑自行车、器械健身、嬉戏、追逐、跳绳、捉迷藏、翻跟斗；高等强度的活动包括踢足球、拔河等（见图 4-10）。

图 4-10　学龄青少年中等及高等强度游憩活动

由于瑞金社区中的复兴公园处于市中心区域，邻近多家学校，其内部设置了适合青少年活动的器械健身场和活动草坪，因此到复兴公园中开展游憩活动的青少年较多，其活动类型比较丰富，活动强度较其余两处社区高。此外，方松社区中的松江中央公园也设置有标准的健身步道和青少年文化活动中心，因此至松江中央公园中开展竞技类活动的青少年居多。同时，方松社区中商业中心及众多商业店铺为来沪务工的青年提供了就业岗位。而工作之余，这部分青年多聚集在私密度较高的空间休憩、交流、阅读或冥想，以缓解工作的压力。因此，方松社区公共空间中出现的青少年数量较之其余两处社区要多。

(3) 壮中年(23～60 岁)。壮中年居民闲暇时间相对有限，但部分中年女性居民处于离退休状态或休闲活动依附于其看护的学前儿童，闲暇时间充裕。该类型社区居民的游憩时间段主要集中在清晨、下午、傍晚及节假日。由于看护儿童的责任限制和相对较强的体力，社区公共开放空间中壮年及中年居民主要开展的游憩活动类型偏向于低等和中高等强度两个极端，即以静态的儿童看护和剧烈体育运动为主。其中，低等强度的游憩活动包括：散步、休憩、野营、野餐、陪同及看护(儿童)、观望、晒太阳、聊天、合唱等；中等强度的游憩活动包括：集体舞、摄影、风筝放飞、武术、遛狗等；高等强度的游憩活动包括：慢跑、疾走、羽毛球、网球，橄榄球等等(见图 4－11)。

图 4－11　壮中年低等、中等及高等强度游憩活动

由于瑞金社区的居民以长期居住的本地居民为主，受教育程度明显高于莘城社区和方松社区，瑞金社区公共开放空间中开展游憩活动的壮年及中年居民具有较为活跃的思想及多样化的行为方式。且瑞金社区内公共开放空间资源丰富，如人文景观、历史遗迹及古树名木等均极具吸引力，社区公共开放空间内部适合壮中年活动的休闲建设设施相对齐全，因此瑞金社区中壮中年的活动类型和强度均高于其他两处社区。此外，方松社区中松江中央公园的绿地面积较大，有宽敞的草坪和滨水空间，由植物景观围合的空间变化多样，适合壮中年开展中高强度的休闲健身活动，活动类型也相对较多。

(4) 老年人(＞60 岁)。老年人由于拥有大量的闲暇时间，构成了社区公共开放空间游憩的主体人群，但由于老年人体力有限，其开展的游憩活动以低、中等为主，游憩时间段几乎分布工作日和节假日的全天，群聚现象明显。其开展的低等强度的游憩活动包括看护、散步、聊天、休憩、打毛衣、摘菜、晒太阳、合唱、诗朗诵、乐器演奏等；中等强度的活动包括集体舞、器械健身、风筝放飞、太极拳、健身操等；高等强度的活动包括竞走、慢跑等(见图 4 - 12)。

图 4 - 12　老年人低等、中等及高等强度游憩活动

由于在瑞金社区公共开放空间中开展集体舞、合唱、诗朗诵等活动的中老年人休憩的时间较长，且活动的开展能够有组织地进行，因此瑞金社区公共开放空间中老年人的活动类型多样，以中等强度的集体活动为主，规模较大，参与的人数相对较多，居民参与的意愿强烈，人均的可游憩面积非常有限。而莘城社区中参与休闲游憩活动的老年人以陪伴儿童或孕妇等看护性活动为主，游憩活动类型相对较少，强度偏低。方松社区中的大面积草地、健身步道和健身器械适合周边社区邻里的老年人开展健身活动，活动强度较高，人均游憩面积较多。

2. 居民游憩行为模式分析

行为模式(behavior model)是行为活动发生、进行和完成的某种固有方式，是从大量的实际行为中概括出来作为行为的理论抽象、基本框架或标准。人的行为模式依次递进可以分为被动性行为、自发性行为、自觉性行为和自动性行为。在本书中，通过社会学调查中的行为观察法对调查对象进行游憩行为模式的抽象化概括，可以用来衡量和分析其行为的特征、目的和潜在的需求，并且可以根据该分析的结果建议并引导其后行为的发生，同时也可以根据其行为的特征顺应性地营造适合其行为模式发生的场所和环境。

根据瑞金、莘城、方松社区中公共开放空间样地 6 个时段(6:00～8:00 am，8:00～10:00 am，10:00～12:00 am，12:00～16:00 pm，16:00～18:00 pm，18:00～20:00 pm)的不间断的行为观察和记录，将处于

不同年龄段(学龄前儿童、青少年、壮中年、老年人)的社区居民的游憩行为模式聚类为扩张流动、扩张分散、扩张聚集、集中集聚、散点聚集、有序循环、定向跟随、定向流动、稳定流动、流动分散和稳定分散 10 种(见表 4－1)[①]。

表 4－1　不同游憩居民行为模式图

社区居民年龄分异		行为模式示意图
学龄前儿童 (0～6 岁)		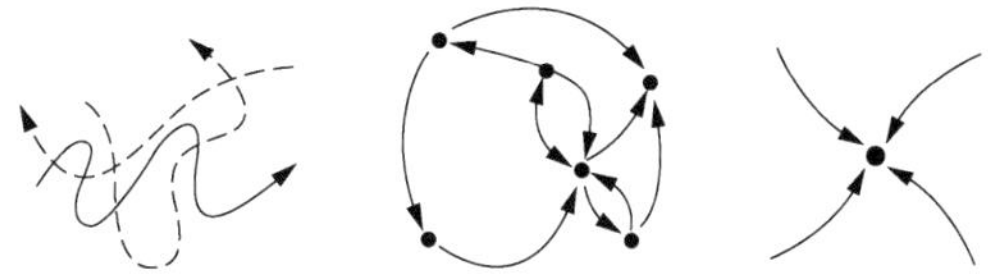 1　扩张流动　2　扩张分散　3　集中聚集
青年及少年 (7～22 岁)		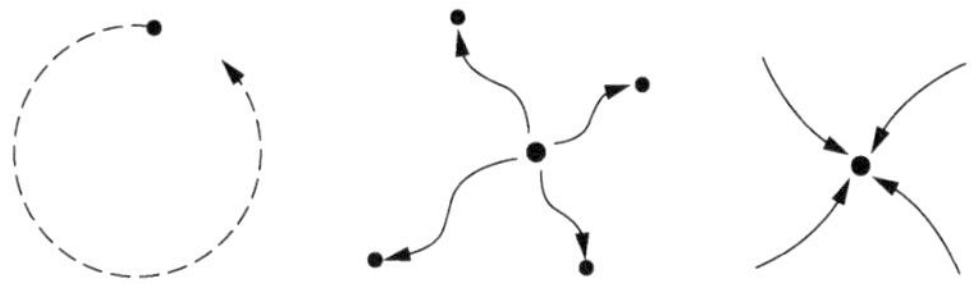 1　有序循环　2　流动分散　3　集中聚集
壮年及中年 (23～60 岁)	看护性壮中年	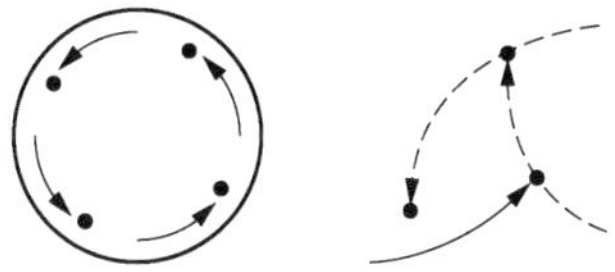 1　定向跟随　2　稳定流动
	群聚的壮中年	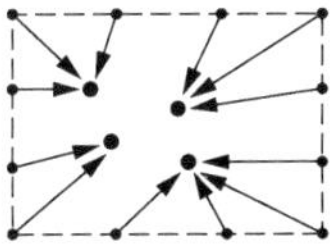 1　散点群聚
	结伴的壮中年	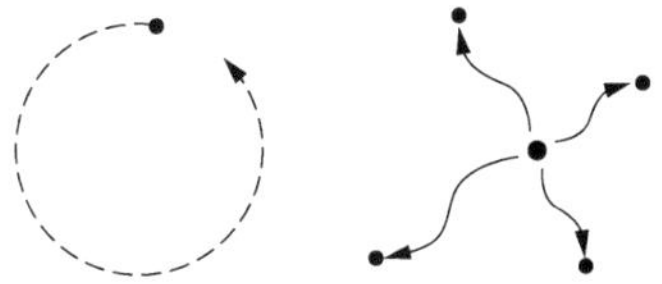 1　有序循环　2　分散流动
	独行的壮中年	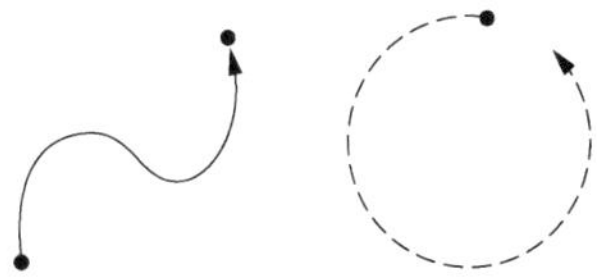 1　定向流动　2　有序循环

① 杨硕冰:《上海社区公园居民游憩需求分析及优化提升对策研究——以上海复兴公园、莘城中央公园、松江中央公园为例》,上海交通大学硕士学位论文,2014 年。

（续表）

社区居民年龄分异		行为模式示意图
离退休老年（>60 岁）	看护性老年	 1 定向跟随　2 扩张聚集　3 有序循环
	群聚的老年	 1 扩张聚集
	结伴的老年	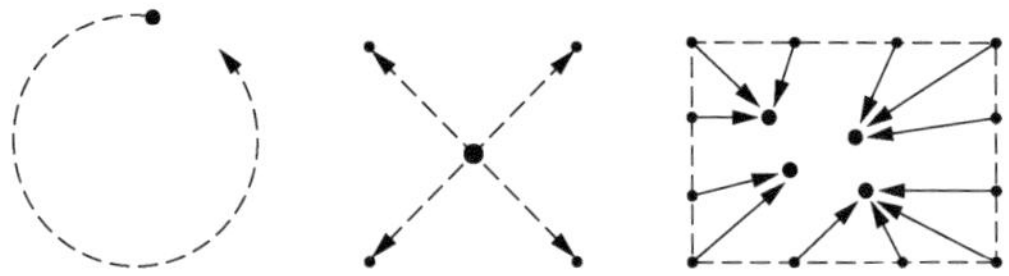 1 有序流动　2 流动分散　3 散点聚集
	独行的老年	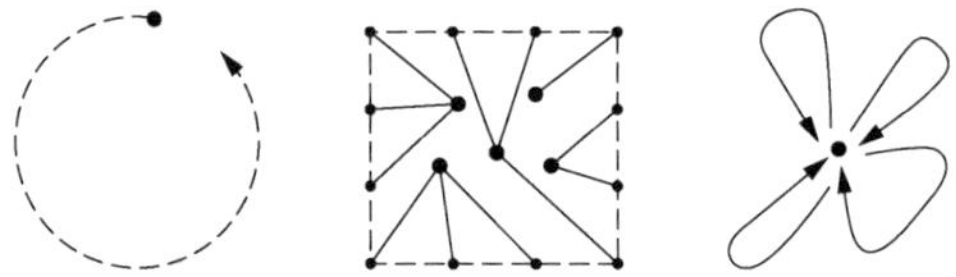 1 有序流动　2 稳定分散　3 扩张聚集

备注：表中部分儿童行为模式示意图来源于杜宏武的《探讨住区休憩空间价值的量化评价方法——基于规划控制与设计视角》，《现代城市研究》2016 年第 9 期。

（1）学龄前儿童的游憩行为模式。在选取的城市社区公共开放空间样地中，学龄前儿童游憩行为的发生需父母长辈的陪同和看护，但儿童对外界事物的好奇和多动的天性使其趋向于在多个活动空间之间穿越、追逐、嬉戏（70%），其行为模式呈现出无序扩张的形态，且流动性强，偶尔会发生吵闹、争抢、拍打器械等对抗性和破坏性的行为，这种游憩行为在多个儿童群集时更容易发生。同时，也有部分学龄前儿童（30%）偏向于安静的、少数聚集的、有序的行为模式，偏爱软质地面和鲜艳的色彩，并对动物和植物感兴趣，这种行为模式多见于有家长陪护的、单独的学龄前儿童游憩过程中。

（2）青少年的游憩行为模式。青少年在社区公共开放空间中进行的游憩活动以中等和高等强度的健身类活动为主，多数不需要家长的陪护，游憩行为的目的性强，活动类型和行为模式相对固定，活动多为有序的、循环性的且很强规律性的。其中，单独开展游憩活动的青少年独立性强，活动类型丰富，往往分散于不同的游憩空间中，快速流动于多个游憩空间之间，停留的时间却很少，甚至避免相互的交流，其活动类型多为器械健身、慢跑、自行车等个体性活动。其原因可能是由于青少年闲暇时间较少或者是社区内邻里交往较少导致的，也可能与公共开放空间内适合青少年活动的户外游憩空间相对分散的现状相关。这种推测的理由是社区公共开放空间周边的居住小区中，青少年的行为模式与之相反，表现出强烈的聚集性，活动范围也相对集中，往往 3～5 名青少年群聚，多开展自行车追逐、球类、游戏等集体性游憩活动。

(3) 壮中年人的游憩行为模式。壮中年人的游憩行为模式根据其群聚的方式和目的可分为 4 类，分别是看护性质的、多人群聚的、结伴的或独行的壮中年。不同的群聚方式和目的导致其游憩行为模式存在显著的差异。其中，壮中年人看护性质的游憩行为的目的是看护儿童(70%)或陪伴老人(30%)。由于儿童和老人的体力受限制，看护性质的壮中年人的行为多呈现为跟随儿童的脚步，或旁观儿童的活动，因此其行为如儿童般呈现出流动的、无序的、扩张的、分散的特征，与学龄前儿童的行为模式基本相符；而旁观的壮中年则往往来自多个家庭，聚集于视线通透的公共环境，交流比较广泛。陪伴老人的壮中年则多选择低等或中等强度的游憩活动，如散步、慢跑等，行为模式多为有序的、稳定的、循环的、缓慢的，且偏好隐蔽、安静、私密性强的空间环境，避免其他游憩者的打扰。

群聚的壮中年自发组织的合唱、集体舞、健身操等休闲游憩活动的开展需要一定的空间才能实现，因此对于空间与景观的选择偏向于公共、开敞、两面开敞、三面开敞、林下活动、疏林草地等等，且性格较为活跃，喜欢交谈，行为模式多呈现为有序的、稳定的、聚集性强的。此外，约 40%的群聚壮中年倾向于多个家庭或亲友组合出游，并选择低等或中等强度的游憩活动，如野营、放风筝、垂钓等，因此行为模式流动性较强，相对集中，分散性低。也有一部分群聚的壮中年(10%)偏好私密性强、围合度高的游憩空间，以便在相对幽静的环境中进行交流和休憩。

结伴的壮中年游憩行为目的以休闲健身、放松身心为主，以邻里交往为辅，多为夫妻结伴、同事结伴或邻里结伴，2～3 人聚集攀谈、休憩、慢跑、散步、疾走或打羽毛球。这类人群偏好幽静、辟荫的环境，尽量避免被其他游憩者打扰。其行为模式为稳定的、有序的、快速循环的；也有一部分结伴而行的壮中年分散在群聚的人群周围旁观，流动性和分散性较强。

独行的壮中年人的游憩行为以休闲娱乐和运动健身为目的，以消除工作、事业、家庭及现实生活的压力，且大部分独行的壮中年人都希望在休闲游憩时具有相对独立的思想空间，能够使其安静地思考或从事独立的休闲健身活动，避免被其他游憩者打扰，因此偏好辟荫、安静的环境，通常选择中等或高等强度的游憩活动，如双杠、篮球、疾走、慢跑等等，行为模式具有有序的、稳定的、循环的、分散的和流动性强等特点。

(4) 老年人的游憩行为模式。老年人的游憩行为模式根据其群聚的方式和目的同样可分为 4 类，分别为看护性质的、多人群聚的、结伴而行的及独行的。不同群聚方式和不同游憩目的老年人的游憩行为模式存在显著差异。其中，老年人看护性质的游憩行为目的是看护儿童(90%)或陪伴孕妇及行动不便的家属(10%)。由于儿童自我保护意识较弱，因此老年人的行为大多是跟随儿童的脚步或是近距离旁观儿童的活动，所以看护性质老年人的行为模式与儿童的行为模式相似，均呈现无序的、扩张的、流动性较强的特点，这些老年人常因教育话题而相互攀谈；而陪伴孕妇及行动不便家属的老年人行为模式表现为有序的、稳定的、循环的，因为体力有限，中途多需停留休憩，其活动频率趋于缓慢，偏好安静的、半私密的环境，避免其他游憩者的打扰，多选择低等强度的游憩活动，如散步、聊天、休憩等。

群聚老年人的游憩目的一般是利用闲暇时间自发组织群体性的活动以相互交流、学习、社交、健身，丰富离退休之后的生活。因闲暇时间相对较多，其游憩行为表现为聚集性强、持续时间较长、活动时间地点相对固定等特点，并偏好公共的、开敞的、热闹的游憩环境。群聚的老年人多选择低等或中等强度的游憩活动，如太极拳、集体舞、合唱、诗朗诵等，行为模式多为稳定的、有序的。

结伴的老年人游憩行为的主要目的是打发闲暇时间，增进彼此感情及邻里社交，多为老年夫妻或邻里结伴同行，喜欢追忆往昔美好的情景，多选择低等强度的游憩活动，如散步、聊天、休憩、旁观、诗朗诵等，其行为模式一般是有序的、循环的、稳定流动的。

独行的老年人游憩目的主要为消除孤独寂寞感，且有很大一部分老人性格较为孤僻，生理各项机能退化，对邻里社交缺乏兴趣，不喜好群体性的游憩活动，且在活动中尽量避免他人的干扰，也很少与其他游憩者交谈，喜好辟荫、安静、私密性强的环境，多选择低等强度的游憩活动，如闲坐、旁观、晒太阳、乐器演奏等，行为模式是有序的、循环的、稳定的。

三、居民游憩方式偏好分析

从休闲时间的占有、休闲同伴的选择、休闲场所的选择以及休闲活动类型的选择 4 个方面对上海居民公共开放空间休闲方式选择倾向进行综合分析。我们对回收的调查问卷进行编码，应用 SPSS17.0 和 Excel 统计分析软件对调查问卷的数据进行录入和统计，调查问卷中每个问题的选项(包括居民构成、游憩偏好、游憩需求及满意程度等内容)均被分别记录为数字号码。对于调查问卷中的多项选择，每个选项首先被作为非选项处理(1＝是，2＝否)，然后该问题的几个选项在 SPSS 软件中被合并为一组。经过归一化处理的调查问卷结果和居民反馈，应用 SPSS17.0 统计分析软件进行卡方检验和对应分析，以了解居民构成、游憩偏好、游憩需求及满意度之间的差异性、相关性和对应性。

1. 游憩时间持续

根据调查数据显示(见图 4－13)，就休闲时间的分布而言，居民多集中在一天的后半段开展各项休闲活动。从下午起一直延续到夜间时段都属于高强度活动时段，各时段居民休闲选择倾向均超过 1/3(居民活动的时间段并不是唯一的，有部分居民会选择一天中的多个时间段参与休闲)。

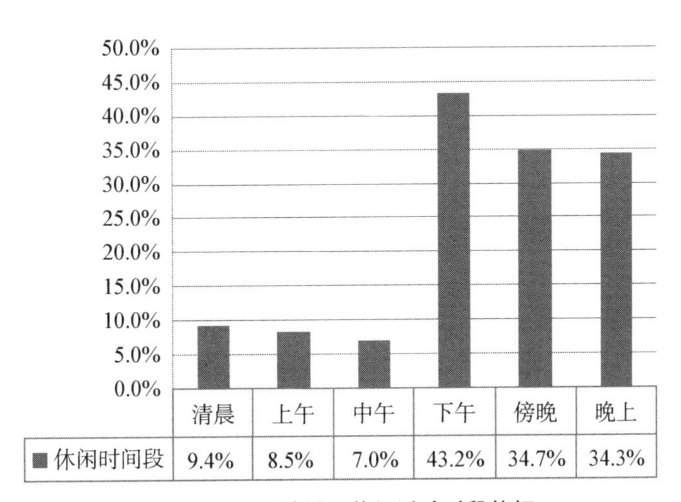

图 4－13　受访居民休闲活动时段偏好

清晨和上午时段选择进行休闲的受访者分别只占总数的 9.4%和 8.5%，与实际所观察到大量人群开展广场舞、交谊舞、跳操、唱歌等休闲活动的实际情况存在一定的出入，推断其原因：一方面由于开展以上活动的人群以老年人群为主，而此次问卷的受访者多为年轻人群，调查结果相对偏向年轻人群的喜好；另一方面，居民通常在清晨和上午开展的休闲活动都集中在公共开放空间，能选择的场所有限，并且参加广场舞等活动的居民也通常是一部分有此兴趣爱好的固定对象，活动所覆盖的人群也较为有限。选择中午时段的受访者最少，仅有 7.0%，较为符合结合公共开放空间使用观察的实际，说明该时间段不适宜休闲活动的开展。

居民每天用于休闲的时间因工作日和节假日而不同，但总体发展趋势保持一致。随着选项休闲长度的增加，工作日和节假日不同休闲时长的选择人数均呈“先增加后减少”的趋势。[①]

一般工作日，人们每日的休闲时间以 2～3 h 为主，受访者中 46.0%的人群符合该选项。有 15.5%的居民在 3～5 h，超过 10%的居民休闲时间超过了 5 h，同时亦有近 30%的受访者每日休闲时间不足 1 h，休闲时间十分缺乏；周末或节假日每日休闲时间上升到以 4～8 h 为主，占总量的 36.6%，甚至有 15.5%的居民超过了 12 h，但仍存在 32.9%的居民休闲时间不足 4 h。

通过累计总结一半以上人群的休闲时间特征发现（见图 4－14），工作日有 61.5%的居民平均每天休闲时间以 3 h 为中心上下浮动；周末有 69.5%的居民约为 4 h 左右，有 51.6%的居民游憩时间保持在 8 h 左右。

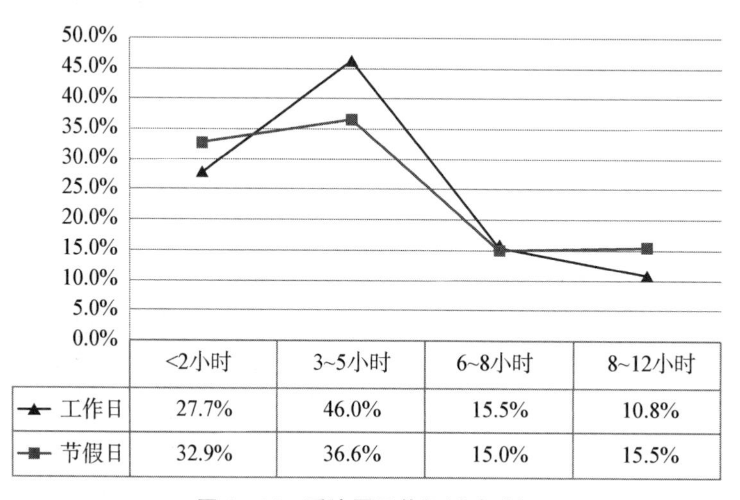

	<2小时	3~5小时	6~8小时	8~12小时
工作日	27.7%	46.0%	15.5%	10.8%
节假日	32.9%	36.6%	15.0%	15.5%

图 4－14　受访居民休闲活动时长

① 卫宏健：《以休闲生活为导向的上海建成区公共开放空间规划对策研究》，上海交通大学硕士学位论文，2015 年。

2. 游憩同伴选择

休闲游憩的同伴是人们参与休闲活动的个体与群体关系的体现，休闲游憩活动的同伴选择是休闲活动价值取向的首要因素。调查数据显示（见图 4－15），上海居民在公共开放空间开展各类休闲活动，在选择同伴时，通常情况下以亲情或友情为首要选择，其中 48.4％的人选择与家人一起活动，考虑到外来人口较多等的因素，高达 75.6％的受访者选择朋友作为陪伴进行休闲。在城市建成区公共开放空间休闲过程中，对亲情和友情的重视与关注，既体现了上海现代化、国际化大都市开放的社会价值倾向，也符合上海城市“海纳百川、兼收并蓄”的风貌特征。

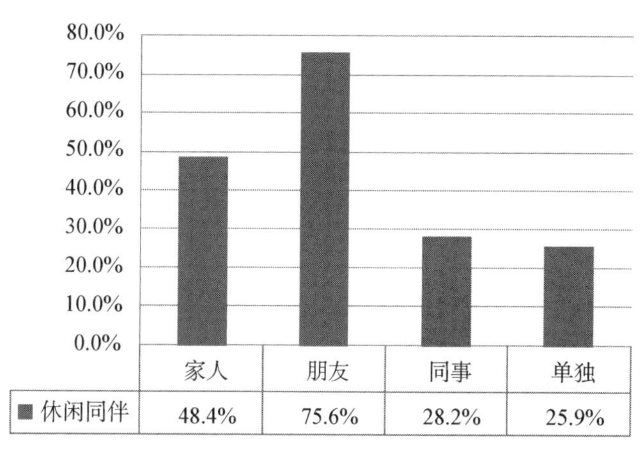

图 4－15　受访居民休闲同伴选择

3. 游憩场所选择

城市社区公共开放空间是一个多样、有机的系统，居民对不同类型的空间有着不同程度的偏好，对空间特征有不同的接受程度。

问卷调查结果表明（见图 4－16），各类公共开放空间是大部分居民（60.6％）选择开展休闲活动的主要地点，其良好的自然生态环境和多样的景观空间为休闲的开展创造了有利的条件。其次是各种类型的广场（51.2％）和休闲街道（37.1％）。部分居民选择了两种及以上的场所，并且居民对公共开放空间、广场和街道的选择比例在一个较为合理的差距范围内，符合实际情况。而与居民日常生活息息相关、位于居住区内部最方便居民进行休闲活动的社区活动中心仅有 6.1％的受访者表现出了需求，这一情况一方面突出显示了上海城市社区公共开放空间的休闲功能相对薄弱，满足不了居民日益增长的需求;另一方面也反映出上海城市居民休闲活动范围逐步扩大的发展趋势,居民对居住区以外的城市层面以公共开放空间为主的休闲空间表现出了更为强烈的偏好。

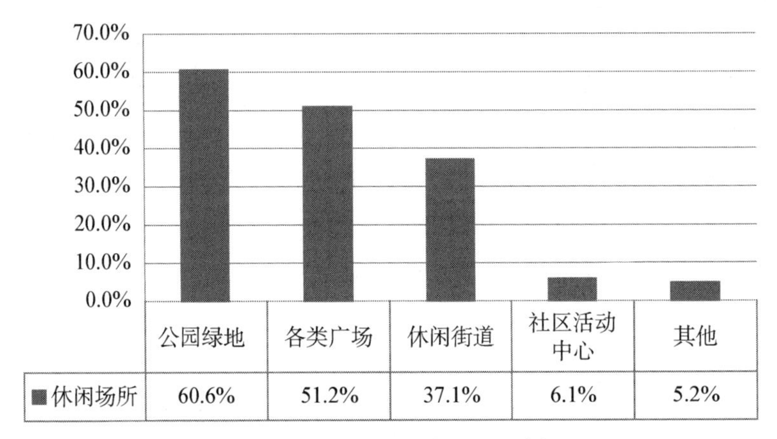

图 4-16　受访居民休闲场所选择

4. 游憩活动类型选择

基于城市社区公共开放空间现场调查和相关资料收集,问卷总结了体育健身类、生活怡情类、娱乐消遣类、观光游览类以及社会活动类 5 大类 30 余项公共开放空间休闲活动方式。

根据居民偏好的活动类型的比例降序排列可直观看出(见图 4-17),在问卷设计的近 30 个选项中,排名在前十位的休闲活动依次为郊野观光(67.1%)、散步(58.2%)、慢跑(48.4%)、逛街购物(44.6%)、聊天(43.7%)、户外游乐活动(37.1%)、球类(35.2%)、户外休闲餐饮(35.2%)、市区游览(34.3%)和拍照摄影(25.4%)。这 10 项活动基本包括了居民公共开放空间生活类、健身类、娱乐类、生活类等方面休闲活动的内容,在相关的规划设计中应当重点考虑,布局相应的空间和服务设施。尽管立足城市外围生态开敞空间的"郊野观光"日益受到城市居民的关注与喜爱,但以散步、慢跑以及球类这些大众化的运动锻炼为主的体育健身类的传统休闲活动方式仍然占据着居民日常休闲活动的重要内容。而人们对逛街购物的进一步关注,则更加突出了休闲商业作为建成区公共开放空间主要内容和城市休闲系统的核心组成部分所发挥的作用。

排名在中间 10 位的休闲活动依次为带小孩(24.4%)、弹琴唱歌(23.9%)、体育器材(21.6%)、棋牌活动(18.8%)、自行车运动(17.8%)、志

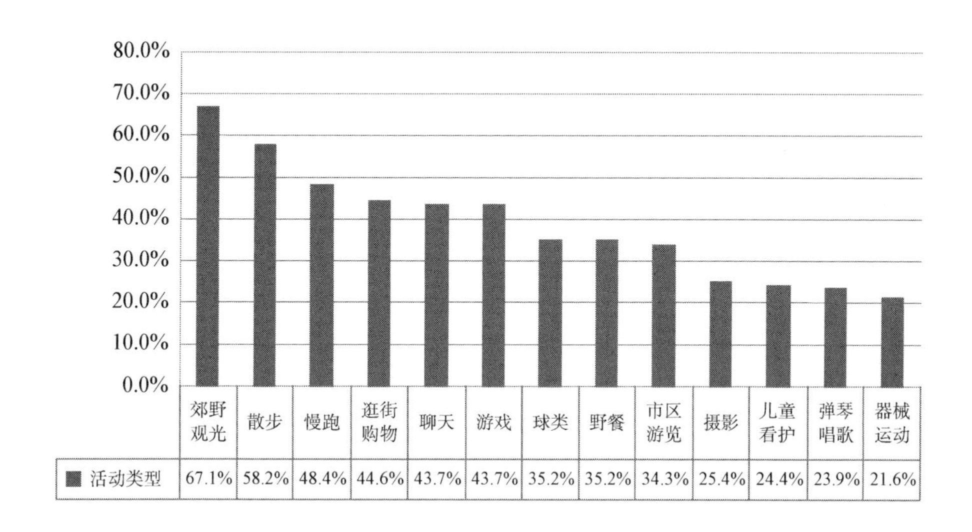

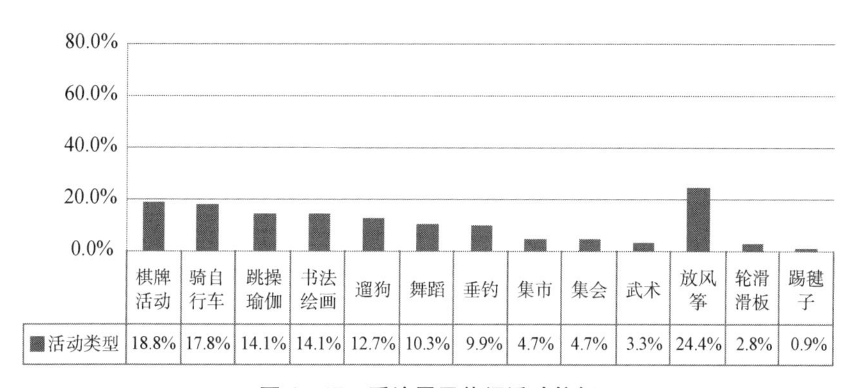

图 4－17　受访居民休闲活动偏好

愿者活动(16.4%)、跳操瑜伽(14.1%)、书法绘画(14.1%)、宠物遛弯(12.7%)和舞蹈(10.3%)。这些活动可轻易地在城市公共开放空间内发生和开展,进一步表明了城市公共开放空间是建成区公共开放空间的重要节点。

随着城市社区中新兴休闲活动的进一步引入和发展,自行车运动等新型休闲方式开始受到更多居民的喜爱和追捧,未来的规划建设中应考虑时下休闲游憩活动的新动向,配给一定的活动场所空间和设施。

同时,当公众参与的理念逐步被人们所接受,人们的公益意识得到了激发。16.4%受访者选择了“志愿者活动”作为喜爱的休闲活动类型,从一定层面上反映了居民对休闲的理解,已经不再仅仅是通过“自我参与”去“获得”体验,也不再仅仅是传统意义上的“吃喝玩乐”。“志愿者活动”作为逐步受到居民认可的休闲方式之一,应当得到积极的鼓励和宣传,使其成为城市公共开放空间休闲体系的一大亮点。

此外，除图表中给定的近30种休闲方式选项之外，还有39.4%的居民选择了“其他”这一选项，占有相当大的比例。由此，在以后的研究中应深入思考如何突破已知的传统休闲活动，更多地去挖掘城市休闲文化和娱乐观念不断发展下越来越多元化、个性化的休闲活动类型。

四、居民游憩需求差异化特征分析

利用SPSS18.0软件对问卷数据进一步验证分析，从性别和年龄角度，分析不同类型受访者群体在城市公共开放空间休闲需求上表现出的分异，可以归纳上海居民在城市社区公共开放空间中开展休闲游憩活动的差异化特征。

1. 基于性别分异的游憩需求差异性比较

对比男女受访者在休闲游憩活动类型、休闲场所偏好等方面的异同（见图4－18），我们发现，男性与女性居民在8项休闲活动的偏好上存在明显的差异。相比之下，男性比女性更普遍热衷于“球类”“体育器材”和“棋牌活动”等休闲方式，而在“跳操瑜伽”“逛街购物”“聊天”“宠物遛弯”“舞蹈”这些相对生活化或艺术化的活动方面，男性的参与程度与热情程度远低于女性。

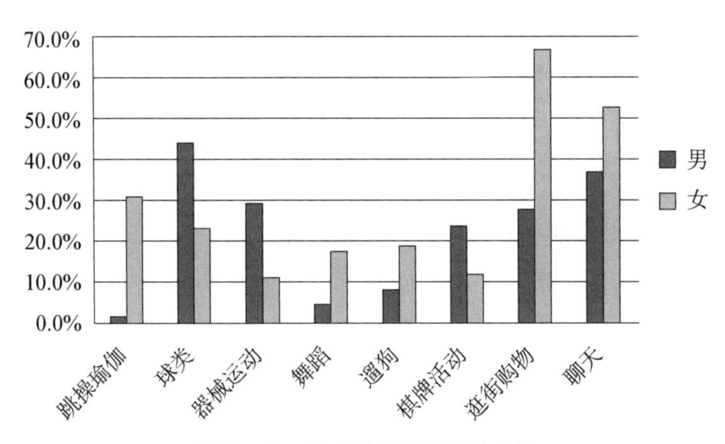

图4－18 男女居民休闲活动差异

根据居民所偏好的休闲活动的总体频率统计，“逛街购物”和“球类”均排名在前10位。由此，可认为这两项休闲活动具有鲜明的性别标签。男性受访者热衷“球类活动”，主要由于男性居民偏好于通过高强度的体育锻炼来强健体魄或舒缓工作压力，放松身心；而女性居民对购物表现出的偏爱，体现出其对生活质量、生活情趣的追求以及对时尚的关注。

2. 基于年龄差异的游憩需求差异性比较

从表 4－2 显示的年龄分异与社区居民游憩偏好关系可知，不同年龄层与植物类型偏好是相互独立的，即年龄分异对其没有显著影响，而不同年龄层与其他各项关系均为不独立，即年龄分异对交通方式、可达性、游憩动机等其他各项指标均有显著影响。检验结果表明，年龄分异对游憩偏好影响显著项比例为 13/14。

表 4－2　年龄分异与游憩偏好关系

指标	卡方值	P 值	关系
游憩交通方式	87.502	0.000	不独立
游憩可达性	44.711	0.002	不独立
游憩活动动机	86.223	0.000	不独立
游憩活动时间段	96.651	0.000	不独立
游憩活动持续时间	169.853	0.000	不独立
游憩活动频率	201.603	0.000	不独立
游憩设施使用频率	106.358	0.000	不独立
游憩活动类型	362.521	0.000	不独立
常绿落叶树偏好	33.171	0.000	不独立
植物类型偏好	14.540	0.410	独立
游憩场地多样性	153.743	0.000	不独立
游憩设施多样性	153.630	0.000	不独立
公共开放空间的吸引力	117.952	0.000	不独立
植物标识的充分性	41.525	0.000	不独立

备注：显著性水平为 0.05

受访者年龄构成上的差异对休闲场所和休闲活动类型的选择方面有较大影响（见图 4－18）。

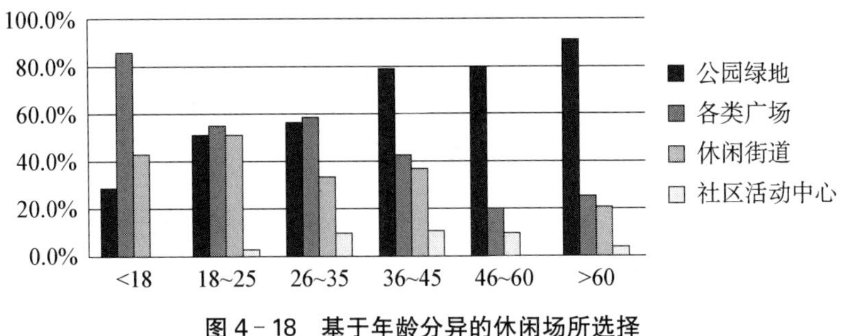

图 4-18　基于年龄分异的休闲场所选择

在休闲游憩场所的偏好上(见图 4-18),18 岁以下的青少年更倾向于更空旷、更具开放性的广场空间,选择“各类广场”的比例达到 85.7%,其次是各类服务设施相对完备的社区活动中心;18～25 岁和 26～35 岁的青年受访者选择相对均衡,在公共开放空间、广场、街道等方面没有表现出突出的个人喜好;而 36 岁以上的受访者则表现出了对设施和环境更为丰富、休闲空间尺度更大的“公共开放空间绿地”的偏好,特别是 60 岁以上的老年人选择公共开放空间的比例最大。

图 4-19 分别统计了各个年龄段人群偏好休闲活动中的排名前 5 项,可以更直观地比较其差异性并了解各年龄层的休闲重点。18 岁以下的青少年最热衷于“逛街购物”“市区游览”和“聊天”(三项活动占有同等比重);18 岁以上 35 岁以下的青年表现出了对“郊野观光”等户外自然生态开敞空间休闲娱乐活动的喜爱;而 36 岁以上的居民则对“散步”表现出了一致的偏好。以上表明,随着年龄的增长,居民的活动方式从时尚消费型逐渐过渡到观光游览型,再转变到健身运动型,年龄越大的居民越多关注与健康和养生相关的休闲方式。

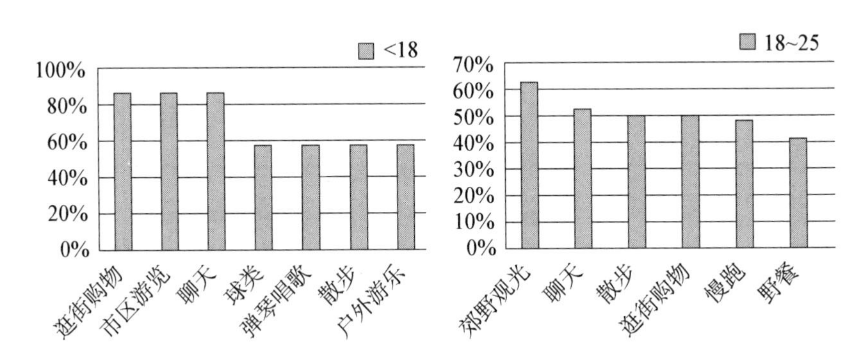

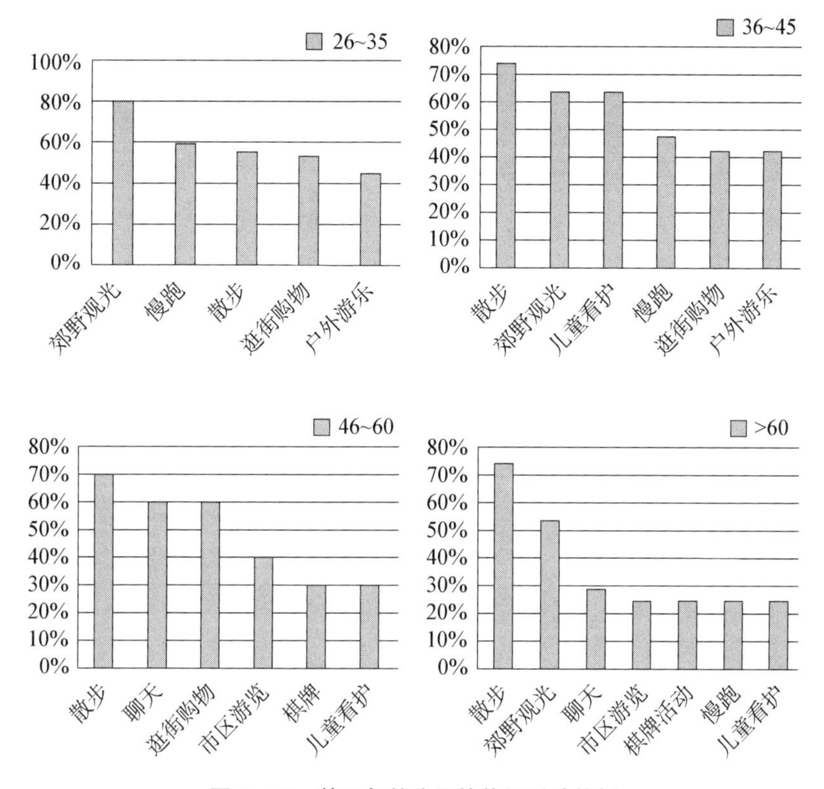

图 4 - 19　基于年龄分异的休闲活动偏好

通过对比发现，18～25 岁年龄段的居民所偏好的“户外休闲餐饮”活动，这在其他群体的前 5 项中均未出现，成为该年龄段的一个特色休闲活动，体现了 18～25 岁年龄段青年人所赋予的公共开放空间休闲新形式。

另外，“看护儿童”作为常见活动，横跨了 36～45、46～60、60 岁以上 3 个年龄段，虽然休闲性较弱，但已经发展成为每个有小孩的家庭闲暇之余的一种必要生活方式。尤其是在“二孩儿”政策开放后，儿童看护式休闲活动成为中老年年龄段居民的重要日常休闲行为。调查问卷所针对的对象为有独立思考和行为能力的居民，难以统计年幼儿童的需求，因此这些以“看护儿童”的休闲方式为主的居民，很大程度上也反映出了儿童游憩行为占整个需求的比例，因此，儿童的需求和偏好也应当在城市休闲体系中得到重视。

同时，对比休闲时段选择、休闲时长、休闲伴侣选择及休闲方式影响因素等方面数据，不同年龄段受访者亦表现出一定的偏好和差异，如表 4 - 3 所示。

表 4-3　不同年龄居民休闲特征对比

类别 Type	休闲时间段						休闲时长							
							工作日(h)				周末(h)			
	清晨	上午	中午	下午	傍晚	晚上	＜1	2～3	3～5	＞5	＜4	4～8	8～12	＞12
总体	+	+	+	+++	++	++	++	+++	+	+	++	+++	+	+
＜18 岁	+	+	++	+++	+	+	+++	++	++	--	++	+	++	++
18～25 岁	+	+	+	++	+++	++	+	+++	+	++	+	+++	+	++
26～35 岁	+	+	+	+++	++	+++	+++	+++	+	+	+++	+++	+	+
36～45 岁	+	+	++	+++	+++	++	+++	+++	--	+	+++	+++	+	+
46～60 岁	++	+++	+	++	++	+	++	+++	++	+	+++	+	++	++
＞60 岁	++	++	+	+++	++	+	+	+++	++	+	+++	++	+	+

类别 Type	休闲伴侣的选择				休闲方式的影响因素				
	家人	朋友	同事	单独	身体状况	心情好坏	兴趣爱好	收入水平高低	闲暇时间多少
总体	++	+++	+	+	++	+++	+++	+	++
＜18 岁	++	+++	+++	+	+	++	++	+	++
18～25 岁	++	+++	++	+	++	+++	+++	++	++
26～35 岁	++	+++	+	+	++	++	++	+	++
36～45 岁	+++	+++	+	+	++	+++	+++	+	++
46～60 岁	+++	+++	+	++	+	+	+++	+++	++
＞60 岁	+++	+++	+	+++	+	+	+	+	+

备注：“+、++、+++”分别表示居民对各项选择的程度为“低、中、高”

对与年龄分异关系显著的各项做进一步分析，可以发现不同年龄层居民前往社区公共开放空间的交通方式偏好如图 4－20 所示。由图可知，游憩者选择的主要交通方式是步行，其次是公共交通，而选择自行车和私家车的人数最少。在选择步行前往公共开放空间的人群中，老年人（>60 岁）所占的比重最大（69.6％），因为老年人通常将步行作为锻炼身体的一种方式；选择公共交通前往的人群中，青少年（15～18 岁、19～22 岁）所占比重最大，分别为 40.9％和 28.9％。选择自行车前往的人群中，青少年（7～14 岁）和壮中年（51～60）所占比重较大，分别为 16.7％和 13.6％，原因可能是青少年和壮中年身体素质较好，往往把骑自行车作为休闲娱乐和锻炼身体机能的方式之一。选择私家车前往社区公共开放空间的人群中，壮中年（31～50 岁）所占比重最大（16.9％），可能由于此年龄段人群工作繁忙，且有一定的经济支付能力，选择私家车前往可以节省路途上所消耗的时间，从而增加游憩活动的时间。

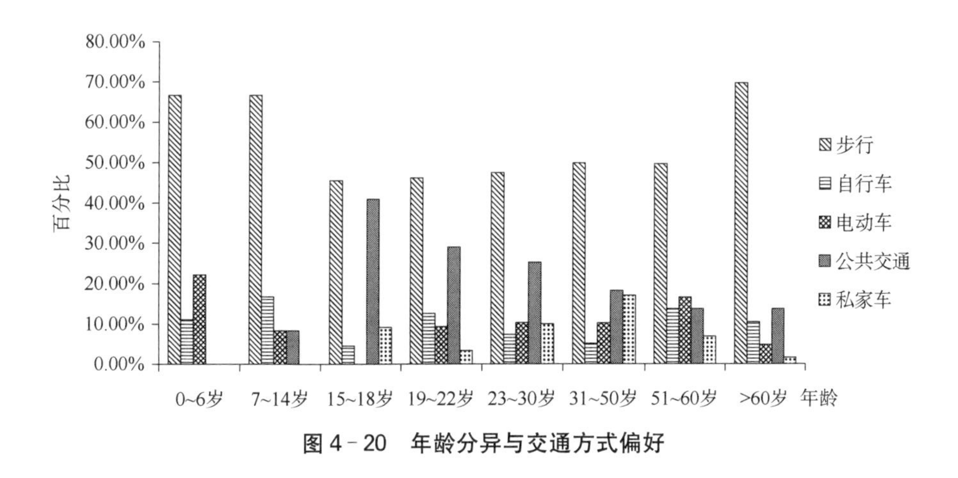

图 4－20　年龄分异与交通方式偏好

不同年龄层居民游憩可达性如图 4－21 所示。总体上，56.8％的游憩居民可以在 5～20 min 内到达社区公共开放空间，18.4％的游憩居民在小于 5 min 的时间内可以到达，只有 7.2％的游憩居民到达社区公共开放空间的时间>1 h，调查结果与社区公共开放空间的服务半径相符合。

不同年龄层居民游憩活动动机如图 4－22 所示。分析发现，上海市社区居民前往公共开放空间的动机主要为锻炼身体和休闲娱乐，所占比重分别为 35.1％和 31.8％。游憩动机为锻炼身体的人群中，老年人所占比重最大（49.2％），可能由于老年人更需要加强各项身体机能，强身健体在他们生活中变得极为重要。而青少年（7～14 岁、15～18 岁、19～22 岁）的游憩动

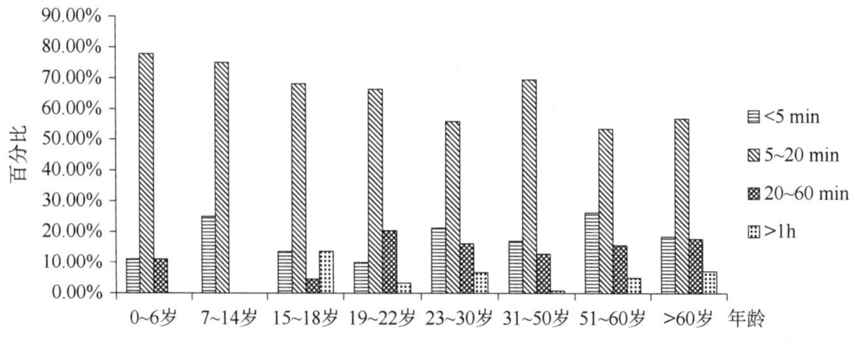

图 4-21　年龄分异与游憩时间偏好

机主要为休闲娱乐，分别为 50%、39.8%、36.7%，青少年正处在成长期，且生活压力相对较小，因此休闲娱乐、放松身心成为他们游憩活动的主要目的。以陪伴家人为游憩动机的人群中，壮中年（31～50 岁）所占比例最大（32.30%），可能的原因是壮中年日常工作较为繁忙，陪伴家人的时间较少，因此陪伴家人成为壮中年前往社区公共开放空间的主要目的。

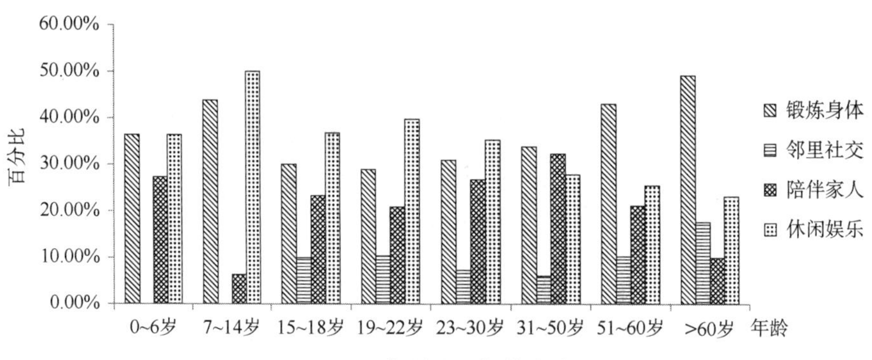

图 4-22　年龄分异与游憩动机

不同年龄层居民的游憩时间段选择如图 4-23 所示。由图可知，学龄前儿童（53.8%）多偏好于在下午进行游憩活动；青少年一般偏好于在下午（42.9%）或傍晚（42.2%）进行游憩活动；壮中年人群受工作时间限制，多偏好于在傍晚（20%）及清晨（38%）进行游憩活动；老年人的游憩活动时间段较为均衡，主要集中在上午（32.6%）进行。经前期行为观察发现，老年人在退休以后可自由支配的闲暇时间最多，往往承担了看护幼儿的重任，所以有很大一部分老年人偏向于在上午陪同儿童前往社区公共开放空间散步、晒太阳、休憩等。

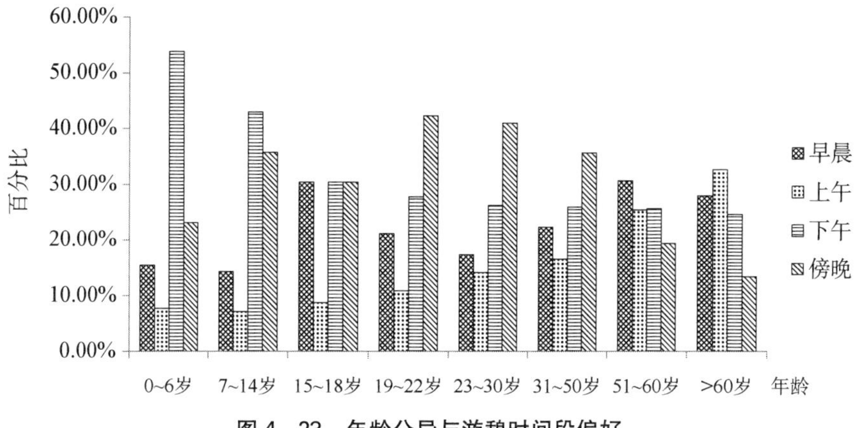

图 4-23　年龄分异与游憩时间段偏好

不同年龄段居民在社区公共开放空间中的游憩持续时间如图 4-24 所示。由图可知，居民的游憩持续时间主要为 20～60 min(45%)，其次是 5～20 min(37%)或多于 1 h(34%)。壮中年及青少年受工作及学习时间的限制，因此游憩活动时间均持续在 20～60 min；老年人及学龄前儿童游憩时间最为自由且最充裕，因此游憩活动时间最长，且均大于 1 h，所占比例分别为 58.4%和 44.4%。

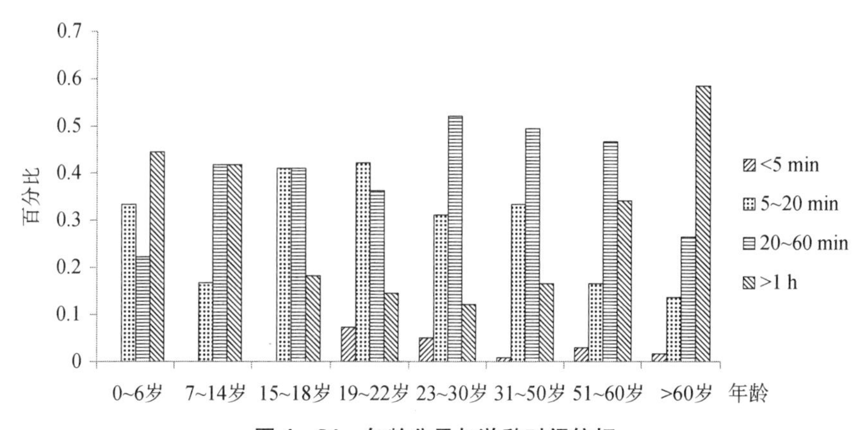

图 4-24　年龄分异与游憩时间偏好

不同年龄段居民游憩活动频率如图 4-25 所示。由图可知，在经常参加游憩活动的人群中，老年人的游憩活动频率最高，所占比例为 83.2%；偶尔参加游憩活动的人群中，青少年(15～18 岁、19～22 岁)及壮年(23～30 岁)所占比重最大，分别为 77.3%、76.3%和 70.8%。

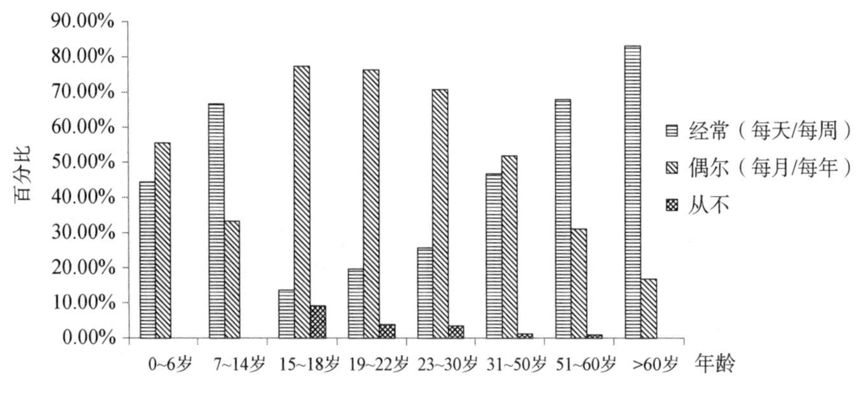

图 4-25　年龄分异与游憩活动频率偏好

不同年龄段居民对社区公共开放空间游憩设施的使用频率如图 4-26 所示。学龄前儿童及老年人对于社区公共开放空间游憩设施使用频率最高，分别为 66.7%和 41.6%，因为这两类人群前往社区公共开放空间的频率最高，消耗的游憩时间相对较长，游憩需求强烈，因此对游憩设施的使用频率也相应地频繁；而青少年及壮中年对于社区公共开放空间内的游憩设施使用频率相对较低。

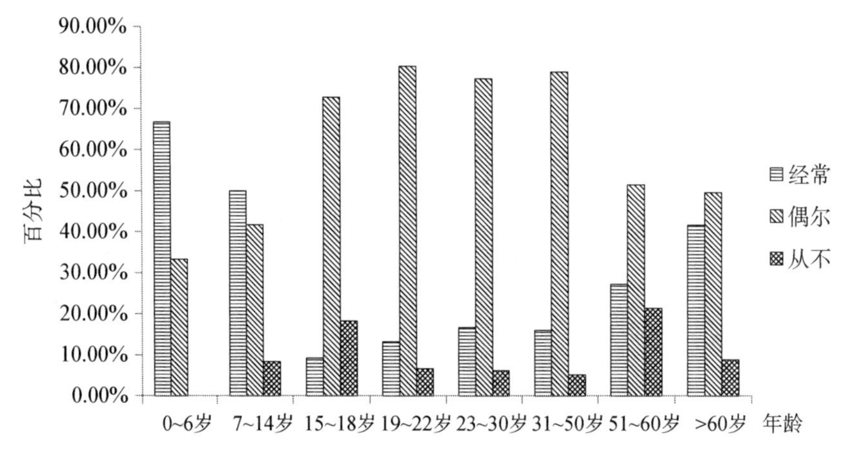

图 4-26　年龄分异与公共开放空间游憩设施使用频率

不同年龄段居民对常绿和落叶树的偏好如图 4-27 所示，整体而言，基于游憩需求，居民在社区公共开放空间中对于常绿树的偏好要大于落叶树。85.4%的壮中年及 72.2%老年人偏向于在社区公共开放空间内种植常绿树，理由是常绿可以使冬季的植物景观富有生机；而 58.3%的青少年则更为偏向于在社区公共开放空间内种植落叶树，因为常绿树在冬季会遮挡阳光，

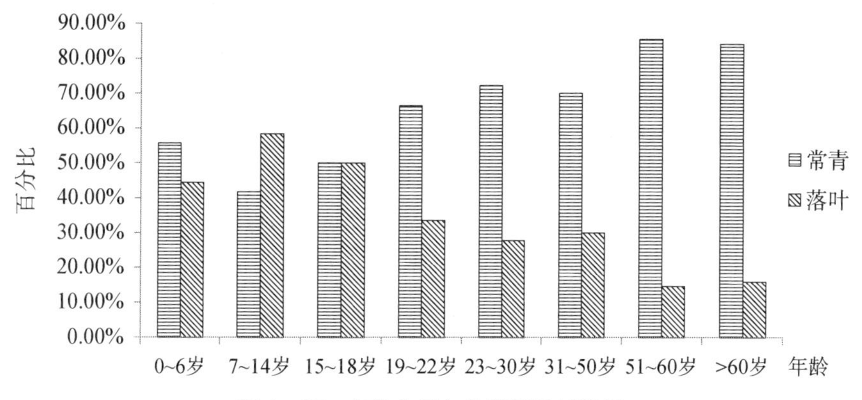

图 4－27　年龄分异与常青落叶树偏好

而且落叶树种的增加能够增添季相变化，也更适宜于冬季游憩活动开展。

不同年龄段居民对游憩活动类型的偏好如图 4－28 所示。调查分析发现，学龄前儿童（0～6 岁）偏好放风筝、野营等中强度游憩活动类型；青少年（7～22 岁）由于正处于一个与社会和环境密切互动的时期，喜欢凸显自我，张扬个性，而且体力充沛，因此偏好球类、旱冰、慢跑等高强度游憩活动类型；壮中年（23～60 岁）身体机能较健全，精力充沛，但承担社会、事业、家庭、现实生活的种种矛盾与责任，因此偏好放风筝、慢跑、器械健身、乐器演

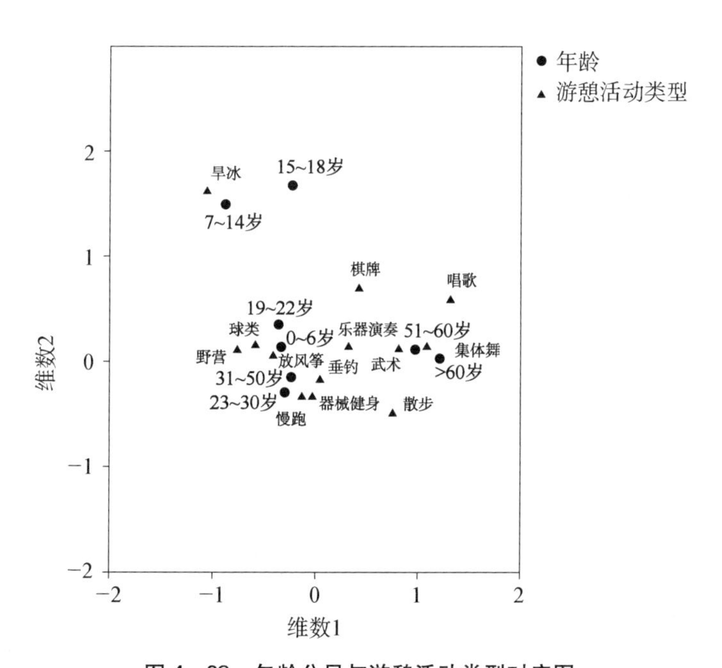

图 4－28　年龄分异与游憩活动类型对应图

奏等中等强度的休闲活动类型，以减轻压力所带来的焦虑及压抑等心理感受；老年人(＞61岁)由于其生理机能衰退，但参与意愿强烈，因此偏好集体舞、武术、散步等低等强度的游憩活动类型。

不同年龄段居民希望在社区公共开放空间内增添的游憩空间如图4-29所示。分析发现，学龄前儿童往往希望在社区公共开放空间内增添儿童游戏场，符合其活泼好动的天性；青少年则希望增添活动草坪、林下活动空间、亲水平台和公共性强的空间，符合并满足其独立意识的增长、社交关系的拓展和好奇心驱使的探索意愿；壮中年则更希望增添休息座椅、健康步道、公共广场等可以开展集体群聚性活动的户外游憩空间；老年人希望增添私密性强的空间和器械健身场，以避免他人的游憩干扰。

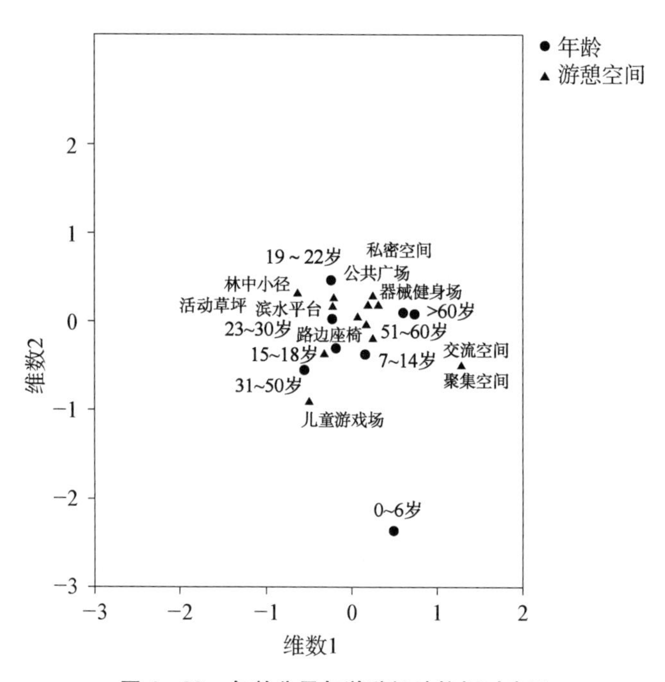

图4-29 年龄分异与游憩场地偏好对应图

不同年龄段居民希望在社区公共开放空间增添的游憩设施如图4-30所示。分析发现，学龄前儿童最希望在社区公共开放空间添加儿童游戏设施，因为目前的儿童游戏设施严重不足，儿童与青少年经常一起在器械健身场追逐嬉戏，游憩的安全性无法保证；青少年希望添加的设施为科普展示、夜景灯光和商业店铺；壮中年希望添加的设施为遮阳棚、夜景灯光，以适应其集中在傍晚时段开展的游憩活动需求；老年人希望添加的设施为健身器械、茶室、棋牌室等室内空间。

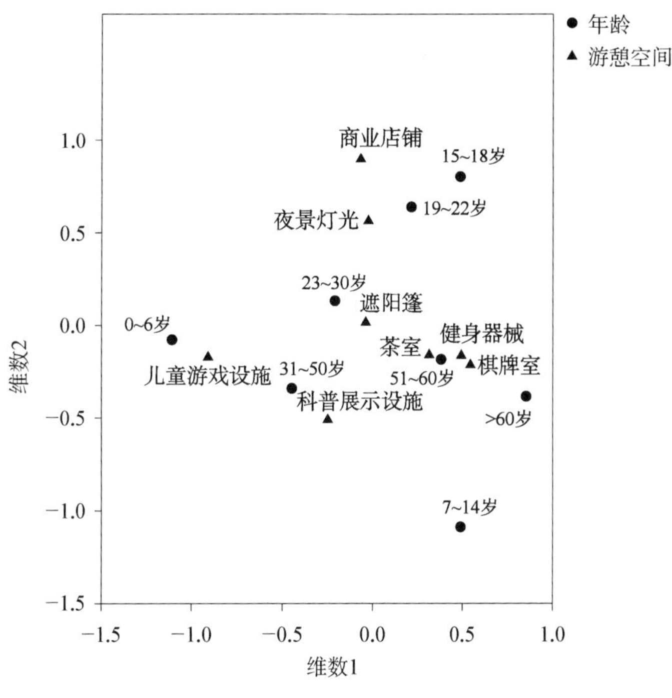

图 4 - 30　年龄分异与游憩设施偏好对应图

对于不同年龄层的居民而言，社区公共开放空间的吸引力如图 4 - 31 所示。分析发现，吸引学龄前儿童前往社区公共开放空间的因素是多样的游憩

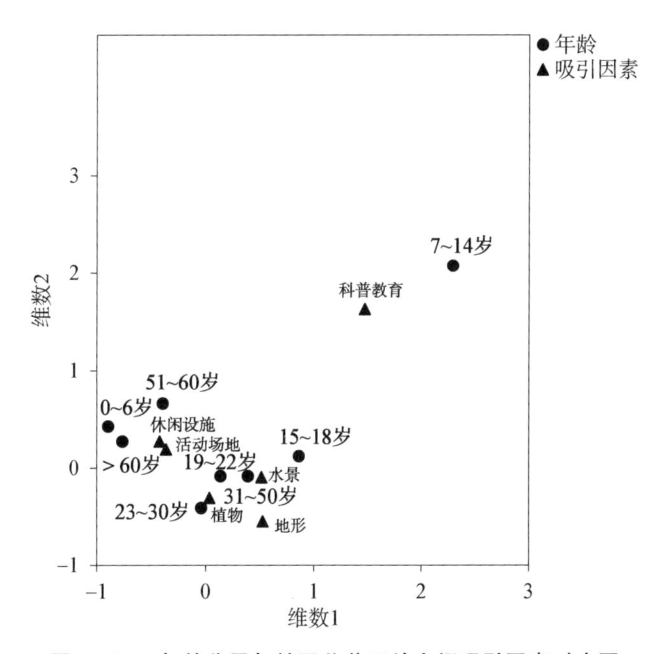

图 4 - 31　年龄分异与社区公共开放空间吸引因素对应图

空间，这与其游憩行为的流动性相关；吸引青少年去公共开放空间的因素为科普教育场所和可以嬉戏的水景，符合其乐于探索的特征；吸引壮中年的因素为植物景观及休闲设施；而吸引老年人的因素为休闲设施和活动场地。

3. 基于职业分异的游憩需求差异性比较

产生职业分异的心理和性格特征很可能导致居民游憩偏好的差异性。根据国内外文献的记载和已有的研究成果，表征居民游憩需求及偏好的内容包含游憩交通方式、游憩可达性、游憩时间段、游憩持续时间、游憩活动频率、游憩活动类型、游憩动机性等 14 项指标。根据封闭式调查问卷的居民反馈，运用 SPSS17.0 进行统计及卡方检验，可以分析职业类型与各项表征游憩偏好的指标的关系是否独立(见表 4－4)。

表 4－4　职业类型与游憩偏好关系

指标	卡方值	P 值	关系
游憩交通方式	53.980	0.000	不独立
游憩可达性	18.401	0.430	独立
游憩活动动机	45.019	0.000	不独立
游憩活动时间段	45.990	0.000	不独立
游憩活动持续时间	81.382	0.000	不独立
游憩活动频率	84.946	0.000	不独立
游憩设施使用频率	68.789	0.000	不独立
游憩活动类型	32.725	0.001	不独立
常绿落叶树偏好	26.017	0.000	不独立
植物类型偏好	19.625	0.075	独立
游憩场地多样性	114.547	0.000	不独立
游憩设施多样性	76.589	0.001	不独立
社区公共开放空间的吸引力	70.572	0.000	不独立
植物标识的充分性	29.505	0.003	不独立

备注：显著性水平为 0.05

从职业类型与社区居民游憩偏好卡方检验的结果可知，职业类型与居民抵达公共开放空间的时间和植物景观类型偏好是独立的，即职业分异对这两项指标没有显著影响。该结果可能与社区公共空间的服务半径有关，由于社区居民居住地均在公共开放空间的服务半径之内，故到达时间并不是职业分异影响游憩偏好的主要因素；而植物景观类型偏好则主观性更强，受到职业分异的影响较小。

然而，职业类型与其他各项关系均不独立，即职业分异对游憩交通方式、游憩可达性、游憩时间段、游憩持续时间、游憩活动频率、游憩活动类型、游憩动机、时间段、持续时间、参与频率、设施使用频率、常绿落叶植物偏好、资源吸引力及标识的充分性等指标均存在显著影响。检验结果表明，职业分异对游憩偏好影响显著项比例为12/14。

不同职业类型游憩居民前往公共开放空间的交通方式如图 4－32 所示。由图可知，居民前往社区公共开放空间选择的交通方式主要是步行。而步行到社区公共开放空间的无职业型人群占绝对优势，主要是受到经济条件的影响和体力约束，采用自行车、电动车等辅助交通方式的较少；而社会型、常规型、艺术型、研究型的人群选择的主要辅助交通方式是公共交通；技术型和事业型人群的辅助交通工具除了公共交通外，电动车的使用频率也较高；私家车使用率最高的是事业型人群。可能的原因是交通方式的选择与职业的收入有一定关系。

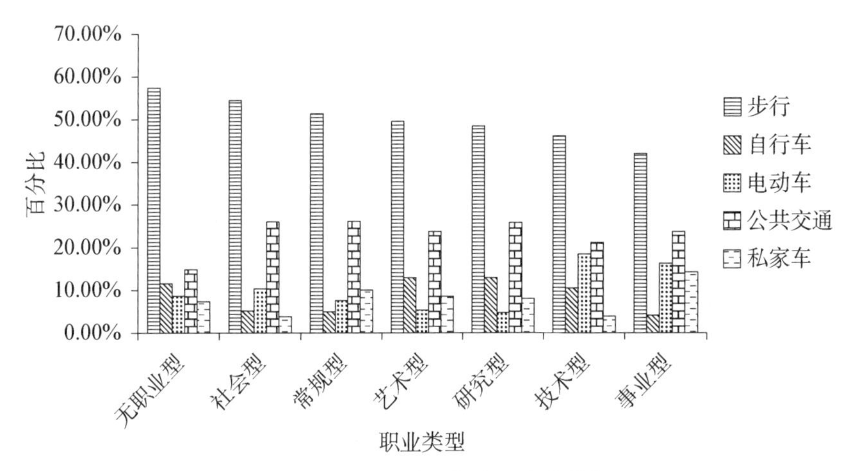

图 4－32　职业分异与交通方式偏好

不同职业类型居民游憩时间段如图 4－33 所示。由图可知，游憩居民的游憩时间段主要集中于傍晚，其次是下午和清晨。其中，无职业型人群的游憩时间相对自由，因此游憩时间段分布最均匀，跨度较长；事业型和技术型人群受工作时间的影响，偏好于早上和傍晚游憩，而研究型、艺术型、社会

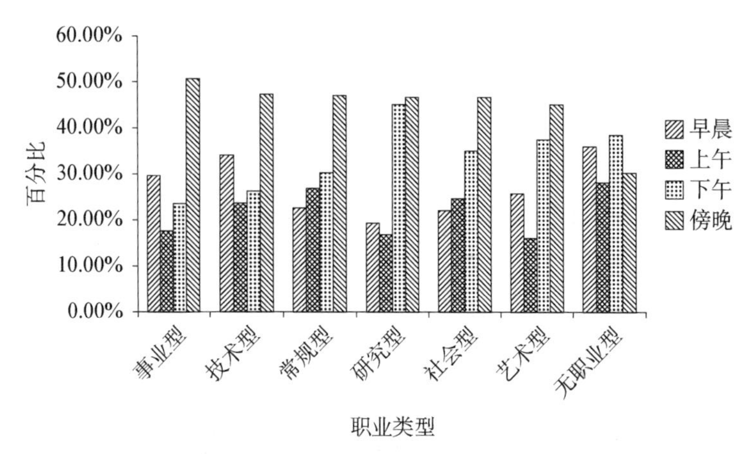

图 4－33 职业分异与游憩时间段偏好

型人群主要在下午和傍晚出游，常规型人群多数在傍晚开展游憩活动。

不同职业类型居民的游憩持续时间如图 4－34 所示。由图可知，社区居民的游憩时间主要持续在 20～60 min，其次是 5～20 min 或多于 1 h。其中，多数(48%)无职业型人群游憩持续时间多于 1 h，游憩时间最长，与游憩时间段的分析结果相吻合；社会型、研究型、常规型人群由于受工作时长的限制，可供其游憩的闲暇时间较少，仅能持续在 20～60 min 之内；而艺术性、事业型和技术型人群游憩时间则基本保持在 1 h 以内。

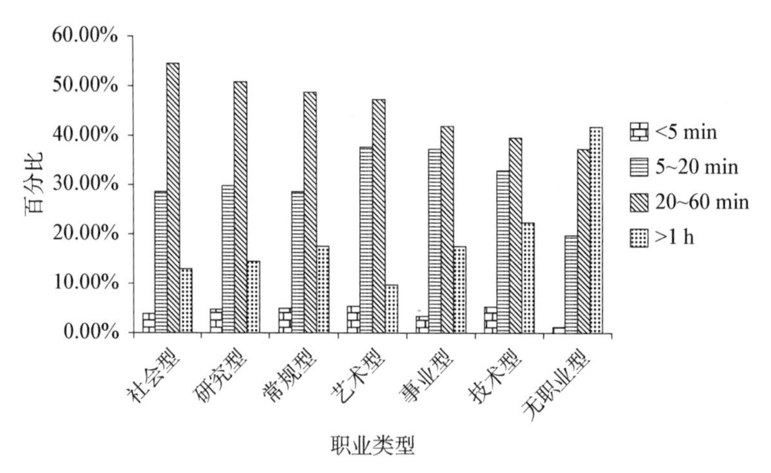

图 4－34 职业分异与游憩时间偏好

从事不同职业类型的居民游憩活动频率也相应地存在差异(图 4－35)。分析发现，影响上海社区居民的游憩频率由高到低的职业类型排序为：无职业型＞技术型＞社会型＞常规型＞事业型＞艺术型＞研究型。无职业人员游憩频率最高可达到每天或每周一次，而研究型和艺术型人群可能受限于相对较少的闲暇时间，其游憩频率相对较低，基本上为每月甚至每年一次。

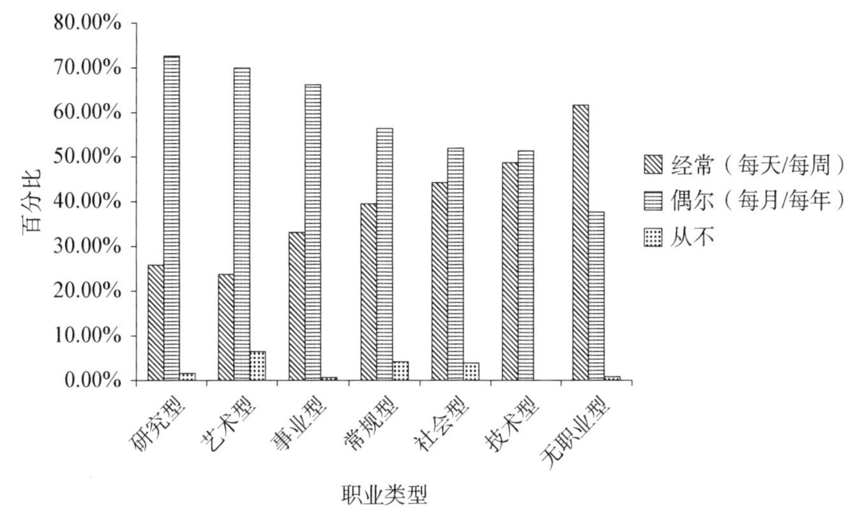

图 4－35　职业分异与游憩活动频率偏好

不同职业类型社区居民游憩动机如图 4－36 所示。由图可知，社区居民游憩动机主要是锻炼身体(49%)，其次是休闲娱乐(44%)和陪伴家人(35%)，以邻里社交(13%)为目的的游憩活动占比例最少。其中，常规型、研究型和事业型职业人群可能由于日常工作内容单一，闲暇时间较少，往往

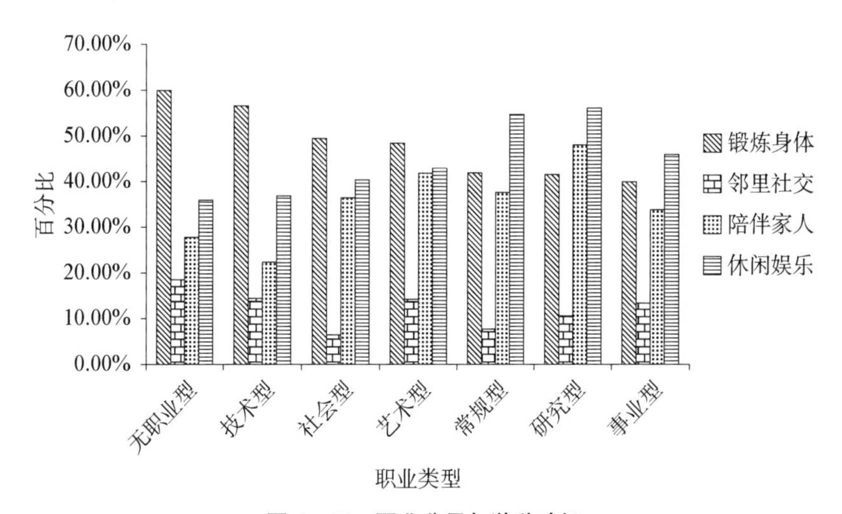

图 4－36　职业分异与游憩动机

会选择在节假日或傍晚(工作结束后)以轻松的游憩方式来放松心情,因此游憩动机偏向于休闲娱乐,其余职业型人群的游憩动机均以锻炼身体为主;而以邻里社交为目的的游憩人群中,无职业型人群居多(20%)。

具有不同职业类型的居民使用社区公共空间游憩设施的频率如图4-37所示。由图可知,公共开放空间游憩设施的使用频率比较高(70.3%)。其中,无职业型人群(以离退休老年人为主)的休闲娱乐时间相对自由,前往社区公共开放空间游憩的频率最高,因此对社区公共开放空间内的游憩设施使用频率最高(37.2%),其次是社会型(22.1%)、事业型(17.6%)、研究型(15.3%)和常规性人群(15.1%);而艺术型(12.9%)和技术型(11.8%)人群的设施使用频率最低。

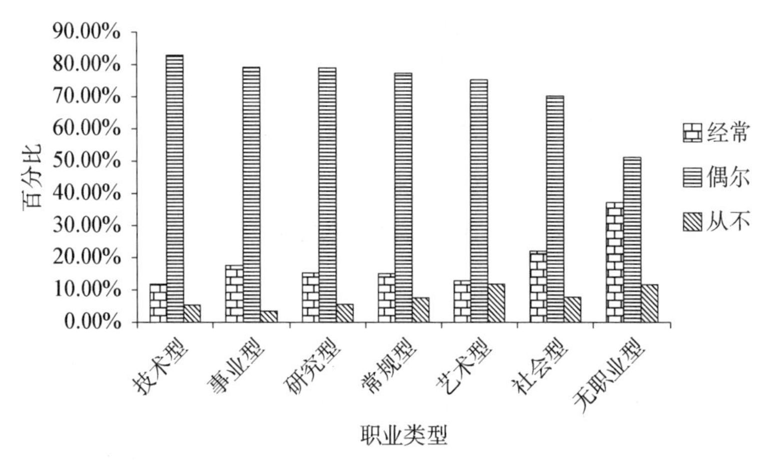

图4-37 职业分异与公共开放空间游憩设施使用频率

对于不同职业类型的社区居民是否希望用标识牌标明科普信息,调查结果如图4-38所示。由图可知,社区公共开放空间样地中,绝大部分(76.9%)上海社区居民希望在公共开放空间使用标识牌,以便了解和认知植物名称、类别、生态习性以及新闻、科普知识等。其中,艺术型(88.2%)、技术型(84.2%)和研究型(80.6%)人群希望在社区公共开放空间中增添标识牌的倾向性要强于其他职业类型的人群。部分职业人群对是否需要标识牌持无所谓的态度,尤其是无职业型人群(30.2%)表现最为明显。

不同职业类型社区居民对社区公共开放空间中常绿及落叶植物的偏好如图4-39所示。总体上,72.9%的社区居民倾向于在社区公共开放空间的绿地中增添常绿树种,以保持冬季的景观效果。其中,79.3%的无职业型和77.9%的社会型人群表现出的倾向并不特别明显,既希望在公共开放空

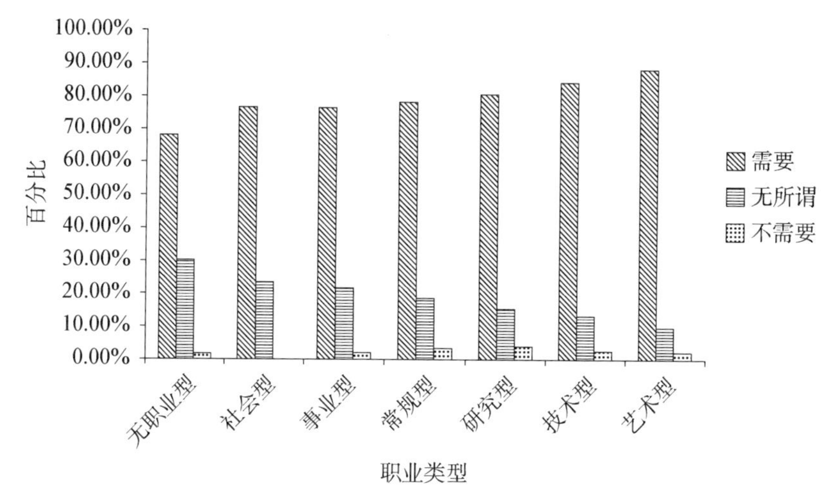

图 4-38　职业分异对植物标识牌需求影响

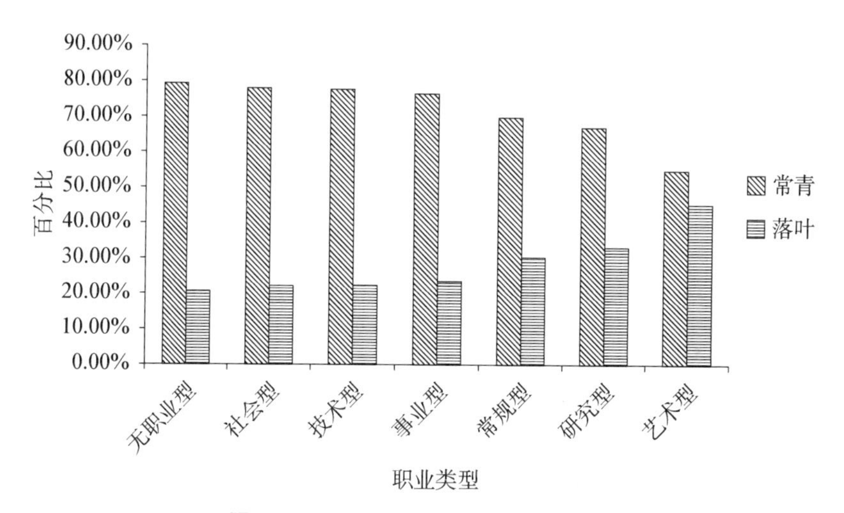

图 4-39　职业分异与常绿落叶树偏好

间绿地内增添常绿树种，又希望提升植物的季节变化性。而艺术型、研究型、常规型人群则对落叶树种的喜好大于其他职业。艺术型人群(45.2%)对落叶植物的喜好明显，可能是由于从事艺术创作类职业的人群重视审美品质及变化过程，且对自然的演替进程有较为丰富的感受能力。

社区公共开放空间吸引力因素的调查结果如图 4-40 所示。由图可知，无职业型和技术型人群主要受到休闲设施和活动场地吸引，而植物景观则是吸引社会型、艺术型和常规型人群的主要因素，研究型和事业型人群主要受到变化的地形和水体景观的影响。

不同职业类型的游憩人群对游憩空间多样性的偏好如图 4-41 所示。

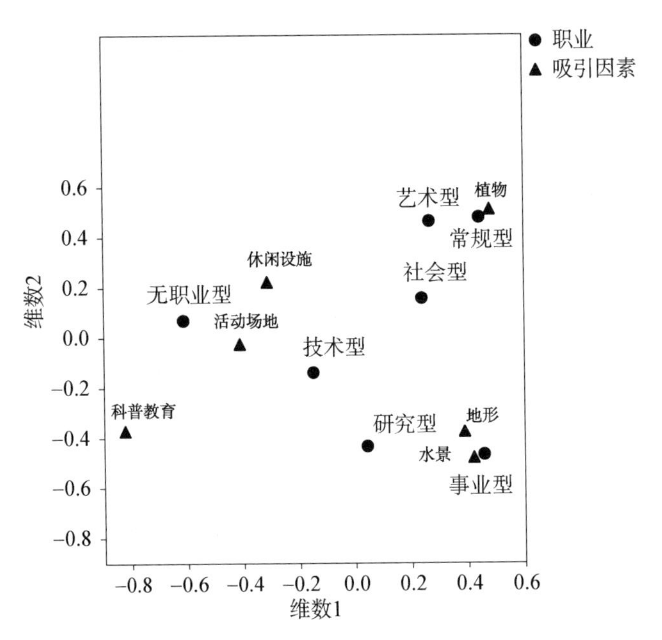

图 4－40　职业分异与社区公共开放空间吸引力因素对应图

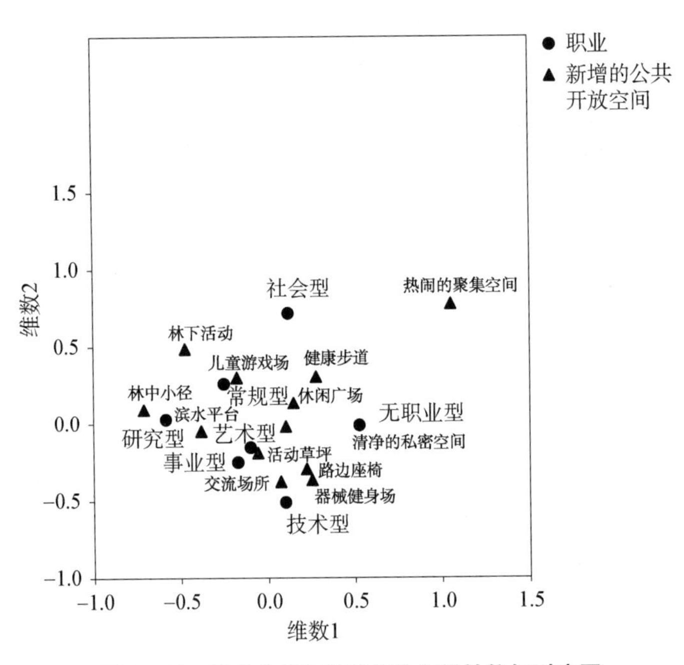

图 4－41　职业分异与游憩场地多样性偏好对应图

由图可知，无职业型人群希望增加公共广场和健康步道，技术型人群希望增加座椅等休闲设施、公共性强的活动空间以及器械健身场等休闲设施，而事业型和艺术型人群则希望增加亲水性强、私密性强的空间及活动草坪，研究型人群更偏好林中小径和亲水平台，常规型人群则希望增加儿童活动场和林下活动空间，社会型人群希望增加林下活动空间和公共性、开敞性强的景观空间。

不同职业类型的人群对社区公共开放空间的游憩设施多样性的偏好调查和分析结果如图 4－42 所示。分析发现，研究型的游憩者更希望在社区公共开放空间内增添茶室和商业店铺等服务类设施，以供停留和休憩；技术型的游憩者则希望在社区公共开放空间增添健身器械和夜景灯光，这很可能与其工作性质对体力的高要求和其游憩时间多集中于傍晚相关；艺术型、社会型和常规型的社区居民则希望在社区公共开放空间内增添儿童游戏设施和遮阳棚，这种需求符合其游憩性质以儿童看护为主的特征；而无职业人群中离退休老年人所占的比重较大，因此更多地希望在社区公共开放空间内增添棋牌室等室内休闲娱乐场所和林下休闲广场，以满足多人群聚性游憩活动的开展。

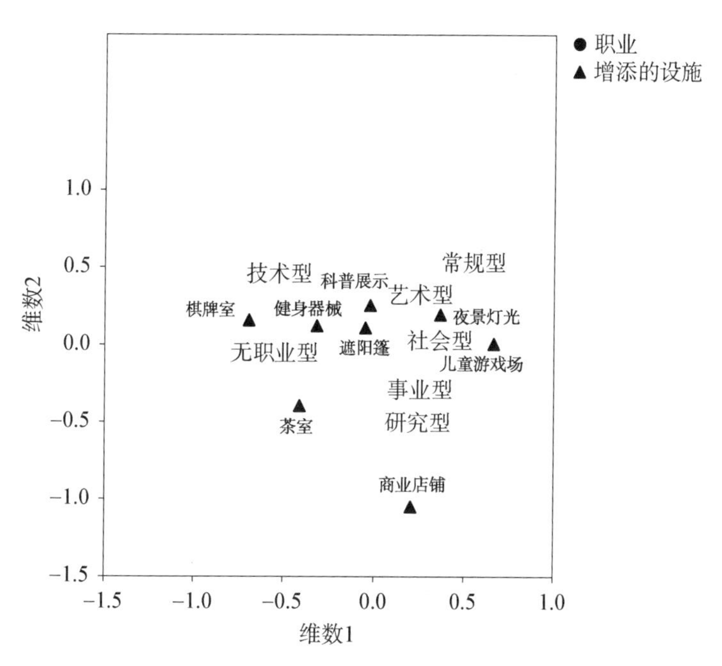

图 4－42　职业分异与游憩设施多样性偏好对应图

不同职业人群在社区公共开放空间内的活动类型偏好问卷调查结果如图 4－43 所示。统计分析发现，无职业型人群以老年人居多(60%)，偏好集体舞、合唱、棋牌、乐器演奏、散步、棋牌等多种中低强度的休闲活动，以集体性的活动排遣退休生活的孤寂。而研究型人群则偏好球类、野营、放风筝等

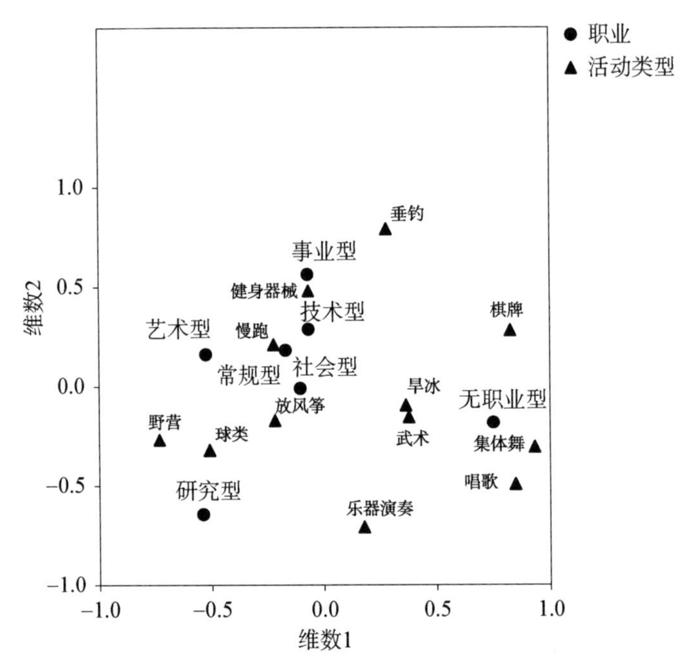

图 4－43　职业分异与游憩活动类型对应图

中等和高强度的休闲和健身类活动，以放松高强度的脑力劳动对身心产生的压力。艺术型、常规型、社会型人群则喜爱慢跑等耐力性健身项目，事业型和技术型人群偏向于健身操和垂钓等中低强度休闲游憩活动。

4. 基于文化分异的游憩需求差异性比较

从表 4－5 文化分异与社区居民游憩偏好关系可知，社区居民不同的文化程度与到达时间和植物类型偏好是独立的，即文化分异对其没有显著影响，而文化类型与其他各项关系为不独立，即文化分异对其他各项均影响显著。检验结果表明，文化分异对游憩偏好影响显著项比例为 12/14。

表 4－5　文化分异与游憩偏好关系

指标	卡方值	P 值	关系
游憩交通方式	36.281	0.000	不独立
游憩可达性	8.895	0.180	独立
游憩活动动机	26.399	0.000	不独立
游憩活动时间段	17.702	0.007	不独立
游憩活动持续时间	65.474	0.000	不独立

（续表）

指标	卡方值	P值	关系
游憩活动频率	17.317	0.002	不独立
游憩设施使用频率	17.162	0.002	不独立
游憩活动类型	75.128	0.000	不独立
常青落叶树偏好	15.069	0.001	不独立
植物类型偏好	11.296	0.023	不独立
游憩场地多样性	60.003	0.000	不独立
游憩设施多样性	19.172	0.158	独立
社区公共开放空间的吸引力	27.802	0.002	不独立
植物标识的充分性	9.940	0.041	不独立

备注：显著性水平为0.05

不同文化程度人群到达社区公共开放空间的主要交通方式如图4-44所示。分析可知，不同文化程度的游憩居民前往公共开放空间的主要交通方式为步行(51.1%)，其次是公共交通(21.4%)，选择自行车以及私家车前往公共开放空间的人数所占比重最小(8.7%，9%)，这与服务半径和收入相关。选择步行及自行车交通方式前往的人群中，初中及以下人群所占比例最高(60.6%，10.1%)。此类人群大致分为两种，一种为老人，由于老人身体的各项机能逐渐弱化，因此把步行当作锻炼身体的一种方式，另一种为学生或青年人，由于身体素质较好，因此把骑自行车前往作为锻炼身

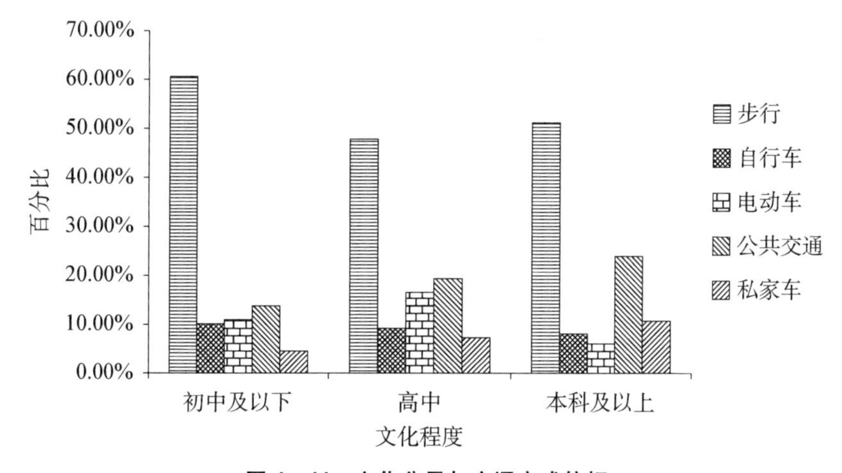

图4-44 文化分异与交通方式偏好

体、休闲娱乐的一种方式。本科及以上文化程度人群选择公共交通及私家车前往的比例最高(23.9%,10.7%)。选择公共交通前往的人群,一般居住在公共开放空间服务半径的边缘,或者倾向于低碳出行,而选择私家车出行的人群一般受教育程度也较高,基本符合其高文化人群所对应的高收入水平。

如图 4-45 所示,不同文化程度的游憩居民前往社区公共开放空间的游憩动机主要为锻炼身体和休闲娱乐。在游憩动机倾向于锻炼身体的游憩居民中,初中及以下文化程度的人群居多(42.8%),其次是高中文化程度人群(38.6%);本科及以上人群文化程度相对较高,工作较为繁忙,闲暇时间有限,陪伴家人的时间更少,因此在下班之后,其前往社区公共开放空间的游憩动机偏向于休闲娱乐(33.2%)和陪伴家人(27.7%)。

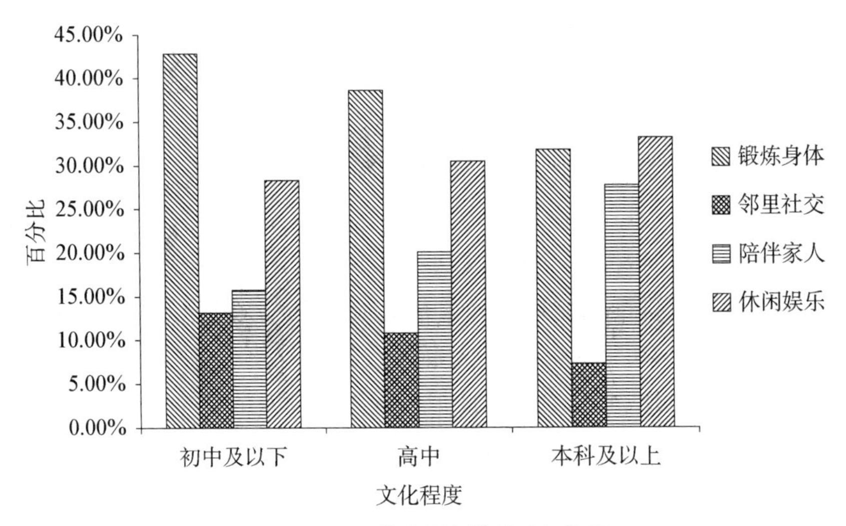

图 4-45　文化分异与游憩动机偏好

不同文化人群前往社区公共开放空间的游憩时间段偏好如图 4-46 所示。分析显示,高中文化程度人群和本科及以上人群,由于受学习和工作时间的限制,偏向于在傍晚前往社区公共开放空间进行游憩活动(35.6%,33.1%)。而初中及以下人群由于文化程度较低,以儿童、老人及待业人员为主,时间相对自由,因此偏向于在清晨(23%)、傍晚(23.2%)和下午(34.5%)进行游憩活动,游憩时间段分布全天。在清晨进行游憩活动的人群中,高中文化程度人群占多数(26.7%)。

不同文化程度人群在社区公共开放空间中进行游憩活动的持续时间如图 4-47 所示。调查结果显示,初中及以下文化程度人群以老人、学龄前儿

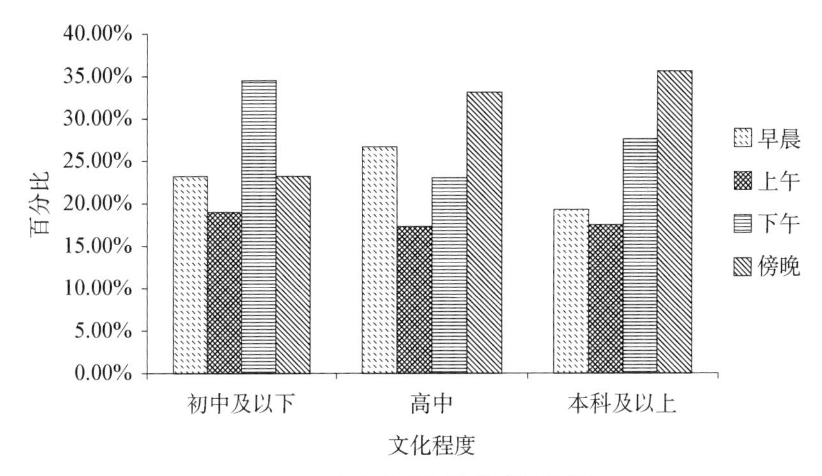

图 4-46　文化分异与游憩时间段偏好

童及待业人员为主，因此游憩时间相对较为充足，游憩时间基本持续在 1 h 以上，所占比例最大(46.8%)；而高中和本科及以上文化程度人群多为上班族及在校学生，因此可供游憩的闲暇时间相对有限，游憩时长基本持续在 20～60 min，以达到运动锻炼效果。

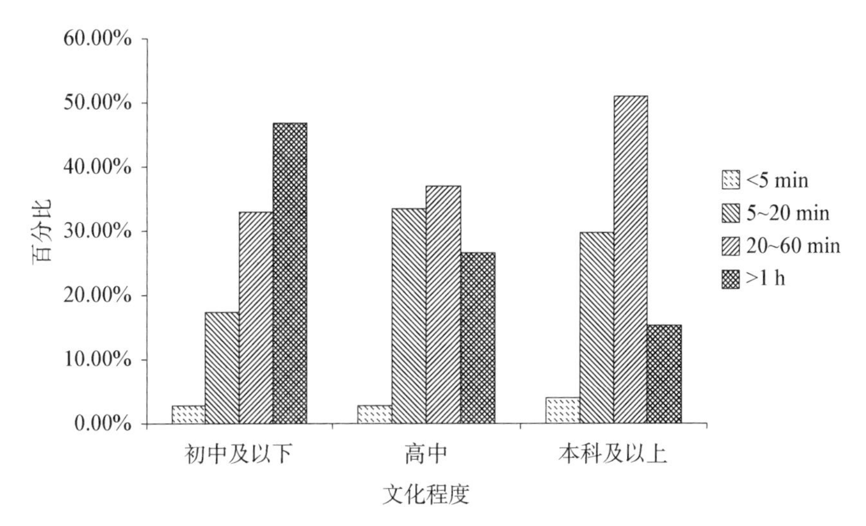

图 4-47　文化分异与游憩时间偏好

不同文化程度人群的游憩活动频率如图 4-48 所示。分析显示，初中及以下文化程度的游憩居民(57.8%)在社区公共开放空间中开展游憩活动最频繁，其次为高中文化程度居民(53.2%)，而 60.3%的本科及以上文化程度的游憩居民游憩活动的频率较低，大约为每月或每年一次。

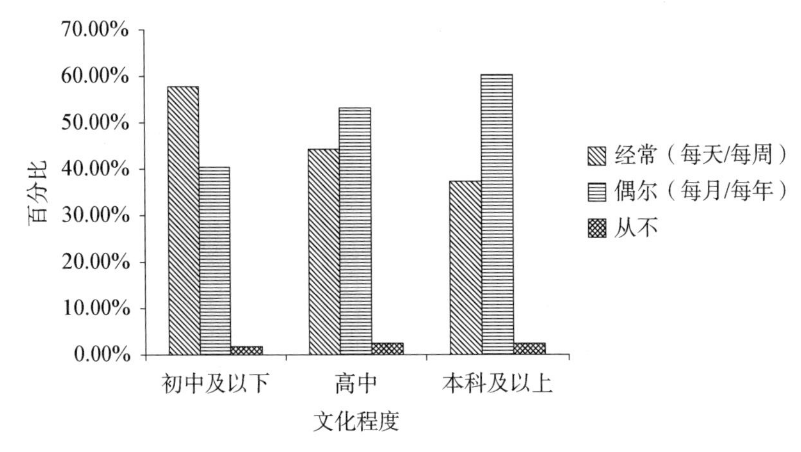

图 4 - 48　文化分异与游憩活动频率偏好

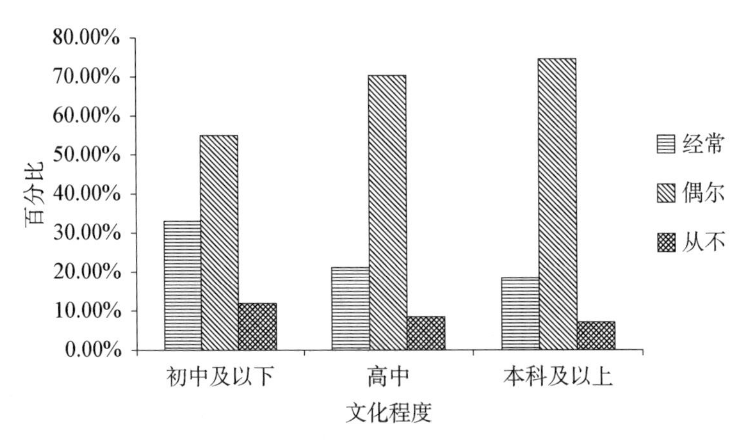

图 4 - 49　文化分异与公共开放空间游憩设施使用频率

社区居民使用公共开放空间内游憩设施的频率如图 4 - 49 所示。调查发现，71.1%的社区居民不经常使用社区公共开放空间内的游憩设施。其中，本科及以上文化程度的社区居民(74.5%)使用社区公共开放空间游憩设施的频率最低，这与其较少在社区公共开放空间内开展游憩活动相关；而初中及以下文化人群(33.0%)使用园内设施频率最高，与其前往社区公共开放空间频率最高的特征相吻合。

不同文化程度的居民对社区公共开放空间中常绿及落叶树种的偏好情况如图 4 - 50 所示。调查发现，72.7%的游憩居民偏向于在社区公共开放空间内种植常绿树种，其中高中文化程度人群占绝对优势(80.4%)，其次是初中及以下人群(73.4%)。偏好于种植落叶树种的人群中，本科及以上人群的倾向性最为明显(31.7%),此类人群有较强的主观性,喜欢变化的景观,更希望社区公共开放空间的植物景观能够体现季相的变化和自然过程。

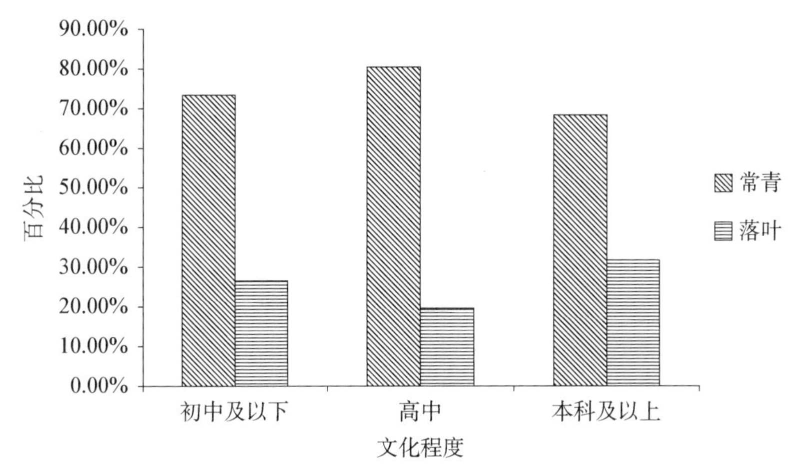

图 4-50　居民文化分异与常绿落叶树偏好

社区公共开放空间游憩居民植物类型偏好如图 4-51 所示。调查发现,57.1%的社区游憩居民偏好于种植草本花卉,其中初中及以下文化程度的游憩居民(64.2%)所占比例最大,其次是高中文化程度的游憩居民(60.7%)。在偏向于种植乔木的人群中,本科及以上文化程度的游憩居民最多(31.2%)。倾向于种植灌木的人群中,高中文化程度的游憩居民最多(16.5%)。

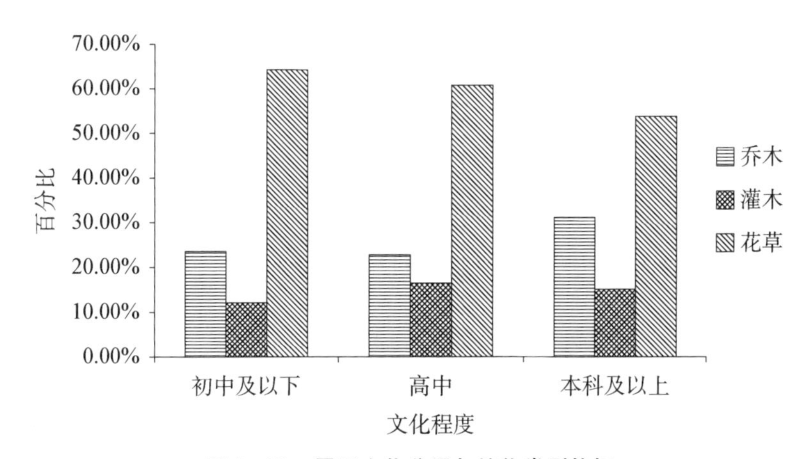

图 4-51　居民文化分异与植物类型偏好

社区公共开放空间中的游憩居民对标识系统的需求如图 4-52 所示。调查发现,77.5%的游憩居民希望在社区公共开放空间内设置详细的标识系统，其中本科及以上文化程度的游憩居民对能够传达科普教育的标识牌的需求度最高(80.4%)；在不需要标识系统的人群中，初中及以下文化程度的游憩居民所占比例较大(3.7%)，说明这类人群受知识水平的限制较为明显，对能够传递科普知识的公共开放空间导引和解说系统的需求相对较低。

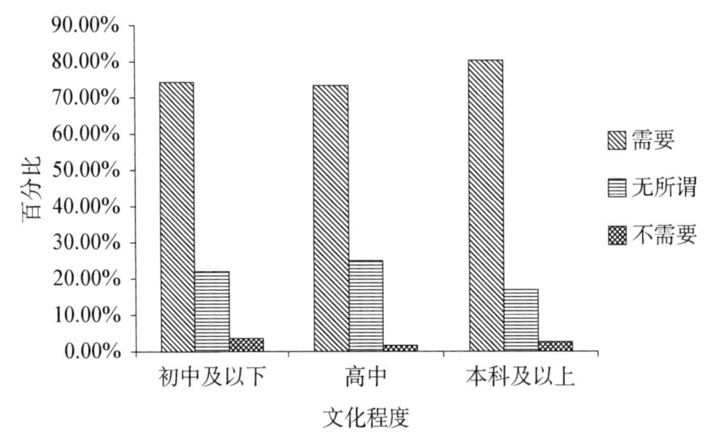

图 4-52　文化分异与植物标识牌需求

不同文化程度的游憩居民喜好的游憩活动如图 4-53 所示。分析可知，初中及以下文化程度人群偏好的游憩活动包括散步、轮滑、唱歌等；高中

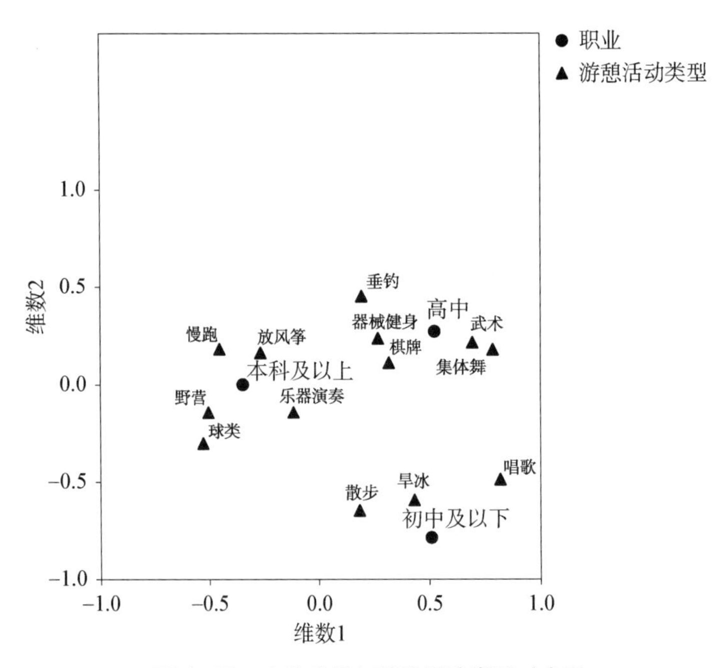

图 4-53　文化分异与游憩活动类型对应图

文化程度人群偏好集体舞、武术、棋牌、器械健身；本科以上文化程度人群偏好慢跑、放风筝、野营、球类、乐器演奏。实则，隐藏在数据背后的、与文化程度关联度最高的是年龄因素，因此，与文化程度对应的休闲游憩类型实则与青少年、中年、壮年人等对活动类型的偏好是具有一致性的。

不同文化程度的居民希望在社区公共开放空间内增添的游憩空间如图4－54所示。调查分析显示，初中及以下文化程度人群希望增添公共性空间、儿童游戏场等，目的是看护儿童或群聚交流；高中文化程度的人群则希望增添器械健身场、路边座椅、公共广场、健康步道等；本科及以上文化程度人群偏好私密性和半私密的空间，如林中小径、林下活动空间等绿地空间，以供其冥想、阅读、休憩，以减少其他游憩者的干扰。

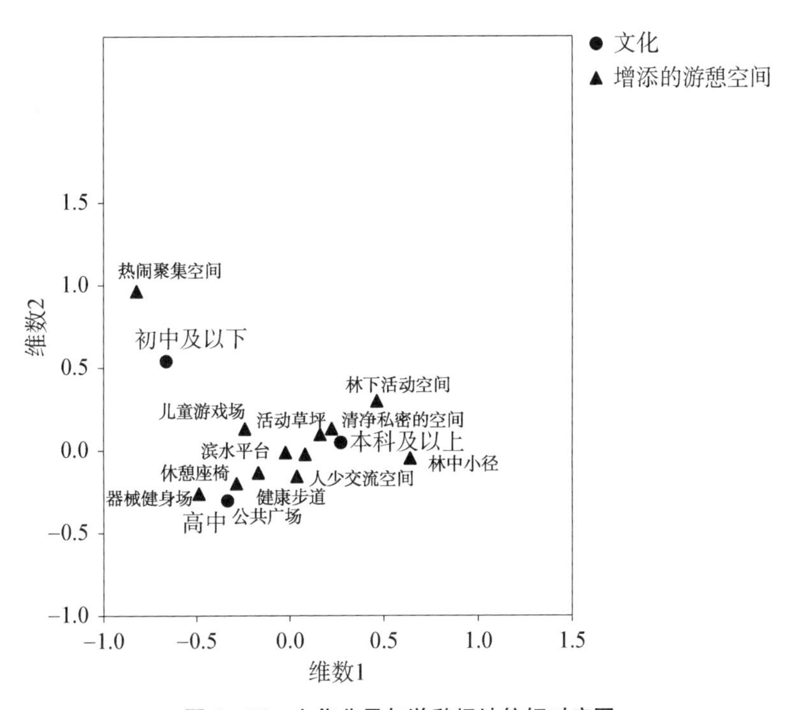

图4－54　文化分异与游憩场地偏好对应图

吸引不同文化程度人群前往社区公共开放空间开展休闲活动的资源因素如图4－55和图4－56所示。总体来说，社区公共开放空间中最具有吸引力的景观元素是游憩空间(28.2%)。分析可知，吸引初中及以下文化人群去城市社区公共开放空间的主因是活动场地和休闲设施，而吸引高中文化程度人群的则是游憩空间；吸引本科及以上文化程度人群的因素是地形、水景、植物景观及科普教育活动。

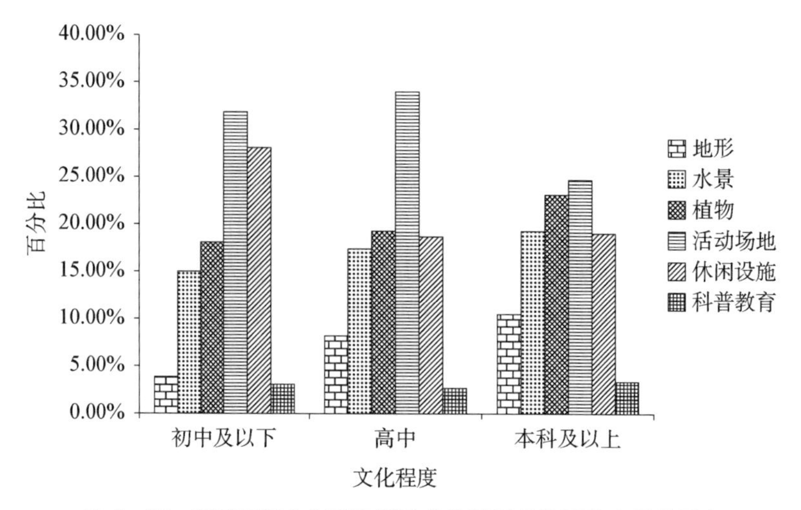

图 4 - 55　吸引不同文化程度居民前往社区公共开放空间的因素

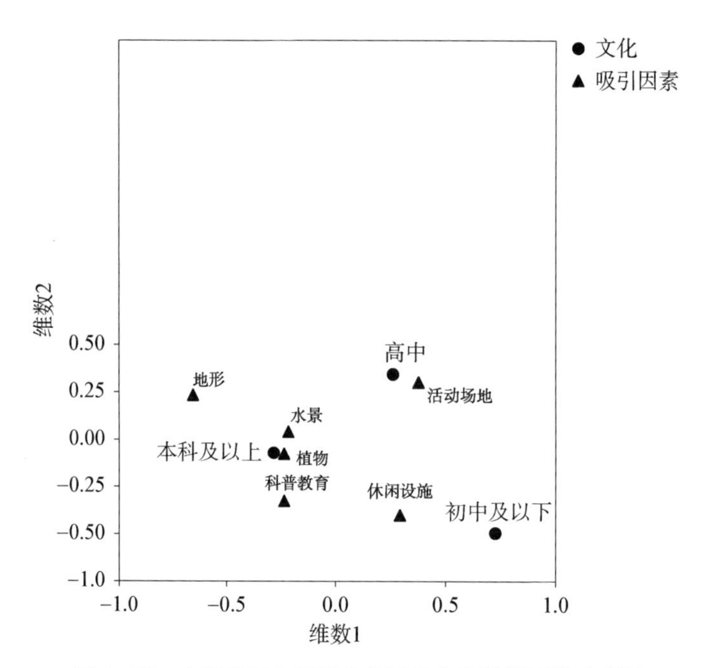

图 4 - 56　文化分异与社区公共开放空间吸引因素对应图

五、居民游憩满意度差异化特征分析

1. 基于职业分异的游憩需求满意度比较

居民在社区公共开放空间中的游憩需求是否得到满足，主要体现在景观质量、游憩空间、游憩环境、游憩设施、服务管理5个方面的满意程度评判。因此，调查问卷中关于居民游憩感知满意度的题目围绕上述5个方面展开，问题共计24项，利用SPSS17.0统计分析软件中的卡方检验法分析职业类型与各项的关系是否独立（见表4－6）。

表4－6　职业类型与社区公共开放空间游憩满意度关系

维度	指标	卡方值	P值	关系
总体满意度	社区公共开放空间现状总体满意度	29.970	0.063	独立
景观质量	社区公共开放空间的景色特点	26.605	0.087	独立
	社区公共开放空间的景点数量	29.523	0.201	独立
	社区公共开放空间的地域特色	33.829	0.088	独立
	社区公共开放空间的植物种类丰富度	14.044	0.298	独立
游憩空间	社区公共开放空间内游憩活动中受干扰程度	43.876	0.000	不独立
	社区公共开放空间空间多样性状况	15.414	0.908	独立
	社区公共开放空间空间尺度感状况	16.730	0.860	独立
	社区公共开放空间互动体验状况	47.629	0.003	不独立
游憩环境	社区公共开放空间内植物降噪效果	30.450	0.033	不独立
	社区公共开放空间内植物遮阴效果	40.009	0.002	不独立
	社区公共开放空间内植物降温效果	26.338	0.092	独立
	社区公共开放空间内植物增湿效果	25.816	0.104	独立
	社区公共开放空间空气质量效果	43.898	0.008	不独立
	社区公共开放空间水体质量效果	34.043	0.084	独立
	社区公共开放空间内环境舒适度	43.729	0.008	不独立
游憩设施	社区公共开放空间设施数量充足性	15.981	0.889	独立
	社区公共开放空间照明设施充足性	22.927	0.524	独立
	社区公共开放空间标识牌设施充足性	16.117	0.884	独立
	社区公共开放空间内设施使用满意度	20.453	0.308	独立
服务管理	社区公共开放空间停车管理状况	48.349	0.002	不独立
	社区公共开放空间植物养护状况	14.417	0.937	独立
	社区公共开放空间设施维护状况	19.370	0.080	独立
	社区公共开放空间开放时间充足性	35.783	0.000	不独立

备注：显著性水平为0.05

职业分异与居民社区公共开放空间游憩感知满意度关系如表 4－7 所示。分析结果显示，在居民的职业类型与公共开放空间满意度评价中有 8 项指标不独立，与其他各项独立，即职业分异与游憩空间方面的游憩活动受干扰程度、互动体验性、游憩环境中的植物降噪及遮阴效果、社区公共开放空间环境舒适度状况，以及服务管理方面的公共开放空间的开放时间、停车管理等 8 项指标的关系显著，与公共开放空间总体满意度、景观质量、游憩设施满意度关系不显著。其中，职业分异对环境满意度的影响最为明显。

居民在社区公共开放空间中游憩活动的受干扰程度如图 4－57 所示。分析发现，不同职业类型的游憩者在社区公共开放空间中活动时所承受的干扰程度不尽相同。其中，无职业型人群（37.6％）受到其他游憩者的干扰最弱，其次为社会型（26.0％）、常规型（23.5％）、技术型（22.4％）、艺术型人群（18.3％）。通过前期的行为观察及人口构成分析可知，无职业人群主要由离退休老年人、学龄前儿童、学生、待业人员及家庭主妇构成，偏好参与一些集体性的游憩活动，而这类集体性的游憩活动往往是集中的、群聚性的，伴随着较大的喧闹声，可能对他人造成干扰，而自身受干扰的程度较弱。事业型（17.6％）和研究型（16.9％）人群由于本身所具备的职业特性，偏向于独立的思考方式，因此承受干扰能力较差，受到其他游憩者的干扰最明显，更偏向于在公共开放空间中安静的休憩空间或私密性强的空间中开展活动。

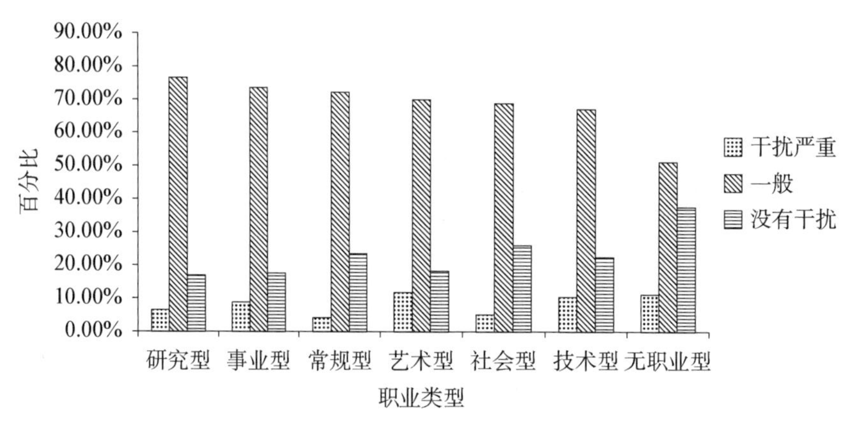

图 4－57　不同职业对社区公共开放空间活动中受干扰程度

社区居民对游憩空间的互动体验满意度如图 4－58 所示。分析发现，大部分游憩居民（32.5％）认为现有的游憩空间缺乏互动体验性，其中艺术型人群由于其表现性和参与性较强，因此对社区公共开放空间中游憩空间的互动体验性需求最大(40.7%)，其次是常规型人群和无职业型人群，所占比例分别为36.1%和35.5%。在对社区公共开放空间的游憩空间互动体验性较满意的人群中，研究型人群往往偏好于对事物进行观察、分析和推理，具有独立的思维，更偏好私密性强的围合空间和中低强度的游憩活动，对游憩空间之间的互动体验性反而需求度最低(15.3%)。

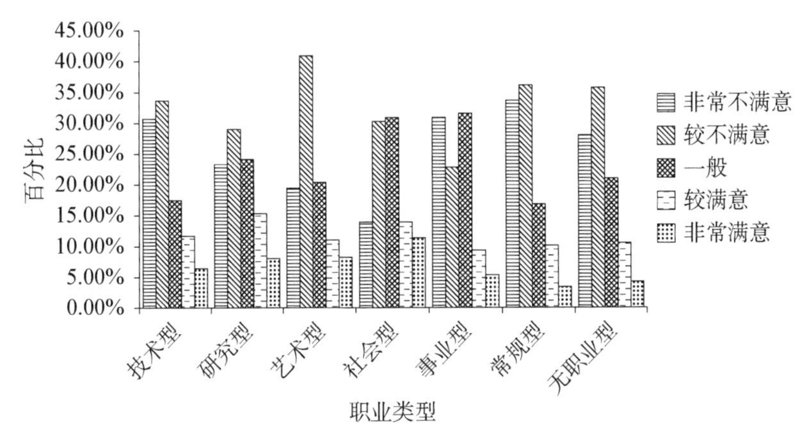

图4-58　不同职业对社区公共开放空间游憩空间互动体验

居民对社区公共开放空间环境舒适性的满意度评价如图4-59所示。34.2%的居民认为现有的环境舒适度一般。对环境舒适度满意度最高的职业类型是技术型和社会型，满意度最低的是无职业型和研究型。其中，多于28.6%的游憩者认为公共开放空间内的植物有一定的降噪效

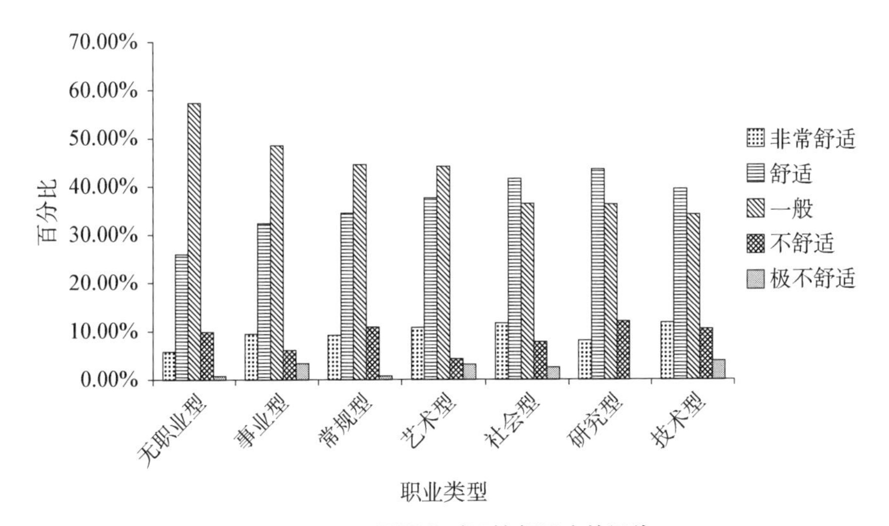

图4-59　不同职业对环境舒适度的评价

果(图 4-60),但是不同职业人群对降噪效果的满意度差异显著。艺术型和社会型较为重视审美及生活品质,偏向于用音乐、声音、色彩等因素来体现其审美意趣,因此对植物降噪效果满意度较低;而无职业型与技术型人群对植物的降噪满意度相对较高。此外,33.80%的游憩者认为公共开放空间内的植物是有遮阴效果的(图 4-61),对植物遮阴效果满意度最高的人群是事业型和艺术型;满意度最低的是无职业型和研究型,可能由于这两类人群的游憩时间长,对环境舒适性相对敏感。

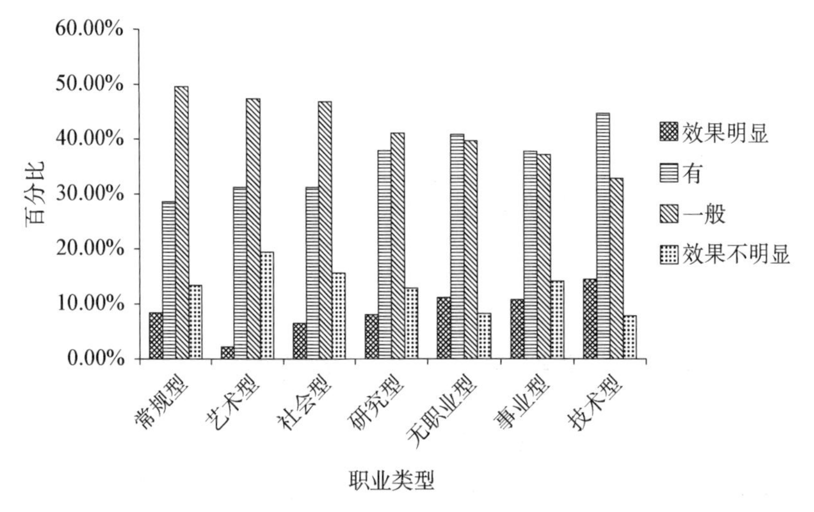

图 4-60 不同职业对公共开放空间树木降噪效果满意度

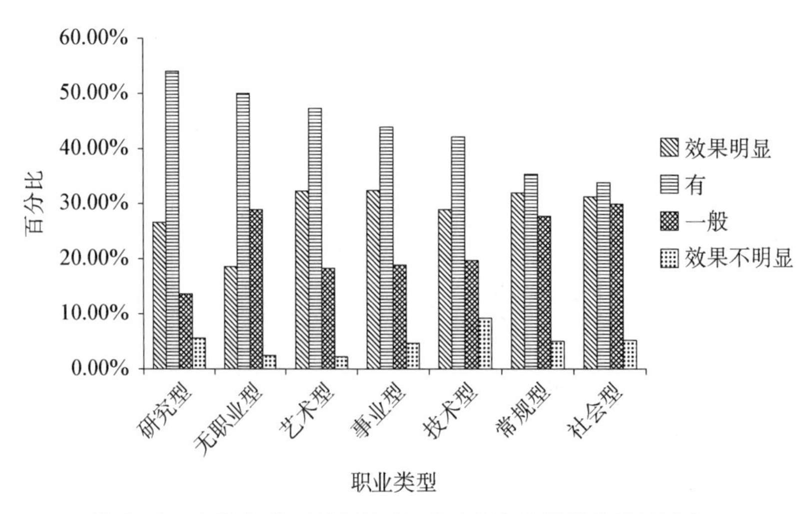

图 4-61 不同职业对社区公共开放空间树木遮阴效果的满意度

居民对城市社区公共开放空间(社区公园等有围栏和开放时间设置的场所)开放时间的满意度如图 4-62 所示。调查结果显示,总体上游憩居民对社区公共开放空间开放时间满意度较高,但不同职业人群满意度分异明显,对公共开放空间开放时间满意度由高到低排序为:艺术型＞技术型＞社会型＞常规型＞研究型＞事业型＞无职业型。

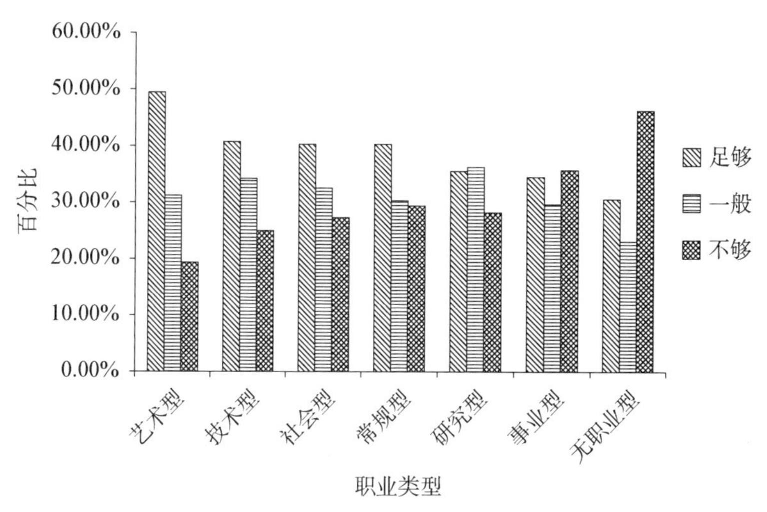

图 4-62　不同职业对社区公共开放空间的开放时间满意度

社区公共开放空间的机动车停车场经常被占用,而非机动车的车位明显不足,乱停乱放的现象严重。而居民对社区公共开放空间停车管理的满意度如图 4-63 所示。调查结果显示,有较大部分(31.5%)游憩居民对停

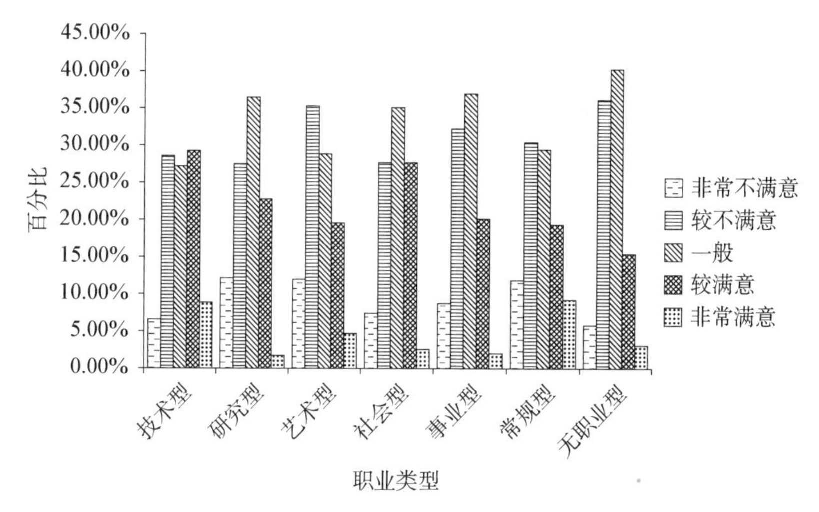

图 4-63　不同职业对社区公共开放空间停车管理满意度

车管理服务持不满意的态度，其中无职业型人群(36.0%)由于前往公共开放空间的游憩活动频率最高，社区公共开放空间内的服务管理与其关联性最为密切，因此对停车管理满意度最低，其次是艺术型和事业型人群；在对停车管理服务较为满意的人群中，技术型人群满意度最高(29.2%)。

2. 基于年龄分异的游憩需求满意度比较

居民的年龄分异与社区公共开放空间游憩满意度的关系如表4-7所示。分析结果显示，年龄分异与社区公共开放空间满意度中12项不独立，与其各项独立，即职业分异对与社区公共开放空间现状总体满意度、景观质量、游憩空间中的受干扰程度、互动体验、游憩环境中的植物增湿效果、环境舒适度、游憩设施、服务管理中的开放时间及停车管理状况等12项关系显著，与其他各项关系不显著。

表4-7　年龄分异与社区公共开放空间游憩满意度关系

维度	指标	卡方值	P值	关系
总体满意度	社区公共开放空间现状总体满意度	116.558	0.000	不独立
景观质量	社区公共开放空间的景色特点	62.435	0.000	不独立
	社区公共开放空间的景点数量	27.592	0.486	独立
	社区公共开放空间的地域特色	42.144	0.042	不独立
	社区公共开放空间的植物种类丰富度	35.530	0.001	不独立
游憩空间	社区公共开放空间内游憩活动中受干扰程度	48.320	0.000	不独立
	社区公共开放空间空间多样性状况	26.530	0.544	独立
	社区公共开放空间空间尺度感状况	37.785	0.103	独立
	社区公共开放空间互动体验状况	44.398	0.025	不独立
游憩环境	社区公共开放空间内植物降噪效果	14.673	0.839	独立
	社区公共开放空间内植物遮阴效果	31.026	0.073	独立
	社区公共开放空间内植物降温效果	30.460	0.083	独立
	社区公共开放空间内植物增湿效果	33.859	0.038	不独立
	社区公共开放空间空气质量效果	45.025	0.022	不独立
	社区公共开放空间水体质量效果	36.037	0.142	独立
	社区公共开放空间内环境舒适度	49.924	0.007	不独立

（续表）

维度	指标	卡方值	P值	关系
游憩设施	社区公共开放空间设施数量充足性	35.338	0.160	独立
	社区公共开放空间照明设施充足性	24.595	0.650	独立
	社区公共开放空间标识牌设施充足性	22.581	0.754	独立
	社区公共开放空间内设施使用满意度	56.539	0.000	不独立
服务管理	社区公共开放空间停车管理状况	47.611	0.012	不独立
	社区公共开放空间植物养护状况	38.702	0.086	独立
	社区公共开放空间内设施维护状况	19.738	0.139	独立
	社区公共开放空间开放时间充足性	28.329	0.013	不独立

备注：显著性水平为0.05

游憩居民对社区公共开放空间现状总体满意度如图4－64所示。调查发现，总体上70.2％的游憩居民对社区公共开放空间样地的现状比较满意，其中壮中年（23～30岁、31～50岁、51～60岁）所占比重最大，分别为74.0％、73.0％、70.9％，满意度也最高。在对社区公共开放空间现状不满意及很不满意的人群中，青少年（7～14岁、15～18岁）及老年人所占比重最大，分别为33.3％、18.2％和16.0％，满意度最低。如前文所述，处在此年龄段的人群工作压力较小，前往社区公共开放空间活动的频率最高，因此对景观、空间、环境、设施、服务等因素要求较高。

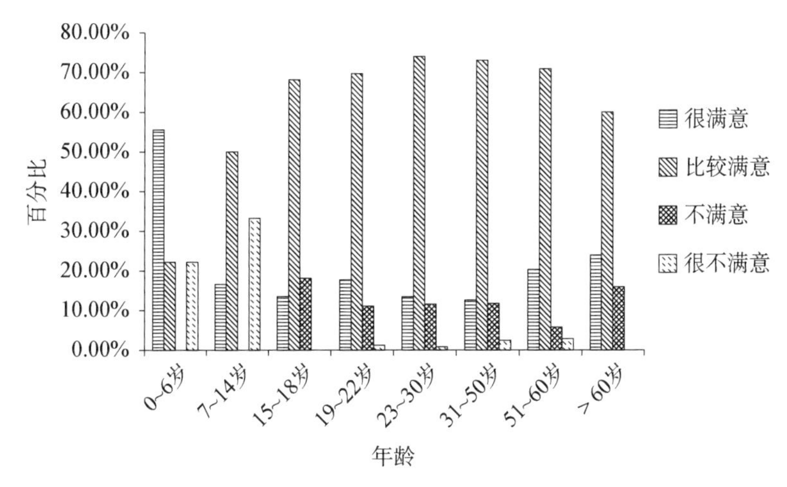

图4－64　不同年龄对社区公共开放空间现状总体满意度

游憩居民对社区公共开放空间的景观风貌的满意度如图 4-65 所示。调查分析表明，大部分游憩居民(53.1%)认为社区公共开放空间的景色风貌一般，缺乏地域特点。其中，壮中年人(23～30 岁、31～50 岁、51～60 岁)对景观风貌的满意度最低，所占比例分别为 56.1%、53.6%、53.4%。而 54.5%的青少年及 39.2%的老年人则认为社区公共开放空间的景观很有特点，满意度也相对最高。

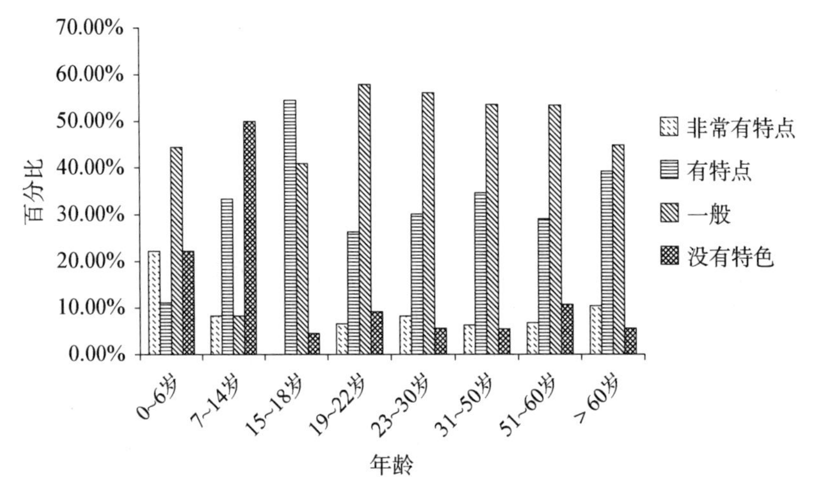

图 4-65　不同年龄对社区公共开放空间景色特点满意度

居民对公共开放空间中植物种类丰富度的满意度评价如图 4-66 所示。调查分析发现，绝大部分(68.2%)游憩居民认为社区公共开放空间内的植物种类丰富度一般。其中，71.3%的壮中年对植物景观丰富度的满意

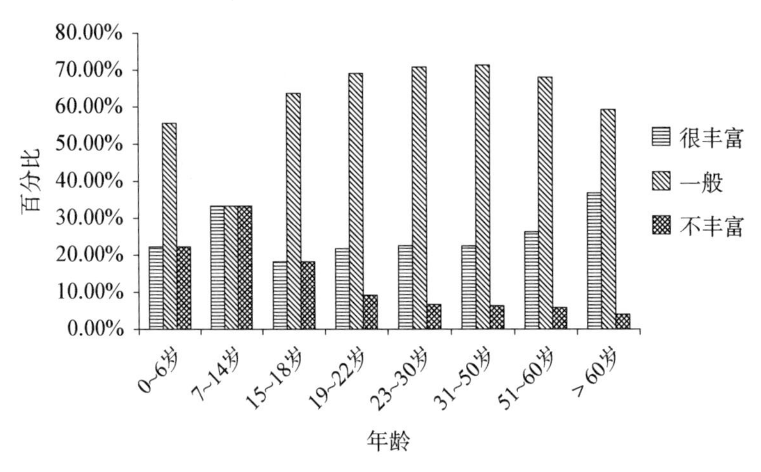

图 4-66　不同年龄对社区公共开放空间植物种类丰富度

度评价较低，认为现有植物种类乡土性较差，无法反映地域特色；而老年人(36.8%)则认为现有的植物种类很丰富，满意度最高，不影响游憩感知质量。

居民对社区公共开放空间表现出的地域特色的满意度如图4-67所示。调查结果显示，部分游憩居民(47.7%)对社区公共开放空间所具有的地域特色持中立态度，认为地域特色因素对游憩感受的影响重要性偏低。此外，34.9%的游憩居民对社区公共开放空间所具有的地域特色较为满意，认为通过乡土植物和特色景观塑造体现了地方特征；其中，青少年的满意度最高(50%)，中年人群满意度次之(31.1%)。

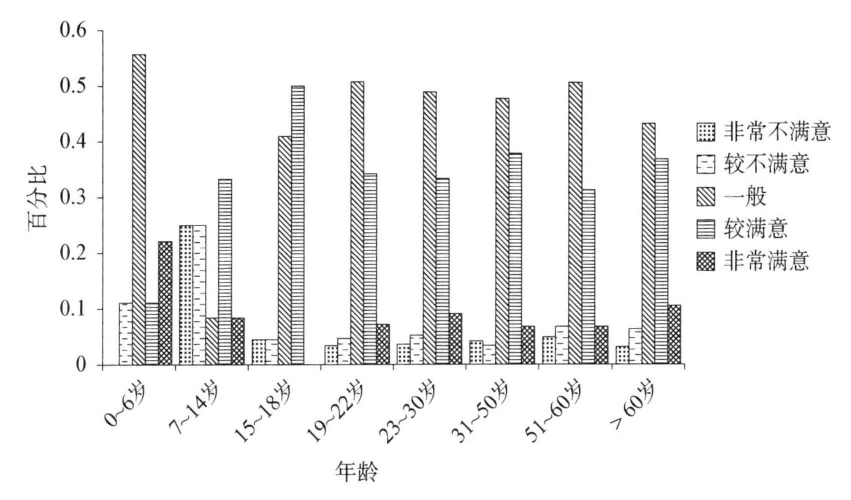

图4-67　不同年龄对社区公共开放空间地域特色

居民在社区公共开放空间中游憩时受干扰的程度如图4-68所示。调查分析发现，由于不同年龄段游憩者在公共开放空间活动时承受的干扰程度不一样，因此大部分(66.0%)游憩居民认为在社区公共开放空间游憩活动中受干扰程度状况一般，游憩感受并没有因此而削减。经过前文不同年龄段人群偏好的游憩活动分析可知，老年人偏好在园内进行集体性活动，具有很明显的群聚性特征，因此在游憩活动中受到的干扰程度最低；学龄前儿童及青少年承受干扰能力最差，受到的干扰也最大，而大部分壮中年则认为游憩活动中受干扰程度一般。

居民对社区公共开放空间游憩空间的互动体验满意度如图4-69所示。调查研究发现，部分游憩居民(32.5%)认为社区公共开放空间游憩空间缺乏互动体验，其中老年人群(38.4%)由于自由时间最为充裕，前往社区

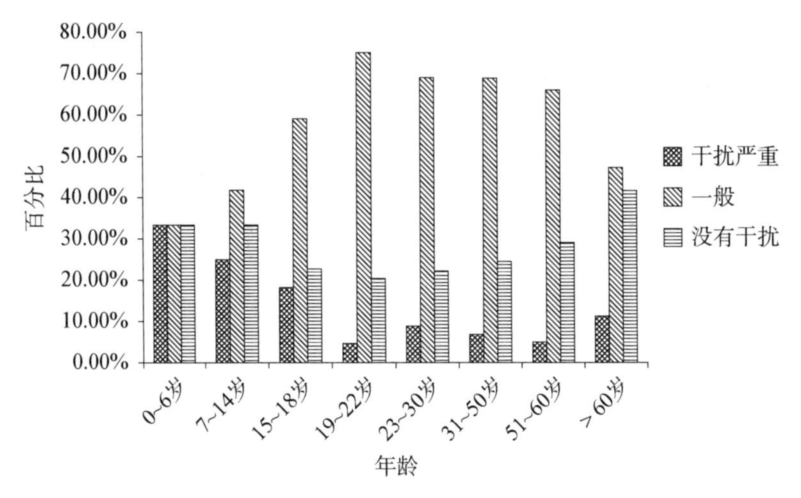

图 4 - 68　不同年龄对社区公共开放空间活动中受干扰程度

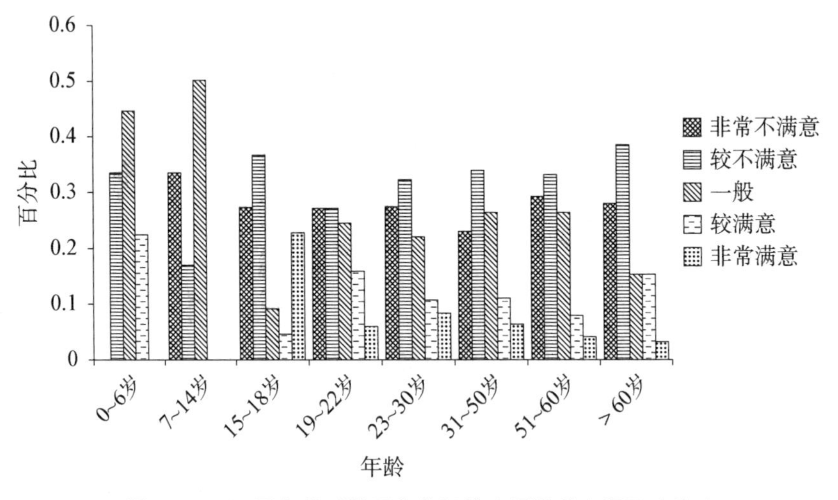

图 4 - 69　不同年龄对社区公共开放空间游憩空间互动体验

公共开放空间游憩频率最高，且偏向于群聚型游憩活动，对互动体验性需求强烈，相应的满意度也最低，其次是壮中年人群(33.8%)。而青少年人群(16.7%)由于受学习生活的限制，前往社区公共开放空间的频率相对较低。因此，青少年人群相对其他年龄层而言，对社区公共开放空间游憩空间互动体验性的需求不强烈，相应地满意度也较高。

不同年龄居民对社区公共开放空间环境的舒适度评价如图 4 - 70 所示。经调查分析发现，44.4%的游憩居民认为现有的环境舒适度一般。青少年(83.3%)及老年人(59.2%)的满意度最低；壮中年(37.7%)的满意度

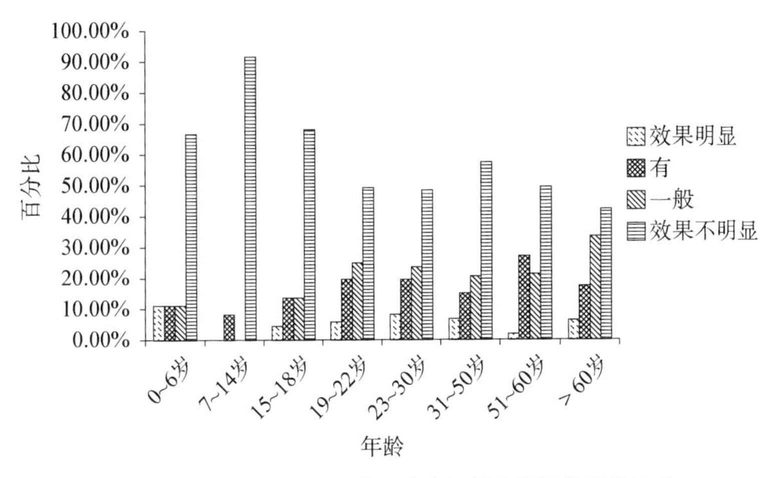

图 4-70　不同年龄对公共开放空间树木增湿效果满意度

最高,认为社区公共开放空间的环境非常舒适,且适宜开展游憩活动。此外,大部分(51.2%)居民认为公共开放空间内植物的增湿效果不明显,而18.8%的游憩居民认为植物有一定的遮荫增湿效果。但不同年龄层人群对植物增湿效果的满意度差异显著,满意度最低的是青少年,满意度最高的是老年人,其次是壮中年(见图 4-71)。

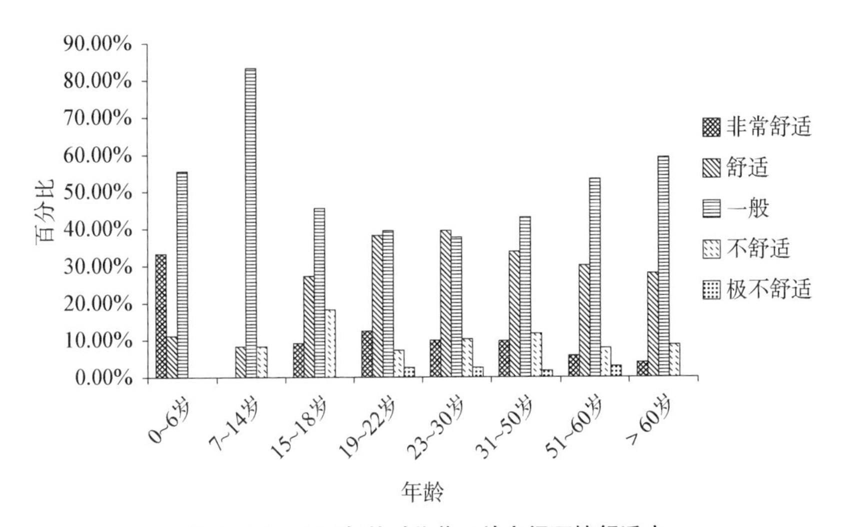

图 4-71　不同年龄对公共开放空间环境舒适度

不同年龄层居民在社区公共开放空间游憩活动中的安全性如图 4-72 所示。调查结果显示,90.2%的居民在社区公共开放空间游憩活动中没有受过伤,其中对安全性满意度最高的是老年人(94.4%);满意度最低的是青

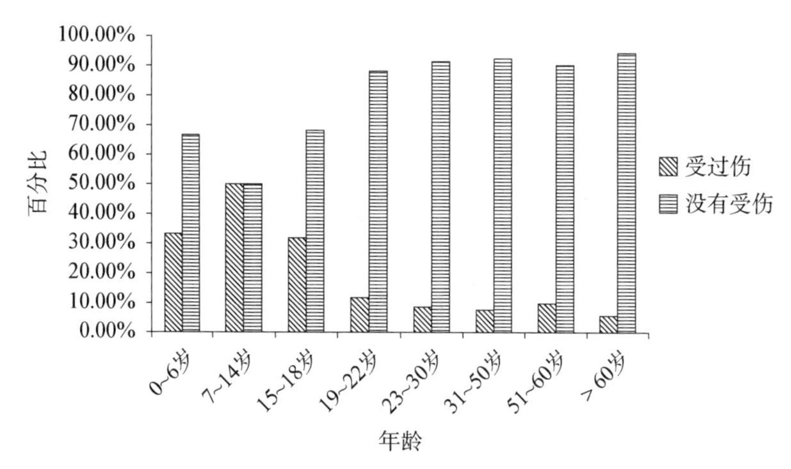

图 4－72 不同年龄对公共开放空间游憩活动中受伤状况

少年(50%),可能由于青少年生性活泼好动,偏向于中等及高等强度的游憩活动,且自我保护意识较差,因此受伤率要远远高于其他年龄段人群。

居民对社区公共开放空间开放时间的满意度如图 4－73 所示。结果显示,35.8%的游憩居民认为社区公共开放空间开放时间是充足的,而 33.6%的游憩居民认为开放时间不足。不同年龄段人群对应的满意度分异明显,其中认为开放时间充足的人群中,满意度最高的是青少年,因为青少年通常只有节假日才有闲暇时间到社区公共开放空间休闲游憩,因此开放时间的长短基本对其不构成影响。认为开放时间不够的人群中,学龄前儿童占比重较大,由于学龄前儿童一般由家长带领到社区公共开放空间开展游憩活动,且学龄前儿童的调查问卷基本由家长代填,因此学龄前儿童对开放时间较低满意度也从一个侧面反映了老年人及壮中年游憩人群的态度。

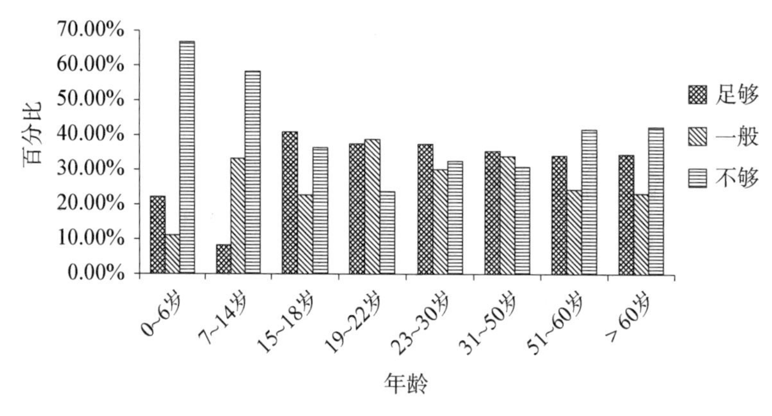

图 4－73 不同年龄对社区公共开放空间开放时间满意度

不同年龄居民对社区公共开放空间停车管理满意度如图 4－74 所示。分析发现，31.5%的游憩居民对社区公共开放空间的停车管理服务持较不满意的态度。少年儿童(7～14 岁)及老年人群对社区公共开放空间停车管理非常不满意度分别为 58.3%和 38.4%，其次是壮中年；而青年群体(15～22 岁)对社区公共开放空间停车管理满意度较高。

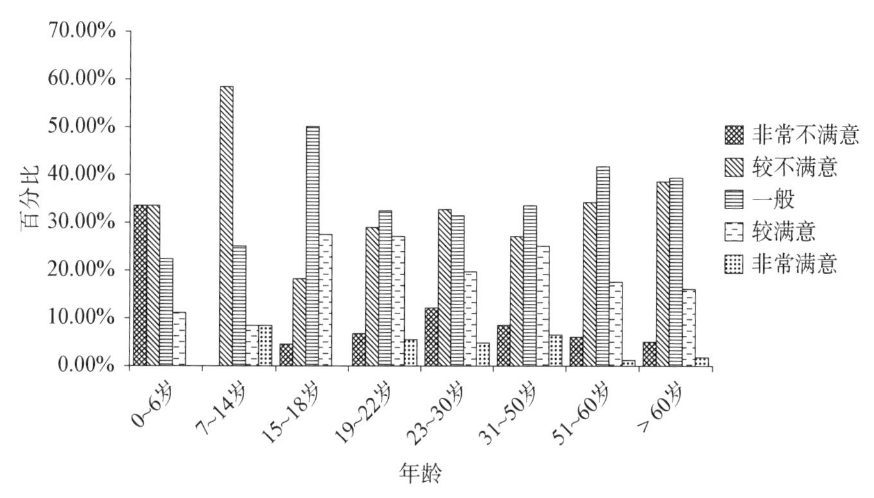

图 4－74　不同年龄对社区公共开放空间停车管理满意度

3. 基于文化分异的游憩需求满意度比较

文化分异与居民在社区公共开放空间中的游憩感知满意度关系如表 4－8 所示。分析结果显示，文化分异与其中 6 项不独立，与其他各项独立，即职业分异对总体满意度、景观质量中的社区公共开放空间的景色特点、游憩空间中的受干扰程度及空间多样性、游憩设施中的社区公共开放空间内设施使用满意度等 6 项关系显著，与其他各项关系不显著。

表 4－8　文化分异与社区公共开放空间游憩满意度关系

维度	指标	卡方值	P值	关系
总体满意度	社区公共开放空间现状总体满意度	34.591	0.000	不独立
景观质量	社区公共开放空间的景色特点	21.308	0.002	不独立
	社区公共开放空间的景点数量	7.428	0.491	独立
	社区公共开放空间的地域特色	13.044	0.110	独立
	社区公共开放空间的植物种类丰富度	5.449	0.244	独立

（续表）

维度	指标	卡方值	P值	关系
游憩空间	社区公共开放空间内游憩活动中受干扰程度	20.972	0.000	不独立
	社区公共开放空间空间多样性状况	17.016	0.030	不独立
	社区公共开放空间空间尺度感状况	5.540	0.699	独立
	社区公共开放空间互动体验状况	13.398	0.099	独立
游憩环境	社区公共开放空间内植物降噪效果	10.568	0.103	独立
	社区公共开放空间内植物遮阴效果	8.473	0.205	独立
	社区公共开放空间内植物降温效果	6.552	0.364	独立
	社区公共开放空间内植物增湿效果	2.645	0.852	独立
	社区公共开放空间空气质量效果	22.484	0.004	不独立
	社区公共开放空间水体质量效果	6.453	0.597	独立
	社区公共开放空间内环境舒适度	9.527	0.300	独立
游憩设施	社区公共开放空间设施数量充足性	9.869	0.274	独立
	社区公共开放空间照明设施充足性	7.175	0.518	独立
	社区公共开放空间标识牌设施充足性	8.645	0.373	独立
	社区公共开放空间内设施使用满意度	21.242	0.002	不独立
服务管理	社区公共开放空间停车管理状况	9.038	0.339	独立
	社区公共开放空间内设施维护状况	0.651	0.957	独立
	社区公共开放空间植物养护状况	6.028	0.644	独立
	社区公共开放空间开放时间	6.090	0.192	独立

备注：显著性水平为0.05

游憩居民对社区公共开放空间现状总体满意度的评价结果如图4－75所示。总体上，70.2％的游憩居民对复兴公园、莘城中央公园、松江中央公园3处社区内公共开放空间的现状比较满意。调查发现，不同文化程度人群的满意度分异明显，对现状满意度最高的是本科及以上文化程度的人群，满意度最低的是初中及以下文化程度的人群，这可能与不同文化程度的人群对公共开放空间的使用频率、持续时间及对设施的利用率等因素相关。

居民对社区公共开放空间景观风格的满意度如图4－76所示。调查分析发现，53.1％的游憩居民认为社区公共开放空间景色特点一般。在认为公共开放空间景色有特点的人群中，满意度最高的是本科及以上文化程度

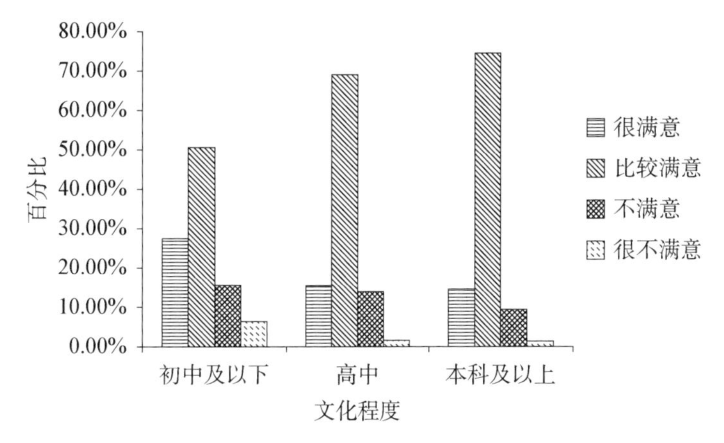

图 4-75 不同文化对社区公共开放空间现状总体满意度

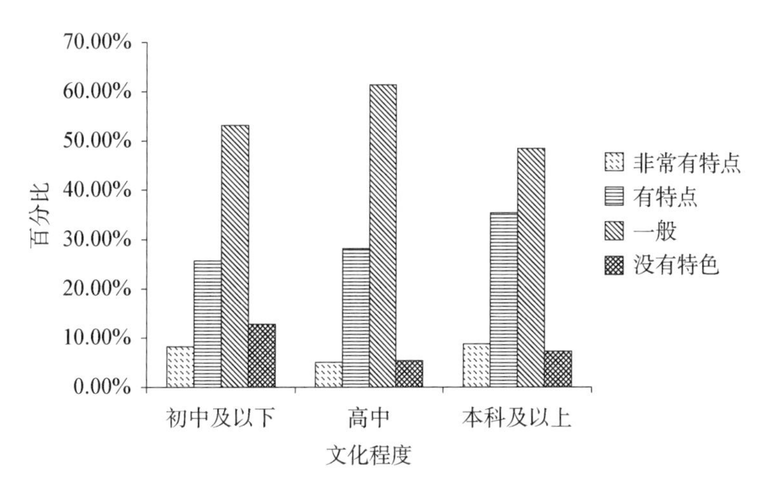

图 4-76 不同文化对社区公共开放空间景色特点满意度

的游憩居民(35.4%);在认为社区公共开放空间没有特色的人群中,满意最低的是初中及以下文化程度的游憩居民(12.8%)。如前文所述,初中及以下文化程度人群以无职业型人群为主,游憩时间较长,游憩活动最频繁,因此对园内的景观质量要求也相对较高。

居民在社区公共开放空间中受干扰程度如图 4-77 所示。调查发现,66.0%的游憩居民认为在社区公共开放空间活动时受干扰程度一般。38.5%初中及以下文化程度的游憩居民认为在社区公共开放空间活动时没有干扰,满意度最高,其中大部分是老年人,喜欢与人交流及参与群聚型的游憩活动,但同时也害怕受到青少年扩张、无序行动的干扰;而本科及以上文化程度的游憩居民认为在社区公共开放空间活动时受到噪音等干扰严

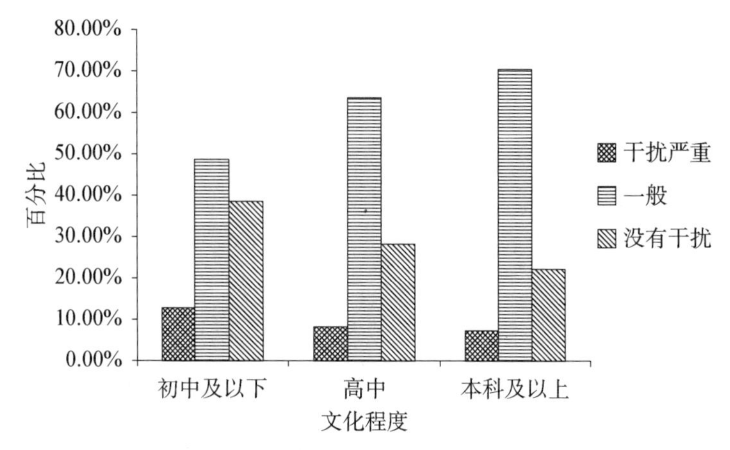

图 4-77　不同文化居民对受干扰程度评价

重，满意度最低。

不同文化程度居民对社区公共开放空间的空间多样性的满意度如图4-78所示。调查分析发现，部分游憩居民（39.6%）对社区公共开放空间所呈现的多样性持中立态度，也有24.7%的游憩居民对其不太满意。其中，初中及以下文化程度人群（26.6%）对公共开放空间内空间呈现多样性的需求强烈，满意度最低，其次是本科及以上文化程度人群。而高中文化程度人群（20.9%）对公共开放空间内呈现多样性空间的需求最小，满意度却最高。

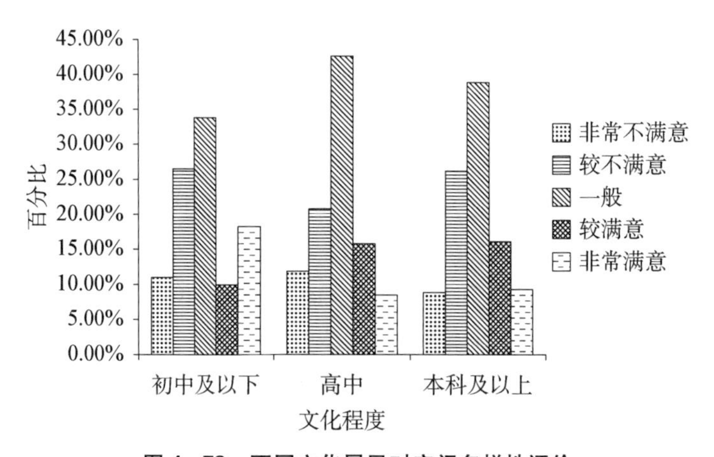

图 4-78　不同文化居民对空间多样性评价

不同文化背景居民对社区公共开放空间内设施的使用和维护现状的满意度如图4-79所示。42.5%的游憩居民对社区公共开放空间内设施的使用现状是比较满意的，其中满意度最高的是本科及以上文化程度的游憩居民(44.4%)；在对社区公共开放空间内设施使用不满意的人群中，满意度最低的是初中及以下文化程度的人群(12.8%)，这一人群受文化程度的限制，工作压力相应较低，享受游憩的时间也相对较充裕，前往公共开放空间频率较高，因此对园内设施的维护状态敏感和挑剔。

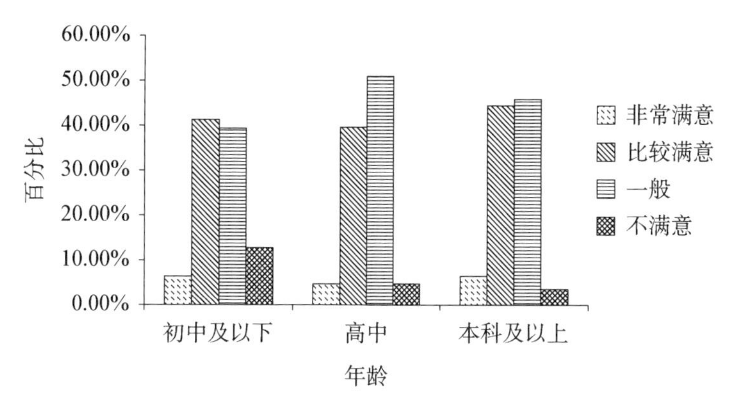

图 4-79　不同文化居民对社区公共开放空间设施使用满意度

六、小结

1. 上海社区公共开放空间游憩居民构成特征分异

根据对 3 处社区公共开放空间与游憩居民职业、年龄、文化程度构成的对应分析与卡方检验结果显示出的显著差异性的存在，我们可以看到，瑞金社区公共开放空间中参与游憩活动的居民职业类型以无职业型(31.51%)、艺术型(17.47%)和研究型(14.73%)职业人群为主；主要年龄段人群为壮中年(33.4%)及老年人(20.5%)；文化程度人群主要以本科及以上人群为主(60.9%)。

莘城社区公共开放空间中游憩居民以无职业型(40.82%)、事业型(16.77%)、常规型(12.03%)职业人群为主；主要年龄段人群为壮中年(30.9%)及老年人(15.7%)；文化程度人群主要以高中及初中以下人群为主(50%)。

方松社区公共开放空间中游憩居民以事业型(27.31%)、技术型(11.81%)、社会型(11.44%)职业人群为主；主要年龄段人群为壮中年

(38%)及青少年(23.4%);文化程度人群主要以本科及以上人群为主(60%)。

2. 居民职业分异对应的游憩偏好及需求特征分异

(1) 无职业型。无职业人群工作压力相对较小、闲暇时间多,去公共开放空间参与游憩活动的频率最高,社区公共开放空间内的景观特点、游憩空间、生态环境、休闲设施和服务管理等现状与其游憩感知的关联性最为密切。无职业型人群受到经济条件的影响和体力约束,偏好步行前往社区公共开放空间,却对停车管理(机动车及非机动车)满意度最低,可能与停车场被占用的现状相关。这一人群在社区公共开放空间中的游憩动机以锻炼健身为主,频率较高,游憩时间段跨度较长,游憩持续时间往往维持在 4~6 h,并且希望能够延长公共开放空间夜间开放的时间。同时,通过前文的行为观察及人口构成分析可知,这一人群多为退休老年人、学龄前儿童、学生、待业人员及家庭主妇,一般偏好在社区公共开放空间内参与一些有组织的、集体性的游憩活动,而这类集体性的游憩活动往往是集中的、群聚性的,伴随着较大的喧闹声,因此受他人干扰能力较强,对植物的降噪效果要求相对较低,但对遮荫效果和环境舒适度要求最高,希望增添公共性强的休闲锻炼活动场地。因此,基于无职业人群的游憩需求,公共开放空间应适当延长开放时间,提高公共开放空间设施检查更新频率,增加遮荫常绿乔木,适当提供可以进行集体舞、唱歌、武术等活动的公共空间以及满足休闲娱乐和健身需求的棋牌室、茶室及器械健身场。同时,加强社区公共开放空间停车管理服务[①]。

(2) 事业型。事业型人群的工作压力相对较大,经济实力较强,且受工作时间的限制,前往社区公共开放空间参与游憩活动的主要动机是陪伴家人,频率较低,游憩时间主要集中于清晨上班前和傍晚下班后,持续时间一般在 1 h 以内,并期望能延长公共开放空间夜间开放时间。事业型人群偏向于选择公共交通及私家车前往社区公共开放空间,选择公共交通的人群偏向于低碳出行,而选择私家车出行可能是为了方便家庭成员共同参与。除了陪伴家人,事业型人群前往公共开放空间游憩的目的是休闲娱乐,以此来缓解工作带来的压力,水景和地形景观是吸引此类人群前往社区公共开放空间的主要因素,由于本身所具备的职业特性偏向于独立工作和思考,他

---

① 杨硕冰、于冰沁、谢长坤、车生泉:《人群职业分异对社区公园游憩需求的影响分析》,《中国园林》2015 年第 1 期。

们承受干扰能力较差，在游憩活动中尽量避免他人打扰，因此喜欢安静的休憩空间或私密性强的空间。根据事业型人群职业分异偏好及需求特征，在社区公共开放空间优化提升中，应适当延长公共开放空间开放时间，设置安静的私密空间和适宜开展休闲娱乐活动的场地，如适合垂钓的水体、适宜休憩的活动草坪、遮阳棚以及用于锻炼的健身器械等，以减轻工作生活带来的心理及生理上的压力。

(3) 社会型。社会型人群热衷于社会交往，偏好咨询等社会服务活动，游憩目的主要是锻炼身体，抵达方式多采用步行和公共交通。社会型人群开展游憩活动的频率较高，游憩时间集中在下午和傍晚，持续时间约为20～60 min，对游憩设施的利用率较高，喜好常绿树种。针对社会型人群的游憩需求，应适当延长公共开放空间夜间的开放时间，增添运动锻炼设施，并提升维护频率。同时，设置公共性强的场地，如林下活动场地、休闲广场及器械健身场等。

(4) 研究型。研究型人群有明显的科学倾向，热衷于观察、分析和推理，并进行创造性研究，倾向于独立的工作和思考环境，理性思维能力较强，社会交往能力偏低，游憩的主要目的是休闲娱乐。研究型人群去社区公共开放空间参与游憩活动的频率最低，游憩时间相对较少，游憩时间集中在下午和傍晚，注重景观及设施的设计细节，容易受到植物、水景和地形等景观的吸引。这一人群对社区公共开放空间环境的舒适度、植物的遮阴、增湿、降温等效果的要求相对较高，对公共开放空间开放时间及活动干扰管理的要求较低。根据研究型人群的需求及偏好特征，建议在社区公共开放空间的优化提升过程中，注重景观及设施细部的处理，合理配植常绿及落叶植物，营造变化的季相景观，并增添水景、地形等吸引力资源，以模拟近自然的景观；此外，在空间方面，建议提供适合开展球类、野营、放风筝等休闲活动的场所，并开辟如林中小径、亲水平台等安静的私密、半私密空间。

(5) 常规型。常规型人群多思维缜密而系统化，工作压力较大，游憩动机主要是休闲娱乐，多在傍晚出游，活动时间在 1 h 左右，很少使用公共开放空间中的休闲游憩设施，对社区公共开放空间内植物的遮阴、降噪、增湿等环境适宜性的要求较高。针对这类人群的游憩需求，优化提升的重点可以是环境舒适度的提升和休闲娱乐功能的提升，适当增加可以放松身心的游憩空间、景观及设施，如休闲广场、健康步道，并增添夜景灯光及科普展示等服务设施。

(6) 艺术型。艺术型人群由于具有较强的个性和主观意识，重视审美品质，在游憩活动中往往表现出强烈的艺术倾向，并富有幻想和创造性，游憩的主要目的以锻炼身体和休闲娱乐为主。艺术型人群前往社区公共开放空间游憩的频率及使用设施频率相对较低，仅为每月或每年一次，游憩时间持续在1h以内，集中在下午或傍晚，忍受干扰和噪音的能力较差，受到其他游憩者的干扰强烈，需要相对安静的环境。艺术型人群希望在社区公共开放空间增加标识牌，标明植物种类和生态习性。同时，由于从事艺术创作类职业的人群具有较为丰富的感受能力，其表现性和参与性均较强，偏向于以音乐、声音、色彩等元素来体现审美意趣及生活品质，关注自然环境的变化过程，喜爱能体现季相变化的落叶树种和色叶植物，对植物目前的降噪效果满意度较低，对游憩空间的多阳性和互动体验性的需求最强烈，对开放时间的要求不高。因此，在社区公共开放空间的优化提升过程中，可以为此类人群提供相对安静的、私密性强的空间，同时增设一些可以满足其艺术兴趣和审美品质的景观和设施，如林中小径、滨水（亲水）平台、活动草坪、夜景灯光等。

(7) 技术型。技术型人群多从事技术性和体力性工作，往往不善于社会交际，喜欢户外游憩活动，去社区公共开放空间的主要目的是锻炼身体。技术型人群多选择步行、电动车和公共交通等辅助方式抵达公共开放空间，游憩活动相对频繁，时段一般在清晨和傍晚，游憩时间多在1h以内，很少使用设施或者器械。技术型人群对社区公共开放空间内植物的遮阴效果要求较高，忍受干扰能力较弱，容易受到其他游憩者的活动干扰。根据技术型人群的需求及偏好特征，建议为其提供可以舒展身体、放松身心的游憩空间和休闲设施，如器械健身场、休憩座椅、休闲广场等等。

3. 居民年龄分异对应的游憩偏好及需求特征分异

(1) 青少年。由前期行为观察、后期的差异性分析和对应分析可知，此类人群的身体素质和体能较好，因此多数选择骑自行车前往社区公共开放空间，且游憩的主要目的（动机）是休闲娱乐。由于青少年渴望与社会和环境密切互动，且个性张扬、体力充沛，因此偏好球类、旱冰、慢跑等高强度游憩活动类型。但由于其生性活泼好动，且自我保护意识较差，因此受伤率要远远高于其他年龄段人群。由于闲暇时间有限，青少年的游憩活动时间主要集中在傍晚进行，游憩活动频率及设施使用频率较低，游憩时间持续在20～60 min，对于社区公共开放空间开放时间及游憩空间互动体验性需求最小，满意度最高。青少年认为落叶树种的增加更适宜于冬季游憩活动的开展；此外青少年需要增添活动草坪、林下活动空间、亲水平台、公共性强的空间，以进行休憩、追逐和互动，这符合其独立意识的增长、社交关系的拓展和好奇心驱使的探索意愿。青年人一般具备较高的文化水平，主观意识较强，对社区公共开放空间的环境舒适度要求较高，科普教育是吸引其去社区公共开放空间的主要因素，因此其希望增添科普展示、夜景灯光、商业店铺等设施，以在休闲娱乐的同时学习关于动植物及历史文化的知识。

(2) 壮中年。壮中年人由于生活压力较大、工作较为繁忙，在工作日陪伴家人的时间较少，前往社区公共开放空间的动机主要是陪伴家人，弥补由于工作给家庭生活带来的缺失感。一般壮中年人具有一定的经济能力，且往往陪同家人一同前往，因此会选择私家车，以节省其路途上所消耗的时间，增加其游憩活动的时间。工作日，壮中年人一般集中在傍晚下班后才进行游憩活动，活动时间基本持续在 20～60 min，且游憩活动频率及使用设施频率较低。由于其体质较好，体力充沛，往往选择放风筝、慢跑、器械健身、乐器演奏等中等强度的游憩活动类型，以减轻生活及工作压力所带来的焦虑及压抑等心理感受。吸引壮中年人去社区公共开放空间游憩的主要因素是休闲设施及植物景观，因此其更希望在社区公共开放空间增添休憩座椅、遮阳棚、夜景灯光、健康步道、公共休闲广场等设施和空间；此外，壮中年对现有植物景观丰富度的满意度评价最低，认为现有植物种类乡土性较差，无法反映地方特色，需提升植物景观的地域性和多样性。

(3) 老年人。老年人参与游憩活动的主要动机是锻炼身体及看护儿童，其游憩时间最为自由和充裕，前往社区公共开放空间游憩活动频率最高且游憩活动时间最长，频率至少每日或每周一次，时间多选择在上午，持续在 1 h 以上。由于老年人往往承担了看护下一代的重任，所以有很大一部分老年人偏向于在上午陪同儿童前往社区公共开放空间散步、晒太阳、休憩等。且由于老年人各项身体机能的退化，强身健体在他们生活中变得极为重要，休闲活动空间和休闲设施成为最能吸引老年人前往社区公共开放空间的因素。由于老年人心理特征较明显，喜欢与其他游憩者攀谈，参与意愿强烈，对互动体验性需求也最为强烈，但由于其体能有限，其在社区公共开放空间中喜好的游憩活动主要为集体舞、武术、唱歌、散步等一些集体性的、低等强度的游憩活动，并希望增添茶室、棋牌室、遮阳(雨)棚等设施供其娱乐、休闲、休憩。但也有部分老年人行动迟缓，性情孤僻，拒绝与其他游憩者交流，害怕他人的活动打扰，因此希望在社区公共开放空间增添私密性强的空间和器械健身场等。老年人往往希望在社区公共开放空间内种植常绿树，认为常绿植物可以使冬季的植物景观富有生机。老年人普遍认为现有的植物种类很丰富，对其在社区公共开放空间中的游憩感知和体验没有削弱的影响。

4. 居民文化分异对应的游憩偏好及需求特征分异

(1) 本科(及以上)人群。具有本科及以上教育背景的人群前往社区公共开放空间主要选择公共交通及私家车,此类人群一般居住在社区公共开放空间服务半径的边缘,或者倾向于低碳出行方式,基本符合其教育背景所对应的收入能力。本科及以上人群的游憩动机主要是休闲娱乐和锻炼身体,偏好的游憩活动为慢跑、放风筝、野营、乐器演奏等,倾向于在傍晚开展游憩活动,活动时间大都持续在 20～60 min。由于此类人群工作较为繁忙,游憩活动的频率及设施使用频率较低,基本保持在每月或每年一次。由于游憩频率不高,此类人群对社区公共开放空间的景观风格、空间多样性及设施使用和维护现状持中立态度,但对于植物标识牌的充分性需求最高,可能是与科普教育的需求相关。这类人群更希望在社区公共开放空间增添私密及半私密空间,提升植物景观的季相变化,以供其冥想、阅读、休憩,并减少他人的干扰。吸引此类人群去社区公共开放空间的主要景观因素是水景、植物景观及科普教育设施。受到工作时间的限制,此类人群的游憩频率偏低,对社区公共开放空间的景色特点满意度最高,而受他人干扰的程度也最高。

(2) 高中及初中(以下)人群。高中及初中(以下)人群包括老人、学生、待业人员、务工人员等,通常选择步行及自行车等交通方式前往社区公共开放空间,并将其作为锻炼身体的一种方式。此类人群的游憩活动频率及设施使用频率最高,且游憩时间较长,基本持续在 1 h 以上。由于游憩频率较高,这类人群对于社区公共开放空间的景观风格、空间多样性及设施使用和维护要求也相对较高。由于以看护儿童的中老年为主,其游憩感受往往以儿童的安全性等游憩感知和体验为导向,吸引其前往社区公共开放空间的因素多为公共性空间活动。其喜好的游憩活动种类较多,多为集体性游憩活动,如集体舞、武术、棋牌、唱歌等;此类人群受他人游憩干扰较弱,并希望社区公共开放空间增添儿童活动场、器械健身场、休憩座椅、公共广场、健康步道等供其休憩、健身和旁观,并希望增添草本花卉景观;受其知识水平的限制,其对能够宣传科普知识的导引和解说系统的需求相对较低。

第五章　上海城市社区公共开放空间游憩吸引力分析

城市社区公共开放空间的游憩吸引力和影响因素呈现为多个维度：宏观尺度，通过手机信令大数据和 ArcGIS 空间分析技术分析城市社区公共开放空间的结构模式和使用时空分异特征；中观尺度，运用驻点法，量化居民在社区公共开放空间中的停留时间，判断不同等级驻点对居民游憩吸引力的程度；微观尺度，利用眼动分析技术，判别居民对具体环境影响要素的偏好，为构建社区尺度的游憩机会谱提供支撑。

一、基于手机信令大数据的社区公共开放空间使用特征分析

城市社区户外公共开放空间与居民生活最为密切，承担着改善社区环境品质、提供休闲游憩场所、引导居民健康生活方式等多重服务功能。随着社区微更新等建设力度的提升，城市社区公共开放空间的数量也得到了巨大提升，但其使用仍不能完全满足社区居民的需求，其规划设计和综合服务功能的发挥仍面临诸多问题。目前，城市社区公共开放空间使用的研究以社区公园为主，包括使用人群与使用评价的研究、使用时空特点分析、游憩感知满意度分析、设施与使用需求分析、影响因素、使用人群与使用情况、绿地服务效率等[①]。

---

① Echeverria S. E., Amiee L., Carmen R. I., et. al, "A community survey on neighborhood violence, park use and physical activity among urban youth", *Journal of Physical Activity Health*, 2014(1); Morgan H. S., Kaczynski A. T., Child S., et al, "Green and lean: is neighborhood park and playground availability associated with youth obesity: variations by gender, socioeconomic status, and race/ethnicity", *Preventive Medicine*, 2017 (Suppl.)；骆天庆、夏良驹：《美国社区公园研究前沿及其对中国的借鉴意义——2008—2013 Web of Science 相关研究文献综述》，《中国园林》2015 年第 12 期。

已有的研究表明，影响城市社区公共开放空间使用的要素可分为场地要素和使用者要素两种，如空间、环境、设施和使用人群等。目前，国内外相关文献中，根据研究对象尺度的不同，采用的研究方法主要有手机信令大数据、核密度与地理检测器、驻点研究等，如北京林业大学学者借助腾讯宜出行大数据，采集了北京 58 个社区公园的地理数据与签到数据，以进行社区公园使用时间与空间差异分析，确定了影响社区公园使用空间差异的 4 个外部因素（车行可达性、步行可达性、人口密度、商业办公设施）①，同时使用地理探测器比较这 4 个影响因素的重要性，为社区公园的建设提供了建议。

1. 城市社区公共开放空间使用时间分异特征

（1）城市社区公共开放空间使用时间特征。以上海市城市中心、近郊和远郊的 3 个城市社区为研究对象，以百度 POI 抓取的社区公园、休闲广场和休闲街道 3 个类型的城市社区户外公共开放空间为研究对象，进行使用时间及空间差异研究。如前文所述，在时间维度上，瑞金、莘庄、方松 3 个城市社区呈现出明显的发展和变化梯度；在空间维度上，3 个城市社区的面积接近，但公共开放空间分布特征不同，远郊的社区公园等公共开放空间的面积较大。

为分析城市社区公共开放空间的适用时间与空间分布特征，通过腾讯宜出行公众号终端抓取社区公园、休闲广场和休闲街道的游人量数据，抓取时间为 2018 年 8 月 22 至 2018 年 8 月 26 日，包含 3 个工作日和 2 个休息日。采用核密度法反映社区公共开放空间游人的空间聚集程度。

核密度估计（kernel density estimation）是概率论中估算未知的密度函数，从有限集合的观察点中估算出连续平滑的分布范围的统计方法，可以有效地描述社区公共开放空间的游人密度空间结构。核密度估计根据点与网络的距离在其影响范围内对点进行加权来实现。核密度估计的基本原理是由来自具有未知概率密度函数 $f(x)$ 中的随机变量的大小为 n 的样本数据点（x_1，x_2，x_3，…，x_n）被指定函数 $K(\cdot)$ 替代，该函数于点 x_i 处聚集，并伴随产生一个具有带宽的缩放函数 h 或平滑函数。如公式 5－1 所示，将核函数的集合缩放会产生一条具有点位面积的平滑曲线，即 x 点处的密度估

① 李方正、戴超兰、姚朋：《北京市中心城社区公园使用时空差异及成因分析——基于 58 个公园的实证研究》，《北京林业大学学报》2017 年第 9 期。

计 $f_n(x)$①。

$$f_n(x)=\frac{1}{nh}\sum_{i=1}^{n}k\left(\frac{x-x_i}{h}\right) \qquad \text{公式(5-1)}$$

式中，$k\left(\frac{x-x_i}{h}\right)$ 为核函数，h 为带宽($h>0$)，n 为带宽中已知点的数量。

对城市社区公共开放空间居民分布时空差异的分析有助于深入了解社区公共开放空间的适用情况。以位于上海中心城区的黄浦区瑞金社区为例，抓取工作日和休息日的日均活动量数据和实地踏勘的监测数据(见表5-1)。观测时间为7:00～9:00、9:00～11:00、11:00～13:00、14:00～16:00、16:00～18:00和18:00～20:00 6个时间段。

表5-1　上海市瑞金社区公共开放空间工作日和休息日日均人流量分析(单位：人)

公共开放空间	工作日日均相对活动量	休息日日均相对活动量	公共开放空间	工作日日均相对活动量	休息日日均相对活动量
复兴公园	3 432.621 87	3 864.021 66	淮海中路	4 033.632 56	3 982.452 26
绍兴公园	534.327 28	678.215 32	陕西南路	1 033.548 76	530.327 27
玉兰园	302.543 26	342.587 34	建国西路	1 157.452 63	1 758.437 58
复兴广场空间	186.455 86	274.356 65	重庆南路	987.496 36	342.561 21
法租界会审旧址	85.384 86	101.235 48	南昌路	86.101 36	122.342 16
周公馆	135.878 62	201.477 85	皋兰路	78.589 25	121.356 74
天主教堂广场	62.547 67	85.748 56	香山路	77.621 35	112.357 48
民防大厦前广场	156.788 89	221.369 57	复兴中路	457.635 32	577.848 56
上汽上海文化广场	405.323 56	412.976 35	茂名南路	156.897 56	231.547 61
巴黎春天商业广场	408.566 78	491.309 78	瑞金二路	3 793.656 89	1 774.586 63
雁荡路(步行街)	323.879 65	448.656 38	思南路	211.536 84	287.858 13
永嘉路	35.625 59	32.656 48	绍兴路	32.142 58	52.747 36

备注：街道上步行人数统计，包含交通、休闲等多种游憩目的。

① 毛小岗、宋金平、杨鸿雁等：《2000—2010年北京城市公园空间格局变化》，《地理科学进展》2012年第10期；Zheng Y., Song J. P., Yang H. Y., et al, *Quality and efficiency in kernel density estimates foe large data*, Proceedings of the ACM SIGMOD International Conference on Management of Data, New York: 2013 ACM SIGMOD Conference on Management of Data, 2013。

根据腾讯宜出行公众号所抓取的上海城市中心的黄浦区瑞金社区工作日公园绿地的平均人流量为 1 423.164,休息日的平均人流量约为 1 524.878;休闲广场工作日的平均人流量为 205.850,休息日的平均人流量约为 428.762;休闲街道工作日的平均人流量为 653.711,而休息日的平均人流量约为 397.897。位于城市近郊的莘城社区的工作日和休息日平均人流量均小于瑞金社区,而位于城市远郊的方松社区的平均人流量最低。

公园绿地的休息日平均人流量略大于工作日(7.15%),可能的原因是位于城市中心城区的社区公园的游人 90%为社区中的退休居民,受到工作日和休息日的影响较小[①]。而休闲广场和休闲街道的平均人流量则受到周边用地性质的影响较多,例如商业、办公、交通枢纽等[②]。

(2) 城市社区公共开放空间使用时间差异成因。由图 5-1 可知,位于上海市城市中心的黄浦区瑞金社区的社区公园(复兴公园、绍兴公园、玉兰园)中工作日和休息日的每小时平均人流量在 7:00 以后迅速提升,21:00 之后回落,在 7:00～21:00 的时间段内有小幅度的波动,仅约 7%～10%的居民选择在清晨、上午及中午至社区公园开展休闲游憩活动。工作日的平均人流量出现了 3 次高峰,分别是 6:00～12:00、14:00～16:00、18:00～20:00,而休息日的平均人流量折线则相对平滑,在非睡眠时间的波动较小,仅出现了 2 次相对较高的人流高峰,分别是 6:00～12:00 和 15:00～

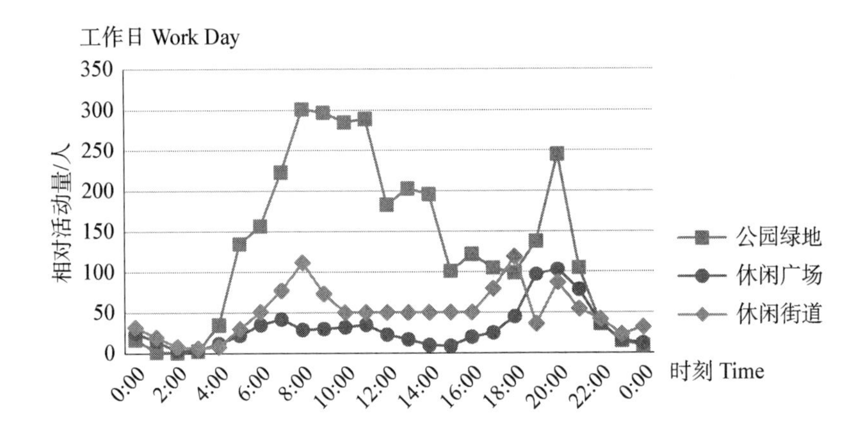

① 任震、鲁荣珠:《基于交往需求的既有开放型住区外部空间使用效能评价——以济南燕山小区为例》,《华中建筑》2016 年第 8 期。

② 张琛琛:《北京市社区公园使用状况评价研究》,北京林业大学硕士学位论文,2016 年;薛璇:《深圳南山区城市公园绿地服务效率评价研究》,哈尔滨工业大学硕士学位论文,2015 年;殷新、李鹏宇:《城市社区公园活力营造与环境行为研究——以南京市南湖公园为例》,《江苏建筑》2016 年第 4 期。

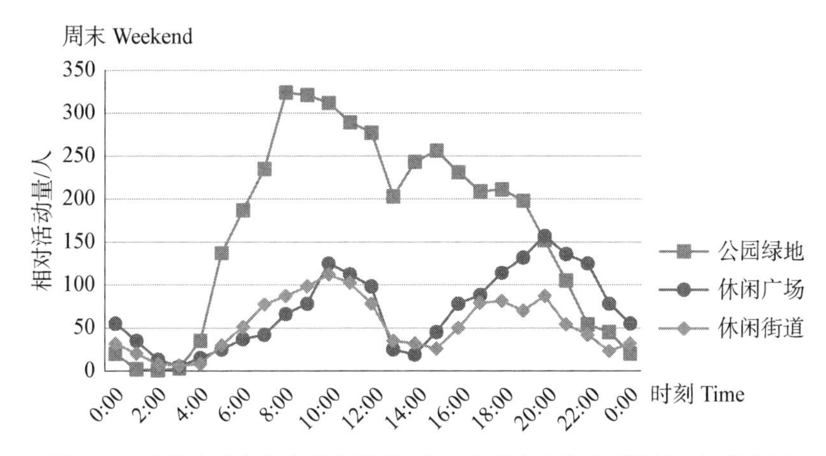

图 5-1　上海市城市中心瑞金社区工作日和休息日每小时平均人流量分析

19:00。瑞金社区公园中平均人流量的变化与社区公园游憩人群的主导，即社区退休居民的晨练、三餐、傍晚消食等作息习惯基本相符合。

瑞金社区的休闲广场(复兴广场、国际购物中心、巴黎春天商业广场、文化中心广场等)的工作日和休息日的平均人流量折线表现出不同的趋势。如工作日社区休闲广场的平均人流量自 7:00 之后波动较小，直至 18:00～20:00 才出现平均人流量的高峰，之后逐渐回落。可能的原因是位于城市中心区的休闲广场以商业广场为主，休闲游憩的居民主体是青壮年，工作日的其他时间段休闲广场主要发挥的是交通集散功能，而晚饭后的时段则可兼具休闲游憩、交通集散、社交等多种功能。休息日的平均人流量则出现了 2 次峰值，分别为 10:00～12:00 和 18:00～22:00，与商业广场的营业时间和餐饮高峰时间相符合。

根据图 5-1 的分析结果，结合相关文献资料对社区公园和其他公共开放空间使用人群、特征和偏好的研究结论可知[①]：非睡眠时间段，工作日 6:00～8:00 时间段，由于工作和上学的青少年和青壮年人正在通勤，这一时间段内的游人量高峰以锻炼休憩和社交的中老年人为主；休息日社区公园的平均人流量的波动并不剧烈，这表明由于社区公园的交通便利性和使

① Marcus C. C., Francis C., *People places: design guidelines for urban open space*, John Wiley & Sons Incorporated, 1998; Liu K. L., Lin Y. J., "The Relationship between physical landscape attributes of neighborhood parks and emotional experiences", *Journal of the Taiwan Society for Horticultural Science*, 2007(1); Neef L. J., Ainsworth B. E., Wheeler F. C., et al, "Assessment of trail use in a community park", *Family & Community Health*, 2000(3).

用人群类型,游人在社区公园中停留的时间较长,或者社区公园持续有游人进出,平均游人量才能基本保持平稳。工作日和休息日,70%的社区居民偏向选择在上午 7:00～10:00、下午和傍晚 15:00～18:00 以及 19:00～20:00 之间的 3 个时间段内使用社区公园。同时,上述时段内休息日的人均人流量比工作日峰值点略高,原因可能是青少年和工作的中年人群体主要在休息日集中使用社区公园的影响。

瑞金社区的休闲街道(淮海中路、陕西南路、重庆南路、建国西路等)由于位于城市中心,具有商业步行街、交通枢纽、文化遗址、里坊联通等多种功能,其平均人流量的变化趋势与位于城市近郊和远郊的社区街道表现不同,工作日和休息日的平均人流量的折线趋势类似[①]。受到社区中工作人群交通通勤的影响,工作日的平均人流量在 7:00～8:00 和 17:00～18:00、19:00～20:00 之间出现 3 次峰值,且绝大多数时间段的每小时人流量均高于休闲广场的人流量;而休息日的平均人流量则仅有 2 次高峰,分布在 8:00～12:00 和 16:00～21:00 之间,休息日中休闲街道与广场的平均人流量变化趋势基本一致,且数值略低于休闲广场的人流量。

基于上海城市中心区的瑞金社区、城市近郊的莘城社区和城市远郊的方松社区公共开放空间的使用时间分布总体特征存在区别,将三者的使用时间分异对比分析,以剖析影响城市社区公共开放空间使用时间分异的用地构成影响因素。

上海黄浦区的瑞金社区位于城市中心,临近交通枢纽,人口密度高,人流量大,有多处中型和小型的社区公园、休闲广场和林荫道,呈多核型的结构模式。因此,社区公共开放空间中的公园绿地、休闲广场和休闲街道的平均人流量均远高于莘城社区和方松社区。同时,瑞金社区内公共空间周边的用地类型多样,包括商业用地、传统里弄形式的居住用地、科教文卫用地和医院等基础设施用地,且各个用地类型相互并不嵌套。由于工作日存在上下班高峰、午餐、晚餐等营业高峰以及里弄居民的晨练高峰,故瑞金社区公共开放空间的平均人流量折线呈现出 6:00～8:00、10:00～12:00 和 16:00～18:00 3 次峰值(见图 5－2)。而休息日的平均人流量折线则仅有两个峰值,与商场营业时段的相对活动量峰值相一致,且每个峰值持续的时间均较长(7:00～10:00 和 15:00～19:00)。

① Gobster P. H., "Perception and use of a metropolitan greenway system for recreation", *Landscape and Urban Planning*, 1995(1).

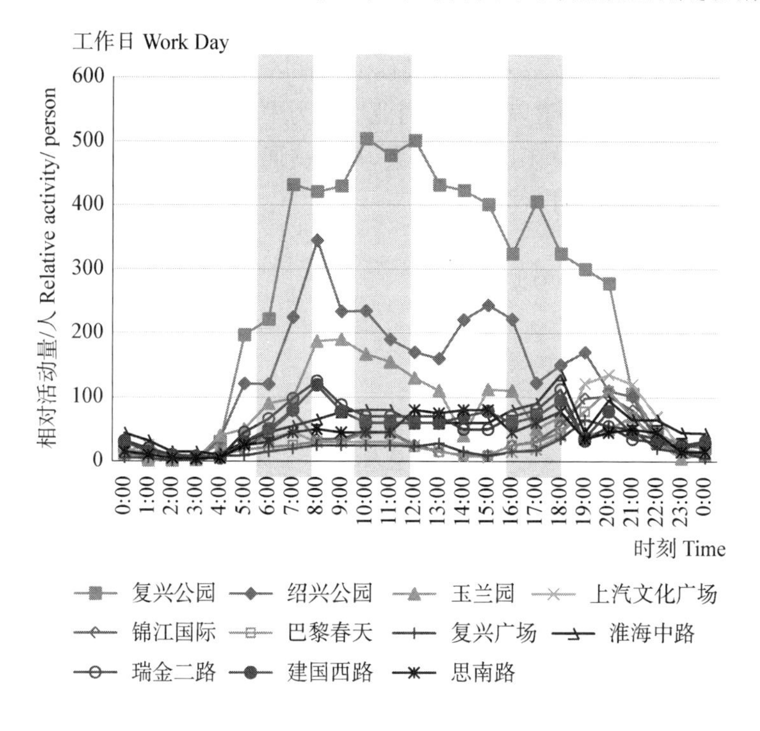

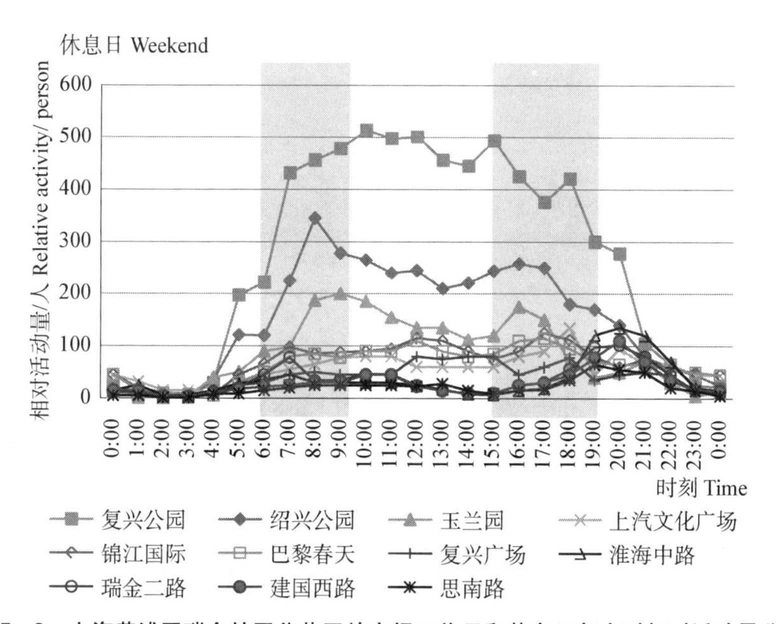

图 5-2 上海黄浦区瑞金社区公共开放空间工作日和休息日每小时相对活动量分析

上海闵行区莘城社区的社区公共开放空间平均人流量总体远低于城市中心的瑞金社区，略高于位于远郊新城的方松社区。如图 5-3 所示，无论是工作日还是休息日，其公共开放空间的活动量总体特征表现为下午时段相对活动量比上午高。莘城社区仅有1个社区公园,且主要的广场空间与公园集中布局,休闲街道以公园和商业广场为中心呈辐射状布局,呈现单核结构模式。由于商业休闲广场规模大,且与交通枢纽相互联系,因此休闲广场的平均人流量高于社区公园。

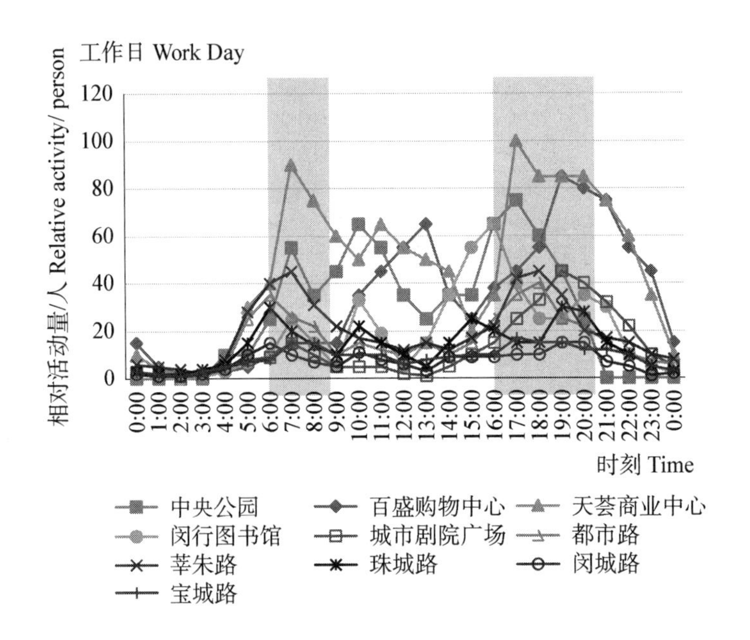

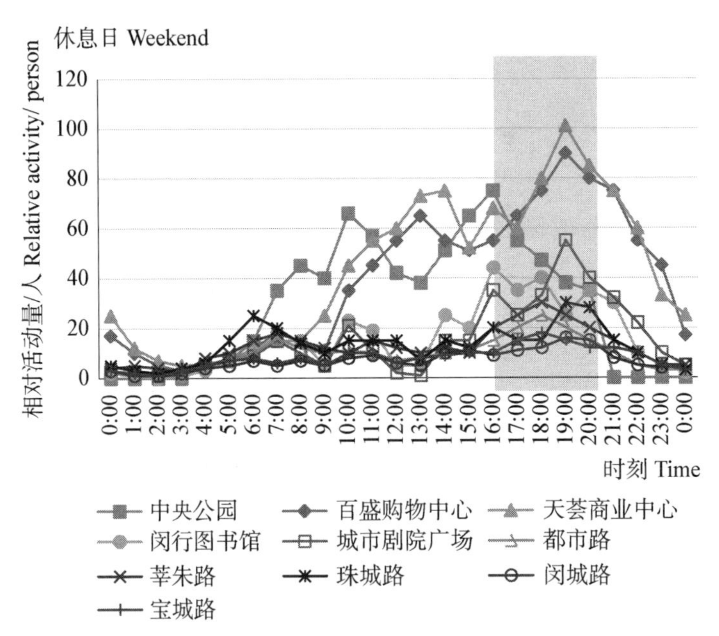

图5-3 上海闵行区莘城社区公共开放空间工作日和休息日每小时相对活动量分析

莘城社区公园 1.0 km 服务半径范围内的用地居住组团占比超过 50%，其余为商业用地，居住人口的密度较高。工作日的游憩人群以老年人和幼儿为主，休息日以中青年人为主，除晨练人流高峰以外，更多居民选择在下午开展休闲游憩活动，场所以社区公园和休闲广场为主，因此形成了下午的使用高峰现象，同时也反映出公共开放空间周边居住用地和商业用地的占比对社区公共开放空间使用情况的影响。

位于上海市远郊的松江区方松社区公共开放空间平均人流量折线，除休闲广场表现出明显峰值外，相对平缓，峰值不明显（见图 5－4）。与瑞金和莘城社区不同，方松社区内的社区公园（松江中央公园）属于市级公园，但主要游憩人群是居住在周边的居民，承担着社区公园的功能。中央公园面积庞大，呈带状贯穿社区，并连接多个社区，是轴线型结构模式，内含社区文化活动中心和青少年活动中心等社区大型社交服务设施。同时，与莘城社区中社区公园的封闭式管理方式不同，松江中央公园是完全开放的，人流量持续不断，数值趋于平稳。方松社区内中央公园周边大型城市公园环绕，如松江大学城篮球公园、思贤公园等，且别墅等居住组团，内含多个小游园和组团绿地、儿童活动场、健身场等多样的休闲活动空间，绿地率较高，因此人流量相对分散，社区公园内每小时平均人流量较之瑞金和莘城社区，相对较低。此外，方松社区中居住、商业、医院等基础服务、学校等科教文卫等用地类型多样，彼此之间相互镶嵌，占比均衡，绿地率高，公共开放空间的平均人

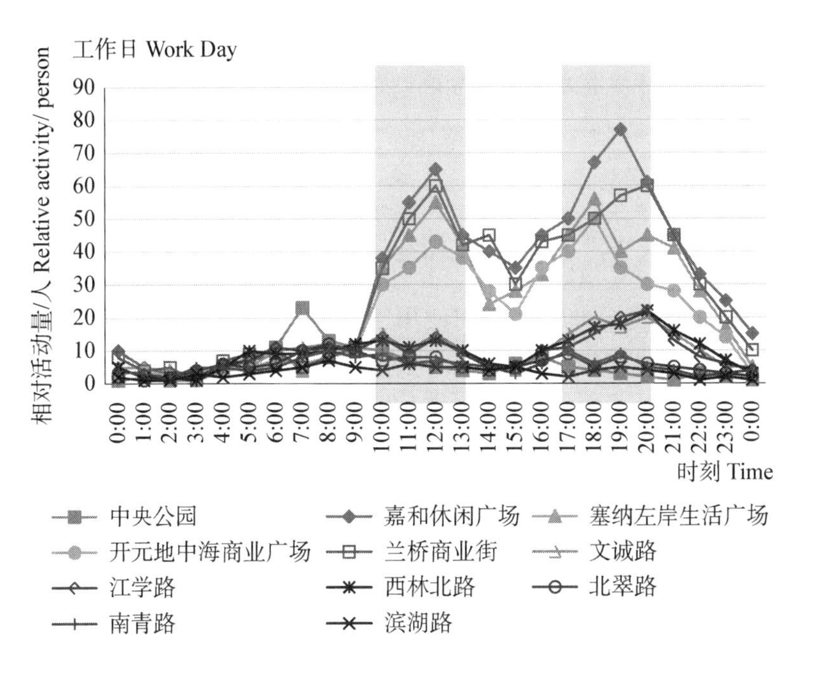

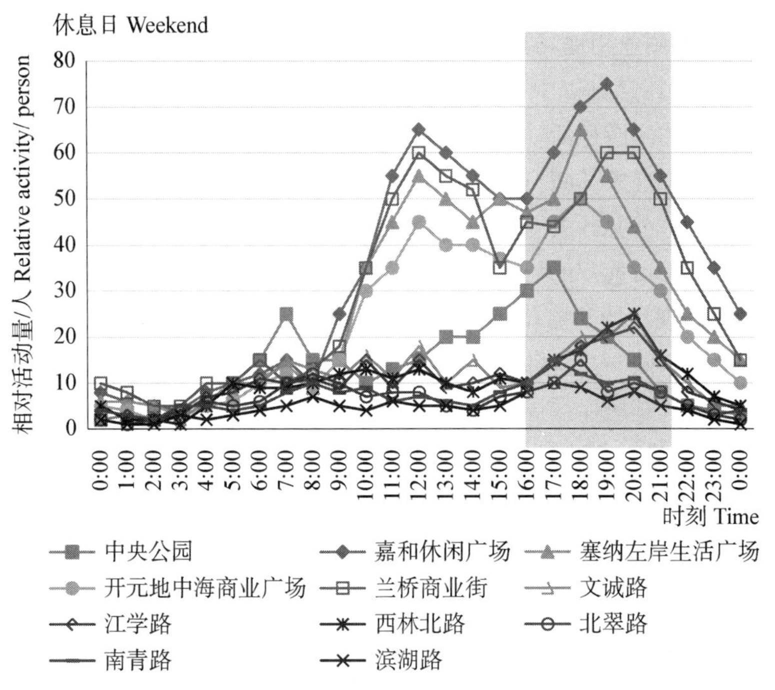

图 5-4　上海松江区方松社区公共开放空间工作日和休息日每小时相对活动量分析

流量数值呈出明显的差异，如休闲广场的相对活动量＞社区公园＞休闲街道，但在使用时间上趋同，如工作日在商场营业高峰出现峰值(10:00～13:00)，而休息日的下午(16:00～21:00)峰值高于上午。

综上所述，社区公共开放空间的结构模式、用地构成(商业、居住、绿地)占比、居民构成、绿地率、可达性等因素均对社区公共开放空间的使用时间分异特征存在显著影响。

2. 城市社区公共开放空间使用空间分异特征

(1) 城市社区公共开放空间使用空间差异。除了时间维度上的差异性，不同区位的城市社区公共开放空间的游人分布情况也存在差异性。通过核密度估算方法，得出瑞金、莘城、方松城市社区公共开放空间的游人核密度分布图，以反映不同城市社区公共开放空间使用的空间特征(见图 5-5、图 5-6、图 5-7)。同时，通过地理探测、空间分析、相关性分析等方法，推测城市社区公共开放空间呈现出使用空间差异性的原因，即探讨公共开放空间使用空间差异性与影响因素之间的关系。

通过对平均人流量和核密度(Pedestrian flow)分布情况的分析可知，

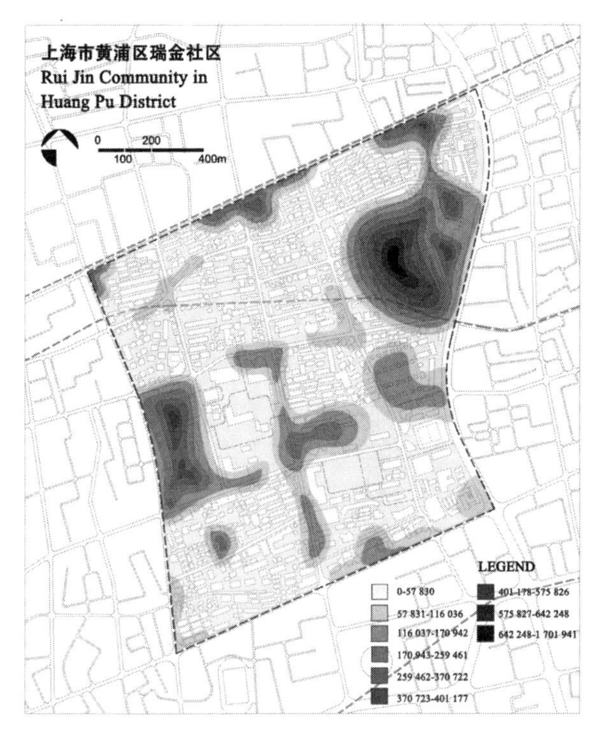

图 5-5　上海黄浦区瑞金社区公共开放空间平均游人分布密度示意

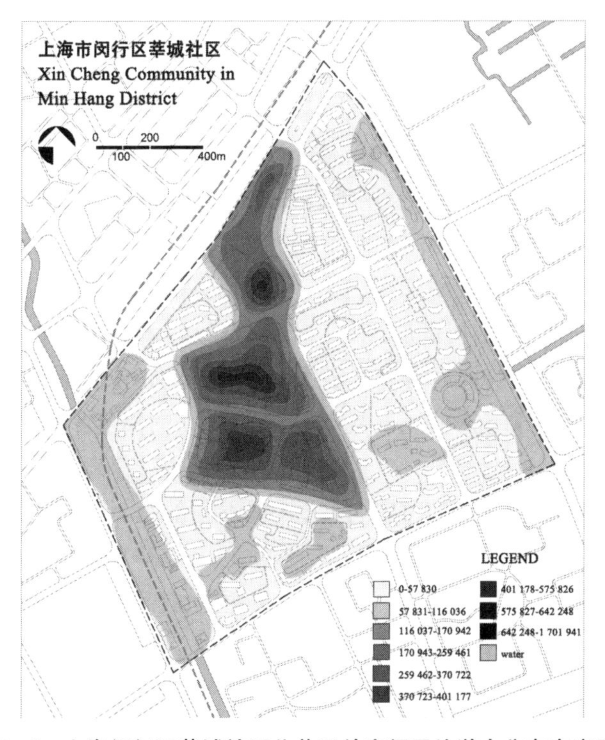

图 5-6　上海闵行区莘城社区公共开放空间平均游人分布密度示意

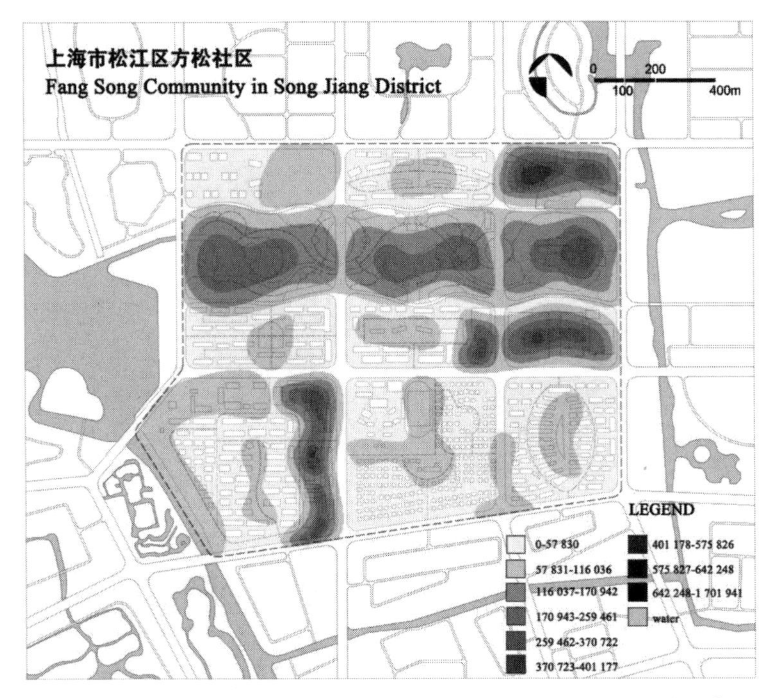

图 5-7　上海松江区方松社区公共开放空间平均游人分布密度示意

位于上海城市中心区的城市公共开放空间的核密度要高于位于城市近郊和远郊的城市公共开放空间，且中心区域的核密度略高于边缘区。例如，位于城市中心区域的瑞金社区公共开放空间的高密度核出现在东部和西部的几个社区公园和临近交通枢纽的商业休闲广场，呈现多核结构模式，反映了上海市中心城区居住用地和商业用地在城市重要交通枢纽附近聚集的现状。多核的结构模式分别以复兴公园、上汽文化广场等为中心，复兴公园的核密度值最高，体现了社区公园的吸引力。由于复兴公园属于城市中心区的市级公园，游人不仅仅是社区居民，人口密度较高，解释了高核密度的出现。除了 2 个主密度核之外，还分布了若干次密度核，如绍兴公园、玉兰园、锦江国际购物中心、巴黎春天休闲广场等。休憩居民的高度聚集可能与居住用地绿地率低有关。

与瑞金社区的多核密度结构模式表现不同的是，位于城市近郊的闵行区莘城社区的核密度值相对略低，并呈现集中式的单核结构模式①。高密度核聚集于莘城社区的中心和北部靠近交通枢纽位置。单核结构的中心是

① 任震、鲁荣珠：《基于交往需求的既有开放型住区外部空间使用效能评价——以济南燕山小区为例》，《华中建筑》2016 年第 8 期；张琛琛：《北京市社区公园使用状况评价研究》，北京林业大学硕士学位论文，2016 年。

由百盛购物中心广场、天荟休闲广场和莘城中央公园形成的整体休闲游憩片区，是集中吸引居民和游人的公共开放空间[①]。环绕高密度核中心的是居住用地，高层居住区中的小游园和滨水绿地承担了部分日常休闲游憩功能，但由于绿地面积有限，并未达到次密度核的聚集程度。莘城社区的单核结构模式体现了商业用地对居民休闲游憩的吸引力。

比莘城社区的核密度值更低的是位于上海市远郊新城的方松社区。密度核分布分散，呈条带状。轴线型结构的高密度核为围绕着公园绿地的嘉和休闲广场、塞纳左岸生活广场、兰桥商业街及开元地中海商业广场等，次密度核为东西向的松江中央公园。镶嵌于公园绿地和商业用地之间的居住用地绿地率较高(45%)，形成了多样的居住区小游园和休憩广场的公共开放空间，有效分散了游憩居民的聚集程度，主次密度核的密度值相对较低且平均化。由于围绕方松社区的市级公园，如篮球公园、思贤公园、中央公园等绿地规模大且功能多样，分散了游人量，导致社区中承担社区公园功能的松江中央公园绿地并未形成高密度核，而是带状次核，并与周边公园绿地共同形成了深入社区生活的绿色基础设施网络。

由前文的分析可知，社区公共开放空间的结构模式、用地构成(商业、居住、绿地)占比、居民构成、可达性等因素，均对社区公共开放空间的使用空间分异特征存在显著影响。已有研究常用地理探测法检测外部因素对城市绿地使用的影响效力[②]。地理探测器是一种空间统计方法，包括因子探测器、风险探测器、生态探测器和交互探测器 4 种[③]。为探讨影响因素与社区公共开放空间游人密度之间的相关性，将游人密度分布添加至外部影响因素的地理分布图层，以判断游人密度分布与影响因素之间的离散方差，以及外部影响因素对社区公共开放空间游人密度分布的影响力(见公式 5 - 2)。

$$P_{D,H}=1-\frac{1}{n\sigma_H^2}\sum_{i=1}^{m} n_{D,j}\sigma_{HD,i}^2 \qquad \text{公式(5 - 2)}$$

① 李方正、戴超兰、姚朋：《北京市中心城社区公园使用时空差异及成因分析——基于 58 个公园的实证研究》，《北京林业大学学报》2017 年第 9 期；Wang J. F., Li X. H., Christakos G., et al, "Geographical detectors-based health risk assessment and its application in the neural tube defects study of the Heshun Region, China", *International Journal of Geographical Information Science*, 2010(1)。

② Wang J. F., Li X. H., Christakos G., et al, "Geographical detectors-based health risk assessment and its application in the neural tube defects study of the Heshun Region, China", *International Journal of Geographical Information Science*, 2010(1).

③ 李方正、戴超兰、姚朋：《北京市中心城社区公园使用时空差异及成因分析——基于 58 个公园的实证研究》，《北京林业大学学报》2017 年第 9 期。

式中，H 为社区公共开放空间的游人密度，D 为外部影响因素，则 $P_{D,H}$ 为外部影响因素对游人密度的影响；σ_H^2 为样本面积指数的方差；n 与 $\sigma_{HD,i}^2$ 为样本数量与样本方差；m 为分类索引的数量；$n_{D,i}$ 为影响因素的样本量。当 $P_{D,H}$ 接近 1 时，设定的影响因素 D 影响就越大，当 $P_{D,H}$ 接近 0 时，影响就越小①。

(2) 城市社区公共开放空间使用与结构模式的关系。由前文的分析结果可知，上海市瑞金、莘城、方松社区的公共开放空间布局结构模式不同，分别呈现出“双核”“单核”“轴向”型空间布局模式。结构决定了功能，社区公共开放空间不同的结构模式也反映出不同的居民空间使用方式，表现为游憩居民的聚集程度和聚集地点的差异性。

单核型的公共开放空间结构模式一般呈现为“一中心、多散点”的辐射状网络结构，由休闲街道连接由社区公园绿地和休闲广场构成的中心与次中心。单核中心对游憩居民和游人均具有极强的吸引力；由中心至边缘，吸引力逐渐削弱；且位于中心位置的公园绿地或休闲广场的服务半径有限，从而导致城市社区公共开放空间的使用频率呈现出不均匀的状态。

双核型的公共开放空间结构模式呈现为“多中心、多散点”的复杂网络结构，由休闲街道连接多个休闲游憩中心与次中心，网络结构复杂且不规则。每个中心和次中心均对社区居民具有较强的吸引力，社区中心和社区边缘的游憩吸引力相对均衡，且散布的公园绿地和休闲广场的服务半径相互覆盖和重叠，城市社区公共开放空间的使用频率相对均匀。

轴向型的公共开放空间结构模式呈现为“多轴线”相互交错的规则式网络结构，往往出现在新规划建设的新城。公园绿地和休闲广场等呈轴线布局，居住和商业等用地围绕轴线镶嵌布局，承担休闲游憩功能的次中心环绕，结构规则且坚固，游憩吸引力和空间使用频率均布。

(3) 城市社区公共开放空间使用与用地构成的关系。用地类型和占比代表了人流量和游憩居民的构成，公共开放空间满足了此类用地中居民的休闲游憩需求，因此用地构成也影响了公共开放空间的使用情况。通过 ArcGIS 测量每个社区中各个类型用地的面积和占比(见表 5-2)，并采用自然断点法进行分级。

---

① Hongrun J. U., Zhang Z. X., Zuo L. J., et al, “Driving forces and their interactions of built-up land expansion based on the geographical detector: a case study of Beijing, China”, *International Journal of Geographical Information Science*, 2016(11).

表 5-2　上海城市社区公共开放空间、居住、商业等用地类型及占比统计(单位：%)

社区名称	公共开放空间占比	居住用地占比	商业用地占比	科教文卫用地	公共服务设施
瑞金社区	18.18	55.74	9.23	5.67	5.98
莘城社区	10.85	39.91	15.67	3.23	3.89
方松社区	42.49	31.10	10.14	6.21	6.06

备注：道路交通用地约占 6%左右。

瑞金社区内的居住用地占比最大(55.74%)，居住用地中镶嵌着数个社区公园和休闲广场，商业用地位于社区边缘，临近交通枢纽和休闲街道，人流量大。但商业用地与和公园绿地之间有居住用地间隔，因此休闲广场主要满足商业用地、交通枢纽和休闲街道中的高密度游憩人群的需求，而社区公园等则主要为社区居民的日常休闲娱乐需求服务。

莘城社区内的商业用地占比是 3 个社区中最高(15.67%)，且商业用地紧邻交通枢纽和公园绿地，甚至形成了片状休闲空间。因此，社区公园和休闲广场集中服务于社区居民和商业用地中的游憩群体，对于位于社区边缘的居住用地居民的吸引力相对较弱。

方松社区中的公共开放空间占比极高，而居住用地(31.10%)、商业用地(10.14%)、科教文卫用地(6.21%)和公共服务设施用地(6.06%)占比相对平均，且围绕带状的公园绿地嵌套布局，人流分散，非集中聚集。因此，方松社区中的人均公共空间占有率较高。同时，学校、图书馆、剧院等科教文卫用地和医院等公共服务设施用地为青少年、中青年等更多元化的群体所使用，也代表了高密度人流的特征，社区公共开放空间也需满足此类人群的休憩活动需求，因此社区公共开放空间的使用与用地类型的类别和占比息息相关。

(4) 城市社区公共开放空间使用与居民构成的关系。城市社区公共开放空间的服务对象是社区居民，依托服务半径内的居住区而发展，居住在社区内居民的人口密度和居民构成对公共开放空间的使用时间和空间特征具有一定的影响。根据上海市第 6 次人口普查的数据，采样的 3 个社区的人口数量接近，但由于公共开放空间的面积不同，人均公共开放空间的平均人口密度具有差异性(见表 5-3)。将人口密度和人均公共开放空间占有量分布图在 ArcGIS 中采用自然断点法分为 5 级①。

① Hongrun J. U., Zhang Z. X., Zuo L. J., et al, "Driving forces and their interactions of built-up land expansion based on the geographical detector: a case study of Beijing, China", *International Journal of Geographical Information Science*, 2016(11).

表5-3 上海城市社区人口密度及公共开放空间人均占有量

	瑞金社区	莘城社区	方松社区
社区总面积(hm^2)	150	160	180
社区常驻人口(万人)	1.5	2.5	2.0
社区人口密度(人/m^2)	0.01	0.02	0.01
公共开放空间面积(hm^2)	27.27	16.28	63.74
人均公共开放空间(m^2/人)	18.18	55.74	9.23

社区居民的构成，如职业、年龄、文化程度等均对城市社区公共开放空间的使用情况产生影响。例如，位于城市中心的瑞金社区中的居民以青壮年(23～30岁)及老年人(>60岁)为主，老年人多聚集于复兴公园、绍兴公园和玉兰园等社区公园开展休憩活动，人口密度极高。莘城社区的游憩居民以壮年(23～30岁)、中年(51～60岁)和老年人(>60岁)为主，多聚集于社区公园和休闲广场形成的公共开放空间片区，人口密度居中。方松社区居民则以壮中年(31～50岁)和青少年(19～22岁)为主体，分散于大面积的带状公园绿地及休闲广场和街道中，游憩人口密度较低。

此外，如前文所述，以老年人为主的游憩群体在公共开放空间使用时间不受工作日和休息日的影响，游人活动量趋势也与商业及办公场所的营业时间不符合。而以青少年和壮中年为主的游憩群体对空间的使用时间则表现出明显的工作日和休息日的差异性，且工作日的游人活动量趋势与商业办公用地的经营时间和上下班交通高峰时间出现峰值的重叠。

(5) 城市社区公共开放空间使用与交通可达性的关系。城市社区公共开放空间的服务半径基本可以覆盖社区，居民短距离出行即可抵达，步行是居民到达公共开放空间的优先出行方式。计算社区公共开放空间服务半径1.0 km到3.0 km范围内各个居住点步行到达公共开放空间的最小累积阻力值来估算步行可达性。以高密度核的社区公共开放空间为中心点，对不同等级的道路和穿越的难易程度进行赋值。已有研究表明，居民偏好的步行时间是20 min以内[①]，因此步行20 min以上所赋予的阻力值为1级、10～20 min对应的阻力值为2级、1～10 min对应的阻力值为3级[②]。

① 凌自苇、曾辉：《不同级别居住区的公园可达性——以深圳市宝安区为例》，《中国园林》2014年第8期。

② Li F. Z., Zhang F., Li X., et al, "Spatiotemporal patterns of the use of urban green spaces and external factors contributing to their use in central Beijing", *International Journal of Environment and Public Health*, 2017(3).

此外，地铁站等交通枢纽也会对公共开放空间的使用造成影响，将社区公共开放空间服务半径内的地铁站数量、公交站数量、道路数量等子影响因素进行分级和分类，以评价社区公共开放空间的交通便利程度，如交通不便区域、比较便利区域和便利区域①。

(6) 城市社区公共开放空间使用空间分异成因分析。采用地理探测器的方法对社区公共开放空间的外部影响因素进行检测，对比影响因素的影响程度和作用效果。结合面积、占比、密度和对影响因素的分级，分别测算结构模式、商业用地、居住用地占比、居民人口密度、人均公共开放空间占有率和交通可达性对社区公共开放空间分布的影响力(P 值)(见表 5 - 4)。

表 5 - 4　外部影响因素对上海城市社区公共开放空间游人分布的影响力

因素	核结构模式	商业用地占比	居住用地占比	人口密度	人均占有率	步行可达性	交通便利性
P	0.30	0.23	0.19	0.26	0.21	0.29	0.17

外部影响因素对社区公共开放空间的使用空间分布的影响力(P 值)依次为：核结构模式(0.30)＞步行可达性(0.29)＞人口密度(0.26)＞商业用地占比(0.23)＞人均占有率(0.21)＞居住用地占比(0.19)＞交通便利性(0.17)。可见，在检测的外部影响因素中，社区公共开放空间的使用情况受到景观结构模式和步行可达性的影响最大，这与社区公共开放空间的服务对象和服务半径相关。而人口密度、人均占有率和商业用地、居住用地占比对社区公共开放空间使用的影响次之，体现了社区公共开放空间在功能上实际是居住和商业配套设施的属性。因此，周边用地属性和用地占比、社区人口密度和人均公共开放空间占有率对空间使用有显著影响。同时，商业和居住用地也代表了社区公共开放空间的使用人群，公共开放空间需要满足此类人群和消费群体的需求，因此用地类型也影响了社区公共开放空间使用的时空分布特征。

在 7 项主要外部影响因素中，交通便利性(车行、地铁、公交)的影响力(P 值)最小，与其他影响因素的影响力差距明显。可能的原因是，社区公共开放空间的服务半径基本可以覆盖整个社区居民的日常生活区域，居民的休闲游憩活动属于短距离出行，车行成本高，停车不便，便利性低，反而与公共开放空间休闲游憩的功能和目的不一致。因此，车行、地铁、公交等交通

① 李方正、戴超兰、姚朋：《北京市中心城社区公园使用时空差异及成因分析——基于 58 个公园的实证研究》，《北京林业大学学报》2017 年第 9 期。

的便利性对于社区公共开放空间使用的影响并不明显。

3. 城市社区公共开放空间使用时空分异特征

综上所述，位于上海市不同区位的瑞金社区、莘城社区和方松社区的公共开放空间的使用时间和空间特征均存在明显的差异性，并在结构模式、用地类型、居民构成等外部因素的影响下，在不同的时间段和空间形成人流活动的高峰。其中，居民构成、商业用地和交通枢纽对工作日的时间和空间的使用情况影响明显。由于位于城市中心区域、近郊和远郊的城市社区公共开放空间的模式呈现为"多核""单核"和"轴向"不同的景观结构，形成了不同的密度核值、结构和分布位置。位于城市中心的瑞金社区的游人量高密度核和次密度核数量较多，位于社区的边缘区域，休闲服务功能由边缘向中心辐射；位于城市近郊的莘城社区的高密度核则仅有 1 处，规模大，呈现由中心向四周辐射的状态；位于城市远郊的方松社区核密度差异不明显，围绕轴向型的社区公园均匀分布。社区公共开放空间使用的外部影响因素包括核结构模式、步行可达性、人口密度、人均占有率、商业用地占比、居住用地占比、交通便利性等。其中，步行可达性是影响社区公共开放空间使用的最主要因素，人口密度、人均占有率、商业和居住用地的占比也对社区公共开放空间的使用有较大影响，而车行等交通的便利性则影响不明显。

可见，在城市社区及社区公共开放空间的规划建设中，可以调整城市社区公共开放空间的结构模式，适当增加小型公共开放空间的数量，以减轻中心公共开放空间的游憩使用压力，均衡城市中心、近郊和远郊城市社区的整体发展；平衡中心区域与边缘区域的人流密度分布，挖掘次密度核的休闲游憩功能潜力，丰富居住区内小游园和社区其他绿地的活动场地，以吸引社区居民的使用，分散主密度核的人流量；协调社区公共开放空间与相关用地类型之间的关系，系统考虑商业用地、居住用地、科教文卫用地、公共服务用地、道路广场用地等与城市公共开放空间的关系，完善步行道路系统和交通体系，合理布局。

二、基于驻点研究方法的社区公共开放空间游憩吸引力分析

从中观尺度看，城市社区公共开放空间的游憩吸引力与游憩居民的休闲行为息息相关。常用的游憩行为量化研究的方法有 GPS 路径分析方法、驻点研究方法和视频分析技术等。其中，驻点研究方法是以驻点游人分布

作为空间量化的依据，具有一定的客观性，可以体现公共开放空间使用情况与游人行为的规律性，为风景园林游憩吸引力研究提供新的方法和思路①。

1. 城市社区公共开放空间理论驻点分布

驻点（Stationary point）②，是游人在发生休闲游憩活动时，发生的必要的驻足、休憩、观景、健身等活动，暂时打断了路径曲线中的动态行径时所处的特定位置，是空间路径的特殊点与关键点，也是研究空间内在规律、人的游赏习惯和审美特征的重要切入点。驻点的出现可能是自发的行为，也可能是游人受到设计意图产生的行为，反映了游人的行为特点和欣赏习惯。

本研究以位于上海远郊的松江区方松社区为例，通过对驻点游憩居民量和停留时间的统计，运用 GPS 游人检测跟踪技术，绘制方松社区的理论驻点分布图（见图 5－8）。在理论驻点处架设摄像机，覆盖驻点范围，对游憩居民进行持续拍摄和观测，记录驻点处居民驻足行为活动影像，通过视频分析技术，计算各个驻点同一时间段内目标停留的时间，以及相同停留时间

图 5－8 上海市松江区方松社区理论驻点分布示意图

---

① 丁绍刚、陆攀、刘璎瑛、程顺：《中国园林空间分析之驻点研究法——以网师园为例》，《南京农业大学学报》2017 年第 6 期。

② 牛翊：《基于数字化技术的苏州留园“园”空间驻点验证研究》，南京农业大学硕士学位论文，2015 年。

游憩居民的停留数量，验证社区公共开放空间的游憩吸引力和居民游憩偏好。

根据社区公共开放空间的服务功能，将驻点划分为5个类型：生态型空间驻点(Stationary point for ecological environment)、景观型空间驻点(Stationary point for landscape architecture)、生活型空间驻点(Stationary point for residential recreation)、设施型空间驻点(Stationary point for infrastructure)和商业型空间驻点(Stationary point for business recreation)。根据前文的社区公共开放空间使用时空分异特征分析的结果，推导理论驻点分布。

从理论层面推测55个驻点可能存在的位置，如休憩点、设施处、空间转换处、路径转折处、观景点、至高点等。由于驻点属性和服务功能不同，因此驻点的面积和形状并不相同。驻点的合理性需要后续经过观测和GPS路径跟踪进一步加以修正和验证。

2. 城市社区公共开放空间驻点修正与验证

为相对精准的采集和分析社区游憩居民的分布情况，尽可能避免人为观测的局限和误差，提升调查分析的科学性、客观性和效率，视频分析技术被引入社区公共开放空间的研究中。视频分析技术是一种机器视觉技术，即通过将场景中背景和目标分离，对目标的活动进行提取和分析，获取活动目标的运动特征[①]。视频分析技术可以用来识别和追踪社区公共开放空间中的游憩居民数量，并验证理论驻点的存在。

(1) 基于GPS路径追踪的驻点修正。通过人为观测，记录游憩居民停留时间大于或等于5 min的驻点，观测时间为6:00～10:00和16:00～20:00。排除5个驻点，增加5个驻点，共计55个驻点，进行数字化验证。

通过被试居民携带的手持GPS(Global Positioning System)设备，相对客滚地确定社区公共开放空间中的游憩路径、场所停留时间和聚集情况，并测量相邻驻点间的距离[②]，通过GPS获取的空间路径修正驻点位置。GPS的基本定位原理是通过卫星不间断发送自身星历参数和时间信息，用户接受这些信息后，经过计算求出接收机的三维位置、三维方向及运动速度和实践信息，其定位灵敏性和精确性比较高；而GIS则具有强大的地理信息空

① 曹星渠：《基于视觉感受的网师园中部景区空间量化分析及其启示》，北京林业大学硕士学位论文，2013年。

② Meijles E. W., de Bakker M., Groote P. D., et al, *Analyzing hiker movement patterns using GPS data: Implications for park management*, Computer, Environment and Urban System, 2014.

间分析功能[①]。

通过仪器 GPS-MT 90 和 ArcGIS10.0，将 GPS 仪器设置为每间隔 1 min 记录一次空间地理位置数据，对方松社区内的游憩居民进行路径追踪。通过 2018 年 8 月至 2018 年 9 月的调查，共计得到 120 个 GPS 样本数据，调查对象以中老年人和青壮年人为主。将获得的有效数据导入 ArcGIS 软件中，获得了社区游憩居民的行为轨迹示意图(见图 5－9)。游憩居民分布密度图与前文核密度值高峰基本一致。不同游憩密度聚集区对应了不同的居民游憩停留点，即驻点，驻点的休闲游憩使用存在等级规模的扩散规律(核心驻点、中等驻点、一般驻点)(见表 5－5)。

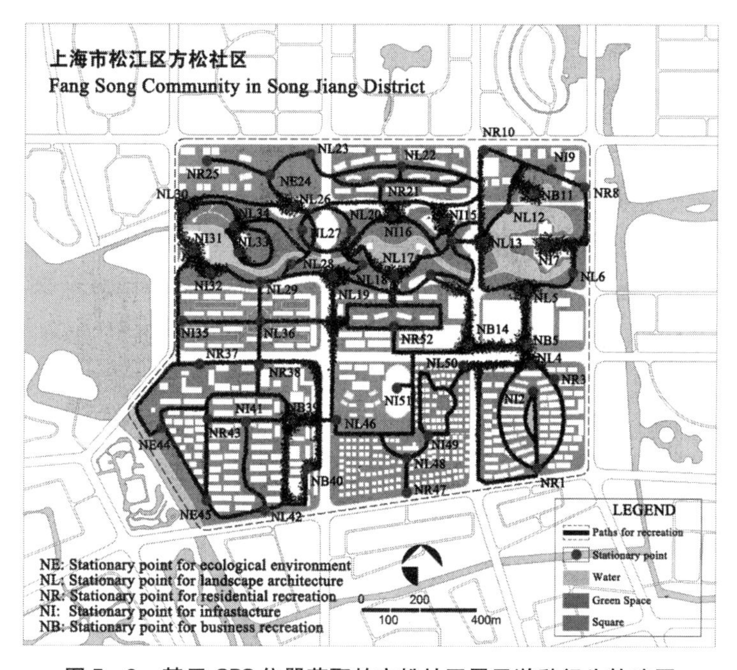

图 5－9　基于 GPS 仪器获取的方松社区居民游憩行为轨迹图

表 5－5　方松社区公共开放空间游憩居民聚集节点分级(部分)

节点等级	空间属性	具体聚集点
核心节点	商业型 设施型 景观型	商业休闲广场(NB5、NB11、NB14、NB39、NB40) 科教文卫及健身设施(NI7、NI15、NI16、NI31、NI32) 社区公园疏林草地(NL33、34)、滨水平台(NL17)、休闲街道上的公园入口广场(NL5、NL13、NL30)

① 吴承照、刘文倩、李胜华：《基于 GPS/GIS 技术的公园游客空间分布差异性研究——以上海市共青森林公园为例》，《中国园林》2017 年第 9 期。

（续表）

节点等级	空间属性	具体聚集点
中等节点	景观型、设施型	公园绿地（NL12、NL27、28）、居住区小游园（NL22、NL36、NL42、48、50）、居住区健身场（NI9）
一般节点	生活型、生态型	宅旁绿地（NR10、NR25）、组团绿地（NR37、NR52）、防护绿地（NE24、44、45）

（2）基于视频分析技术的驻点验证。常用的游人检测算法包括人群密度估计算法①、形状模型检测②、帧间差分法③、光流法④和背景差分法等⑤。其中，背景差分法是目前最常用的运动目标检测方法，复杂度相对较低，始于摄像头固定且背景为静态的运动目标的检测⑥。本研究中的摄像头架设于室外公共开放空间，截取每个驻点没有运动目标的图像为背景图像，但检测结果依然可能受到光照变化等因素的影响。

结合城市监控系统和自设摄像头（每个摄像头对应至少一个驻点），将55个摄像头拍摄的驻点视频背景图像进行灰度化处理，对当前帧图像和背景灰度图像进行背景差分运算、平滑处理及二值化处理，设定固定阈值，大于阈值为前景像素，小于阈值为背景像素。将RGB颜色空间转换为YUV颜色空间，以减少光照和阴影对分析结果的影响⑦。停留时间超过预期时间（5 min）的目标计数以表格的形式输出。

经观测，方松社区的游憩居民日常休闲停留时间至少为5 min，停留时间超过5 min的点可以判断为停驻点，将停驻点的时间划分为5、10、15、20、30、40和>40 min，确定20 min为社区居民休闲游憩的基本时长。验证驻点的日期为2018年8月25日，这一天是周日，休闲游憩的社区居民数

---

① 安红新：《复杂场景下多运动目标检测与跟踪技术研究》，合肥工业大学硕士学位论文，2012年。

② Alessandro de Lima Bicho, Rafael Arau jo Rodrigues, Soraia Raupp Musse, et al, "Simulating crowds based on a space colonization algorithm", *Computer & Graphics*, 2012(6).

③ Norhaida Hussain, Halimatul Saadiah Md. Yatim, Nor Liza Hussain, et al, "CDES: A pixel-based crowd density estimation system for Masjid al-Haram", *Safety Science*, 2011(7).

④ Antoni B., Chan Z.S., John L., Nuno Vasconcelos, "Privacy preserving croed monitoring: counting people without people models or tracking", *Computer Vision and Recognition*, 2008(2).

⑤ Karmann K. P., "Moving object recognition using an adaptive background memory", *Proc. Time Varying Image Processing*, 1990(3).

⑥ 李苗苗：《园林景区的游人检测技术研究》，南京农业大学硕士学位论文，2015年。

⑦ 郭超、段晓明：《利用YUV颜色空间和纹理特性消除车辆阴影》，《洛阳理工学院学报（自然科学版）》2011年第3期。

量较大、年龄层次相对全面。将游人量较多的时间段分为4个60 min的子时间段：(A)7:00～8:00、(B)9:00～10:00、(C)15:00～16:00、(D)17:00～18:00。通过视频分析技术获得每个驻点对应的停留居民的数量和停留时间。方松社区的公共开放空间可达面积为63.74 hm^2，4个取样时间段内的游憩居民总数量由前文的观测可得(见表5-6)。

表5-6　方松社区公共开放空间4个取样时间段内游憩居民平均密度

时间段	可达面积(hm^2)	游憩居民量(人)	平均密度 $_0$(人/m^2)
(A)7:00～8:00	63.74	3 305	5.18 * 10^{-3}
(B)9:00～10:00	63.74	3 932	6.17 * 10^{-3}
(C)15:00～16:00	63.74	3 254	5.10 * 10^{-3}
(D)17:00～18:00	63.74	4 302	6.77 * 10^{-3}

驻点的验证是根据各个驻点的游憩居民分布密度与社区公共开放空间的游人分布密度之间的比较系数来决定。驻点的游憩居民分布密度是指一段时间内停留在驻点的单位面积的游憩居民数量ρ(人/m^2)(见表5-7)。整个社区的游憩居民的平均密度是同时间段内社区游憩居民的总人数与社区内可达的公共开放空间面积的比值，记为ρ_0(人/m^2)。各个驻点的比较系数记为K值($K=\rho/\rho_0$)，若K值大于1.5，则验证驻点真实存在[①](见表5-8)。

表5-7　方松社区公共开放空间4个取样时间段内驻点游憩居民分布密度(部分)

驻点编号	驻点面积	A	B	C	D	驻点编号	驻点面积	A	B	C	D
NB5	45.50 m^2	1.21	1.09	1.0	0.66	NL22	25.50 m^2	0.20	0.31	0.24	0.35
NI7	40.50 m^2	0.56	1.02	1.01	0.45	NE24	5.05 m^2	0.59	0.40	0.59	0.40
NR10	6.50 m^2	0.30	0.31	0.15	0.15	NR25	7.50 m^2	0.27	0.40	0.27	0.40
NB11	35.00 m^2	0.43	0.57	0.45	0.38	NL27	8.08 m^2	0.62	0.99	1.11	0.99
NL12	8.50 m^2	0.59	1.18	0.82	0.71	NL30	10.05 m^2	1.49	1.00	0.90	1.19
NL13	15.50 m^2	0.97	0.52	0.32	1.03	NI31	90.20 m^2	0.72	0.61	0.78	0.67
NB14	60.50 m^2	0.91	1.07	0.99	1.24	NI32	15.50 m^2	0.58	0.52	0.39	0.45
NI15	35.50 m^2	0.90	1.24	0.99	1.13	NB40	10.05 m^2	1.19	0.80	0.90	1.00
NI16	65.50 m^2	0.53	0.73	0.72	0.67	NE45	6.50 m^2	0.77	0.62	0.46	0.62

① 丁绍刚、陆攀、刘璎瑛、程顺：《中国园林空间分析之驻点研究法——以网师园为例》，《南京农业大学学报》2017年第6期。

表 5-8 方松社区公共开放空间 4 个取样时间段内驻点比较系数 K 值(部分)

驻点编号	K_A	K_B	K_C	K_D	K 均值	驻点编号	K_A	K_B	K_C	K_D	K 均值
NB5	23.34	17.67	19.61	9.75	17.60	NL22	3.86	5.02	4.71	5.17	4.69
NI7	10.81	16.53	19.80	6.65	13.45	NE24	11.39	6.48	11.57	5.91	8.84
NR10	5.79	5.02	2.94	2.22	3.99	NR25	5.21	6.48	5.29	5.91	5.72
NB11	8.30	9.24	8.82	5.61	7.99	NL27	11.97	16.05	21.76	14.62	16.10
NL12	11.39	19.12	16.08	10.49	14.27	NL30	28.76	16.21	17.65	17.58	20.05
NL13	18.73	8.43	6.27	15.21	12.16	NI31	13.89	9.89	15.29	9.90	12.24
NB14	17.57	17.34	19.41	18.32	18.16	NI32	11.20	8.43	7.65	6.65	8.48
NI15	17.37	20.10	19.41	16.69	18.39	NB40	22.98	12.97	17.65	14.77	17.09
NI16	10.23	11.83	14.12	9.90	11.52	NE45	14.86	10.05	9.02	9.16	10.77

由表 5-8 可知,各驻点的平均 K 值为 3.99～20.05,即驻点停驻的游憩居民分布密度在社区公共开放空间可达范围内明显,验证了理论推导驻点的存在。

3. 城市社区公共开放空间驻点分布规律

(1) 驻点停留时间分析。通过视频分析技术判定各个驻点 A、B、C、D 4 个时间段内游憩居民的平均停留时间(图 5-10)。若以停留时间作为驻点等级划分的依据,则 55 个驻点可以划分为 4 个等级,即停留时间为 5～10 min 的驻点、停留时间为 15～20 min 的驻点、停留时间为 30～40 min 的驻点和停留时间为 50～60 min 的驻点。

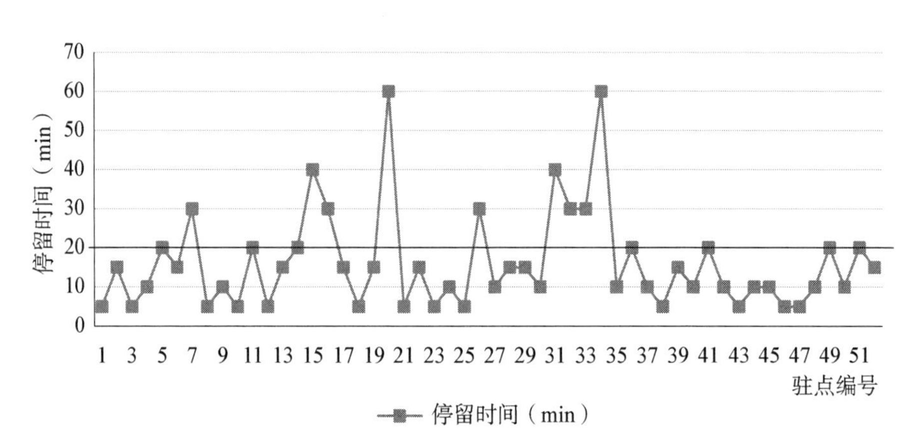

图 5-10 方松社区各个驻点游憩居民平均停留时间

表 5-9　方松社区基于停留时间的驻点分级及对应的空间属性特征

时间等级	驻点编号	驻点空间属性
5～10 min	NR1、NR3、NL4、NR8、NR10、NL12、NL18、NR21、NL23、NR25、NI35、NR37、NR38、NR43、NE44、NE45、NL46、NR47、NL50、NB53	宅旁绿地、组团绿地、公园休憩节点、休憩设施节点、防护绿地等供短暂停留、休憩和交流的空间；
15～20 min	NI2、NB5、NL6、NI9、NB11、NL13、NB14、NL17、NL19、NL22、NE24、NL27、NL28、NL29、NL30、NL36、NB39、NB40、NI41、NL42、NL48、NI49、NI51、NR52、NL55	小区游园、健身设施场地、商业休闲广场、观景平台等具有休闲健身设施的空间；游憩群体为单人、双人等非群聚型群体；
30～40 min	NI7、NI16、NL26、NI32、NL33、NI54	公园绿地集散广场及社区休闲活动聚集点；群聚型人群
50～60 min	NI15、NL20、NI31、NL34	疏林草地、社区活动中心；家庭型

由表 5-9 可知，居民的日常游憩活动停留时间与驻点的空间属性、聚集方式和游憩居民的年龄构成相关。例如，宅旁绿地、组团绿地、居住小区入口空间、公园入口、条带状滨水绿地、休闲道路旁休憩点等由于可游憩面积有限，居民停留时间较短，但人流量较大，停留人群包含各个年龄层次的居民。小区游园、健身设施、商业休闲广场、观景平台等空间为社区居民日常休闲使用最频繁的场所，使用人群以老年人、壮中年人为主，多为单人、双人等聚集类型，开展非群聚性休闲活动。而集散广场等则多以群聚性活动为主，居民以中老年人为主。中青年和家庭型居民多选择公园疏林草地、社区活动中心室外广场、健身设施场地等作为主要停留点。

(2) 驻点停留人数分析。统计各个驻点停留 5、10、15、20、30、60 min 的游憩居民总数（见图 5-11），由上图可知驻点停留不同时间的游人总数增量关系不稳定（不同颜色折线无法保持一致的数量增减趋势，而是呈现错峰现象），说明方松社区公共开放空间的各个驻点对居民的游憩吸引力呈不均匀状态，即不同属性和特征的驻点对应的游憩居民的停留时间和人数并不相同，验证了驻点等级的存在。

以驻点游憩居民数量为变量，进行聚类分析，得到游人数量相似度的群集（见图 5-12），以驻点对应的一天停留游憩居民数量为主要划分依据，对驻点进行分组，结合风景园林专业的认知和人为观测结果，确定驻点等级的划分。由图可知，同类驻点在单一游憩停留时间变量中具有相似的峰值停留人

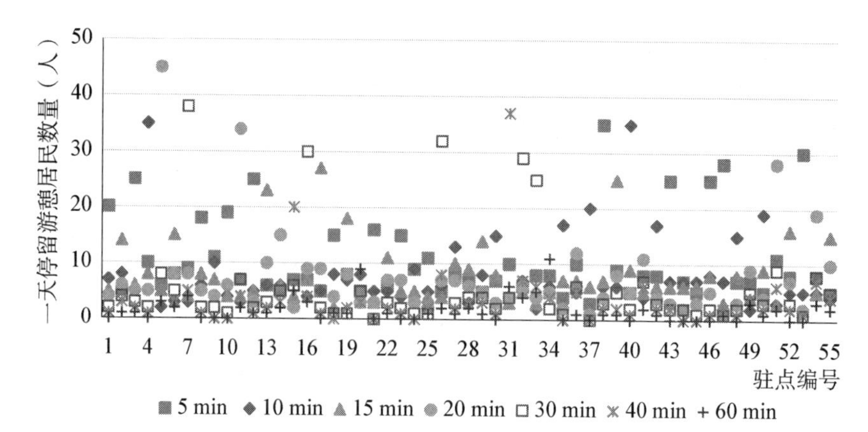

图 5-12　方松社区各个驻点不同时间停留人数统计(2018-8-25)

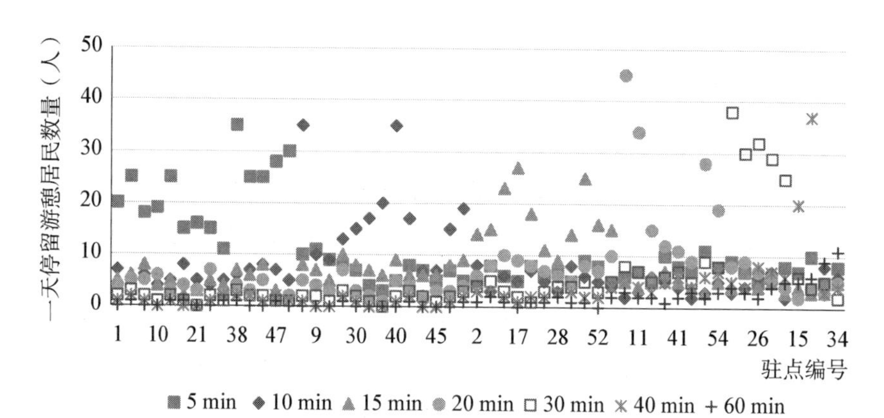

图 5-13　方松社区各个驻点不同时间停留人数聚类(2018-8-25)

数。因此，驻点可以划分为 6 个等级，但部分驻点对应的游人停留时间和数量出现重叠，驻点等级可以简化为 4 个差异特征明显的等级(见图 5-13)。

(3) 驻点等级划分与成因

综合驻点停留时间、停留人数、人群聚集度等因素，对方松社区内 55 个驻点进行等级划分(见图 5-14)。由图可知，方松社区内的 1 级驻点有 4 个，主要分布在社区公园的主入口、社区活动中心集散广场、开阔的疏林草地等空间；2 级驻点有 6 个，集中分布在社区公园的次入口、具有设施的休闲广场和开敞、半开敞的观景平台等区域；3 级驻点数量达 25 个，均匀分布在商业广场、休闲街道、居住小区游园、健身场地等空间，是方松社区内优势的停留和休憩空间；4 级驻点有 20 个，分散分布于居住小区入口空间、宅旁绿地、街旁休憩设施、公园中私密或半私密空间、防护绿地、社区的边缘及可达性略差的地方。

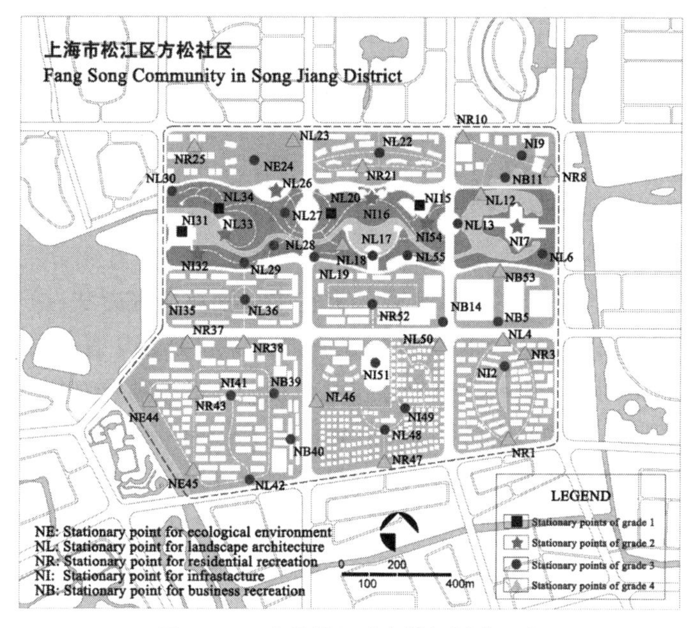

图 5－14　方松社区驻点等级划分示意

表 5－10　方松社区公共开放空间不同等级驻点分布与空间属性关系

驻点等级	景观型空间	设施型空间	商业型空间	生活型空间	生态型空间	合计
一级驻点	2	2	0	0	0	4
二级驻点	2	4	0	0	0	6
三级驻点	11	4	5	4	1	25
四级驻点	6	1	1	10	2	20
总计驻点	21	11	6	14	3	55
优势驻点比例	27.27%	18.18%	9.09%	7.27%	1.82%	63.64%

根据驻点分级的原则，驻点等级越高，游憩吸引力越大，游人聚集的可能性越高。越靠近主景或核心，驻点越密集。由于方松社区公共开放空间呈现轴向型布局结构，用地类型多样且镶嵌，驻点也围绕带状社区公园均匀分布。由表 5－10 可见，在研究范围内，优势驻点（一级、二级、三级）占驻点总数的 63.64%，数量多，空间类型多样，具有较高的游憩吸引力。

景观型驻点空间具有最多的优势驻点（27.27%），设施型、商业型空间次之，生态型空间的优势驻点最少（1.82%），说明作为新城，方松社区的景观型空间分布较广，且景观效果较好，休憩、健身设施维护及时，设施质量和便利性较好，商业休闲广场多位于空间转换处，承担了重要的休闲游憩功能，面积和规模相对较大，适合开展群聚性休闲活动和集会，对于居民具有较强的游憩吸引力。生态型空间多分布于社区边缘的防护绿地，路径的可达性低于其他类型的空间，空间相对封闭和私密，因此适合单人散步、慢跑等休憩活动，不具备聚集性，因此仅对具有专门游憩偏好的居民具有吸引力，而不具有普适性。

GPS 与 ArcGIS 技术结合视频分析技术的驻点研究方法，虽然能同时反映出游憩居民的时空分布情况，但视频的识别和分析具有一定的技术局限性。现在常用无人机结合热成像技术识别游人的游憩分布密度，但时间维度无法跟踪游人的时空分异特征。因此，GPS 和视频分析技术获得的数据需要人为观测的数据予以修正。此外，影响社区居民休闲游憩时空分布和行为偏好的环境因素较多，例如影响景观型空间游憩吸引力的因素可能包含植物丰富度、空间郁闭度、景观美感度、卫生管理情况等，需要在微观层面予以识别和评价。

三、基于眼动分析技术的社区公共开放空间环境影响要素判别

城市社区公共开放空间也可以被认为是一个由不同单元镶嵌组成，且具有明显视觉等特征的地理实体，是城市社区中一种重要的景观资源。而城市社区公共开放空间的视觉和心理的吸引力分析与评价，是公共开放空间资源合理规划的基础。受到吸引力影响的城市社区公共开放空间视觉质量的评价，是评价者心理活动和视觉质量交互作用的结果①，是评价者利用视知觉对城市社区公共开放空间的外在与功能所作出的价值评判②。

目前，景观资源的视觉和心理质量的评价方法分为 4 个主要的学派，如专家血泡、心理物理学派、认知学派和经验学派③。其中，心理物理学派的

① Daniel T. C., "Whither scenic beauty? Visual landscape quality assessment in the 21st century", *Landscape and Urban Planning*, 2001(1).

② Qi T., Wang Y. J., Wang W. H., "A review on visual landscape study in foreign countries", *Progress in Geography*, 2013(6).

③ Wu B. H., Li M. M., "EDVAET: A linear landscape evaluation technique-a case study on the Xiao-xinganling scenery drive", *Acta Geographica Sinica*, 2001(2); Wang B. Z., Wang B. M., He P., "Aesthetics theory and method of landscape resource assessment", *Chinese Journal of Applied Ecology*, 2006(9).

景观质量评价方法是目前比较常用的研究方法，如美景度评价方法(SBE)①、比较评价法(LCJ)②和语义解析法(SD)③等。而认知学派则用人的进化过程及功能需要来解释人对风景的审美过程，采用的方法包括眼动分析的方法④。

1. 基于眼动分析技术的环境心理认知方法构建

(1) 眼动分析原理。视觉是外界刺激经过视觉器官的感受，在大脑中引起的生理反应，具有知觉、思维、记忆、情感等心理作用。视觉吸引是人的眼睛对环境中的各种信息进行选择、捕捉和分析的过程⑤。被观察环境或物体通过视觉系统传达至大脑，对景观环境的空间、形态、色彩作出反应，形成知觉，并与记忆进行组织，形成深度的感知⑥。视知觉和心理反应与观察者在生活中所积累的经验、兴趣爱好等息息相关，即“知觉定势”。新的经验认识与过去的经验相联系，才形成了心理反应。视知觉理论指出，“注意”是心理活动对一定对象的指向和集中，是观察自然和了解社会的基本心理过程。但是，观察者在同一时刻只能感知被观察对象中的一部分，即“注意的中心”。视觉注意可以在一定程度上清晰地反映出被试的兴趣、情绪和需要。此外，注意力的主观选择还与特定环境下的需求相关。因此，影响人的视觉感知和注意力的因素颇多，既与空间感受、形态、色彩等相关，也与经验、偏好和需求相关。

视觉行为包含视觉寻找(Visual Search)、发现(Detection)、分辨(Discrimination)、识别(Recognition)、确认(Identification)和记忆搜索(Memory search)6 个心理过程⑦。被试在视野中寻找可能存在的目标即为

① Daniel T. C., Boster R. S., *Measuring Landscape Esthetics: The Scenic Beauty Estimation Method*, Plenum Press, 1976.

② Buhyoff G. J., Leuschner W. A., Arndt L. K., “Replication of a scenic preference function”, *Forest Science*, 1980(2).

③ Osgood C. E., “Semantic differential technique in the comparative study of culture”, *American Anthropologist*, 1964(3).

④ Yu S. J., “Environmental evaluation on natural landscape”, *Journal of Chinese Landscape Architecture*, 1991(1); Yu K. J., *Landscape: Culture, Ecology and Perception*, Science Press, 2008.

⑤ Kaplan R., Kaplan S., Robert L., Ryan L., *With people in mind: design and management of everyday nature*, Island Press, 1998.

⑥ [美]鲁道夫・阿恩海姆：《艺术与视知觉——视觉艺术心理学》，腾守尧、朱疆源译，中国社会科学出版社，1984 年，第 37 页。

⑦ 沈模卫、张光强：《视网膜与阅读：眼动控制的理想观察者模型》，《华东师范大学学报(教育科学版)》2000 年第 4 期。

“视觉寻找”，从观察的对象中“发现”并“辨别”出目标，当被试在寻找目标的过程中发现某一刺激对象与预期基本一致时，注意中心就会相对固定，“识别”并解读目标对象的特征信息和细节信息，确定捕获到的对象就是目标对象①。“记忆搜索”是指上述各个过程的汇总，被试要将视觉捕获的信息与记忆中的经验信息进行比较。

眼动即为眼球的运动，指眼睛获取外界视觉信息时所发生的运动，在一定程度上可以反映出个体内在的认知过程②，主要由注视、眼跳、追随 3 个基本形式组成③，包括时间维度（平均注视时间、注视总时间、眼跳时间等）和空间维度（眼跳距离、注视次数、眼跳次数等）两类描述眼动变化的指标④。其中，注视（fixation）指被试将眼睛保持在一定的方位，使物体成像在视网膜上；这种对准对象的活动即为注视，而在三种基本眼球运动形式中，只有在注视期间才能获得大量的有用信息。眼跳（saccade）是被试在搜索目标时的眼球运动，功能是改变注视点，使下一步要注视的内容落在视网膜最敏感的区域。在进行观察时，如果被试经过多次眼跳才能形成注视，则可能意味着观察对象对被试的吸引力不足，而被试需要较多时间才能找到兴趣点。眼跳的主要功能是让眼睛从当前注视点移动到下一个注视点，这两个注视点之间的广度即为眼跳距离，是反映知觉广度的重要指标，眼跳距离越大，说明被试一次注视所获得的信息量较大，即观察到的信息较鲜明。眼跳的过程形成了眼球运动的轨迹，通过分析眼动轨迹，可以在一定程度上反映被试的视觉和心理感知⑤。

眼动分析法是通过记录和分析人的眼动数据来推断其心理过程的方法。在人的认知过程中，视觉是人们获得信息的最主要途径，不同的认知过程表现出不同的眼动行为特征，而通过眼动仪追踪人的这种眼动特征，可以在一定程度上分析人对注视对象的认知行为⑥。已有的研究表明，不同属

---

① Daniel T. C., *Aesthetic preference and ecological sustainability*, *In*: *Sheppard SH*, *eds. Forests and Landscape*: *Linking Ecology*, *Sustainability and Aesthetics*, Oxford: CAB International Publishing, 2001.

② Duchowski A. T., *Abreadth-first survey of eye-tracking applications*, *Behavior Research Methods*, Instruments & Computers, 2002.

③ Hu F. P., Han J. L., Ge L. Z., “A review of eye tracking and usability testing”, *Chinese Ergonomics*, 2005(9).

④ Chen C. E., “Eye-tracking technology used in advertising psychology”, *Journal of the Graduated Sun Yat-Sen University*: *Natural Sciences*, 2014(4).

⑤ 赵新灿等：《眼动仪与视线跟踪技术综述》，《计算机工程与应用》2006 年第 12 期。

⑥ Deng Z., “Theories, techniques and applied researches about eye movement psychology”, *Journal of Nanjing Normal University* (*Social Science*), 2005(1).

性和特征的环境要素对人的视觉和心理感知会产生影响，其中，专业被试对景观感知更强烈①。眼动追踪可以相对客观地衡量被试对景物和空间特征的观察，即公众的主观感受可以从眼动的指标得到客观的体现，因此，眼动分析方法是一种有效的视觉和心理行为测试和评估的方法。

以上海城市社区中不同类型的公共开放空间为研究对象，运用瑞典Tobii Glasses 2 便携式眼动分析仪，将眼动分析方法引入空间环境视觉质量评价中，记录被试在观察社区公共开放空间时的眼动数据，探究影响城市社区公共开放空间游憩吸引力的因子。同时，通过眼动特征的分析，可以解析社区居民对公共开放空间的认知过程，以获悉居民的心理活动和情绪反应，对城市社区公共开放空间游憩吸引力的提升及合理规划、建设、管理均具有重要意义。

(2) 眼动实验设计。城市社区公共开放空间分类的原则要求空间上具有明显的差异性、功能的相互关联性、环境变量要素、尺度原则及实用性等②。本书以上海城市中心、城市近郊、城市远郊等建成社区的户外公共开放空间为研究对象，将上海城市社区的户外公共开放空间划分为景观、设施、商业、生活和生态 5 个类型，包含广场、绿地和街道(见表 5-11)。其中，城市休闲广场可以细分为游憩集会广场、交通广场、附属广场；城市休闲绿地包含公园、游园、街旁绿地等开放性的附属绿地；休闲街道包括商业、生态、文化和复合型等。在空间角度，城市社区中的休闲绿地空间形式和类型多样，又可以具体划分为开敞空间(如草坪)、封闭空间(如植物群落)和半开敞空间(如树林草地、冠下活动空间等)。而可能影响社区居民游憩体验和满意度的环境变量则包含自然要素、社会要素和管理要素 3 个维度。具体的环境变量要素需要通过被试对不同类型和维度的户外公共开放空间的眼动分析来判别，为城市社区公共空间游憩机会谱的构建奠定理论基础。

---

① Nordh H., Hagerhall C. M., Holmqvist K., "Tracking restorative components: Patterns in eye movements as a consrquence of a restorative rating task", *Landscape Research*, 2013(1); Dupont L., Antrop M., Van Eetvelde V., "Eye-tracking analysis in landscape perception research: Influence of photograph properties and landscape characteristics", *Landscape Research*, 2014(4); Dupont L., Antrop M., Van Eetvelde V., "Does landscape related expertise influence the visual perception of landscape photographs? Implications for participatory landscape planning and management", *Landscape and Urban Planning*, 2015(41).

② Li Z. P., Liu L. M., Xie H. L., "Methodology of rural landscape classification: A case study in Baijiatuan Village, Haidian District, Beijing", *Resources Science*, 2005(2).

表 5-11　城市社区户外公共开放空间类型和维度划分

	景观型	设施型	商业型	生活型	生态型
广场	游憩集会广场、交通广场、附属广场				
绿地	市、区级公园、社区公园、游园、街旁绿地等开放性附属绿地 （开敞、半开敞、封闭空间）				
街道	商业型、生态型、文化型、复合型				

本书利用眼动仪捕捉并记录居民观察社区公共开放空间过程中眼睛表现出来的生理活动，分析眼动数据，探讨被试对公共开放空间的视觉反应规律，并配合访谈和问卷，判断被试的满意度等心理行为。

根据城市社区公共开放空间的类型和维度划分，选择环境影响要素构图适中的空间场所，统一被试观察的视域范围，每种空间类型选择 5 个有代表性的场景作为观察对象。其中，3 个作为实验对象，2 个作为试验预热，用来排除首因效应。

心理学实验根据研究内容、类型及经费成本确定样本量①，心理学研究范式认为心理学实验样本包括 30 个以上被试称之为大样本实验，样本信度较高。因此，每个社区选择 40 人，总计 120 人作为被试，被试的裸眼视力和矫正视力均为正常。其中，性别比例接近 1∶1，年龄涵盖各个年龄段，以中年、青年和老年人为主，被试的人口学特征与上海市第六次人口普查的相关数据基本一致。被试群体尽可能多样化，具有广泛的可行性和代表性，能够在一定程度上反映出上海城市社区居民在公共开放空间中的休闲游憩需求。

实验仪器选择瑞典 Tobii Pro Glasses 2 带有无线实时观察功能的可穿戴式眼动分析仪（见图 5-15），适合真实环境空间下的眼动分析研究，可以获得相对自然的视觉行为数据。眼动仪采样率为 50 Hz 或 100 Hz。Live View 功能允许研究人员通过无线平板设备看到受访者的实时眼动轨迹，从而获得迅速和可执行的洞察力。

采用 Tobii Pro Lab Analyzer 软件分析由 Tobii Pro Glasses 2 录制的被试观察视频和眼动数据，并与采集的被观察对象照片相互匹配，即将来自眼动追踪视频的数据智能地叠加到指定的、与之匹配的目标上，以便生成已量化数据的可视化结果，或提取眼动追踪数据指标。

① Gobster P. H.，Nassauer J. I.，Daniel T. C.，et al，“The shared landscape：What does aesthetics have to do with ecology?”，*Landscape Ecology*，2007(8).

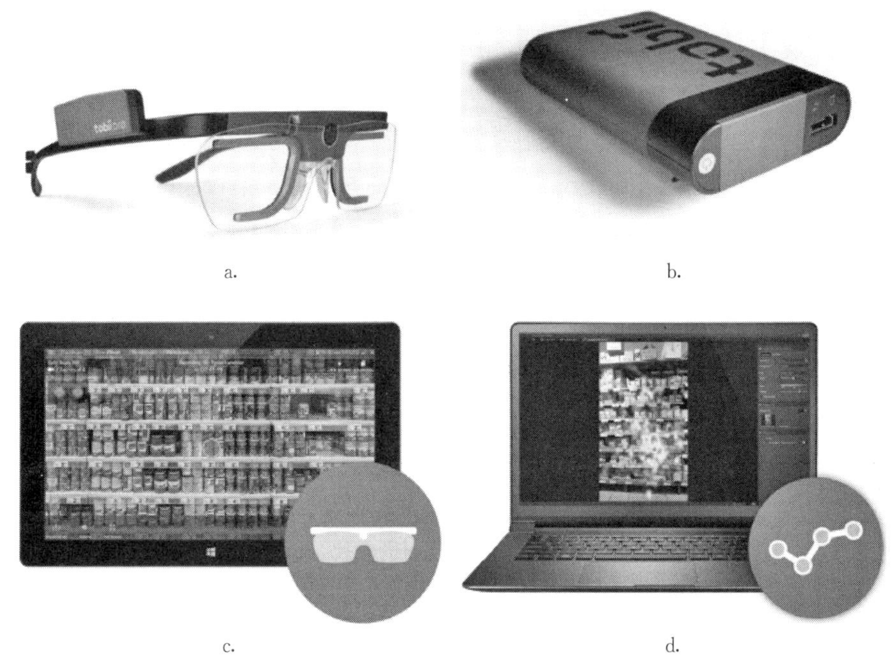

a.　　b.

c.　　d.

图 5-15　Tobii Pro Glasses 2 便携式眼动分析仪及 Live View 实时眼动追踪功能

（图片来源：https://www.tobiipro.com）

a. **眼镜部分**：头戴模块可捕捉受访者看到的场景和眼动追踪数据；头戴模块仅重 45 g，为受访者提供最大限度的自由度，以获得真实的人类行为。

b. **记录模块**：记录模块可记录眼动追踪数据，并将其保存在 SD 存储卡上；记录模块体型小巧，受访者可以无负担、无限制地自由行动。

c. **Controller 软件**：控制和运行 Tobii Glasses 眼动实验，可以运行在 Win 8 Pro 平板电脑或者任何 Win 8 或 Win 7 计算机上；Tobii Glasses Controller 软件可以校准、记录、管理、实时观察受访者的眼动追踪信息，回放并导出眼动视频。

d. **数据分析软件**：Tobii Pro Analyzer 数据分析软件可以提供数据后期分析工具，进行数据的叠加、诠释和可视化处理。

Tobii Pro Glasses 2 眼动仪的优势在于其具有 3D 眼球模型、角膜反射、双眼采集、暗瞳追踪等技术，可以兼容所有眼球类型的受访者，有连贯的校准过程，极端眼动行为发生时可以最大限度地减少数据的丢失。头戴模块可以在受访者测试中发生轻微位置移动时进行数据误差补偿，以使获得的数据具有更高的准确性。

实验过程：引导被试置身需观察的城市社区户外公共开放空间中，主试者向被试解释实验的目的、过程和要求。预热设备后进行眼动校准，被试观察指定城市社区户外公共开放空间，同时眼动仪开始追踪眼动数据，观察时间约为 3 分钟。为更准确了解被试的心理体验，避免因被试产生无效眼动数据，实验不控制被试的观察的时间。被试观察结束后，进行访谈，以匹配被试的眼动偏好与心理偏好。实验结束后，Tobii Pro Analyzer 软件可以自动形成 Excel 文件，提取所需眼动数据，并导入 SPSS 18.0 进行统计分析。

（3）眼动指标选。鉴于实验中被试的观察时间不尽相同，因此选择注视频次（Fixation Points Frequency）、平均注视时间（Average Gaze Event Duration）、平均眼跳幅度（Average Saccadic Amplitude）、眼跳时间比重（Relative Saccadic Direction）、绝对平均凝视点眼跳频率（Strict Average Gaze Point）、眼返指数（Eye PosLeft）、眼跳距离（Average Distance Left）、瞳孔大小（Pupil Left）8 个眼动指标，指标的详细解释如表 5－12。

表 5－12　城市社区公共开放空间眼动分析选择的眼动指标基本意义①

眼动指标	简写	基本意义
注视频次（次/s）	*FP*	注视次数与注视时间之比，反映公共开放空间要素受重视程度的指标，注视频率高则表示被试对观察对象感觉重要或者较为感兴趣。
平均注视时间（ms）	*AGD*	被试对每个注视点停留的平均时间，被试对公共开放空间的认知兴趣越强烈，其在注视点停留的平均时间就越长。
平均眼跳幅度（度）	*ASA*	反映被试获取信息的范围，平均眼跳幅度越大，表示观察对象的特征越鲜明，被试能够直接搜寻到目标区域。
眼跳时间比重	*RSD*	眼跳总时间与观察总时间的比值，反映被试在选取注视点上所用的时间。
眼跳频率（次/s）	*ADCS*	单位时间内的眼动次数，能够反映被试的搜索行为，在信息搜索过程中眼动频率高表明被试的搜索量大，其所观察图片的特征不鲜明。
平均眼返指数	*EPL*	眼跳返回数值，精度补偿。
平均眼跳距离（度）	*DL*	评价被试获取信息范围大小的指标，反映观察对象信息的鲜明特征。
瞳孔直径（mm）	*PL*	瞳孔的直径代表了进入眼内的光量，一般人瞳孔的直径可变动于 1.5 mm～8 mm 之间，瞳孔可极度收缩，也可以极度拓大。

① Guo S. L., Zhao N. X., Zhang J. X., et al, "Landscape visual quality assessment based on eye movement: college students eye-tacking experiments on tourism landscape pictures", *Resources Science*, 2017(6).

（4）眼动数据可视。眼动仪可以记录注视、眼跳、频率、幅度等多种与眼动相关的指标。眼动追踪结果的可视化表现方法主要有3种。第1种方式是回放被试观察的视频，但费时且数据不便量化；第2种方式是热点图，即通过不同颜色来区分被试注视的程度，如红色区域代表被试关注最多的区域，黄色区域表示被试关注相对较少，蓝色区域是被试关注最少的区域，而灰色区域则表示被试没有关注的区域。热点图既能反映被试注视的次数，又能表示注视的持续时间。第3种数据可视化的方式是注视图，由一系列点表示被试的观察，每个点表示一个注视点，每个点的大小表示注视的持续时间，较大的点表示较长的注视时间，而点的序号则代表了注视的顺序①。

综上所述，眼动追踪技术在视觉和环境心理认知领域应用的优势是可以提供高精度的可靠数据，相比美景度评价、景观比较方法，眼动分析技术基于红外检测技术，可以相对客观地反映被试潜意识的直观感受和心理体验。被试心理的微观变化过程，可以通过可视化分析工具对被试的眼睛运动的指数予以重现，并定性和定量地揭示被试在城市社区公共开放空间环境中的感受和体验。此外，眼动分析技术可以提供直观和可视化的结果，可以使研究者直观查看眼动数据，分析数据信息，并将数据信息处理为可视化的图形，如轨迹图、热力图、聚类图和兴趣区域（AOI）等。热力图是眼动追踪研究中采用频率较高的数据可视化方式。

然而，由于被试心理活动和数据处理的复杂性，眼动追踪技术在户外公共空间研究和应用中也存在局限性。虽然，人的行为是心理活动的呈现，但是由于心理活动或体验无法被直观而进行准确观测，只能通过其他表象予以分析；而在现实生活中，很可能出现人的注意力和眼动注视不一致的现象，即眼动数据与实际的心理体验出现偏差。例如，被试注视某兴趣区的时间较长，原因可能是被有趣的环境要素或资源所吸引，也可能是对某些元素感到困惑，或者受到他人他物的干扰。为提升数据的准确性和可靠性，实验采用访谈等辅助方法，验证眼动数据和被试心理认知的匹配程度。

眼动追踪技术已广泛应用于认知语言学和心理学领域，随着眼动分析技术和软件分析技术的发展，眼动分析方法在风景园林和户外公共开放空间的视觉感知、质量评价和心理认知等方面的应用也日渐加深，为风景园林

① Henderson J. M., Ferreira F., "Modeling the role of salience in the allocation of overt visual attention", *Scene Perception for Psycholinguists*, 2002(1); Deubel H., Scheider W. X., "Saccade target selection and object recognition: evidence for a common attention mechanism", *Vison Research*, 1996(1).

领域人的环境心理认知研究提供了新的机遇和视角。

2. 基于眼动分析方法的空间环境变量因素判别

对被试的注视点位置和时间进行可视化转换，得到景观型、设施型、商业型、生活型和生态型等不同类型(包含绿地、休闲广场和休闲街道)社区公共开放空间的热点图(见图 5-16)，并通过访谈，判别影响城市社区公共空间休闲游憩感受的主要环境变量因素(见表 5-13)。

A. 景观型空间——社区公园

A. 景观型空间——居住小区游园

A. 景观型空间——社区公园休闲广场

A. 景观型空间——社区公园休闲街道

B. 设施型空间——社区公园

B. 设施型空间——居住小区儿童活动场

B. 设施型空间——社区公园休闲广场

B. 设施型空间——社区公园休闲街道

C. 商业型空间——社区公园

C. 商业型空间——商业休闲广场

C. 商业型空间——休闲街道

D. 生活型空间——居住小区组团绿地

D. 生活型空间——居住小区宅旁绿地

D. 生活型空间——居住小区组团绿地

E. 生态型空间——社区公园

E. 生态型空间——居住小区

平均注视时间/ms 低 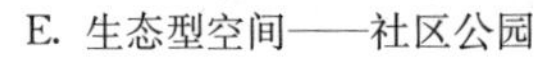 高

图 5-16 上海城市社区公共开放空间眼动观察热点图

选取景观型、设施型、商业型、生活型和生态型游憩空间中公园绿地、休闲广场、休闲街道中典型的公共开放空间 60 个，邀请来自 3 个社区的 120 名被试观察选定的空间，每两人观察相同一处空间，作为重复。

实时观测被试对社区公共开放空间的眼动过程，通过访谈，判别被试关注较多的环境变量因素，同时也通过访谈补充眼动无法捕捉或热成像图无法体现的环境变量因素（见表 5-13）。不同类型空间存在被试共同关注的、重复的环境变量因素，如安全性、植物丰富度、场所微气候、景观美感度、游憩活动密度、设施的维护情况、植被养护情况、环境卫生状况、交通便利性等。

表 5-13 上海城市社区公共开放空间环境变量因素判别（眼动分析结果）

<table>
<tr><th>公共开放空间属性</th><th>空间类型</th><th>游憩居民眼动关注环境影响因素</th></tr>
<tr><td rowspan="3">A. 景观型游憩空间</td><td>公园、居住区游园等休闲绿地</td><td rowspan="3">景观美感、安全性、环境卫生、植物丰富度、植被养护情况、水体清洁度、空间开敞性、文化或地域特色、景观构筑物、解说系统、标识系统、安全警告标识、小卖部、报刊亭、公厕、地面积水、场地照明、交通便利性、休憩设施、道路无障碍性、参与性、游憩密度、植物长势、铺装丰富性、铺装安全性、植物季相变化、设施的艺术性、小环境舒适度、地形丰富性、遮阴效果</td></tr>
<tr><td>休闲广场</td></tr>
<tr><td>休闲街道</td></tr>
<tr><td rowspan="3">B. 设施型游憩空间</td><td>公园、居住区等休闲绿地</td><td rowspan="3">设施安全性、设施丰富性、设施维护情况、休憩设施数量、娱乐设施、健身设施、设施舒适性、设施的可参与性、游憩密度、环境卫生情况、设施的安全警告标识、解说系统、道路无障碍性、夜间照明、铺装安全性、空间私密性、空间联通性、小环境的舒适度、材料的环保性、游憩互动性、植物安全性、遮阴效果</td></tr>
<tr><td>休闲广场</td></tr>
<tr><td>休闲街道</td></tr>
</table>

（续表）

公共开放空间属性	空间类型	游憩居民眼动关注环境影响因素
C. 商业型游憩空间	社区公园	环境卫生、空间开敞性、场地照明、环境卫生、环境整洁性、交通便利性、景观构筑物、休憩设施便利性、休憩设施安全性、道路无障碍性、铺装丰富性、铺装安全性
	休闲广场	
	休闲街道	
D. 生活型游憩空间	居住区宅旁绿地	空间开敞性、道路通畅性、环境卫生、环境整洁性、植物丰富度、植物养护程度、休憩设施、道路无障碍性、宠物安全性、景观构筑物、植物长势、水体清洁度、铺装丰富性、铺装安全性、植物安全性、地形丰富性、遮阴效果、宣传系统
	居住区组团绿地	
E. 生态型游憩空间	社区公园绿地	植物丰富性、植被养护情况、安全系统、休憩设施、道路无障碍性、小环境的舒适度、水体的清洁度
	居住区防护绿地	

游憩居民眼动特征所反映出的城市社区公共开放空间的环境变量因素是影响居民游憩体验的关键因素，关注了自然、社会和管理等多个相互作用的环境要素，为城市社区游憩机会谱（CROS）的构建奠定了基础，是筛选社区游憩机会谱变量层因子的重要来源。

3. 城市社区公共开放空间游憩居民眼动特征分析

将景观型、设施型、商业型、生活型和生态型5类社区公共开放空间的眼动数据进行单因素方差分析和多重比较（见表5－14、表5－15、表5－16、表5－17）。由表5－17可知，对于不同空间属性的社区公共开放空间而言，游憩居民的眼动特征中，眼返指数、眼跳距离和瞳孔直径差异不明显，说明被试在观察不同空间属性的实体空间时，仪器的精度补偿趋于一致性，且被试获取信息范围的大小近似，即所观察空间的特征鲜明性相似，该结果也与被试瞳孔直径数据相互佐证。被试观察过程中瞳孔直径变化在正常范围内（1.5 mm～8 mm），且差异不显著。

表5－14　不同社区公共开放空间类型眼动指标均值

眼动指标	*FP*	*AGD*	*ASA*	*RSD*	*ADCS*	*EPL*	*DL*	*PL*
景观型	956.45	719.00	4.13	139.31	270.45	214.25	477.81	3.57
设施型	1 041.40	814.00	12.57	218.48	243.27	214.22	477.78	3.69
商业型	1 029.00	438.00	16.58	242.03	248.67	214.19	477.96	3.73

（续表）

眼动指标	*FP*	*AGD*	*ASA*	*RSD*	*ADCS*	*EPL*	*DL*	*PL*
生活型	1 287.88	738.33	1.95	193.27	250.48	214.26	477.91	3.86
生态型	1 433.67	251.00	0.29	156.78	166.55	214.17	477.59	3.97

表 5-15　不同社区公共开放空间类型眼动指标标准差

眼动指标	*FP*	*AGD*	*ASA*	*RSD*	*ADCS*	*EPL*	*DL*	*PL*
景观型	1.368	1.000	0.010	0.015	0.010	0.010	0.010	0.020
设施型	1.140	1.000	0.010	0.015	0.020	0.015	0.036	0.026
商业型	1.000	1.000	0.010	0.021	0.010	0.025	0.021	0.036
生活型	0.894	1.155	0.010	0.015	0.010	0.032	0.087	0.015
生态型	1.528	1.000	0.010	0.010	0.010	0.010	0.050	0.105

表 5-16　不同社区公共开放空间类型眼动指标方差齐性检验

眼动指标	*FP*	*AGD*	*ASA*	*RSD*	*ADCS*	*EPL*	*DL*	*PL*
眼动指标	0.780	0.765	0.243	0.543	0.531	0.493	0.611	0.203

备注：检查零假设，即在所有组中因变量的误差方差均相等

表 5-17　不同社区公共开放空间类型眼动指标差异性分析

	FP	*AGD*	*ASA*	*RSD*	*ADCS*	*EPL*	*DL*	*PL*
眼动指标	0.000*	0.000*	0.000*	0.000*	0.000*	1.000	0.768	0.074

备注：* 均值差的显著性水平为 0.05

对于注视频次(FP)、平均注视时间(AGD)、平均眼跳幅度(ASA)和眼跳时间比重(RSD)、眼跳频次(ADCS)等眼动特征指标，不同公共开放空间类型被试的眼动指标差异性显著(0.000)。

其中，由图 5-17 可知，居民对于城市社区公共空间中景观型空间的注视频次和眼跳时间比重最低，但被注视的时间最长，眼跳频率最高，说明被试对景观型空间的兴趣不浓，并未花费过多的时间寻找兴趣点，但对某个特征的认知兴趣强烈。可能的原因是城市社区公共开放空间中景观型游憩空间居多，居民对于此类型的环境相对熟悉，不需要花费时间寻找和思考兴趣点，但对于重要环境变量要素的认知感受强烈，且该环境变量要素可能对居

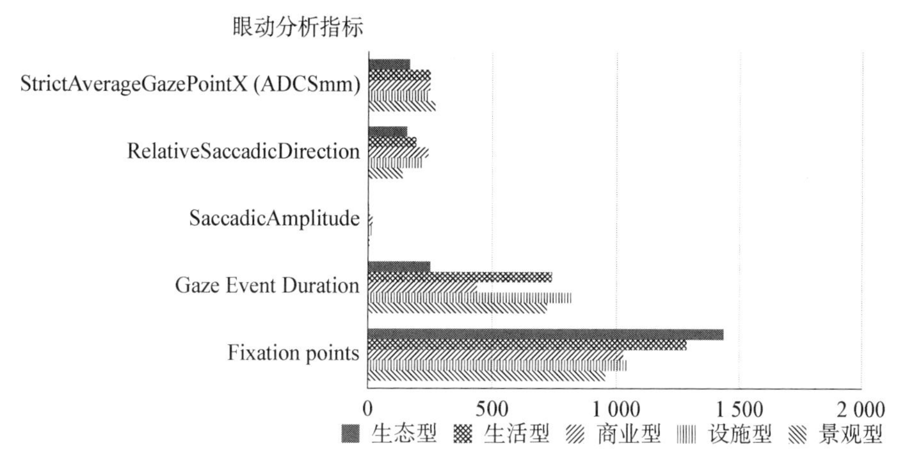

图 5－17　差异显著的城市社区公共开放空间被试眼动特征分析

民的游憩停留时间造成一定影响。

设施型空间对应的平均注视时间和眼跳时间比重最高，说明被试对于设施型公共开放空间的认知兴趣强烈，选取注视点和在注视点停留的平均时间较长，即设施型空间的信息量比其他类型空间多，带有一定趣味性，对被试的游憩吸引力相对较强。由热力图和访谈结果可知，设施型空间中的设施安全性、设施数量、维护情况、游憩密度等环境变量因素与居民游憩满意度息息相关。

商业型空间的平均眼跳幅度和眼跳时间比重最高（见图 5－18），表明观察对象具有较大的信息量，被试需要时间来搜索信息，但可以比较直接地搜寻到关注的目标区域，代表了商业型社区公共开放空间特征的鲜明性，其环境变量要素具有的独特特征能够准确地吸引到被试的关注。

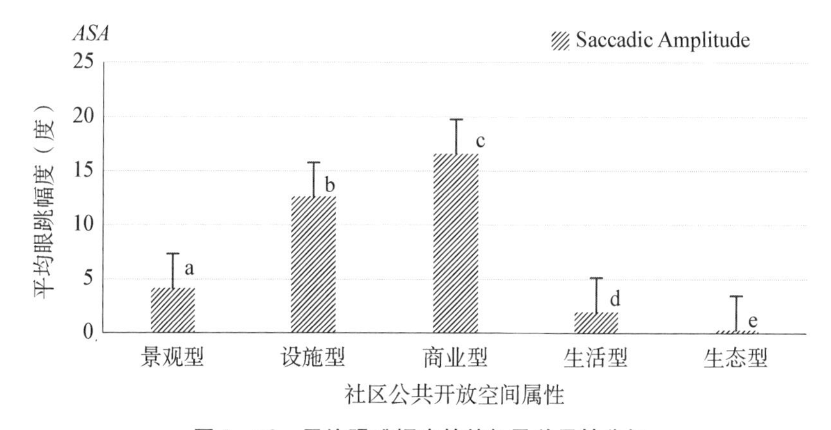

图 5－18　平均眼跳幅度的特征及差异性分析

生活型空间的各个眼动指标虽然都不是最高值，数值却仅次于最高值，说明生活型空间很受被试的重视，也是被试重点关注的对象，其特征相对明显，也反映了被试比较强烈的认知兴趣，对社区居民具有较强烈的游憩吸引力。

生态型空间除了注视频次指标最高以外，其余眼动指标均为最低，说明上海城市社区公共开放空间中生态游憩区域受到社区居民的重视，可能与生态型空间营造的良好小气候环境相关。但是，由于生态型空间以水体和植物群落为主体，景观特征不鲜明，被试观察和搜索的时间比较短，说明被试对于现有生态型空间的认知兴趣较低。因此，生态型空间的游憩吸引力也相对较低，优化提升的需求较为急迫。

从城市社区公共开放空间构成体系的角度分析（见表 5－18），休闲绿地、休闲广场和休闲街道对应的被试眼动特征指标如注视频次（*FP*）、平均注视时间（*AGD*）、平均眼跳幅度（*ASA*）、眼跳时间比重（*RSD*）和眼跳频率（*ADCS*）存在显著差异性。

表 5－18　城市社区公共开放空间体系眼动指标差异性分析

眼动指标	*FP*	*AGD*	*ASA*	*RSD*	*ADCS*	*EPL*	*DL*	*PL*
休闲绿地	1 422	359	5.89	286.19	184.74	214.11	477.83	3.95
休闲广场	1 871	101	12.26	191.15	279.29	214.13	477.73	4.05
休闲街道	1 779	204	10.53	259.16	225.05	213.93	477.52	4.12
总体差异性	0.000*	0.000*	0.000*	0.000*	0.000*	0.724	0.741	0.652

备注：* 均值差的显著性水平为 0.05

由图 5－19 可知，休闲广场的注视频次最高，休闲街道次之，休闲绿地最低，说明被试对休闲广场和休闲街道更关注，可能的原因是被试对休闲广场和休闲街道更感兴趣，也可能是被试对休闲广场和休闲街道的现状并不满意。社区公园等休闲绿地对应的被试注视时间最长，远高于广场和街道，说明社区居民对休闲绿地的认知兴趣强烈，在注视点停留的平均时间最长。由图 5－20 可知，被试观察休闲广场时，平均眼跳幅度最大，休闲街道和绿地次之，表明休闲广场的特征最鲜明，而被试也能够直接搜寻到目标区域。而就眼跳时间比重而言，休闲绿地和休闲街道对应的眼动特征指标值最高，休闲广场的数值最低，反映出被试在绿地和街道环境中选取注视点的时间比较长，原因可能是绿地和街道对于被试而言相对熟悉，且现有的绿地和街道景观特征不鲜明，被试需要较长的时间来进行选择。在眼跳频率眼动特

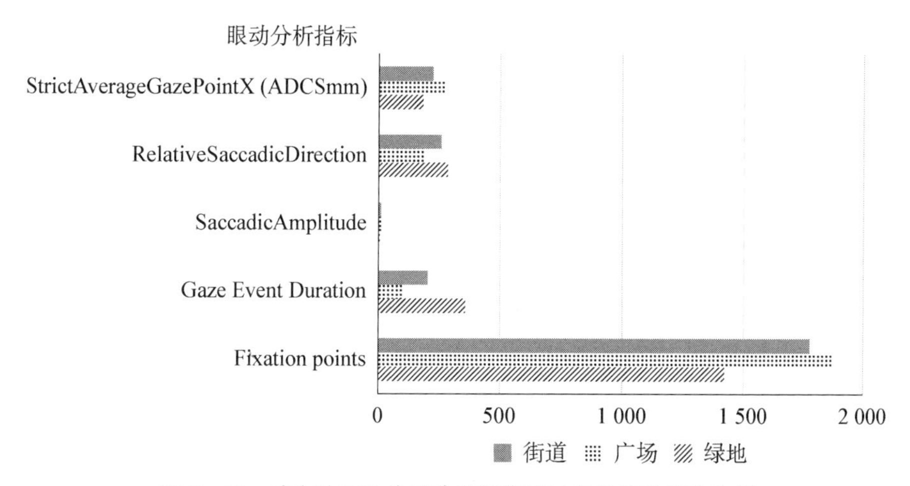

图 5－19　城市社区公共开放空间体系对应的眼动指标分析

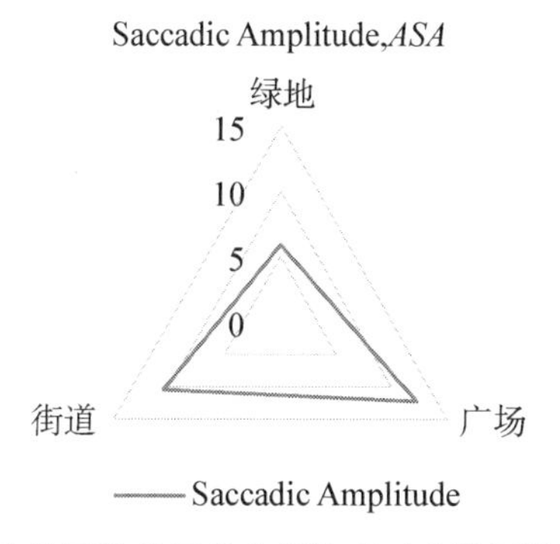

图 5－20　城市社区公共开放空间体系对应的平均眼跳幅度分析

征指标方面，被试眼动分析结果中，平均眼跳幅度大小的排序为休闲广场＞休闲街道＞休闲绿地，即被试在面对休闲广场环境时，其搜索量较大，该指标与被试观察对象的特征鲜明性和变量元素的丰富性相关。

国外和国内关于休闲游憩的方法和技术进展飞速，由传统的人为行为观察、调查问卷等方法发展为驻点研究和视频分析技术，再发展为手机信令、GPS、无人机、热成像等大数据分析方法，可以从宏观、中观和微观尺度研究人的休闲游憩行为。本研究采用大数据、驻点研究结合问卷调查和行为观察的多种研究方法，分析上海城市社区的公共开放空间的结构特征和模式、游憩吸引力、游憩居民休闲游憩路径、停留时间、停留地点、游憩满意度、游憩偏好、游憩环境心理认知等，为影响游憩体验的环境因子识别、城市社区游憩机会谱的构建和城市社区公共开放空间的优化奠定了理论基础。

第六章　上海城市社区公共开放空间游憩机会谱构建

社区休闲游憩的服务体系日臻成熟。20世纪初，西方发达国家的多数城市开始逐渐形成邻里公园和社区游憩空间为主导的城市游憩空间[①]。1998年，美国学者保罗（Paul Gobster）和华裔学者张庭伟采用焦点小组讨论和面对面访谈的方法，针对芝加哥唐人街这一较为均质、独立的华裔社区的开放空间需求和休闲游憩喜好展开了详细的调查和研究，揭示了年龄、代际身份、家庭构成和社会阶级等人口因素对社区居民活动喜好差异的影响[②]。2001年，美国设计师克莱尔（Clare）和卡罗琳（Carolyn）在其编著的《人性场所》一书中，对社区中的邻里公园、小型公园以及儿童、老年人户外游憩空间等不同类型休闲场所的研究进行了专章论述，从空间、使用者心理、场地设施以及环境的安全性等方面讨论了人与户外环境的相互作用关系[③]。荷兰学者麦尔（Meer，2008）基于横向对比不同地区和社区的居民在游憩活动类型及数量方面的差异，表明了除个人社会属性的相关特征外，居住环境的差异性同样对居民游憩的行为产生重要影响[④]。随着对社区游憩活动空间的重视，社区游憩资源的保护也逐渐开始受到关注。琳达（Linda，2005）在对东南阿拉斯加社区的实地研究中，发现居民的保护意识非常强烈，许多当地社区还设立了保护区，对重要的野生动植物资源、游憩资源及邻里资源进行专项保护[⑤]。

---

① 覃杏菊：《城市公园游憩行为的研究》，北京林业大学硕士学位论文，2006年。

② Zhang T., Gobster P., "Leisure preferences and open space needs in an urban Chinese American community", *Journal of Architectural Planning Research*, 1998(15).

③ ［美］克莱尔·库珀·马库斯、［美］卡罗琳·弗朗西斯：《人性场所—城市开放空间导则（第二版）》，俞孔坚译，中国建筑工业出版社，2001年。

④ Meer M. J., "The sociospatial diversity in the leisure activities of older people in the Netherlands", *Journal of Aging Studies*, 2008(1).

⑤ Linda E. K., "Community and Landscape Change in Southeast Alaska", *Landscape and Urban Planning*, 2005(72).

一、游憩机会谱和社区游憩机会谱

20 世纪 60 年代，随着“二战”结束后全球经济复苏和繁荣发展，人们的闲暇时间和娱乐需求逐渐增多，户外游憩活动呈现出多样化发展和快速发展的趋势，也逐渐产生了对游憩资源持续增多的需求和压力。为了有效应对游憩需求日臻多样化的发展趋势和维持游憩资源对游憩者的长久吸引力，许多研究学者和管理机构积极响应美国户外游憩资源考察委员会的要求，探索土地分级系统的调配方案并合理执行，游憩机会谱（Recreation Opportunity Spectrum，ROS）理论便在美国应运而生。

瓦格（Wager，1966）是首位从管理学角度提出游憩机会谱理念的学者[①]，他建议把露营地的游憩机会序列划分成连续的等级，即从适合现代自助宿营者的高度开发区域到只对背包者开放的偏远地区，为露营者提供不同的空间类型资源。1978 年，在布朗（P. Brown）和德里弗（B. L. Driver）共同制定的关于游憩机会谱的报告中，通过划分 6 个不同等级的区域（原始区域、机动车可进入的半原始区域、机动车不可进入的半原始区域、有道路的自然区域、乡村和城市），并制定了 5 个一级指标（交通远近、区域规模、可进入程度、使用密度和管理力度），构建了“五标六类法”的游憩机会序列，这也是历史上第一个可实践操作的 ROS 理论体系[②]。1979 年，克拉克（Clark）和斯坦奇（Stankey）基于 6 个自然、生物、社会和管理要素，提出了“六标四类法”的游憩机会序列，为游憩者提供多元化的活动体验[③]。1982 年，美国农业部林业局出版的《ROS 使用者指南》是兼具理论意义和实践意义的较为完整的游憩机会谱框架，《ROS 使用者指南》中确定了布朗（P. Brown）和德里弗（B. L. Driver）提出的 6 个游憩机会类型的合理性[④]。

一些学者对游憩机会谱（ROS）理论的发展进行了更为完善的补充。如海伍德（Heywood）等通过探究游憩者的游憩偏好与使用程度之间的关系，

---

① Wagar J. A., *Campgrounds for many tastes*, USDA-Forest Service Research Paper, 1966.

② Brown P., et al, *The Opportunity Spectrum Concept and Behavioral Information in outdoor Recreation Resource Supply Inventories: Background and Application*, USDA-Forest Service General Technical Report, 1978.

③ Clark R. N., Stankey G. H., *The Recreation Opportunity Spectrum: A Framework for Planning, Management, and Research*, USDA-Forest Service General Technical Report, 1979.

④ U. S, *Department of Agriculture, Forest Service. ROS User Guide*, 1982.

证实了游憩机会谱的基本原理[①]。美国西安大略大学巴特勒(Butler)和沃德布鲁克(Waldbrook)借鉴 ROS 的思想和框架,建立了适用于旅游系统的旅游机会谱(TOS),该 TOS 在自然旅游目的地的规划与管理中有很强的应用价值[②]。英国学者史蒂芬·博伊德(Stephen Boyd)与理查德·巴特勒(Richard Butler)通过对 ROS 和 TOS 理论的相互整合渗透,建立了生态旅游机会谱(ECOS),根据 8 个指标来描述三种类型的生态旅游体验[③]。直到 2002 年,托马斯·A. 莫(Thomas A. More)等学者才开始探讨接近城市的户外游憩地,按照人类干扰环境的主要指标分为大面积自然型游憩区域、小面积自然型游憩区域和设施主导型游憩区域这 3 种游憩区域,强调了近城区域游憩环境的使用潜力[④]。

近几年,基于 ROS 体系的成熟,国内外学者进一步探讨了 ROS 体系的实践应用和图谱制作方法,使其真正作为一种工具被用于指导游憩规划。新西兰学者乔伊斯(Joyce)和萨顿(Sutton)通过选择和提取来自游客资产管理系统(VAMS)和资源管理部门的各种数据,依靠 ArcGIS 框架系统中可利用的空间工具操作,将数据的输入转换成系列模型,提出另一种在全国范围内可重复的、客观的自动生成方法来创建新西兰游憩机会谱图谱,该模型可被用于开发场景模型、变化检测和指导管理检测[⑤]。日本学者吉高(Yoshitaka)采用问卷发放的形式,按照 ROS 体系中的 7 个指标对受访者的喜好进行评估,通过使用非度量多维尺度和聚类分析以检验游客喜好和实际道路环境之间的差异,提出了日本国家公园中步道维护的规划[⑥]。这一研究中的数据收集和分析过程可以作为一种方法生成游憩机会谱图谱,为游憩者提供更加多元化、更高质量的游憩机会。

---

① Heywood J., "Visitor inputs to recreation opportunity spectrum allocation and monitoring", *Journal of Park and Recreation Administration*, 1991(9).

② Butler R., Waldbrook L., "A new planning tool: the tourism opportunity spectrum", *Journal of Tourism Studies*, 1991(1).

③ Butler Richard, Boyd Stephen, "Managing ecotourism: an opportunity spectrum approach", *Tourism Management*, 1996(8).

④ Thomas A. More, Susan Bulmer, Linda Henzel, *Extending the recreation opportunity spectrum to nonfederal lands in the northeast: an implementation guide*, USDA Forest Service Northeastern Research Station, 2003.

⑤ Karen Joyce, Steve Sutton, "A method for automatic generation of the Recreation Opportunity Spectrum in New Zealand", *Applied Geography*, 2009(3).

⑥ Yoshitaka Oishi, "Toward the Improvement of Trail Classification in National Parks Using the Recreation Opportunity Spectrum Approach", *Environmental Management*, 2013(5).

2001年，由北京大学吴必虎教授引进游憩机会谱理论[①]，此后我国学者相继展开探讨。2006年，蔡君、符霞等人分别撰文介绍了游憩机会谱的概念和发展历程，预测了游憩机会谱理论在我国游憩管理中的应用愿景[②]。依据游憩机会图谱(ROS)和生态旅游机会图谱(ECOS)的理论基础，我国学者基于中国国情提出了面向规划需要的、具有可操作性的生态旅游产品规划和管理工具，即中国生态旅游机会图谱(CECOS)[③]。通过引用游憩机会谱理论构建了一套适于地质公园旅游环境容量管理的框架体系，以代替传统的地质公园旅游环境容量的规划方法[④]。

在理论的深化与细分方面，一些学者还建立了适应不同环境类型的ROS框架。比如，从游憩者角度分析了游憩体验和游憩环境的关系，构建了一个基于河流环境类型偏好感知的游憩机会谱框架[⑤]；在ROS理论的基础上，针对森林地区开发利用状况和管理体系，综合市民森林游憩的心理需求，提出了山地森林游憩机会谱[⑥]；吴承照等人(2011)尝试将国外游憩机会谱理论应用于上海松鹤公园的实践研究中，探寻景观资源、游憩活动、服务设施与管理之间的内在关系，以此建立公园可持续性规划方法[⑦]；基于绿地构成群落的生态服务功能的研究，探讨了城市公园游憩机会谱的构建方法[⑧]；通过对城郊森林休闲机会谱影响因素的清查与识别，构建了影响游憩体验的相关评价指标体系[⑨]；调查了游憩者在3种不同游憩区域中所偏好的游憩活动和期望的感知体验，运用数学方法分析影响游憩机会的环境变量和游憩者对游憩环境的偏好程度，筛选出影响游憩体验的8个重要环境因子[⑩]；通过对国内外研究成果的综合分析，以游客的游憩体验为导向，建

① 吴必虎：《区域旅游规划原理》，中国旅游出版社，2001年。

② 蔡君：《略论游憩机会谱(Recreation Opportunity Spectrum, ROS)框架体系》，《中国园林》2006年第7期；符霞、乌恩：《游憩机会谱(ROS)理论的产生及其应用》，《桂林旅游高等专科学校学报》2006年第6期。

③ 黄向、保继刚、沃尔·杰弗里：《中国生态旅游机会图谱(CECOS)的构建》，《地理科学》2006年第5期。

④ 李一飞：《地质公园旅游环境容量规划及其实证研究》，中国地质大学硕士学位论文，2009年。

⑤ 刘明丽：《河流游憩机会谱研究——以北京妫河为例》，北京林业大学硕士学位论文，2008年。

⑥ 肖随丽：《北京城郊山地森林景区游憩承载力研究》，北京林业大学博士学位论文，2011年。

⑦ 吴承照、方家、陶聪：《城市公园游憩机会谱(ROS)与可持续性研究——以上海松鹤公园为例》，载于中国风景园林学会编：《中国风景园林学会2011年会论文集》(下册)，中国建筑工业出版社，2011年。

⑧ 王忠君：《基于园林生态效益的圆明园公园游憩机会谱构建研究》，北京林业大学博士学位论文，2013年。

⑨ 叶晔、陈静：《城郊森林休闲机会谱评价指标体系构建》，《林业经济》2013年第4期。

⑩ 方世明、易平：《嵩山世界地质公园游憩机会谱的构建》，《湖北农业科学》2014年第2期。

立了“七标四类法”的滨海游憩机会序列，为滨海旅游的开发、规划和管理提供了有益参考[①]。

但是，目前国内外游憩理论及实践还缺乏对城市社区尺度游憩机会谱的系统性研究和探索。而游憩机会谱理论对于游憩环境整体的划分和建设则提供了有效的借鉴方法。本书的目的是通过借助社会学调查法和统计分析方法、眼动分析技术、手机信令大数据分析技术，探讨社区居民游憩行为模式及时空分布特征的一般规律和差异特征，从而进一步确定影响社区游憩体验的游憩环境变量组成的指标体系，以此综合构建一个可应用于社区环境的游憩机会谱理论体系，并提出社区游憩环境的提升优化对策。

在新一轮社区建设活动的推进下，上海目前正处于城市社区发展的起步阶段，由街道、居委会向社区居委会转变，社区成为上海市的基本行政单位、规划单元、管理单元、文化单元和功能单元，也逐渐发展成为居民户外休闲游憩的主要场所。利用零散的闲暇时间就近开展游憩活动，不仅能提高居民的生活品质，也增强了居民游憩需求与社区环境功能之间的密切联系。目前，我国有关社区户外游憩研究理论虽然已经开始关注社区游憩空间布局和居民休闲行为模式，但仍缺乏体系化、系统化的管理机制。然而，随着社区休闲游憩活动的兴起和发展，社区居民也必然会对城市公共开放空间的布局和社区户外游憩功能的提升提出越来越高的要求。

因此，构建一个科学、规范、成熟的管理模型是对游憩资源进行有效保护与合理使用的基础，但目前国内关于游憩及游憩资源的大量研究中关于这方面的内容还相对薄弱甚至匮乏。考虑到国外游憩规划的发展经验，ROS 理论在平衡景观资源保护与游憩体验之间的对立关系中所发挥的显著作用，可以确定 ROS 体系将是探索我国游憩资源供给系统的有效途径。不过国外已有的 ROS 理论框架多用于大面积的旅游景区和国家公园等土地管理机构，这些环境的本底相对单一，不能完全适用于越来越复杂的与人工相关的游憩环境。

从这个角度上讲，构建社区尺度游憩机会谱的意义在于，通过借鉴已有的 ROS 理论研究成果，加以适当地改进、拓展、完善，使其本土化，寻求一种基于游憩者主观感知和评价的社区游憩机会谱（CROS）并建立起相关的理论，最终实现社区户外环境规划与管理的可持续性发展。具体体现在：

（1）CROS 体系将资源保护地按照开发利用强度的序列进行分类，能够较为理想地解决生态景观资源保护与游憩活动开发的矛盾，保障社区规

---

① 邹开敏：《滨海游憩机会谱的构建和解析》，《广东社会科学》2014 年第 4 期。

划中景观资源的可持续发展，为营建绿色生态社区提供了一条可行的途径。

(2) CROS体系通过对场地游憩资源现状的清查，可以有效完善对社区户外环境中游憩机会类别的划分，以增强游憩方式的可选择性，为使用者提供丰富的、多元化的游憩体验，也有利于社区游憩质量的提升。

(3) 社区游憩机会谱(CROS)是参考国内外研究而提出的一种创新性概念框架，在探讨环境本身的同时更注重使用者需求和偏好的游憩建设理论，对今后ROS理论更深入地发散和应用具有指导意义。此外，通过了解社区居民的相关游憩行为特征，可以为社区户外游憩空间的规划设计和管理提供重要的实践依据。

二、社区公共开放空间游憩要素的选取

ROS理论实施的核心内容是基于居民的主观评价了解不同游憩环境类型的相关指标特征以及游憩需求。因此，在调研开展之前，应对社区游憩环境类型进行合理的划分，才能进一步分析居民对不同游憩环境的认知。同时，确定社区中可能影响居民游憩体验的环境变量有哪些，才能有效建立指标体系并相应分析不同游憩环境类型的指标特征。

1. 社区公共开放空间游憩环境类型划分

在游憩机会谱的研究中，学者们普遍从影响使用者体验的角度对各类游憩环境的分区进行了若干尝试，但大体上都是基于环境的开发利用程度和游憩活动的强度来设计不同等级区域，并对用地的使用性质进行说明，只是在等级的名称和数量上稍有差异。如国外最初对荒野地、沙丘和自然河道等户外游憩地的划分，依次为从原始到乡村/城市的若干等级区域，而在接近城市的游憩环境中，则以自然主导和设施主导进行区域划分，偏重城市体验。国内学者在我国城市公园的游憩环境探讨中，分别建立了从低密度至高密度、从低适宜水平至高适宜水平的5个级别的游憩区。可以看出，荒野游憩地——近城游憩地——城市游憩地，游憩环境的类型划分经历了不同的变化。

社区游憩机会谱(CROS)建立的核心目的亦是如此，即为游憩活动提供背景和支持，提供多种可供选择的游憩环境以体现不同的游憩使用价值。但社区户外游憩地是以人工设施及人为绿化为主的受人为干扰强烈的城市区域，既不太可能有完全原始的自然区域，也并非公园、河流等纯粹的游憩

环境，还承担着居住、生活等多种功能。因而对其游憩环境的划分应相应地进行名称的调整，构建具有符合城市社区特征的标准。参考游憩机会谱中的“连续轴”思想，从社区的资源保护和游憩活动协调性的角度出发，综合考虑游憩场所的环境条件差异对游憩活动的支撑程度，将社区潜在的游憩环境划分为生态型游憩区域、景观型游憩区域、生活型游憩区域、设施型游憩区域和商业型游憩区域 5 个层次，可以认为这 5 类游憩环境等级在开发建设强度上依次从低到高[①]。

（1）生态型游憩区域。此类型区域侧重于系统性的以生态保护、生态恢复和生态教育为主的游憩功能，对环境的开发程度非常低。加拿大绿色旅游协会曾指出，注重生态性原则对于城市的游憩环境具有更加积极的影响[②]。国外城市生态游憩地的研究对象多为野生动物保护区或者自然保护区。而对于城市居住社区，生态游憩地多指那些未被开垦或破坏的保留原始风貌的自然绿地，也指一部分人工改造后保持稳定生态循环平衡的几乎只有植被群落组合而成的绿地。为了保持生态完整性，生态游憩地多分布在人迹较少的社区环境的边缘地带，或设有围栏进行隔离。

（2）景观型游憩区域。该类型区域侧重于良好的景观视觉观赏和景观认知的游憩功能，包括植被、地形、水体、铺装等要素在内的自然景观资源和以雕塑小品、构筑物为主的人文景观资源非常丰富并且容易被感知。游憩者通过移步异景的风景游览方式，增强游憩活动的参与性和愉悦感。景观游憩地多分布在较为重要的地段以提供绝佳的观景效果或者成为独立的景观节点，也可以将社区内的多个景观游憩地串联起来形成景观序列。

（3）生活型游憩区域。此类型侧重于与居民日常生活方式密切相关的游憩功能，是游憩者发生各种生活行为和呈现各种生活形态的集中所在地，也是居民开展游憩活动最平常的游憩环境类型。居民在居住社区内的生活事务一般包括必要性活动（如上班、买菜、上学等）、自发性活动（如散步、读书阅报、武术等）和社会性活动（如与人聊天、集体舞、棋牌等）[③]。这三种活动往往都能或多或少地综合反映在该游憩环境类型中。因此，生活性游憩地多分布在居民住宅建筑附近，这样才能保证其高利用率及居民的积极参与。尽管其游憩质量并不一定是最好的，游憩功能也相对简单，但必定能满足居民的基本游憩需求和生活交往需求，在游憩特征的表现上具有一定的

① 张杨、于冰沁、谢长坤、车生泉：《基于因子分析的上海城市社区游憩机会谱（CROS）构建》，《中国园林》2016 年第 6 期。

② 王小璘、何友锋、吴怡彦：《都市生态旅游研究现状与挑战》，《人文地理》2009 年第 5 期。

③ ［丹麦］扬·盖尔：《交往与空间（第四版）》，何人可译，中国建筑工业出版社，2002 年。

重复性。在某种情况下，对于无法准确定位其环境类型的一些游憩环境，也可以考虑纳入生活型游憩区域。

（4）设施型游憩区域。该类型空间依赖各类公共服务设施的建设或者主题性活动场地发挥游憩功能，人工化痕迹较为明显，有较强的人群针对性和游憩目的性。在该游憩环境类型中，可以根据使用性质较多地引入和配置体育运动器材、休憩座椅、儿童游乐场地以及相关的解说服务设施等合理规模和类型的物质载体，为游憩活动提供支持。设施型游憩区域具有明显可见的边界范围，既可以是独立的游憩环境，也可以穿插、嵌入在其他游憩环境中，发挥其独特的游憩作用。

（5）商业型游憩区域。该类型侧重于以活跃、优越的商业氛围与购物环境所形成的巨大吸引力来带动游憩功能的提升，环境开发程度非常大，通常依附于大型商业建筑或商业街区而存在。在旅游城市化倾向的推动作用下，一些大城市的中心商业区也得到快速发展，成为本地居民和外来观光客汇集的聚焦点，因此，依托商场、文化、娱乐、餐饮等商业空间而形成的游憩环境也越来越突出，形成了休闲、购物、游玩一体化的场所。显然，商业型游憩区域多分布在人流量集中或产生消费行为的地段。

2. 社区公共开放空间游憩环境变量识别

对社区游憩环境的研究以及指标体系的建立，需要首先清查影响游憩体验的关键因素有哪些。不同学者在因素的选取上参考的依据和选用的方法也各不相同。而在诸多的方法理论中，游憩机会谱（ROS）是最值得借鉴和参考的方法之一[①]。从最初的“五标六类法”，到后来修订衍生的“七标六类法”，以及引入我国后经过一系列完善并本土化的其他划分法，游憩机会谱系统自始至终都关注了自然、社会和管理三大互相作用的游憩环境要素，适合作为城市社区游憩环境规划设计及建设管理的理论基础。

采用游憩机会谱理论研究中常用的“假定-验证”方法[②]，在文献查阅的基础上总结社区游憩建设的相关因素，并结合上海城市社区的特点和建设现状，根据游憩机会谱理论中提出的3个游憩环境序列（自然的、社会的和管理的），本书初步假定了可能影响居民社区游憩体验的35个环境变量，其

---

① 钟永德：《户外游憩机会供给与管理——李健译作〈户外游憩——自然资源游憩机会的供给与管理〉评介》，《旅游学刊》2012年第10期。

② Yoshitaka Oishi, “Toward the Improvement of Trail Classification in National Parks Using the Recreation Opportunity Spectrum Approach”, *Environmental Management*, 2013(5).

中包括13个自然环境要素(Natural)、9个社会环境要素(Social)和13个管理环境要素(Managerial)(见表6-1)①。

表6-1 社区户外环境变量要素

社区环境变量要素					
自然要素N	N1 植物丰富度	社会要素S	S1 游憩活动密度	管理要素M	M1 治安状况
	N2 场所微气候		S2 游憩动机的实现		M2 管理人员巡视
	N3 空气质量		S3 活动项目的丰富性		M3 植被的养护
	N4 安静程度		S4 活动持续时间		M4 环境卫生管理
	N5 景观美感		S5 游憩活动的可参与性		M5 设施的维护
	N6 文化特色		S6 参与者的互动性		M6 解说信息
	N7 道路的通畅性		S7 离住所的距离		M7 安全警告信息
	N8 活动空间开敞性		S8 游憩者参与形式		M8 电子广告牌
	N9 场地尺度规模		S9 活动人群的分类		M9 限制开放条件
	N10 休憩设施				M10 小卖部、报刊亭
	N11 娱乐设施				M11 公共厕所
	N12 健身运动设施				M12 地面积水处理
	N13 人工景观构筑物				M13 场所夜间照明

三、上海社区居民游憩特征调查与分析

社区居民是开展城市社区游憩活动的主体，是获得社区游憩满意度的最大受益者。居民对游憩环境的使用及其需求的满足是社区户外游憩空间建设与管理的核心。只有对居民的游憩偏好等特征进行研究，揭示其行为规律，了解其实际需求，才能在社区管理和建设中提供与居民游憩需求相适宜的场地环境特征，并合理引导和启发居民在最适宜的场所参与期望的活动类型，以获得满意的游憩体验。因此，在构建社区游憩机会谱的过程中，为了更好地研究如何创造适宜的游憩环境，应当首先分析社区中游憩者的行为和需求特征，通过总结游憩者的行为规律使之与游憩环境特征相融合，才能准确定位社区中各游憩区域的特定功能。

① 张杨、于冰沁、谢长坤、车生泉：《基于因子分析的上海城市社区游憩机会谱(CROS)构建》，《中国园林》，2016年第6期。

根据游憩机会影响因子判别方法，我们重新选择了另外一组 750 人的社区居民为代表，进行社会学调查，并选择代表性的被试进行眼动分析的实验和休闲出游轨迹的大数据分析。

1. 上海社区居民基本构成

对社区中开展游憩活动主要人员的基本特征所进行的调查，为进一步研究社区居民的游憩特征提供了背景和依据。一般而言，居民的基本特征主要体现在性别、年龄、家庭规模、文化水平和职业分布等人口构成上。

被调查的 641 名居民中(见表 6－2)，男性为 366 人，占总样本量的 57.1%；女性为 275 人，占 42.9%，性别比例基本为 1∶1。年龄分布上基本以 26～35 岁的中青年为主，占 46.2%；其次是 36～50 岁的中壮年和 18～25 的青年人，分别占 20.9%和 20.1%，而 18 岁以下的青少年比例最低，仅有 0.9%。文化程度的构成反映出学历偏高的总体特征，拥有本科及以上学历的居民占 81.6%，涵盖了绝大部分的人群。家庭人数的构成则以常见的三口之家(46.8%)为主。职业分布多集中在公司职员(44.8%)和自由职业(16.2%)这两类人群，而无职业人群占 12.2%，主要为退休的老年人。

表 6－2　居民人口特征描述性统计分析

人口属性		人数(人)	百分比(%)	人口属性		人数(人)	百分比(%)
性别	男	366	57.1	文化程度	初中及以下	39	6.1
	女	275	42.9		高中(中专)	79	12.3
年龄	<18	6	0.9		本科(大专)及以上	523	81.6
	18～25	129	20.1	职业	机关事业单位人员	45	7.0
	26～35	296	46.2		医生/教师	29	4.5
	36～50	134	20.9		自由职业/个体户	104	16.2
	51～65	48	7.5		企业职员	287	44.8
	>65	28	4.4		学生	62	9.7
家庭人数	1 人	24	3.7		退休/没有工作	78	12.2
	2 人	53	8.3		工人/农民	15	2.3
	3 人	300	46.8		其他	21	3.3
	4 人	144	22.5	总计：641 人			
	>5 人	120	18.7				

2. 居民游憩行为特征补充

(1) 游憩动机判断。游憩动机是驱使游憩行为产生的原始动力。游憩动机包括自我性和社会性两种类型,自我性的游憩动机是指通过开展各种游憩活动来消磨闲暇时间,并在放松身心享受愉悦的同时,促进文化的熏陶和情感的升华,以推动自身能力的提升。社会性的游憩动机是指通过与人交流结识不同的人群,实现社会交往的需求和人际关系的拓展,以完成其在社会中价值的实现①。

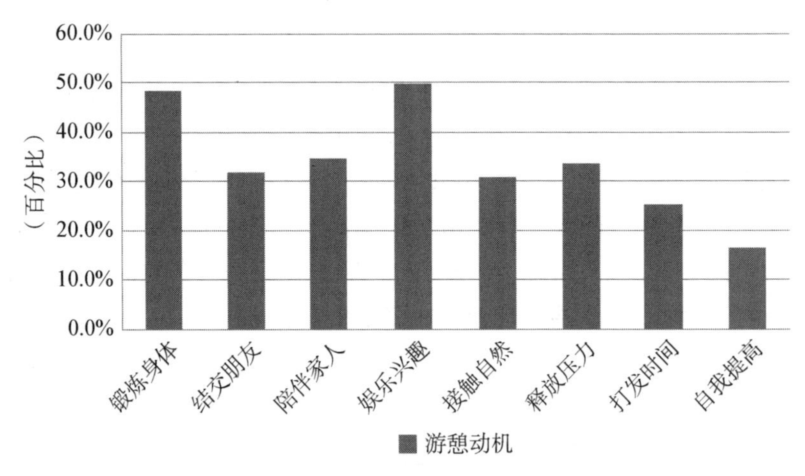

图 6-1 居民游憩动机分析

居民的游憩行为大多是受一种以上的动机驱使。由图 6-1 可以看出,在 8 项游憩动机类型中,居民在社区户外空间开展游憩活动的动机主要集中于"娱乐兴趣"和"锻炼身体"两方面,分别占比 49.8%和 48.3%,直观反映了居民渴望通过游憩实现身心愉悦的心理诉求。其次是"陪伴家人""释放压力""结交朋友"和"接触自然",分布比例相对均匀,均在 30%左右。居民对亲情及友情的依赖与并重,说明了居民在游憩活动时既享受家庭和谐带来的温馨,增进向心力,又注重加强社会伙伴友谊,拓展人际关系。

尽管有 16.6%的居民开展游憩是基于"自我提高"的需要,但仍是选择频率最低的一项因素。可见目前居民对于增长知识、提高能力的思想在逐渐形成但不够成熟。随着经济、社会的高速发展,知识、技能将成为个人价值完善的一个重要体现,此方面的游憩动机日后将成为推动居民发展游憩的主要因素。

① 窦树超:《长春市居民休闲行为与休闲空间研究》,东北师范大学硕士学位论文,2012 年。

(2) 游憩时间选择。居民个人生活时间的分配主要体现在工作(学习)、生理必需、家务劳动和休闲游憩4个方面。其中,休闲游憩时间是指人们在满足生理需求以及完成日常工作和家务劳动之后,完全可以按照个人意愿和喜好进行自由分配的闲暇时间。同时,闲暇游憩时间又可分为:每天工作之后的剩余时间;周末(双休);小长假等假期时间①。而本书重点讨论的是居民对日常生活中每天工作之余的闲暇时间的自由支配。

a. 游憩时间段。由图6-2可知,居民每天选择开展游憩活动的时间多集中在上午和晚上,比例分别达到23%和24%。由于不受工作的限制,晚间时段适合所有类型的人群,为高强度活动时段,居民可根据个人喜好充分安排休闲游憩活动。其次,有19%的居民选择傍晚为游憩最佳时间,同样占有很大的比重。而仅有3%的居民喜好在中午进行游憩活动,选择意愿最低,这是因为中午占据了午餐、午休等生理必需时间,非理想的开展游憩活动的时段。需要强调的是,居民活动的时间段并不是唯一的,有部分居民(如退休的老人、家庭主妇等)会选择一天中的多个时间段参与游憩。

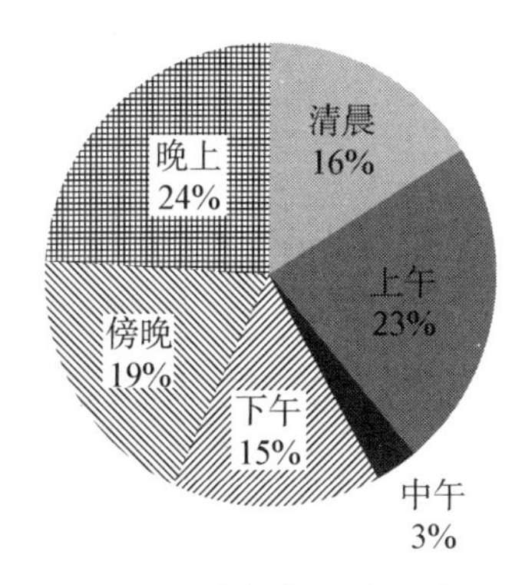

图6-2 居民选择参与游憩的时间段

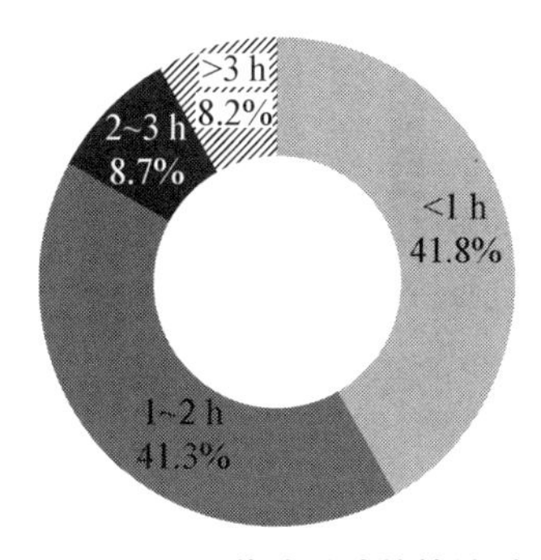

图6-3 居民游憩活动的持续时间

b. 游憩持续时间。游憩时长的分配决定了游憩活动的强度。社区居民的游憩时长呈现出分布悬殊的明显现象(见图6-3)。总体上,居民用于社区户外游憩的时间较少,上下浮动在2 h左右,超过80%的居民每天的游憩持续时间在2 h内,其中有41.8%的居民每天游憩时间少于1 h,有41.3%的居民为1~2 h。约16%的居民每天游憩时长超过2 h,其中有居民愿意每天花费3 h甚至更多的时间开展游憩活动。

(3) 游憩活动偏好。通过将居民偏好的活动类型进行降序排列可直观

① 潘桂菱、靳思佳、车生泉:《城市公园植物群落结构与绿量相关性研究——以成都市为例》,《上海交通大学学报(农业科学版)》2012年第4期。

看出(见图6-4),在设计的近20个选项中,散步(59.7%)作为最简单易行的日常运动颇受居民欢迎,占绝对优势,是适合全民参与的最佳游憩选择。其次,偏好度相对并重的7项游憩活动依次为健身器械(46.9%)、静坐(46.0%)、慢跑(44.1%)、阅读(42.2%)、风景欣赏(41.7%)、儿童游乐(41.7%)和球类运动(40.3%),比例分布较为均匀,基本在40%左右,偏好差异并不显著。其中,慢跑、体育器材和球类均属于较高强度的运动类型,反映了居民在选择游憩方式时对健身锻炼型活动的喜爱,以实现强健体魄、提高身体素质的目的,这与居民在游憩动机的选择中对“锻炼身体”一项高度偏好相一致。书籍报纸的阅览是丰富精神文化生活的直接方式,居民对“读书阅报”一项的选择倾向相较于以往的研究上升趋势明显,从侧面说明了居民在游憩行为中开始有意识地参与文化知识的学习,可见发展科普类型的游憩活动很可能成为城市社区休闲游憩活动的重要组成部分。

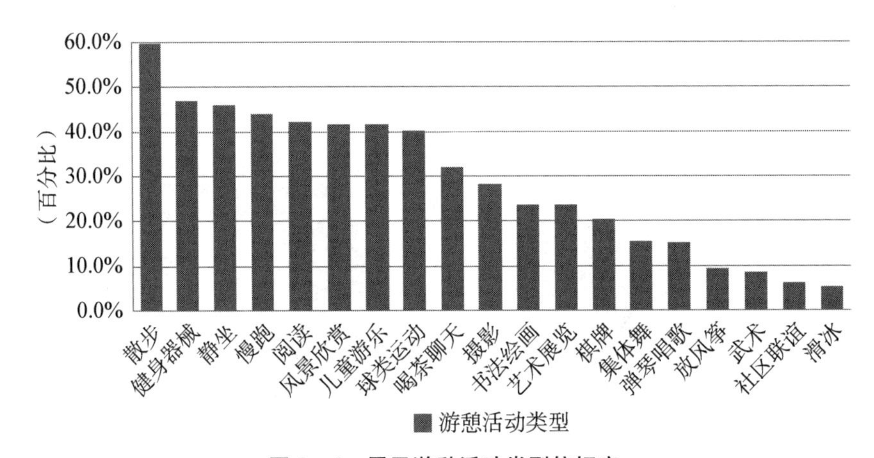

图6-4 居民游憩活动类型偏好度

在实地走访中发现,尽管此次问卷发放的对象不包括儿童,但是儿童的游玩、游乐需求很大程度上决定了陪护儿童的居民对游憩方式的选择。随着素质教育观念对家长的影响越来越深入,部分居民将闲暇时间用在陪伴小孩参与户外休闲活动中。虽然,儿童的肢体行为能力和感知判断能力尚未发育完善,但这类群体已经成为潜在的社区游憩对象,而与之形成矛盾的是,城市社区中儿童游乐设施的稀缺是访谈中居民普遍反映的问题。儿童既是社区休闲游憩活动的主要群体,又是心理诉求难以反馈的弱势群体,对于儿童身心健康的关注不能仅限于学业和安全性,而忽视了社区环境对儿童健康成长所产生的影响。因此,对儿童的隐性游憩需求的关注也是社区游憩空间规划设计所不容忽视的。

再次，选择频率较低的7项游憩方式多以生活怡情类的休闲活动为主，分别为喝茶聊天(32.2%)、摄影(28.4%)、书法绘画(23.7%)、艺术展览(23.7%)、棋牌(20.4%)、集体舞(15.6%)和弹琴唱歌(15.2%)，选择频次波动在15%～30%。这些生活型的游憩方式虽然并非主要的休闲方式，但仍拥有固定的受众群。居民根据个人的兴趣爱好和生活情操选择相应的活动类型，反映了游憩内容多样化发展的良好趋向。需要说明的是，广受大众欢迎的集体舞活动在本次调查中呼声却并不高，与实际情况相悖。这说明游憩活动的流行度并不等同于其受众范围。集体舞活动的参与者多为中老年人，受众比较单一和固定，而这部分特定人群在调查中所占比重较少(4.4%)，决定了集体舞的整体偏好度偏低。

最后，选择频率低于10%的4项活动类型依次为放风筝(9.4%)、武术(8.5%)、社区联谊(6.2%)和滑冰(5.2%)，受众人群相对单一，空间限制较大，影响了居民参与此类游憩活动的主动性和创造性。结合实地考察发现，参与放风筝和武术太极的多为老年群体，参与轮滑的多为青少年，这两项活动因其对空间及设施等社区客观条件的特殊需求而难以有效开展，从而降低了居民的游憩偏好度。

(4) 游憩环境偏好。通过调查居民对5种等级游憩环境类型的选择倾向(见图6-5)，可以发现，生活型游憩区域排名第一，最受欢迎和重视，有37.2%的居民高度倾向于在此开展游憩行为。从使用范围和使用频率上来讲，生活型游憩区域在空间上就近分布、交通便利，居民平均移动距离较小，往往仅步行就能到达，是日常生活最不可避免的主要游憩场所；从使用体验上而言，生活型游憩区域不仅仅是一种游憩活动载体，更是邻里之间进行沟通交流的良好机会，容易调动居民的积极参与性。其次，居民利用较多、活动频率较高的是景观型游憩区域和设施型游憩区域，选择比例分别为25.1%和23.2%。这两种游憩环境类型尽管侧重功能不同，但由于其划分等级位列于生活型游憩区域的两侧，在一定程度上存在着相互交叉重叠，一方面既可以承载居民对游憩需求的部分实现，另一方面具有较高质量的自然资源和人工设施，主题明确，增强了游憩的可视性和目的性。而居民对生态型游憩区域和商业型游憩区域的喜好程度较低，所占比重分别仅有8.1%和6.4%。这两种游憩环境从属于整个游憩机会序列等级的两端，可以认为是从一种软质化游憩场所过渡到了硬质化游憩场所。虽然这两种游憩环境在场所的开发利用程度上形成强烈对比，但由于其本身使用性质的相对单一，均在面积数量和地理位置上受到一定限制和约束，居民可选择的余地不大，参与意愿也就相对微弱。

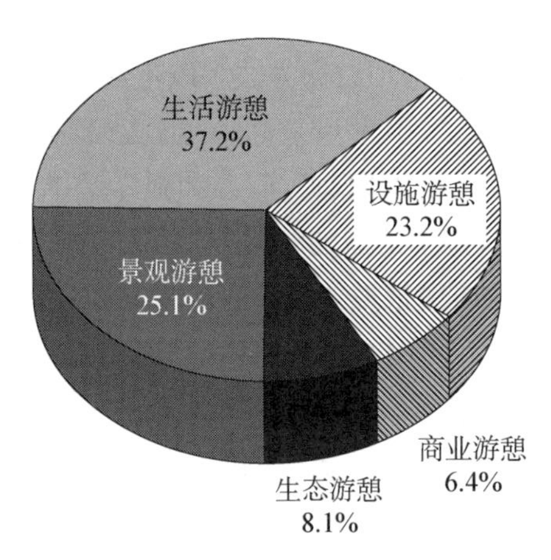

图 6-5 居民对游憩环境类型的偏好度

(5) 游憩满意度。游憩满意度是居民参与游憩活动前的期望值与参与后所获得的游憩体验进行对比后的态度反馈，它强调的是居民主观感知与期望水平之间的差异程度，是一种主观心理状态与实际体验重叠比较后的结果。居民的游憩满意度很大程度上影响着生活满意度，参与的游憩活动越多，游憩满意度越高，生活的满意度也随之越高①。

调查显示，居民对社区户外游憩现状总体持满意态度(见图 6-6)，有 15.1%的居民认为"非常满意"，有 71.9%的居民"基本满意"，还有 12.9%的居民则是"完全不满意"。这表明社区目前的游憩环境能够较好地提供居民所期望的游憩条件，并符合居民的基本游憩需求。但是，依然存在诸多令社区居民不满意的因素。欲为居民提供高标准、高水平的游憩感知体验，以提升生活满意度，了解这些阻碍因素就至关重要。

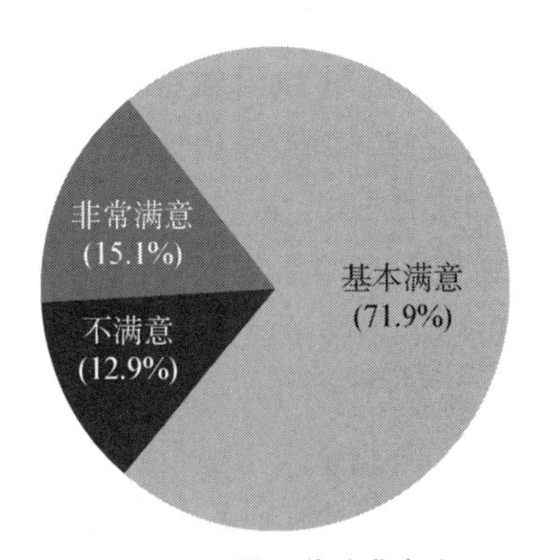

图 6-6 居民游憩满意度

① 张浪、陶务安、李明胜：《营造生态园林注重群落景观——上海市公园绿地植物群落探析》，《中国城市林业》2006 年第 5 期。

在这些阻碍因素中(见图 6－7),居民最为不满意的是“设施的稀缺”,选择比例达 32%;其次是“活动空间的缺乏”和“活动场地拥挤”,分别占比 28%和 24%。这一方面反映了社区的游憩设施建设仍存在各种弊端,如单调乏味、利用率不高、设施老化等问题;另一方面也表明了居民越来越多样化的娱乐体验需求对游憩设施建设带来的挑战。设施配给的完善程度与居民日益增长的游憩期望形成落差。同样,居民对活动空间的需求也体现了多样化的休闲游憩需求,而理想空间的缺乏势必会造成对现有空间的不均衡利用,产生游憩拥挤感。

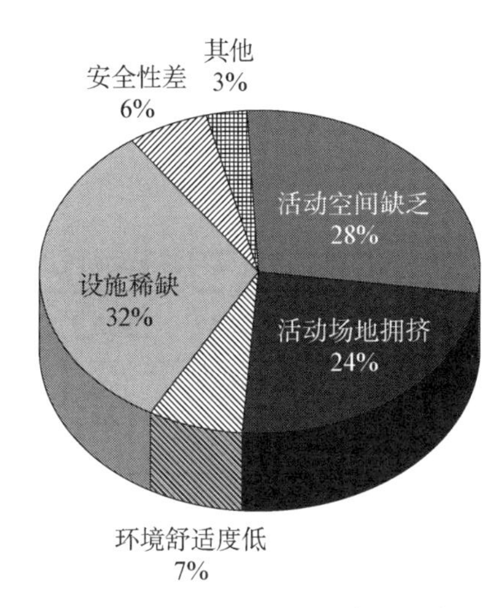

图 6－7　引起居民游憩不满意的因素

建设社区游憩空间的目的是为居民提供便利的生活、娱乐、健身、社交等条件,使之对社区产生较强的归属感和认同感,其社会性、便捷性、可达性能够为紧张劳累的社区居民提供一个放松休闲的场所①。因此,居民主观上对社区的设施建设和活动空间存在着强烈的愿望和诉求,如何完善客观条件以实现社区游憩空间及设施的最大化利用仍是满足居民游憩需求的关键。

3. 居民人口构成与游憩特征关系

在游憩者的主观感知体验中,游憩者自身的客观社会属性,即人口统计学特征,是决定其参与游憩的方式和环境偏好选择的一个重要方面。已有

① 潘桂菱:《合肥城市公园生态型植物群落评价与配置优化研究》,上海交通大学硕士学位论文,2012 年。

研究表明，社区居民在经济地位、文化背景等社会属性方面的差异性，决定了居民对城市公共游憩空间的使用行为和感知行为存在着显著分异。以人口学属性划分为基础，通过对不同人口学特征的群体的游憩选择倾向加以深入研究和探索验证，找寻一些共性的规律，从而对社区游憩空间进行合理的建设和管理，以应对城市居民的多样化需求。

利用 SPSS18.0 卡方检验及交叉列表方法对数据进行处理，考察两个或者两个以上的分类对象之间是否相关或相互独立，从而推断两类或多类对象在某一特征上的表现程度有无差别。

(1) 居民人口构成与游憩动机关系。经 Pearson 卡方检验表明，在 0.05 显著性水平下，不同年龄(0.000)、不同文化程度(0.026)和不同职业(0.034)的居民在游憩动机的选择上存在不同程度的差异性(见表 6-3)，尤以年龄方面差异显著。

表 6-3　人口统计学特征与游憩动机的关系

		性别	年龄	家庭人数	文化程度	职业
游憩动机	Pearson 卡方值	5.420	74.511	26.097	25.929	60.193
	Sig.(双侧)	0.609	0.000*	0.568	0.026*	0.034*

(*.在显著水平为 0.05 时，差异显著.)

a. 年龄对游憩动机的影响分析。根据前面总体特征分析已知居民的游憩动机主要集中在“锻炼身体”和“娱乐兴趣”这两项。通过卡方检验值(0.000)和柱状图比较(见图 6-8)可以看出，年龄对游憩动机的影响差异性显著。对于 36 岁以下的居民而言，驱使其产生游憩活动的首要因素是“娱乐兴趣”，而 36 岁以上的居民则最重视“锻炼身体”的需求。随着年龄的增长，居民对“娱乐兴趣”的需求逐渐减弱，而“锻炼身体”的需求相应呈递增趋势，并且这两类因素呈反比增长的关系，这在 18 岁以下和 65 岁以上的群体中表现最为突出。在 18 岁以下的群体中，高达 37.5%的青少年认为从事游憩是为了满足其丰富的“娱乐兴趣”，对“锻炼身体”的关注程度仅为 6.3%，说明青少年更倾向于趣味性的娱乐式游憩，追求个人情绪的满足和自我精神的愉悦；而 65 岁以上的老年人则恰好相反，其选择“娱乐兴趣”和“锻炼身体”的比例分别为 5.6%和 35.2%，即老年人更偏好有健身功能的养生式游憩方式，这是与生理条件变化相对应的心理反馈。而其他年龄段人群对于这两项的选择频率与总体特征较为一致，比例分布相对均衡。除此之外，个别游憩动机因素在部分人群中受重视程度有限，例如，“自我提高”一项在青少年(18 岁以下)、中壮年(36～50 岁)和中老年(51～65 岁)三个年龄段中均存在选择空白的现象,即科普等知识性游憩活动并不是这类群体开展游憩行为的主要目的。这也从另一个方面反映出要通过城市社区游憩空间合理规划及游憩活动的组织管理,使居民对知识型休闲游憩活动的喜好需要得到适当引导。

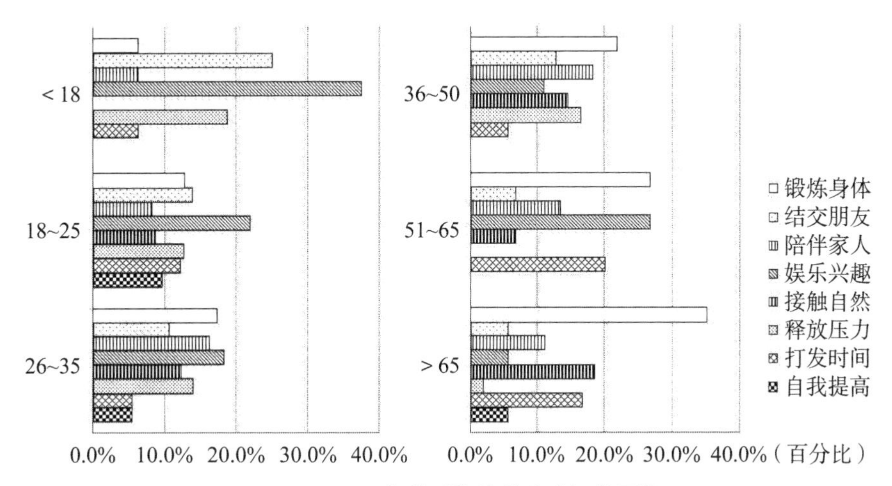

图 6－8　不同年龄群体的游憩动机差异性

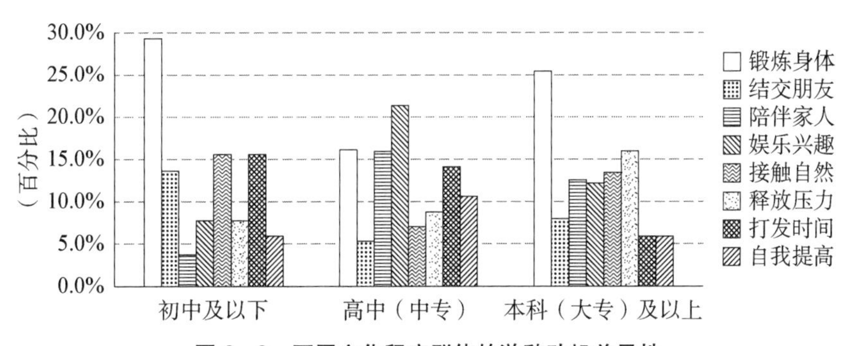

图 6－9　不同文化程度群体的游憩动机差异性

b. 文化程度对游憩动机的影响分析。不同知识水平的居民在游憩动机的选择概率上的卡方检验值为 0.026,差异显著性较弱,而从图 6－9 也可反馈出文化程度与游憩动机的关系变化并不明显。文化程度在初中及以下的居民游憩动机主要是锻炼身体(29.4%),其次是接触自然(15.7%)、打发时间(15.7%)和结交朋友(13.7%),以陪伴家人为目的的游憩活动比例最少,仅有3.9%。高中文化的居民游憩动机则是以娱乐兴趣(21.4%)为主,其次是锻炼身体(16.1%)、陪伴家人(16.1%)和打发时间(14.3%),对结交朋友(5.4%)的需求较少。而本科及以上文化程度的居民游憩动机仍然以锻炼身体(25.4%)为主,其他各项因素的分布比例较为平均,仅以打发时间和自我提高为目的的游憩活动比例相对较少,各占5.9%。

c. 职业类型对游憩动机的影响分析。通过SPSS18.0统计分析软件得出的卡方检验值(0.034)可推断职业类型对游憩动机的选择具有一定的影响,但相对于年龄和文化程度而言,其影响较小。由图6-10显示得知,不同职业类型的居民在权衡各项游憩动机时所持的意见大同小异,总体上仍以锻炼身体为进行游憩活动的首要目的;与之不同的是,学生、工人或农民认为游憩活动的娱乐性同样重要。而机关事业单位或者各类企业的员工以及医生、教师类的居民,在闲暇时间里对放松身心、舒缓情绪的诉求较为强烈,在游憩动机的选择上除了锻炼身体,也更倾向于开展以释放压力为目的的游憩活动。

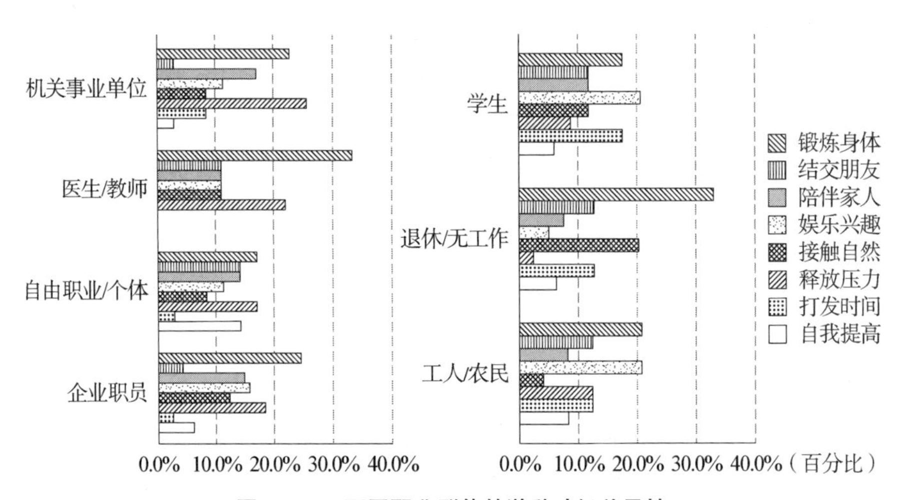

图6-10 不同职业群体的游憩动机差异性

(2) 居民人口构成与游憩时长关系。对居民的人口统计学特征与游憩时长进行卡方检验,考察不同人口构成的居民在游憩时长方面是否存在显著差异。经Pearson卡方检验表明(见表6-4),年龄(0.000)、文化程度(0.000)和职业类型(0.001)对游憩时长的影响很大,产生明显分异,而不同性别和不同家庭规模的居民在游憩时长的表现特征上无显著差异。

表 6-4 人口统计学特征与游憩时长的关系

		性别	年龄	家庭人数	文化程度	职业
游憩时长	Pearson 卡方值	4.238	80.897	15.614	47.044	46.929
	Sig.（双侧）	0.237	0.000*	0.210	0.000*	0.001*

（*.在显著水平为 0.05 时,差异显著.）

a. 年龄对游憩时长的影响分析。由图 6-11 中不同年龄群体偏好的游憩时长分布可看出,50 岁以下的居民游憩时长主要集中在 1 h 以内,选择比例均在 50%以上,尤以 26～35 岁的居民最多,比例高达 64.4%;还有一部分 50 岁以下的居民游憩时间为 1～2 h,比例保持在 25%～40%之间。除了 18 岁以下的青少年中有 25%的人愿意每天花费 2～3 h 用以开展游憩活动之外,绝大多数 50 岁以下的居民游憩时长基本维持在 2 h 以内。对于 51～65 岁的居民而言,其游憩时长以 1～2 h 为主,所占比重近 60%;有 25%的居民游憩时长小于 1 h,仅 15%的居民超过 2 h。65 岁以上的居民每天用于游憩活动的时间较长且分布较为平均,有 35.7%的居民甚至超过了 3 h,所占比例最高,这很大程度上是由于老年人拥有较长的闲暇时间来持续较长的游憩活动。

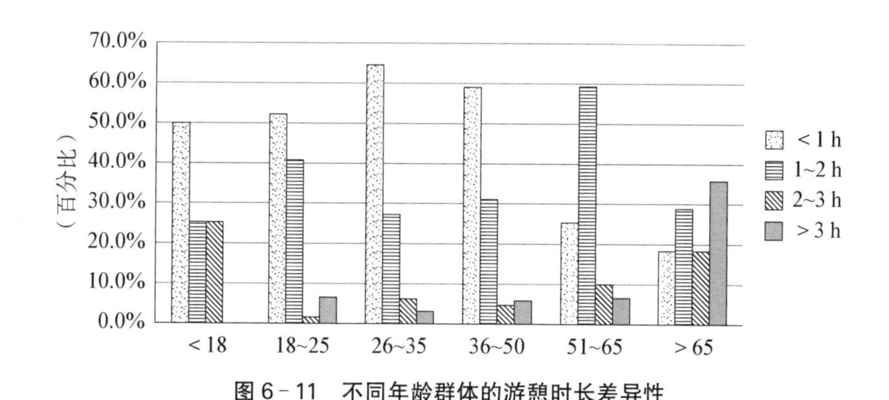

图 6-11 不同年龄群体的游憩时长差异性

b. 文化程度对游憩时长的影响分析。比较不同文化程度居民的游憩时长差异(见图 6-12),可以发现,初中及以下学历的居民每天游憩的持续时间分布平衡,分别有 37.1%和 28.6%的居民游憩时长分别为 1 h 以内和 1～2 h,有 25.7%的居民超过了 3 h。高中学历的居民游憩持续时间集中在 2 小时以内,主要以 1～2 h 为主,选择比例高达 49.1%。大学及以上学历的居民大部分(60%)仅愿意持续 1 h 以内的时间参与社区游憩活动,还有

31%的居民游憩时长保持在1～2 h,而愿意花费超过2 h用来参与游憩的居民所占比重不到10%。综上所述,随着受教育水平的程度增加,游憩时长反而呈递减趋势,低学历的居民较于高学历的居民拥有更多的闲暇时间参与游憩活动。

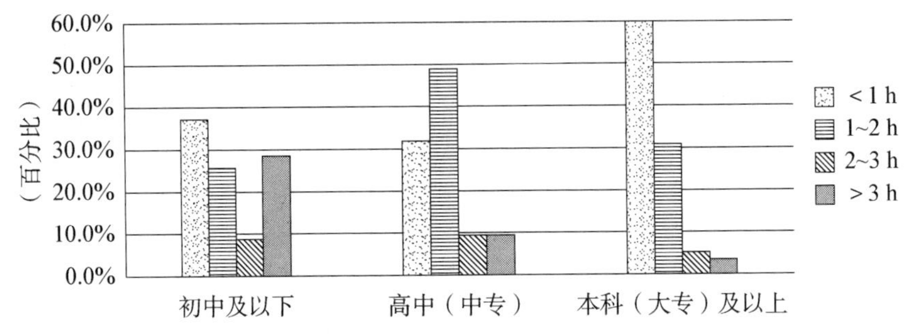

图6-12 不同文化程度群体的游憩时长差异性

c. 职业类型对游憩时长的影响分析。居民的职业属性与文化程度本身也存在一定关系。因此,由图6-13可知,文化程度较高的居民从事的相关职业如机关事业单位工作人员、医生、教师、企业职员和学生这类人群的游憩时长均小于1 h,所占比例浮动在60%左右。而自由职业人群也有一半以上的居民(51.6%)活动时间在1 h以内。文化程度较低的相关职业如工人、农民以及退休或是无工作的居民游憩时长则以1～2 h为主,超过2 h的比例也较于其他职业的居民更高。特别是包括退休老人在内的无工作人群,有充足的闲暇时间开展各种类型的游憩活动,因而游憩时长超过3 h的居民人数在所有群体中比例最高。

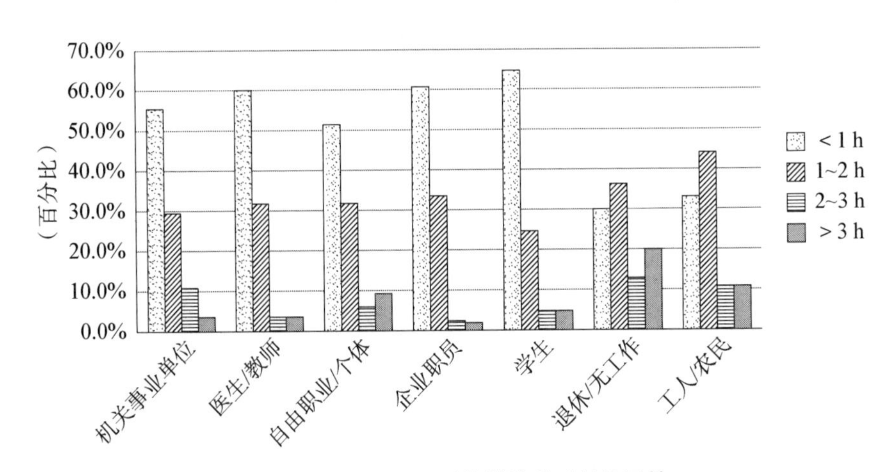

图6-13 不同职业群体的游憩时长差异性

(3) 居民人口构成与游憩活动偏好关系。考察不同人口构成的群体在游憩活动的选择偏好上是否存在差异，经 Pearson 卡方检验表明(见表 6-5)，性别(0.006)、年龄(0.000)和文化程度(0.000)的分异分别对游憩活动的选择偏好产生较大影响，差异显著。

表 6-5　人口统计学特征与游憩活动偏好的关系

		性别	年龄	家庭人数	文化程度	职业
游憩活动偏好	Pearson 卡方值	33.752	129.081	60.250	100.114	74.374
	Sig.(双侧)	0.006*	0.000*	0.610	0.000*	0.656

(*.在显著水平为 0.05 时，差异显著.)

a. 性别对游憩活动偏好的影响分析。分别将不同性别的居民所偏好的游憩活动类型按照选择频率进行降序排列，可以对比发现(见图 6-14)，男性居民所偏好的前 10 项游憩活动类型依次为散步(63.4%)、静坐(45.8%)、欣赏风景(42.0%)、球类运动(38.7%)、儿童游乐(37.5%)、体育器材(36.1%)、阅读(35.7%)、慢跑(35.7%)、摄影(33.6%)和喝茶聊天(31.1%)；女性居民所偏好的前 10 项活动分别为散步(73.5%)、欣赏风景(59.1%)、静坐(55.2%)、儿童游乐(45.7%)、体育器材(42.5%)、慢跑(42.5%)、摄影(40.9%)、阅读(40.3%)、球类运动(29.8%)和艺术展览

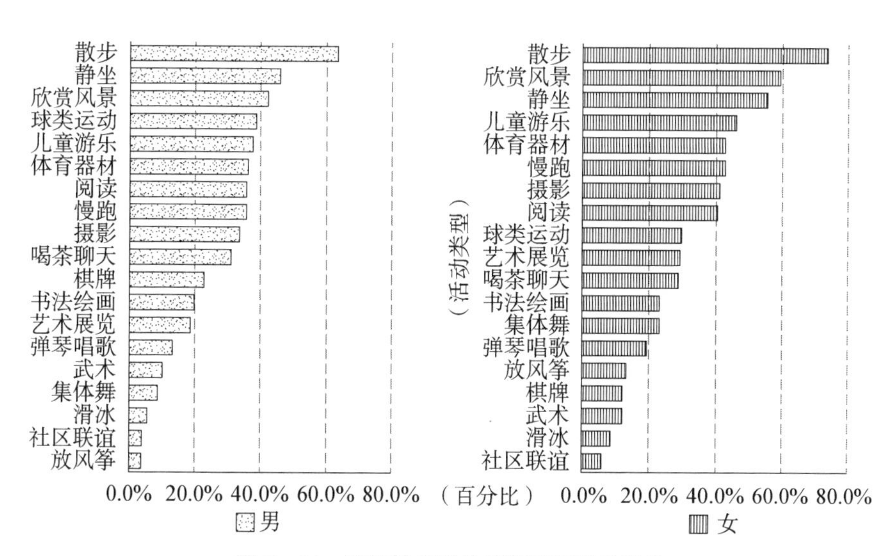

图 6-14　不同性别群体的游憩活动差异性

(29.3%)。两者所偏好的前10项的活动类型基本一致,但其偏好程度各有不同。女性居民整体偏好程度相较于男性要高,尤其在散步、欣赏风景两项强度较弱的活动上,女性居民表现出更为强烈的兴趣和喜好。而男性居民对球类活动的选择倾向则远大于女性,占据明显优势。在排名较低的其他各项游憩活动类型中,女性仍保持整体偏好度高于男性居民的趋势,但差异较为显著的是,棋牌活动一项在男性中所占比重较大(22.7%),但在女性中则比例较低(12.2%),相差10个百分点;同时,女性对集体舞的热爱程度(23.2%)也较于男性(8.8%)高出近15%。

总体而言,无论男性还是女性群体,居民参与游憩活动的首要方式均以散步为主,其次是静坐、儿童游乐和体育器材。除此之外,男性居民更偏向于参与动态的、刺激的、高强度的球类项目,而女性居民更倾向于开展静态的、惬意的、低强度的风景观光等休闲活动。

b. 年龄对游憩活动偏好的影响分析。由图6-15可知,各年龄段的居民对于散步这项游憩活动的必要性同样达成一致,选择频率排在首位,均超过了60%。其次,18岁以下的居民对游憩方式的选择重点体现在欣赏风景(75%)、阅读(75%)和慢跑(75%)等活动中。18~25岁的居民除了欣赏风景(51.9%)和阅读(45.6%),对球类运动(45.6%)和静坐(44.3%)也比较感兴趣。26~35岁的中青年和36~50岁的中壮年较为偏好欣赏风景、静坐和儿童游乐活动,特别是儿童游乐一项,所占比重均接近50%,远高于其他各年龄段居民对于该选项的偏好度。很可能由于这两个年龄段的居民多为人父人母,其游憩活动多围绕儿童活动展开,更加关注儿童健康成长过程中天性的释放和高质量娱乐环境的给予。在51~65岁的中老年居民中,体育器材一项极为受欢迎,选择比例高达65.6%,而对集体舞(31.3%)的热爱程度也非常强烈,与其他年龄段的居民对比鲜明。65岁以上的老年人侧重于静坐(71.4%)、棋牌(35.7%)、阅读(32.1%)和喝茶聊天(28.6%)等活动量较小的低等强度的游憩方式。

简而言之,散步、静坐和欣赏风景等低强度活动对参与的方式以及场所和设施条件的限制非常低,属于老少咸宜的游憩活动类型,适合全民参与。球类运动活动强度高,需要对身体有良好的控制和协调性,更适合18~25岁精力充沛的青年。体育器材等健身设施操作方便、简单易行,使用者多为51~65岁的中老年者。棋牌类的活动能锻炼思维、促进交流,正所谓“弈棋养性,延年益寿”,是老年群体(>65岁)用作消遣娱乐的最佳方式。

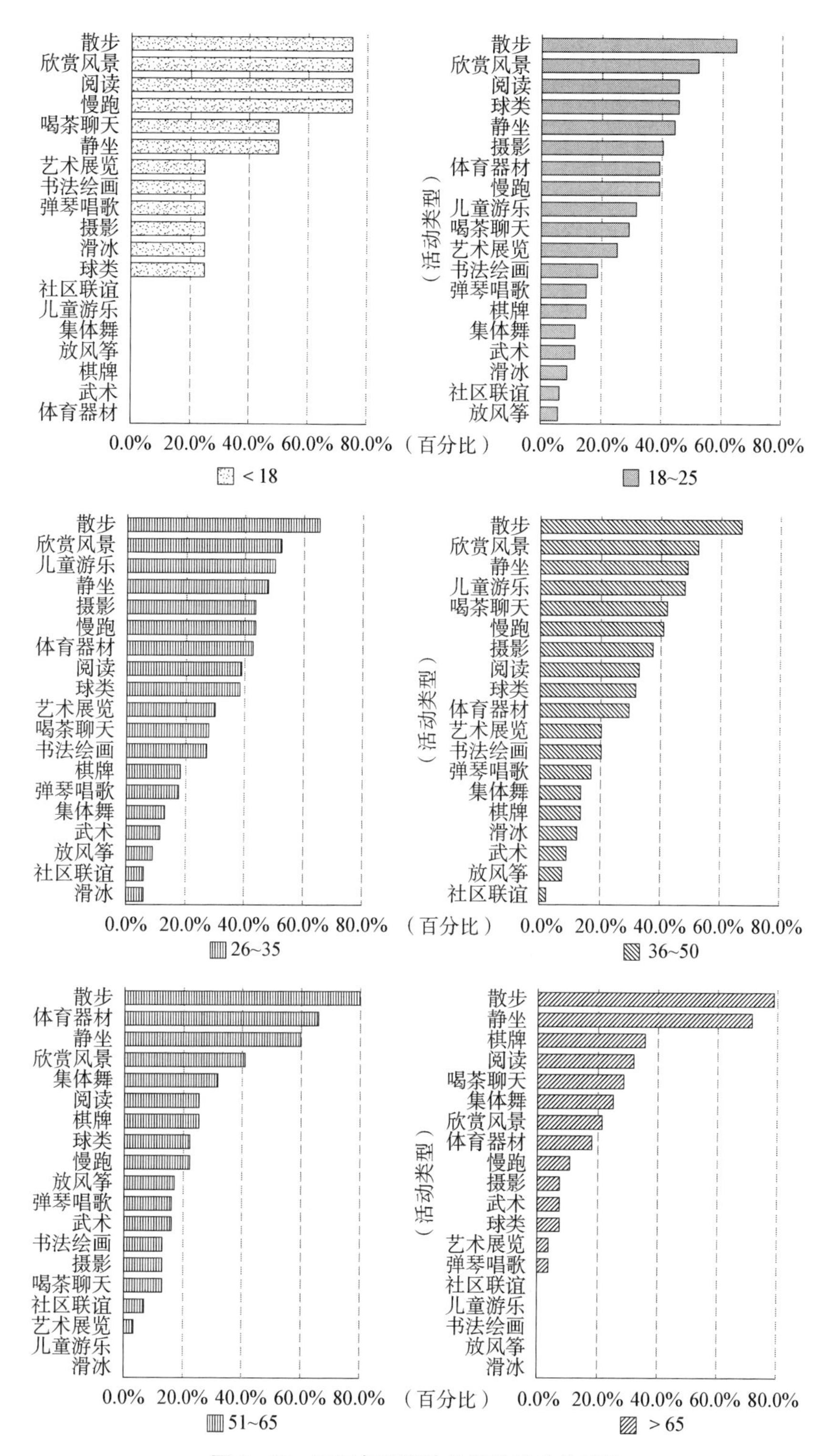

图 6－15　不同年龄群体的游憩活动差异性

c. 文化程度对游憩活动偏好的影响分析。文化知识层次和受教育水平的高低与居民的职业、个人修养和认知事物的角度息息相关，同时也影响到居民对游憩资源和活动方式的个人喜好程度。由图 6－16 可知，初中及以下学历的居民普遍趋向于静坐(82.9%)和散步(72.3%)两项运动，其次为体育器材(34.3%)、欣赏风景(28.7%)和阅读(22.9%)，游憩活动类型相对单一。高中或中专学历的居民以散步(75.5%)为主，辅以欣赏风景(47.2%)、静坐(41.5%)、摄影(39.6%)和阅读(34.0%)等活动，而对集体舞(24.5%)的热爱程度也明显偏高。本科及以上学历的居民偏好的活动类型则依次为散步(65.9%)、欣赏风景(52.0%)、静坐(47.7%)、儿童游乐(47.6%)和慢跑(43.2%)。总体上，初中及以下学历的居民可选择的游憩方式比较丰富但参与的意愿并不强烈。本科及以上学历的居民游憩兴趣非

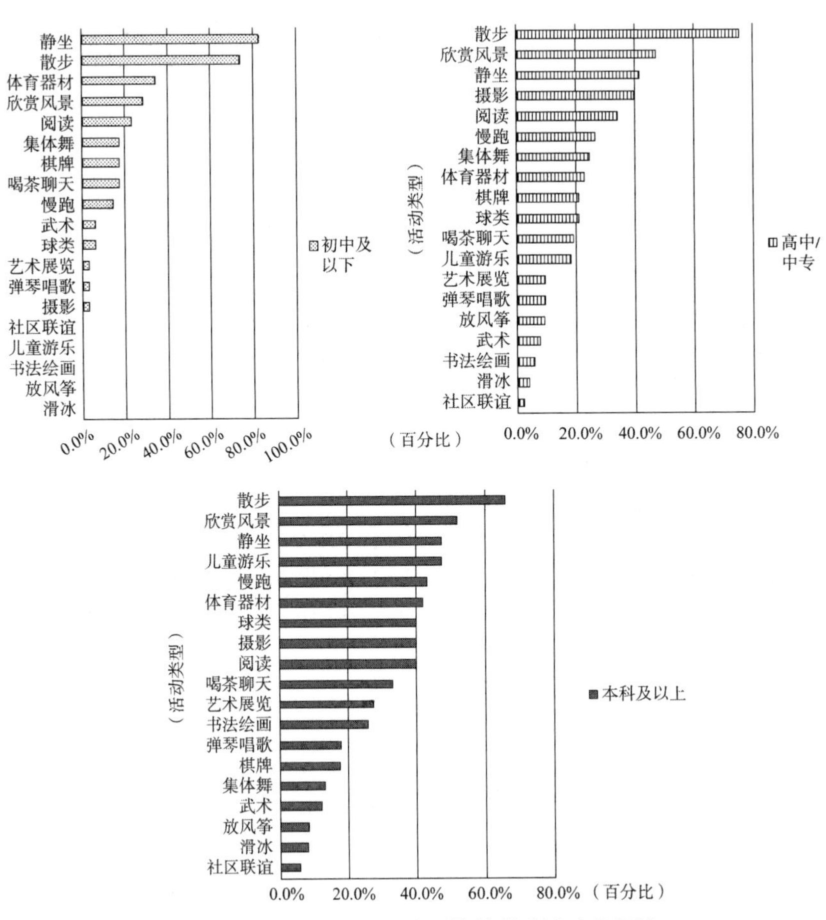

图 6－16 不同文化程度群体的游憩活动差异性

常广泛，对大部分活动类型的偏好程度均较高，并且相较于其他学历的居民更侧重于儿童游乐、球类、慢跑、书法绘画和艺术展览等项目的体验，游憩方式呈多元化并重发展。

因此，随着居民受教育程度的增加，居民对游憩方式类型和游憩活动强度的需求也越来越高，活动种类从单调、大众化逐渐趋向于更加全面和个性化。可以推断，居民受教育程度越高越有利于其有效发挥主观能动性和创造性，同时也催生了更丰富的新型游憩活动的产生。

(4) 居民人口构成与游憩环境偏好关系。经 SPSS18.0 统计软件中的交叉列联表分析和 Pearson 卡方检验表明，在 0.05 显著性水平下，性别(0.011)、年龄(0.000)、文化程度(0.000)和职业类型(0.017)的分异对于居民在游憩环境的选择上均存在较大程度的影响(见表 6－6)。下面将对关系显著的各项做进一步描述性分析和特征对比。

表 6－6　人口统计学特征与游憩环境偏好度的关系

		性别	年龄	家庭人数	文化程度	职业
游憩环境类型偏好	Pearson 卡方值	13.028	50.640	17.962	35.146	46.200
	Sig.(双侧)	0.011*	0.000*	0.326	0.000*	0.017*

(*.在显著水平为 0.05 时，差异显著.)

a. 不同性别人群的游憩环境偏好。由于游憩环境类型之间存在着等级序列关系，因此通过图表的形式更能清楚表达居民对环境偏好的规律性特征。可以看出(见图 6－17)，男性居民和女性居民对整个环境序列的总体偏好度倾向一致，均呈现“先增加，后减少”的趋势。但女性选择比例的浮动程度明显大于男性，特别是在景观型游憩区域、生活型游憩区域和设施型游憩区域组成的中间等级结构上表现得更为强烈。女性较于男性更倾向

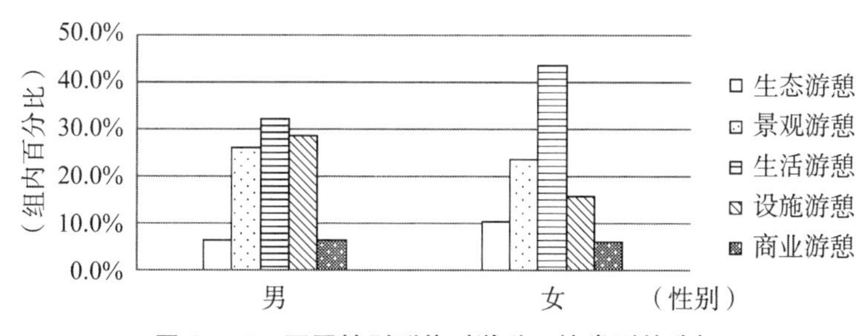

图 6－17　不同性别群体对游憩环境类型的选择

于参与生活型游憩活动，所占比重分别为43.6%和32.4%，但男性对设施型游憩区域的关注程度高于女性，所占比重分别为28.6%和16.0%。对于其他类型的游憩环境，两者偏好程度基本相近。在排名前3项的环境类型中，女性的选择比例差距较大，相差27.6%；而男性变化较小，仅相差6.3%。

b. 不同年龄人群的游憩环境偏好。从不同年龄的居民对游憩环境类型的选择频率上来看(见图6－18)，随着年龄的递增，居民最喜爱的游憩环境从设施型游憩区域到生活型游憩区域再到景观型游憩区域逐渐过渡。18岁以下的青少年以设施型游憩区域为主要的活动空间，18～50岁的居民集中偏好于参与与日常生活相关的各类游憩活动，而50岁以上的居民则更倾向于具有良好景观美感的游憩场所。同时，不同游憩环境的主导人群也各不相同。从游憩环境的角度可以进一步分析各类游憩环境中容易聚集的人群类型。在生态型游憩区域的选择上，分布人群最多的是65岁以上的老年人，所占比重为26.4%；在景观型游憩区域的选择上，分布人群最多的是51～65岁的中老年人，所占比重高达53.1%；在生活型游憩区域的选择上，分布人群较多的是18～25岁和26～35岁的中青年，所占比重分别为40.5%和43.1%；在设施型游憩区域和商业型游憩区域的选择上，分布人群最多的均为18岁以下的青少年，所占比重为50.0%和25.0%。

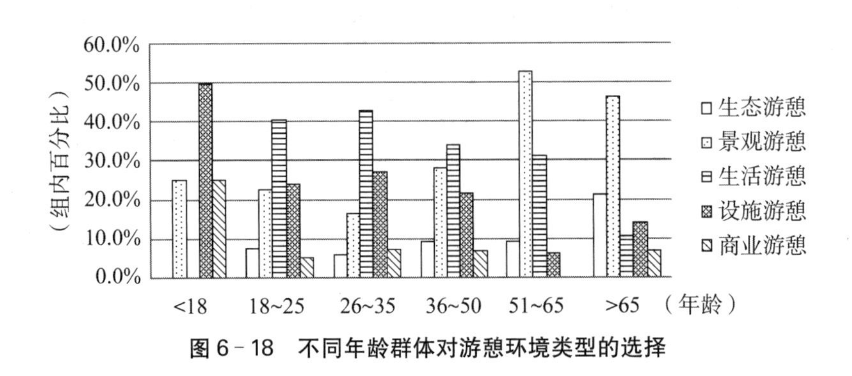

图6－18　不同年龄群体对游憩环境类型的选择

c. 不同文化程度人群的游憩环境偏好。在Pearson卡方检验中，文化程度一项的显著性指标(sig值)为0.000，说明文化程度对游憩环境的选择同样具有非常大的影响。从图6－19可以看出，文化水平在初中及以下的居民重点倾向于景观型游憩环境，选择频率在该组人员中占到48.6%；文化水平在本科(大专)及以上的居民对生活型游憩区域的偏好较为强烈，所占比重达40.8%；而高中或中专文化的居民在游憩场所的选择喜好上相对平衡，兼顾景观型游憩区域(34.0%)、生活型游憩区域(28.3%)和设施型游憩区域(22.6%)三种类型，其中以景观型游憩区域占据微弱的优势。除此之外，在选择生态型游憩区域的人群分布中，初中及以下文化程度的居民占有最高的比重，达 22.9%，也是该类人群中排名第二的游憩环境。而所有受访的居民对商业型游憩区域的偏好程度普遍非常低。

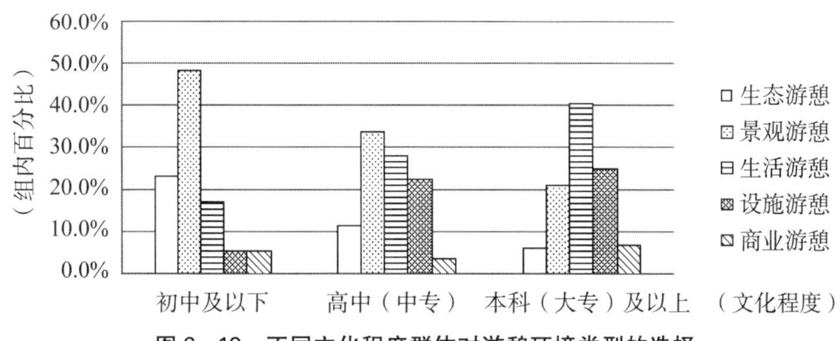

图 6-19　不同文化程度群体对游憩环境类型的选择

d. 不同职业类型人群的游憩环境偏好。基于职业分异而产生的游憩环境偏好差异较于年龄、文化和性别所产生的差异显著性较弱。由图 6-20 可知，在对各类游憩环境的偏好程度上，浮动较大的是企业职员。以游憩环境为主体进一步分析其使用者的构成特征：在生态型游憩区域的选择上，分布人群最多的是受教育程度较低的工人或农民，占该组人员的比重为 33.3%，其他职业居民该类型的选择比例均较低，不足 10%，特别是机关事业单位人员选择空白。在景观型游憩区域的选择上，分布人群最多的是退休老年人或者家庭主妇等无工作人员，所占比重高达 45.0%，其次是机关

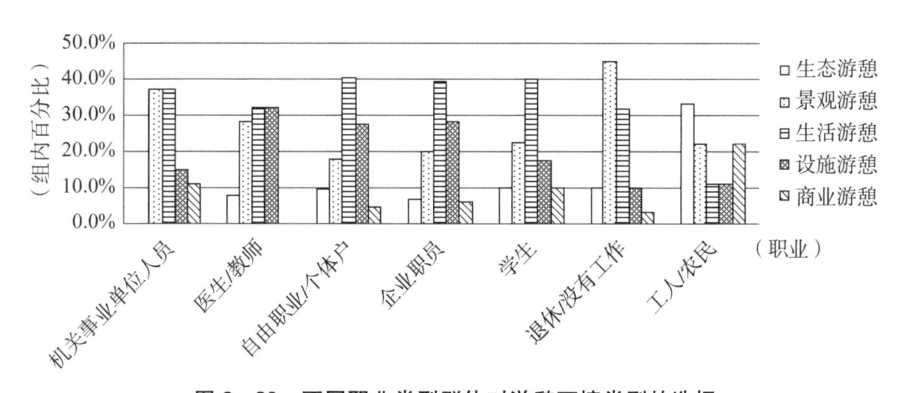

图 6-20　不同职业类型群体对游憩环境类型的选择

事业单位人员，有37.0%的居民选择。在生活型游憩区域的选择上，居民之间的偏好度差距较小，较为突出的是自由职业/个体户(40.3%)、学生(40.0%)和企业职员(39.0%)这3类职业人群，而工人和农民对此类型的选择比例较低，仅为11.1%。在设施型游憩区域的选择上，分布人群最多的是医生或教师，所占比重为32.0%；其次是企业职员和自由职业/个体，选择比例分别为28.2%和27.4%。在商业型游憩区域的选择上，分布人群较多的是工人/农民(22.0%)、机关事业单位(11.1%)和自由职业/个体(10.0%)，其他职业的居民选择频率均较低。

在被调查的居民中，男女比例基本为1∶1，年龄分布以26～35岁(46.2%)的中青年为主，其次是36～50岁的中壮年(20.9%)和18～25的青年人(20.1%)。居民文化水平总体偏高，以本科及以上学历(81.6%)为主，因此职业类型也多集中在公司职员(44.8%)这类人群上，其次是自由职业(17.9%)和无职业人群(12.2%)。

总体上，居民在社区内开展游憩活动是为了满足娱乐兴趣(49.8%)和锻炼身体(48.3%)的身心需求，其次是对“陪伴家人”“结交朋友”“接触自然”“释放压力”的自我放松意识。居民较为强烈地倾向于在上午(23%)和晚上(24%)集中参与游憩行为，为高强度活动时段，但仍有25.2%的居民选择傍晚为游憩最佳时间。在游憩时间上超过80%的居民普遍持续在2 h以内。在游憩方式的选择上，居民偏好的活动类型依次为散步(59.7%)、体育器材(46.9%)、静坐(46.0%)、慢跑(44.1%)、阅读(42.2%)、欣赏风景(41.7%)、儿童游乐(41.7%)和球类运动(40.3%)。居民对于游憩环境类型的偏好程度整体呈两极分化趋向，对生活型游憩区域(37.2%)喜爱程度最高，其次是景观型游憩区域(25.1%)和设施型游憩区域(23.2%)，对生态型游憩区域和商业型游憩区域的喜好程度较低，所占比重分别仅为8.1%和6.4%。因此，基于社区目前户外游憩环境现状，居民总体较为满意，但同时也仍有12.9%的居民对于社区设施的稀缺(32%)、活动空间的缺乏(28%)和场地的拥挤(24%)表示不满。

根据列联表卡方检验已知，年龄、性别、文化程度和职业构成均对居民游憩方式和游憩偏好的分异产生了重要影响。

在游憩动机方面，年龄、文化程度和职业的影响较大，尤以年龄方面差异显著。36岁以下的居民普遍参与游憩活动的首要因素是“娱乐兴趣”，而36岁及以上的居民则最关注对“锻炼身体”需要的满足，特别是65岁以上的老年人选择比例高达35.2%，需求强烈。高中学历的居民与总体特征较为一致，而文化水平为初中或者大学及以上的居民在游憩动机的选择上以

“锻炼身体”为主，其次才是“娱乐兴趣”的需求。职业的构成同样与居民的游憩动机关系不大。其中，以老年人和家庭主妇为主的无职业人群“锻炼身体”的游憩目的反馈较为强烈，对“娱乐兴趣”的需求则并不重视。

在游憩时长方面，年龄、文化程度和职业类型的影响均较大。50 岁及以下的居民游憩时长主要集中在 1 h 以内，选择比例均在 50%以上；50 岁以上的居民则以 1～2 h 为主，但 65 岁以上的老年人更倾向于持续 3 h 以上的游憩活动。文化程度对居民游憩时长的影响呈明显的线性规律，随着受教育水平的增加，居民持续游憩活动的时间反而逐渐减少。因此，也间接影响到从事文化程度较高的相关职业的居民在游憩活动的持续时间上同样以 1 h 为主，而文化程度较低的相关职业的居民游憩时长则以 1～2 h 为主。

在游憩活动的偏好上，性别、年龄和文化程度的影响均较大。男性居民较为喜好的游憩活动类型依次有散步(63.4%)、静坐(45.8%)、欣赏风景(42.0%)、球类(38.7%)等；女性居民所偏好活动类型则分别为散步(73.5%)、欣赏风景(59.1%)、静坐(55.2%)、儿童游乐(45.7%)、体育器材(42.5%)等。因此，男性偏向于参与动态刺激的球类项目，女性则更侧重于静态惬意的风景观光活动。对于不同年龄段的居民，散步、静坐和欣赏风景等低强度活动属于老少咸宜的游憩活动类型，适于全民参与。而 18～25 岁的青年群体对球类运动的偏好更为强烈(45.6%)，51～65 岁的中老年人对体育器材的健身活动也较为偏好(65.6%)，65 岁以上的老年群体则更倾向于棋牌类的活动(35.7%)。而随着受教育程度的增加，居民对游憩活动方式和游憩活动强度的需求也越来越高。本科及以上学历的居民相较于其他学历的居民更侧重于儿童游乐、球类、慢跑、书法绘画和艺术展览等类型。

在游憩环境的偏好上，性别、年龄、文化程度和职业类型的分异均存在较大程度的影响。男性(28.6%)较于女性(16.0%)更偏好设施型游憩区域，而女性较于(43.6%)男性(32.4%)更偏好生活型游憩区域。在年龄的分异上，18 岁以下的青少年对设施型游憩区域的关注程度较高，18～50 岁的居民对生活型游憩区域的喜好更为强烈，而 50 岁以上的居民倾向于景观型游憩区域。文化水平对游憩环境的偏好影响显著，初中及以下学历的居民重点倾向于景观型游憩环境，而文化水平在本科(大专)及以上的居民对生活型游憩区域的偏好较为强烈。基于职业分异产生的游憩环境偏好相对较弱，退休人群对景观型游憩区域的偏好度较高，工人、农民等职业人群更偏好生态型游憩区域，而其他职业类型的居民则普遍喜好生活型游憩区域。

四、上海社区游憩机会谱(CROS)构建

游憩机会谱框架的基本意图是基于对环境本底的划分确定不同游憩环境类型。人们为了获得满意的游憩体验,可以选择个人偏好的任何一种环境参与喜爱的游憩活动[①]。传统意义上的ROS理论主要是从客观层面上关注游憩环境类型的划分和相关指标的建设。但是,为了更好地满足社区居民对游憩体验的获得,社区游憩机会谱(CROS)的构建更多地是从居民的主观角度出发展开讨论,并且将游憩者本身作为CROS理论体系的一部分内容,以期更加完善和丰富CROS的理论内容,这也是不同于传统ROS理论体系的所在之处。所以,社区游憩机会谱的构建不仅要研究如何创造最适宜的游憩环境,还要分析社区中游憩者的行为和需求特征,总结游憩者行为发生需要的条件。

本书通过对居民的游憩行为特征和游憩偏好的分析,总结出了不同使用人群的游憩特征规律,并将这些条件与微环境特征相融合,从而准确定位公园中各场所的功能,为构建CROS理论的过程中探讨不同游憩环境类型中游憩者的相关行为特征提供了参考和依据。因此,下文将从CROS理论实施的2个核心内容展开研究。一方面是游憩环境指标体系的建立;另一方面是不同游憩环境序列中相应的指标特征、活动类型和受众人群。

1. 社区游憩环境指标体系的建立

(1) 环境变量筛选拟定。对初步假定的35个环境变量分别赋予“1～5”分值的重要性程度,“1”表示“完全不重要”或“完全无关”,“5”表示“非常重要”或“绝对相关”。通过问卷调查,受访者凭借个人的主观经验对35个变量的重要性进行选择,以此评价各环境变量(自然、社会、管理)对其游憩体验影响的重要程度。采用描述性分析中的平均值和标准差对得到的结果进行计算,平均值反映了每个环境要素在总体情况上的重要程度,而标准差反应了不同的调查者对每一个环境要素的重要程度评价上是否存在较大的差异。根据平均值的大小对环境要素的重要性进行排名(见表6-7),从游憩者的角度进一步验证变量筛选的合理性[②]。

---

① 蔡君:《略论游憩机会谱(Recreation Opportunity Spectrum, ROS)框架体系》,《中国园林》2006年第7期。

② 张杨、于冰沁、谢长坤、车生泉:《基于因子分析的上海城市社区游憩机会谱(CROS)构建》,《中国园林》,2016年第6期。

表 6－7　社区环境变量重要性构成及排名

排名	变量名称	均值	标准差	排名	变量名称	均值	标准差
1	M1 治安状况	4.67	0.619	19	S2 游憩动机的实现	3.80	0.935
2	N4 安静程度	4.42	0.741	20	M9 限制开放条件	3.71	1.009
3	M4 环境卫生管理	4.41	0.714	21	N9 场地尺度规模	3.67	0.952
4	M2 管理人员巡视	4.35	0.827	22	S3 活动项目的丰富性	3.60	0.907
5	N3 空气质量	4.30	0.912	23	N6 文化特色	3.55	0.942
6	N5 景观美感	4.20	0.851	24	N8 活动空间开敞性	3.50	0.886
7	S9 活动人群的分类	4.18	0.847	25	S5 游憩活动的可参与性	3.47	0.968
8	M3 植被的养护	4.09	0.835	26	S8 游憩者参与形式	3.44	0.931
9	N7 道路的通畅性	4.07	0.995	27	M12 公共厕所	3.42	1.154
10	N2 场所微气候	4.06	0.873	28	S1 游憩活动密度	3.42	1.063
11	M13 场所的夜间照明	4.03	0.856	29	N13 人工景观构筑物	3.33	0.927
12	N11 娱乐设施	4.01	0.881	30	M6 解说信息	3.32	1.004
13	M14 地面积水的处理	4.00	1.140	31	S4 活动持续时间	3.07	0.966
14	M7 安全警告信息	3.96	1.146	32	M11 小卖部、报刊亭	3.04	1.110
15	N10 休憩设施	3.96	0.891	33	S9 离住所的距离	3.03	1.014
16	N12 健身运动设施	3.92	0.855	34	S6 参与者的互动性	2.91	1.005
17	M5 设施的维护	3.90	0.940	35	M8 电子广告牌	2.83	1.121
18	N1 植物丰富度	3.90	0.918				

（其中“5”＝“非常重要”，“4”＝“重要”，“3”＝“一般重要”，“2”＝“关系不大”，“1”＝“完全无关”）

由表可得，大部分变量的均值都在“3”以上，即多数环境变量对居民的游憩体验具有一定的影响和重要性，说明对变量要素的初步筛选是合理的，能有效反映游憩场所的环境属性。变量中排名前 10 位的元素反映了环境的自然特征和管理强度，特别是“治安状况（4.67）”这一项要素不仅均值最高，标准差值也最低，表明居民的感知程度差异较小，一致高度认同良好治安管理的保障能为游憩活动的良性开展带来积极的贡献。排名最后的两项"电子广告牌"和"游憩活动的可参与性"所得赋值均小于3，即对居民的游憩体验影响相对微弱，并且标准差值也较高，因此将其去除，保留其余33项变量。

由于收集的变量较多并且相对零碎，为了能更系统地概括这些变量，将原有的变量聚类成几个具有代表意义的指标，是游憩机会谱建立的关键。目前国内外研究相关指标权重体系确定的方法有多种，如层次分析法、主成分分析法、人工神经网络法等方法[①]。这些方法从理论上而言，均可用于多层次指标体系相关因子的归类，基于本书采用的"重要性"量表，故引入因子分析中的主成分分析法来确定各变量要素的关联程度和权重，以期使最终建立的社区公园游憩机会指标体系更具科学性。而基于SPSS18.0统计分析软件的因子分析产生了大量的表格结果，这里只重点讨论对最后结果贡献较大的主要分析过程。

(2) 变量适宜性的分析

a. 信度检验。对余下33项变量元素进行信度分析，采用常见的适于意见征询、态度调查式问卷(量表)的Cronbach α系数检验，得到α值为0.897>0.7(见表6-8)，可信度较高，说明问卷调查的结果达到了内部一致性和外在稳定性的程度，验证了这一组变量实际上为同一个特征，即社区的环境组成要素；也意味着受访者对同类项目各项问题的回答结果具有很强的相关性，符合因子分析的前提条件。

表6-8 可靠性分析统计量

Cronbach's Alpha	基于标准化项的Cronbach's Alpha	项数
.897	.901	33

b. KMO & Bartlett检验。在进行因子分析之前，需要对上述环境变量进行KMO检验与Bartlett球形检验来判断所选变量是否适合于因子分析。理论上，KMO检验的值越高(接近1.0时)，表明研究数据越适合进行因子分析；如果KMO测度的值低于0.5时，表明样本量太少，需要扩大样本的选取容量(见表6-9)。在Bartlett球形检验中，显著水平值反映了原始数据之间是否存在有意义的关系，只有当显著性水平值较低时(<0.05)，说明所选数据适合进行因子分析。

① 刘明丽：《河流游憩机会谱研究——以北京妫河为例》，北京林业大学硕士学位论文，2008年。

表 6－9 KMO 取值标准的解释

KMO 的取值范围	适于分析的程度
0.9＜KMO	非常适合
0.8＜KMO＜0.9	适合
0.7＜KMO＜0.8	一般
0.6＜KMO＜0.7	不太适合
KMO＜0.6	不适合

通过表 6－10 的数据分析显示，KMO 值较好，为 0.830；Bartlett 球形检验为 0.000＜0.01，达到了显著性水平，说明问卷调查的结果适合进行因子分析。

表 6－10 KMO 和 Bartlett 的检验结果

取样足够度的 Kaiser-Meyer-Olkin 度量值		.830
Bartlett 的球形检验	近似卡方	2 985.211
	df	528
	Sig.	.000

（3）环境变量因子分析

a. 确定指标的数目。所谓的指标，即因子（或主成分）。理论上一般采用特征值准则来确定因子的数目，即选取特征值大于或等于 1 的主成分作为初始公因子，而舍弃特征值小于 1 的其他主成分，以达到精简数据的目的。基于社会学调查的性质，通常保留的公因子的累积方差贡献率至少为 60%。

表 6－11 因子提取解释的总方差

成份	初始特征值			提取平方和载入			旋转平方和载入		
	合计	方差的%	累积%	合计	方差的%	累积%	合计	方差的%	累积%
1	8.367	25.354	25.354	8.367	25.354	25.354	3.550	10.759	10.759
2	3.015	9.136	34.490	3.015	9.136	34.490	3.051	9.244	20.003
3	2.119	6.422	40.912	2.119	6.422	40.912	3.003	9.101	29.103
4	1.759	5.331	46.243	1.759	5.331	46.243	2.895	8.772	37.876
5	1.584	4.801	51.044	1.584	4.801	51.044	2.089	6.330	44.206

（续表）

成份	初始特征值			提取平方和载入			旋转平方和载入		
	合计	方差的%	累积%	合计	方差的%	累积%	合计	方差的%	累积%
6	1.383	4.190	55.235	1.383	4.190	55.235	2.013	6.100	50.306
7	1.256	3.806	59.041	1.256	3.806	59.041	1.855	5.623	55.929
8	1.063	3.222	62.263	1.063	3.222	62.263	1.763	5.343	61.272
9	1.030	3.122	65.386	1.030	3.122	65.386	1.358	4.114	65.386
10	.981	2.974	68.360						
11	.889	2.693	71.052						
12	.812	2.460	73.513						
13	.743	2.252	75.764						
14	.705	2.138	77.902						
15	.671	2.035	79.936						
16	.626	1.897	81.833						
17	.590	1.787	83.620						
18	.540	1.635	85.255						
19	.521	1.578	86.833						
20	.473	1.432	88.265						
21	.434	1.317	89.582						
22	.416	1.261	90.843						
23	.389	1.178	92.021						
24	.375	1.137	93.158						
25	.325	.985	94.144						
26	.306	.928	95.071						
27	.299	.905	95.977						
28	.277	.839	96.816						
29	.249	.754	97.570						
30	.248	.751	98.321						
31	.207	.627	98.948						
32	.190	.575	99.522						
33	.158	.478	100.000						

提取方法：主成分分析

分析上表(表 6 - 11)的输出结果,左边一栏为各成分的序号。共有 33 个变量,所以有 33 个成分。而根据第一大栏“初始特征值”的数值显示,只有 9 个成分的特征值超过了 1;其中,“方差的%”表示各成分特征值占总特征值综合的百分比。第二大栏“提取平方和载入”与第一大栏前 11 行一样,是将特征值大于 1 的成分单独列出来,进行从大到小的排列。可以看出,这 9 个因子能够解释所有变量 65.386%的方差,符合要求。

而由于在最初对因子进行方差抽取后,得到的因子和原有变量的关系并不显著,难以直接作出有效的解释。为了使因子更具有代表性,往往需要再度进行因子旋转,因此,得到第三大栏的“旋转平方和载入”。对比发现,尽管旋转前后各成分特征值有所变化,但总特征值和总的累积方差没有变,仍然为 65.386%。因子旋转的目的实际上是对变量进行更好的组合,使关系较强的变量被归纳到同一个因子中。

b. 确定各因子对应的环境变量。通过主成分分析提取了因子数量后,需要进一步探究每个主因子的潜在含义,以便对因子进行更深入的分析和相应的命名。在求出主因子解的成分矩阵后(此过程已省略),通过最大方差正交旋转法,突出每个主因子的典型代表变量,使各因子与相应的环境变量直观对应起来(见表 6 - 12)。表中的数字代表了每个变量与已提取的各因子之间的关系程度,用来衡量每个变量在每个因子上的负荷量。由于在数据输出时设置了不显示负荷量较小的数值(<0.10),表格中有多处空白,这样使表格更加清晰明了。如果某个变量与某个因子对应的数值较大,则表示该因子与该变量最相关,即可以把这个变量纳入该因子中。由于各变量在纵向上根据数值的大小进行排列,很容易据此判断出哪些变量归入哪个因子(在表中,用黑色加粗数字标记出分属于不同因子的变量)。

表 6 - 12　旋转后的因子成分矩阵

	成　分								
	1	2	3	4	5	6	7	8	9
M3 植被的养护	**.686**	.169	.157	.297			.301		
M5 设施的维护	**.655**	.353	.119	.163		.154			.118
S3 活动项目丰富性	**.638**		.184		.295			−.109	.240
M4 环境卫生的管理	**.573**	.112	.203	.331		−.169		.347	.104
S2 游憩动机的实现	**.532**	.293	−.267	.124	.257				.230
M6 解说信息	**.511**	.186	.270			.419		.122	

（续表）

	成分								
	1	2	3	4	5	6	7	8	9
M7 安全警告信息	**.505**	.444	-.111		.126	.215	.236	.195	
N5 景观美感	.431	.299	.138	.286	-.137			.421	
N6 文化特色	.155	**.735**	.130	.193					.181
N7 道路的通畅性	.134	**.699**	.129	.180	.102	-.137	.105	.214	-.189
N8 活动空间开敞性	.368	**.572**	.243		.215	.250		-.321	
N9 场地尺度规模	.391	**.546**			.230		.140	.166	
N11 娱乐设施		.156	**.792**	.195					
N10 各类休憩设施			**.698**	.273	-.113		.101		
N13 人工景观构筑物	.210	.130	**.652**			.255	.130	-.119	
N12 健身运动设施	.295		**.648**		.139			.143	
N3 空气质量	.200	.107	.163	**.805**				.136	
N2 场所微气候				**.766**		.164	.153		
N1 植物丰富度		.103	.346	**.666**		.161		-.131	
N4 安静程度	.169	.398		**.546**				.211	.132
S7 游憩者参与形式	.308	.160	-.165		**.755**			.112	
S5 游憩活动的可参与性			.304		**.641**			.129	.173
S8 活动人群的分类	.152			.348	**.640**	-.161	.156		
S9 离住所距离		.222		-.114	.473	.405	.240		
M10 小卖部、报刊亭				.195		**.821**	.120		
M11 公共厕所			.174			**.668**	-.248	.263	.231
M2 管理人员巡视	.184					.117	**.836**		
M1 治安状况	.247		.177	.437		-.161	**.621**	.162	
M9 限制开放条件		.436	.329				**.513**	.201	.161
M12 场所夜间照明		.148		.105	.238	.218	.149	**.735**	
M13 地面积水	.262	.512	-.233		.119	.196		**.527**	.156
S1 游憩活动密度	.272		-.112					.174	**.783**
S4 活动持续时间		.127	.361			.243	.221	-.268	**.599**

提取方法：主成分。

a. 已提取了 9 个成分。

b. 旋转法：具有 Kaiser 标准化的正交旋转法。

根据上表(表 6 - 12)中的数据,因子载荷系数大多分布在 0.5～0.8 之间。因此,为了保证量表的可行性,研究参考因子分析中常规的数据标准,选取因子载荷值大于 0.5 的变量进入游憩环境标识变量集以构建指标体系,最终保留了 31 个环境变量,拟提取 9 个因子,累计解释的变异量约为 65%,具体如表 6 - 13 所示。基于问卷调查的社会研究性质,可以认为因子的累积贡献率具有合理性,并且总量表可信度良好。其中,因子 F1～F4 的内部一致性检验(α 值)均大于 0.7,表明这几个因子具有高度有效性;因子 F5～F8 的 α 值处于 0.6～0.7 之间,具有良好有效性;而因子 F9 的 α 值不足 0.4,有效性较差。

表 6 - 13　环境变量的因子分析结果表

因子	变量要素	变量在因子上的负荷	因子内部信度检验	累计方差贡献率(%)	因子均值
F1	M3 植被的养护	0.686	0.825	10.759	3.87
	M5 设施的维护	0.655			
	S3 活动项目丰富性	0.638			
	M4 环境卫生的管理	0.573			
	S2 游憩动机的实现	0.532			
	M6 解说信息	0.511			
	M7 安全警告信息	0.505			
F2	N6 文化特色	0.735	0.748	20.003	3.70
	N7 道路的通畅性	0.699			
	N8 活动空间开敞性	0.572			
	N9 场地尺度规模	0.546			
F3	N11 娱乐设施	0.792	0.759	29.103	3.81
	N10 各类休憩设施	0.698			
	N13 人工景观构筑物	0.652			
	N12 健身运动设施	0.648			
F4	N3 空气质量	0.805	0.771	37.876	4.17
	N2 场所微气候	0.766			
	N1 植物丰富度	0.666			
	N4 安静程度	0.546			

（续表）

因子	变量要素	变量在因子上的负荷	因子内部信度检验	累计方差贡献率(%)	因子均值
F5	S7 游憩者参与形式	0.755	0.619	44.206	3.70
	S5 游憩活动的可参与性	0.641			
	S8 活动人群的分类	0.640			
F6	M10 小卖部、报刊亭	0.821	0.610	50.306	3.23
	M11 公共厕所	0.668			
F7	M2 管理人员巡视	0.836	0.651	55.929	4.24
	M1 治安状况	0.621			
	M9 限制开放条件	0.513			
F8	M12 场所夜间照明	0.735	0.676	61.272	4.02
	M13 地面积水处理	0.527			
F9	S1 游憩活动密度	0.783	0.367	65.386	3.25
	S4 活动持续时间	0.599			

根据因子分析得到的 9 个因子中，除了 F1，F2～F9 中每个因子都单独解释了环境变量组合的一个核心方面，如 F2、F3、F4 均表示了环境变量的自然特征属性(N)，F5、F9 表示环境变量的社会特征属性(S)，F6、F7、F8 表示环境变量的管理特征方面的属性(M)，而因子 F1 则共同兼具了社会特征和管理特征。相同属性的变量要素在各因子上的聚集和归类，证明了因子分析的成功和输出结果的可利用性。

表格最后的“因子均值”一栏，是将该因子中各变量的重要性均值进行简单的加权平均后计算得出，意在直观描述该因子的总体重要性程度，并非 SPSS 软件中输出的因子得分一项。而因子 F1～F9 的排序是根据因子的方差贡献率而得，方差贡献率越高，说明该因子对整个环境变量的指标体系贡献较大，具有更多的提升空间。

可以认为，因子的均值代表了该因子的绝对重要性，是根据直观评价所得，而因子的方差贡献率代表着因子的潜在重要性，是基于数学方法探索其内在的科学规律所得。以“绝对重要性”为横轴，以“潜在重要性”为纵轴，建立“绝对重要性——潜在重要性”的二维模型(见图 6－21)，更利于判断这 9 个因子的整体重要性特征。因子 F1～F9 的绝对重要性分值波动在 3.23～4.24 之间，中位数为 3.81；因子 F1～F9 的潜在重要性百分比波动在

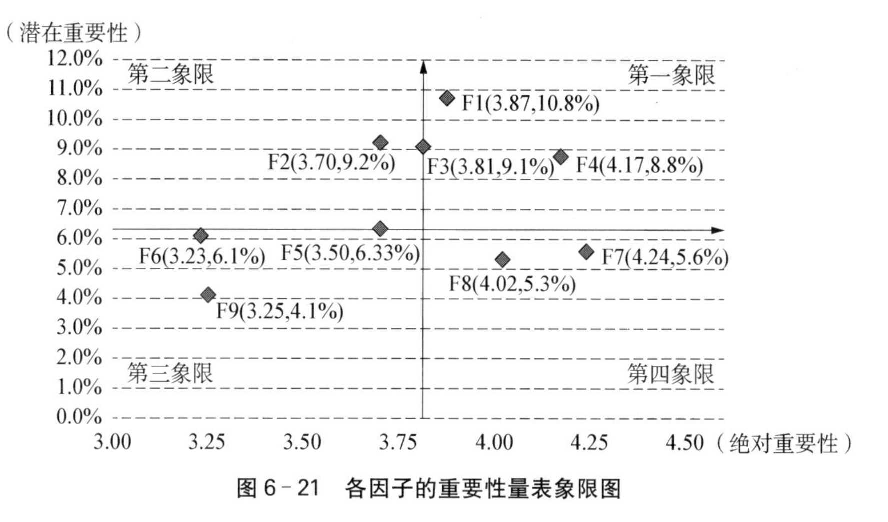

图 6－21　各因子的重要性量表象限图

4.11％～10.76％之间，中位数是 6.33％。因此，以(3.81，6.33％)为原点，形成各因子散点分布的四象限图。

因子的重要性量表象限图虽然只是针对研究提取的 9 个因子本身进行内部之间的相互比较，但为之后关于社区的游憩理论体系中对指标的选取和使用也提供了一定的参考和决策依据。“第一象限”表示因子同时具有较高的绝对重要性和潜在重要性，是“优势因子”，应当保持其良好的态势，加以充分利用。“第二象限”表示因子的潜在重要性较高，绝对重要性较低，是“潜在因子”，应当被重视和提高利用。“第三象限”表示因子的绝对重要性和潜在重要性均较低，是“弱势因子”，在 9 个因子中是最为弱化的，可以结合实际情况适当减少使用程度。“第四象限”表示因子的绝对重要性较高，但潜在重要性较低，是“控制因子”，这类因子尽管被认为对游憩体验的影响较大，但是对整个因子体系的帮助不大，因此使用中应当控制其利用程度。

(4) 指标体系建立命名。尽管 9 个因子之间存在不同程度的重要性差异，但是基于科学、合理的因子分析法而提取的这 9 个因子已经是最能代表整个环境变量体系的最具潜力的因子。为了方便对各因子进行更有效的命名和解释，对表 6－13 加以适当修正调整，将因子 F1 分解成两个指标，各自独立包含同一属性的环境变量，得到最后的 10 个因子，即指标层。根据每个因子内部的环境变量组合特征赋予该因子或该指标以合适的名称，确定了基于居民主观重要性评价的游憩机会指标体系(见表 6－14)。该指标体系共涵盖 3 个维度(一级指标)、10 个指标层(二级指标)和 31 个变量层(三级指标)。为避免与原有的因子体系混淆，这里以 V1～V10 来代表 10 个指标。

表 6－14　最终确定的游憩机会谱指标体系

指标层	变量层	均值	指标层	变量层	均值
V1 资源的保护与展示	植被的养护	4.09	V6 组织引导性	游憩者参与形式	3.44
	设施的维护	3.90		游憩活动的可参与性	3.47
	环境卫生的管理	4.41		活动人群的分类	4.18
	解说信息	3.32			
	安全警告信息	3.96			
V2 游憩丰富度	活动项目丰富性	3.60	V7 商业服务功能	小卖部、报刊亭	3.04
	游憩动机的实现	3.80		公共厕所	3.42
V3 场所支持程度	文化特色	3.55	V8 场所安全性	管理人员巡视	4.35
	道路的通畅性	4.07		治安状况	4.67
	活动空间开敞性	3.50		限制开放条件	3.71
	场地尺度规模	3.67			
V4 人工主导性	娱乐设施	4.01	V9 市政服务功能	场所夜间照明	4.03
	各类休憩设施	3.96		地面积水处理	4.00
	人工景观构筑物	3.33			
	健身运动设施	3.92			
V5 自然主导性	空气质量	4.30	V10 游憩强度	游憩活动密度	3.42
	场所微气候	4.06		活动持续时间	3.07
	植物丰富度	3.90			
	安静程度	4.42			

(注:“均值”一栏的数值为各变量的重要性均值)

V1 代表资源的保护与展示。对应于 F1,属于管理方面的指标,是“优势因子”,共包含 5 个变量,反映了对场所、植被、设施等环境资源的日常管理和维护程度,资源保存的完整性有利于游憩环境的展示欣赏和良性使用。而“解说信息”和“安全警告信息”则补充说明了游憩环境资源的特征属性,不仅具有展示服务功能,还是加强资源保护的另一种途径。在该指标中,“环境卫生管理(4.41)”的重要性均值最高,标准差也较低,说明一个整洁、干净的环境是所有游憩者普遍认同和肯定的。

V2 代表游憩丰富度。对应于 F1,是反映游憩社会特征的指标,也是“优势因子”,共包含 2 个变量,主要体现在居民可参与的活动类型以及可实现的游憩目的的丰富性。问卷调查已表明,居民日常开展的游憩活动项目是多种多样的，而推动居民出游的动机也是多样化的，同一游憩者为了实现多种游憩目的往往会选择参与多种不同类型的活动。

V3 代表场所支持程度。对应于 F2，是标识游憩环境自然属性的指标，也是“潜力因子”，共包含 4 个变量要素，反映了游憩场所对游憩活动开展的支持水平。道路的便捷通畅、场地规模的大小、活动空间的开敞程度以及地方文化特色的赋存均能影响游憩活动的辐射范围和实施力度，特别是场所传达的历史与文化信息影响着居民对环境美感的认知，具有游憩教育的作用。而且，“道路的通畅性(4.07)”被赋予较高的重要性，是该指标中的主导因素。

V4 代表人工主导性。对应于 F3，同样也是代表游憩环境的自然物理特征，将其纳入“优势因子”，共涵盖 4 个变量，均为各类运动娱乐设施、休憩设施等景观设施的构成，它们既是游憩活动发生的辅助，也直接引发游憩行为。设施的数量决定了环境的人工主导程度，是确定场所主题的关键，在使用上也容易成为发生活动的中心。

V5 代表自然主导性。对应于 F4，是游憩环境自然条件的重要决策因子，也是“优势因子”，共包含 4 个变量，主要指场所微气候和植物种类的丰富度，两者都是自然环境多样性主导的结果。而绿地空间的微环境质量主要依靠绿色植物发挥其固碳释氧、净化空气、滞尘降噪等生态功能进行维持和改善。该指标的各项变量均具有较高的重要程度，尤以环境的“安静程度(4.42)”和“空气质量(4.30)”最为强烈，在整个变量体系中排名也较靠前。

V6 代表组织引导性。对应于 F5，是游憩社会环境因子，将其纳入“潜力因子”，共包含 3 个变量，反映了游憩者参与形式(个人/结伴/小众/集体)、游憩活动的可参与性以及游憩活动人群的分类(儿童/青少年/中年/老年)对游憩的引导作用和游憩体验的影响。游憩行为的主体是人，无论是在数量还是分类上，游憩者的组织方式和参与形式都能引导其选择对应的游憩活动以及游憩体验。而游憩活动的可参与性决定了其游憩吸引力和游憩难度，居民可据此选择是否参与游憩以及如何组织参与。在该指标中，“活动人群的分类(4.18)”一项的重要性较高，说明居民认为有必要为不同年龄的人群安排不同的活动场地和活动类型，这与前文中基于居民的游憩特征分析所表明的，不同人口特征特别是不同年龄的群体在游憩动机、游憩活动偏好等方面均存在显著差异的结论相一致。

V7 代表商业服务功能。对应于 F6，属于管理方面的因子，也是“弱势因子”，包括 2 个环境变量，考察社区游憩环境中的商业服务功能是否有助于游憩体验的提升，主要指小卖部、报刊亭等具有销售、消费性质的商业设施和公共厕所等配套服务设施。游憩空间具备相应的商业服务设施有利于完善游憩功能，但是该指标对游憩者体验的影响重要程度最低(3.23)，说明居民的认知程度还较低，需求意识较弱。

V8 代表场所安全性。对应于 F7，代表社区游憩环境在安全建设方面的管理条件，是"控制因子"，包含了 3 个变量。其中，"治安状况(4.67)"的重要性排名第一，是居民公认的最关键因素。而社区的良好治安一定程度上也依赖于管理人员的日常治理和维护，所以"管理人员巡视(4.35)"的重要性程度也非常高。而对游憩环境是否设置限制开放条件，虽然同样影响到场所的安全性，但重要性稍弱。这是由于在现场调查过程中，居民意见不一，一部分认为采取定时开放、收费进入等措施有利于加强场所的安全性并缓解环境的承载量，而另一部分认为游憩场所应该面向公众无条件使用。

V9 代表市政服务功能。对应于 F8，仍然为管理方面的因子，是"控制因子"，包含 2 个环境变量，通过"场所的夜间照明(4.03)"和"地面积水的处理(4.00)"这两个具体要素来衡量居民对游憩环境中存在的市政基础设施的态度。相较于因子 V7，该指标总体上重要性程度较高，指标内部两个变量的重要性也相对均衡。根据前文对居民在社区中游憩时间的分析可知，居民选择开展游憩的时间段重点集中在晚上，这就强调了对场所夜间照明的强烈需求。而既往的实践案例和学术界的大量研究证明，上海作为沿海城市，一直面临着城市积水内涝这一重大自然灾害问题。因此在指标体系中结合实情引入"地面积水"这一场地资源状况因素是必要且重要的。

V10 代表游憩强度。对应于 F9，是一个社会环境因子，也是"弱势因子"，包含 2 个变量，反映了居民在游憩参与中可接受的游憩拥挤度(即个体和个体之间接触的频率)和愿意花费的游憩时间长度。该因子对整个环境变量的贡献率最小，并且指标总体重要性(3.25)及其各变量(3.42，3.07)的重要性也都非常低，说明游憩活动密度和游憩时间的长短对居民游憩体验的影响非常小。

对指标分析的结果表明，整体上管理环境方面的因子优势明显，其次是自然环境因子，而社会因子相对较弱，突出了游憩环境管理条件的重要性，这也与变量设计的初衷相关。从游憩者主观感知的角度而言，自然环境是直接提供游憩机会的物质载体和核心部分，但管理环境是推动游憩持续发展的有力保障，更容易发挥作用。尽管居民对游憩过程中空间的使用水平和使用方式以及游憩者相互作用水平的敏感度较低，但随着社区游憩建设与管理的成熟，社会服务功能的作用也将日益凸显。

2. 社区游憩环境序列的特征分析

根据前文中居民对不同类型游憩区域的偏好度分析可知，居民在环境序列的偏好程度方面呈两极分化趋向，以中间等级即生态型游憩区域为中心，随着等级的递增或递减，居民的偏好度相应地表现出衰减规律。图 6-22 对整个游憩环境序列的层次构成和居民偏好度进行了直观的图示说明。

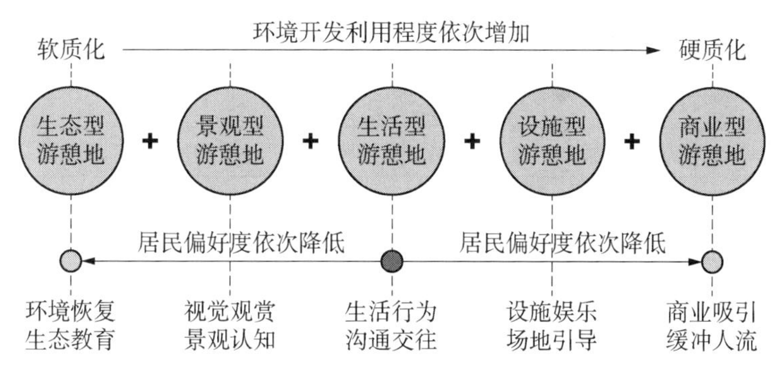

图 6-22　游憩环境序列的层次构成和居民偏好度

(1) 不同游憩环境序列的指标重要性分析。环境因子是影响游憩环境选择和游憩体验感知的重要客观因素，根据 SPSS 统计软件中的数据筛选，可以看出选择不同环境类型的游憩者对指标体系中各类二级因子及其三级环境变量的重要性评价是如何变化的。下文仍然根据李克特式五分制量表的量化结果对各变量进行均值描述性统计分析。需要强调的是，前文已表明所研究的各类变量的重要性程度均较高，并且基于变量的重要性进行了相应的指标聚类。因此，可以推断每个变量在各类游憩环境类型中的重要性程度可能相差不大。所以，以下的分析旨在通过重点比较各变量在各类环境类型之间的重要性差异和变化规律，来找出不同环境类型中相对重要的环境因子，而不针对变量本身的重要性进行探讨。

a. 资源的保护与展示。由表 6-15 可以看出，资源的保护与展示包含的 5 个变量在各个环境类型之间存在不同程度的变化。其中对植被的养护、植物解说牌和安全警告信息的需求呈现出比较明显的分布规律和浮动程度，从生态型游憩区域到商业型游憩区域此类需求重要性程度依次降低，浮动值约在 0.3～0.6 之间，说明生态游憩环境类型中，居民普遍认为植被的养护至关重要。在环境卫生的管理上，以生态型游憩和景观型游憩较为突出，在商业游憩环境类型中需求较弱，但总体差别不大，浮动值在 0.2 以内，表明了居民对环境卫生管理的需求一致且强烈，不因环境而异。在设施的维护上，重要性变化范围较大并且变化规律不明显，最高为设施型游憩区域(4.32)，最低是生态型游憩区域(3.85)，均值相差约0.5，而景观型游憩区域(4.17)对该项变量的需求也相对较高。

表6-15 不同游憩环境类型中居民对资源保护与展示的重要性评价

		生态游憩	景观游憩	生活游憩	设施游憩	商业游憩
资源的保护与展示	植被的养护	4.44	4.33	4.33	4.26	4.19
	环境卫生的管理	4.56	4.57	4.48	4.46	4.41
	设施的维护	3.85	4.17	4.00	4.32	4.00
	植物解说牌	3.94	3.67	3.50	3.39	3.30
	安全警告信息	4.19	4.18	4.08	3.91	3.88
因子的累计均值		4.20	4.18	4.08	4.07	3.96

(其中"5"="非常重要"，"4"="重要"，"3"="一般重要"，"2"="关系不大"，"1"="完全无关")

最后一栏的累计均值一项是反映5个变量所组成的该因子的总体重要性程度，可以看出，随着游憩环境类型的递进，因子的重要性均值呈递减趋势。结合各子变量的重要性比较，可以综合为，生态型游憩区域和景观型游憩区域对游憩资源的保护与展示需求强烈，设施型游憩区域具有一定的需求，而生活型游憩区域和商业型游憩区域需求较弱。

b. 游憩丰富度。游憩丰富度是一个社会因子，反映的是居民个人主观对各类游憩环境的心理期望。由表6-16可以看出，居民在该项因子所包含的2个变量的重要性评价上分布规律完全不明显，说明不同的居民对于游憩使用水平的认知程度不同，产生的意见分歧也相应较大。在游憩动机的实现上，居民对设施型游憩区域的要求最高，渴望通过在该环境类型中实现自己的游憩目的。而根据前文对居民游憩动机的分析，排名最高的是娱乐兴趣和锻炼身体。因此，配置有较多游乐场地、体育器材等各类公共服务设施的设施型游憩区域是居民比较理想的选择。至于游憩活动项目的丰富性，居民对生活型游憩区域(3.85)的要求相对较高，其次是设施型游憩区域(3.75)，而对商业型游憩区域的要求最低(3.48)。生活型游憩区域是集中体现居民日常生活行为的游憩环境类型，基于居民本身的差异产生的形形色色的生活形态直接导致了居民对游憩活动项目丰富性的需求。而在游憩动机的实现中，居民对生活游憩环境类型的要求最低，这也再次反映了居民在该环境类型中参与生活型游憩活动往往是自发的、无意识的，或者是日常

表 6-16 不同游憩环境类型中居民对游憩丰富度的重要性评价

		生态游憩	景观游憩	生活游憩	设施游憩	商业游憩
游憩丰富度	游憩动机的实现	3.86	4.00	3.79	4.11	4.04
	活动项目的丰富性	3.62	3.66	3.85	3.75	3.48
因子的累计均值		3.74	3.83	3.82	3.93	3.76

(其中"5"="非常重要","4"="重要","3"="一般重要","2"="关系不大","1"="完全无关")

习惯,并不是为了游憩而游憩。

在该因子的累计重要性评价上,同样呈现出无规律的趋势,排名最高的是设施型游憩区域(3.93),最低的是生态型游憩区域(3.74)。结合各子变量的重要性程度,可以认为居民对设施游憩环境类型的游憩丰富度需求强烈,期望能在该环境中通过参与丰富的游憩活动来达到自己的出游目的。

c. 场所支持程度。场所支持程度是反映游憩场所对游憩活动开展的支持水平。在该因子所包含的 4 个变量中(见表 6-17),居民重要性评价差异较大的是道路的通畅性和场地的尺度规模,浮动值约在 0.3。其中在场地的尺度规模上,随着游憩环境类型的递增,变量的重要性程度也呈逐渐升高的趋势,与游憩环境类型在开发利用的强度上关系一致,即游憩环境的开发利用强度越高,越需要大尺度规模的游憩活动场地,或者是不同尺度游憩场地的组合。对于道路的通畅性,居民要求最高的是景观型游憩区域(4.21),最低的是生态型游憩区域(3.88),反差较大。推断原因在于,景观型游憩环境更多地强调良好的景观序列和动态的风景游览,需要一定的道路支撑;而生态型游憩环境出于对环境保护的重视和对人为干扰的弱化,降

表 6-17 不同游憩环境类型中居民对场所支持程度的重要性评价

		生态游憩	景观游憩	生活游憩	设施游憩	商业游憩
场所支持程度	文化特色	3.56	3.58	3.41	3.47	3.58
	道路的通畅性	3.88	4.21	4.07	4.06	4.06
	活动空间开敞性	3.81	3.85	3.81	3.89	3.97
	场地尺度规模	3.44	3.52	3.62	3.74	3.74
因子的累计均值		3.67	3.79	3.73	3.79	3.84

(其中"5"="非常重要","4"="重要","3"="一般重要","2"="关系不大","1"="完全无关")

低了对道路开发的要求。居民在商业型游憩环境中对文化特色和活动空间的开敞性需求均为最高，说明商业文化和商业空间作为一种游憩资源开始得到重视。而且对于商业文化特色的体现，居民不仅满足于购物、餐饮、娱乐等游憩活动，在一些商业步行街中，居民对历史建筑和民居风俗等文化特色的体现表现出更加强烈的愿望。

该因子的累计重要性，总体上看，从生态型游憩环境到商业型游憩环境大致呈现递增的分布规律。结合对各子变量的重要性程度比较，可以认为，在游憩场所的支持程度上，居民更倾向于商业型游憩环境类型。

d. 人工主导性。在人工主导性因子所包含的4个变量中(见表6-18)，居民对设施的供给方面表现出比较一致的趋势。特别是在休憩设施上，变量的重要性均值呈逐渐递增的线性变化规律，以商业型游憩环境中的需求最为强烈。而在娱乐设施和运动设施上，对于前4类游憩环境均逐渐增加，仅在商业型游憩环境中分值降低，并且在这两个变量上，重要性均值的变化范围也较大，浮动在1.0左右；其中，居民均对设施型游憩环境的要求最高，而对生态型游憩环境的要求最低。特别是对于娱乐设施一项，出现了满分值5.0，说明居民认为设施型游憩环境中对于设施的供给应当重点体现在娱乐设施的建设上。参考实地调研中居民的意见反馈，设施型游憩区域应适当提供一些儿童游乐场地和儿童游乐设施。在人工景观构筑物一项上，居民对各类游憩环境的需求呈波浪线分布，时高时低，特征并不明显，以景观型游憩环境相对突出。

表6-18　不同游憩环境类型中居民对人工主导性的重要性评价

		生态游憩	景观游憩	生活游憩	设施游憩	商业游憩
人工主导性	休憩设施	3.96	4.00	4.10	4.16	4.22
	娱乐设施	3.80	3.94	4.32	5.00	3.95
	运动设施	3.47	4.00	4.04	4.40	3.80
	人工景观构筑物	3.37	3.62	3.45	3.37	3.45
因子的累计均值		3.65	3.89	3.98	4.23	3.86

(其中“5”=“非常重要”，“4”=“重要”，“3”=“一般重要”，“2”=“关系不大”，“1”=“完全无关”)

在因子的累计重要性特征上，设施型游憩区域占有绝对优势，生态型游憩区域相对最弱。结合各子变量的重要性程度，可以认为，设施型游憩环境对人工主导性的要求较高，并且重点体现在设施供给上，而对生态型游憩环境则需要尽量减弱人工主导性程度。

e. 自然主导性。自然主导性作为游憩环境自然条件的重要决策因子，也是突出的“优势因子”。由表 6-19 可以看出，居民对不同游憩环境类型中的指标重要性评价反馈良好，随着游憩环境的开发利用强度增加，各变量均值基本呈现逐渐递减的分布趋势。在场所的微气候、环境的空气质量和安静程度上，居民对生态型游憩区域的要求均最高，对商业型游憩区域的要求最低。而居民对于植物的丰富度需求，在景观型游憩环境中要较于生态型游憩环境更为强烈。

表 6-19 不同游憩环境类型中居民对自然主导性的重要性评价

		生态游憩	景观游憩	生活游憩	设施游憩	商业游憩
自然主导性	植物丰富度	4.29	4.33	4.26	4.10	3.89
	场所微气候	4.48	4.45	4.37	4.35	4.10
	空气质量	4.68	4.67	4.56	4.41	4.37
	安静程度	4.47	4.39	4.32	4.30	3.94
因子的累计均值		4.48	4.46	4.38	4.29	4.08

（其中“5”=“非常重要”，“4”=“重要”，“3”=“一般重要”，“2”=“关系不大”，“1”=“完全无关”）

在自然主导性因子的重要性程度上，因子累计均值总体呈逐渐递减的单一线性变化，更倾向于生态型游憩环境，但同时景观型游憩环境对自然主导性的要求也相对较高。

f. 组织引导性。组织引导性反映的是具有游憩引导作用的游憩环境的社会属性，所包含的 3 个变量在各个环境类型之间同样存在着不同程度的变化（见表 6-20），但规律特征并不明显。在游憩活动的可参与性上，居民对生活型游憩环境的要求最高（3.43），对生态型游憩环境的要求最低（2.53），浮动范围较大，相差 0.9。居民对与日常生活密切相关的生活型游憩区域的参与程度要求较高，一方面从客观环境上要求提供的游憩活动类型比较简单而大众化，适合居民方便、快速地融入其中；另一方面从主观心理上也体现了居民在游憩活动中渴望与他人交流、渴望在自身游憩行为过程中同时能观看到他人动态等隐性的情感需求，这种结伴而行的亲切感以及“人看人”的乐趣，很大程度上也是提高居民游憩积极性的重要原因。游憩者的参与形式强调的是居民对游憩同伴的数量要求，如独自开展、结伴而行、三五成群或者是大众集体式活动，在该变量的重要性评价上，各类型环境之间的差别较小，以生活型游憩环境和设施型游憩环境相对突出，要求较高。活动人群的分类强调的是针对不同年龄的人群（儿童/青少年/中年/老年）而组织不同类型的游憩活动，年龄段的差异对于居民的身体机能和心理诉求均有着直接的影响，也间接引导着居民参与不同的游憩活动。对于这一项变量，居民认为在设施型游憩环境中最应当引起重视，其次是生活型游憩环境和景观型游憩环境。

表 6-20　不同游憩环境类型中居民对游憩组织引导的重要性评价

		生态游憩	景观游憩	生活游憩	设施游憩	商业游憩
组织引导性	游憩活动的参与性	2.53	3.08	3.43	3.30	3.04
	游憩者参与形式	3.40	3.44	3.67	3.62	3.50
	活动人群的分类	3.88	4.17	4.19	4.22	4.07
因子的累计均值		2.45	2.67	2.82	2.79	2.65

（其中“5”=“非常重要”，“4”=“重要”，“3”=“一般重要”，“2”=“关系不大”，“1”=“完全无关”）

综合因子的累计均值可以认为，居民对游憩组织引导的需求在生活型游憩环境中反映最为强烈，其次是设施型游憩环境，而对生态型游憩环境在该因子上的特征表现要求最低。

g. 商业服务功能。根据表 6-21 可以看出，商业服务功能所包含的 2 个变量呈现出明显的线性变化规律，随着环境开发利用强度的增加，居民对小卖部、报刊亭和公共厕所配备的需求意识也逐渐增强，但差异较小，浮动范围均在 0.25 左右。

表 6-21　不同游憩环境类型中居民对商业服务功能的重要性评价

		生态游憩	景观游憩	生活游憩	设施游憩	商业游憩
商业服务功能	小卖部报刊亭	3.00	3.09	3.10	3.19	3.25
	公共厕所	3.70	3.82	3.82	3.94	3.96
因子的累计均值		3.35	3.46	3.46	3.57	3.61

（其中“5”=“非常重要”，“4”=“重要”，“3”=“一般重要”，“2”=“关系不大”，“1”=“完全无关”）

结合因子的累计均值可以认为，居民对商业服务功能因子的需求更倾向于商业游憩环境类型，并且随着环境开发程度的降低，对商业服务功能的建设也应当逐步弱化，特别是在生态型游憩环境中，尽量保持较少甚至不提供商业服务。

h. 场所安全性。场所安全性代表着社区游憩环境在安全建设方面的管理条件，所包含的3个变量在变化程度上不具有明显的规律性(见表6-22)。在治安状况上，不同环境类型之间的重要性均值差异较小，基本一致，以生活型游憩区域和商业型游憩区域相对突出，占有微弱优势，说明居民更希望管理者在这两种环境中引起对治安状况的重视。在管理人员巡视方面，居民要求最高的是景观型游憩环境(4.32)，最低的是生活型游憩环境(3.62)，变化范围较大，相差值为0.7。由于景观型游憩环境的自然资源和人文资源禀赋相对丰富，适当的管理巡视可以加强对资源的保护，监督并避免游憩者在游憩过程中有意识或者无意识地造成干扰甚至破坏，而且管理人员在一定程度上可以承担引导服务工作，可以引导游憩者更有效地参与到游憩活动中。而生活型游憩环境是居民日常生活形态的集中，游憩行为更偏向于自发性、生活化的活动，管理人员的巡视从某种程度上也是一种外部的非游憩行为，甚至可能会干扰约束游憩活动的良好开展。对于开放限制一项，各类环境的浮动范围仍然较小，生活型游憩环境往往由于与居民的住宅建筑以及日常生活密切相关，因此对开放限制的要求稍高(3.98)；而商业型游憩环境本身作为一种本地居民和外来游客容易汇集的聚焦点，极其需要提升人气，对开放限制的要求也就相应最低(3.78)。

表6-22　不同游憩环境类型中居民对场所安全性的重要性评价

		生态游憩	景观游憩	生活游憩	设施游憩	商业游憩
场所安全性	治安状况	4.67	4.71	4.74	4.72	4.74
	管理人员巡视	3.93	4.32	3.62	4.18	4.22
	限制开放条件	3.85	3.81	3.98	3.79	3.78
因子的累计均值		4.15	4.28	4.11	4.23	4.25

(其中“5”=“非常重要”，“4”=“重要”，“3”=“一般重要”，“2”=“关系不大”，“1”=“完全无关”)

根据因子的累计均值，结合各子变量的重要性评价，可以综合认为居民对场所安全性这一指标的需求着重体现在景观型游憩环境中，所以，景观型游憩环境尤其要加强管理人员的巡视程度。

i. 市政服务功能。市政服务功能对于游憩行为的支撑是一个非常重要但又容易被忽略的因素，本书采用地面积水和夜间照明这两项变量来衡量居民对各类环境的需求(见表6-23)。在地面积水的处理上，随着环境类型的递增，居民的需求也相应加强。特别是商业型游憩环境的开发利用强度最高，环境相对复杂化，人群聚集效应明显，地面积水问题容易引发居民强烈的反馈。而富含良好植物群落的生态型游憩环境由于其本身的循环稳定性可以自行调节，因此居民对该环境类型反而要求最低。在场所的夜间照明上，居民需求最强烈的是商业型游憩环境(4.15)，需求较弱的是生态型游憩环境(3.76)，与地面积水一项的重要性一致。综合因子的累计重要性均值来看，居民对市政服务功能因子的需求更倾向于商业型游憩区域这一环境类型。

表 6-23　不同游憩环境类型中居民对市政服务功能的重要性评价

		生态游憩	景观游憩	生活游憩	设施游憩	商业游憩
市政服务功能	地面无积水现象	3.83	3.94	4.11	4.21	4.28
	场所的夜间照明	3.76	4.04	3.88	4.07	4.15
因子的累计均值		3.80	3.99	4.00	4.14	4.22

(其中“5”=“非常重要”,“4”=“重要”,“3”=“一般重要”,“2”=“关系不大”,“1”=“完全无关”)

j. 游憩强度。游憩强度是反映居民对游憩拥挤感的容忍程度及愿意支配的游憩时间的社会因素。由表 6-24 可以看出，游憩强度所包含的 2 个变量在变化程度上各不相同。关于游憩活动密度一项，居民重视程度最高的是景观型游憩环境(3.88)，重视程度最低的是商业型游憩环境(3.67)，表明在游憩行为过程中与人接触的程度对于居民开展风景游览相关的系列活动影响重大，在该环境中要适当控制游憩者的数量，过多的游人量容易造成拥挤，而太少则会产生荒野感。在游憩活动的持续时间上，居民对设施型游憩环境的要求最高(3.61)，其次是景观型游憩环境(3.53)，而生态型游憩环境相对最弱(3.11)。这一结果反映了居民渴望并且认为在设施型的游憩环境和景观型游憩环境中适合较长的活动时间，以实现令人满意的游憩体验。结合因子的累计均值一项，可以综合认为，在景观游憩环境类型和设施游憩环境类型中，居民对游憩强度的要求更高也更强烈。

表 6-24　不同游憩环境类型中居民对游憩强度的重要性评价

		生态游憩	景观游憩	生活游憩	设施游憩	商业游憩
游憩强度	游憩活动密度	3.81	3.88	3.69	3.77	3.67
	活动持续时间	3.11	3.53	3.28	3.61	3.22
因子的累计均值		3.46	3.71	3.49	3.69	3.45

(其中“5”=“非常重要”,“4”=“重要”,“3”=“一般重要”,“2”=“关系不大”,“1”=“完全无关”)

综合上述分析可以得出以下结论：首先，游憩者对不同类型环境的指标重要性评价存在着一定程度的差异，并且在部分指标的变化趋势上呈现出良好的单一线性规律，符合游憩机会谱的基本原理。其次，不同游憩环境对不同指标的侧重性也各不相同，其中生态型游憩环境对资源的保护和展示以及自然主导性的需求相对更加强烈，景观型游憩环境对场所的安全性和游憩强度因子的需求相对更加强烈，生活型游憩环境对组织引导因子的需求相对更加强烈，设施型游憩环境则更侧重于游憩的丰富度和人工主导性，而商业型游憩环境重视的因素相对较多，集中在场所支持程度、市政服务功能和商业服务功能3个方面。

(2) 不同游憩环境序列休闲活动偏好分析。良好游憩体验的获得不仅依赖于基于指标体系的游憩环境特征，也取决于多种形式的游憩活动参与。通过居民对偏好的游憩环境的选择，以及在该环境类型中偏好的游憩活动形式，可以建立不同游憩环境类型与不同游憩活动类型的对应关系。为了方便比较分析并保持研究前后的一致性，居民针对各类环境可选择的各项游憩活动与第四章中所调查的居民游憩行为特征中的各项活动类型在名称和数量上保持一致，降低了居民的选择难度。下文将通过降序排列的图表形式，直观描述各类环境中的游憩活动排名。

a. 生态型游憩区域。由图6-23可以看出，在生态型游憩环境中，居民偏好游憩活动类型排名前10位的依次是散步(79.4%)、静坐(58.8%)、风景欣赏(47.1%)、慢跑(38.2%)、摄影(38.2%)、阅读(32.4%)、武术(29.4%)、健身器械(23.5%)、棋牌(23.5%)和喝茶聊天(17.6%)。由于生态

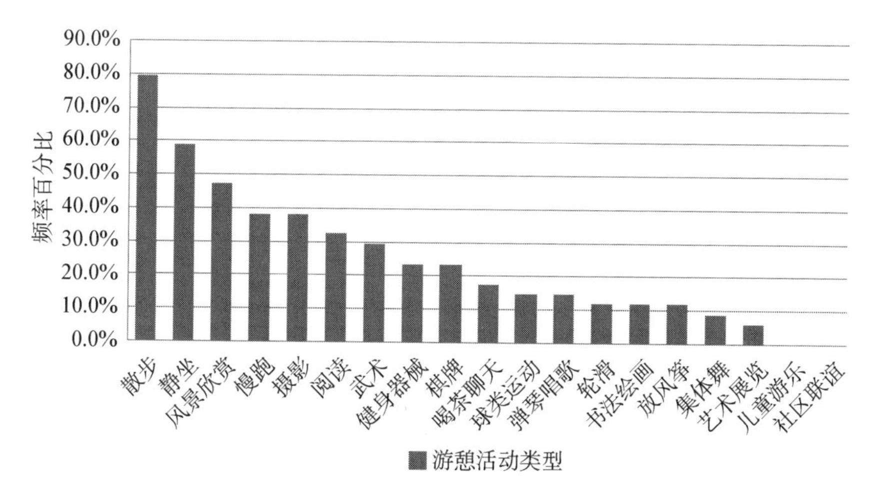

图6-23 生态型游憩区域中居民偏好的活动类型

型游憩区域对自然主导性的要求非常高，拥有丰富的植物和良好的空气环境，而且环境相对安静，适合强度较低的活动类型，所以居民所偏好的前10项基本都适合在生态型游憩区域中开展。特别是散步一项占有绝对突出的比重，并且对环境的干扰程度较小，是生态型游憩环境中最受欢迎的游憩方式。而太极拳等武术健身类运动尽管居民偏好比例相对较低，但是由于该运动本身具有极强的健身养生功效，可以适当加以引导和推广。

b. 景观型游憩区域。景观型游憩环境的重点在于良好的视觉欣赏和景观认知，对游憩活动的方式并不具有绝对性的要求，在考察居民的偏好选择时，应当更多关注那些与环境禀赋的自然人文资源互动程度较高的活动项目。在该环境中（见图6-24），居民偏好程度较高的活动类型依次有散步（71.4%）、风景欣赏（46.7%）、摄影（44.8%）、慢跑（41.7%）、静坐（37.1%）、喝茶聊天（33.3%）、弹琴唱歌（32.4%）、儿童游乐（32.4）、棋牌（31.4%）和阅读（30.5%），选择频率均在30%以上，总体活动强度较低。可以看出，散步仍然是主流方式，占有绝对优势，但散步作为一项大众皆爱的简单游憩活动，不能完全突出该类环境的使用特征。基于环境的景观美感性，居民通过参与欣赏风景、拍照摄影等风景游览活动，可以实现对环境资源的充分利用。同时，慢跑和静坐分别作为动态和静态的风景观光方式，可以加强利用和引导。因此，散步、风景欣赏、摄影、慢跑、静坐前5位游憩活动类型比较符合居民对景观型游憩环境的使用需求，可以认为，在排名前10项的活动中，其他游憩活动则由于各自活动主题明确且受众固定，居民的偏好度相对较弱。

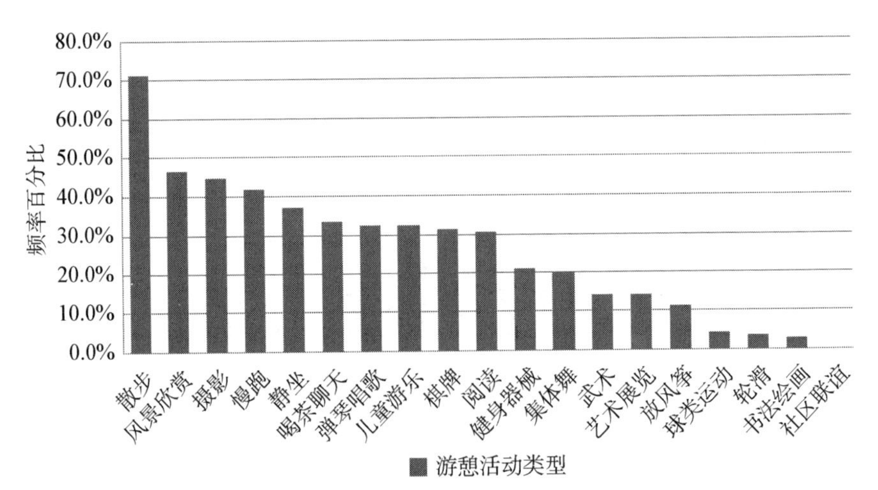

图6-24　景观型游憩区域中居民偏好的活动类型

c. 生活型游憩区域。在生活型游憩环境中，同样对居民偏好度较高的前10项活动类型加以重点说明(见图6-25)。它们依次为散步(65.8%)、静坐(54.2%)、阅读(52.9%)、喝茶聊天(48.4%)、健身器械(43.2%)、棋牌(42.6%)、儿童游乐(42.6%)、球类运动(40.6%)、风景欣赏(38.1%)、和慢跑(29.7%)。其中尤以读书阅报、喝茶聊天和棋牌适合居民就近开展，并且能增加邻里之间的互动交流。相对而言，球类运动和儿童游乐需要特定的场所和设施，对环境的要求较高，并不适合该类游憩环境。

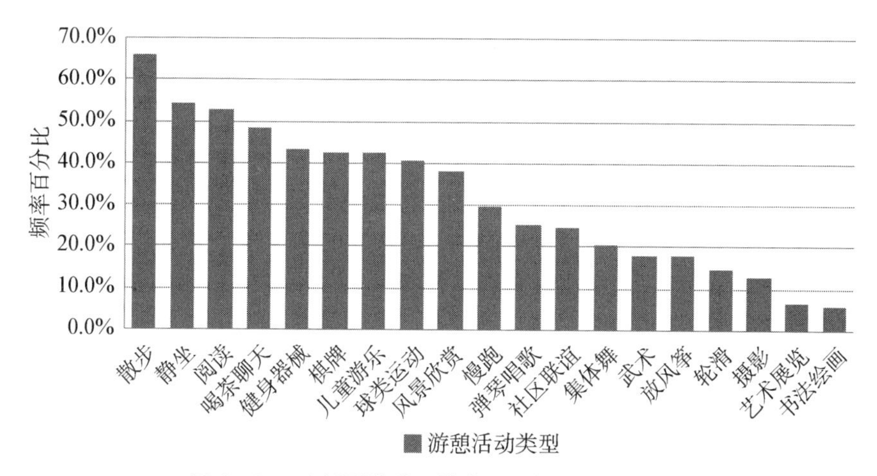

图6-25　生活型游憩环境中居民偏好的活动类型

d. 设施型游憩区域。对于设施型游憩区域，居民偏好前10项的游憩活动内容与前几类环境稍有差异(见图6-26)，这些活动分别是球类运动(65.6%)、健身器械(49.0%)、儿童游乐(49.0%)、散步(43.8%)、慢跑(43.5%)、静坐(37.5%)、滑冰(37.5%)、阅读(36.5%)、风景欣赏(36.5%)和集体舞(30.2%)。显而易见，运动娱乐类的项目占主导地位，活动强度整体较高。特别是球类运动一项，对场所的要求较高，较于其他游憩环境类型更适宜在设施型游憩环境中开展。除了锻炼式的运动项目，针对不同人群而设置的相对娱乐化的活动形式也比较受居民的喜爱，如儿童游乐、滑冰和集体舞。

e. 商业型游憩区域。在商业型游憩环境中，居民需求最强烈的仍然是散步(见图6-27)，占有63.0%的比重，其次是静坐、喝茶聊天和艺术展览，选择频率均在48%左右。排名前10位的其余6项活动类型依次为阅读(40.7%)、风景欣赏(37.0%)、摄影(33.3%)、书法绘画(29.6%)、弹琴唱歌(29.6%)和儿童游乐(25.9%)。可以看出，较于其他类型的游憩环境，在商业型游憩环境中，居民偏好的活动方式新增加了艺术展览和书法绘画两项，

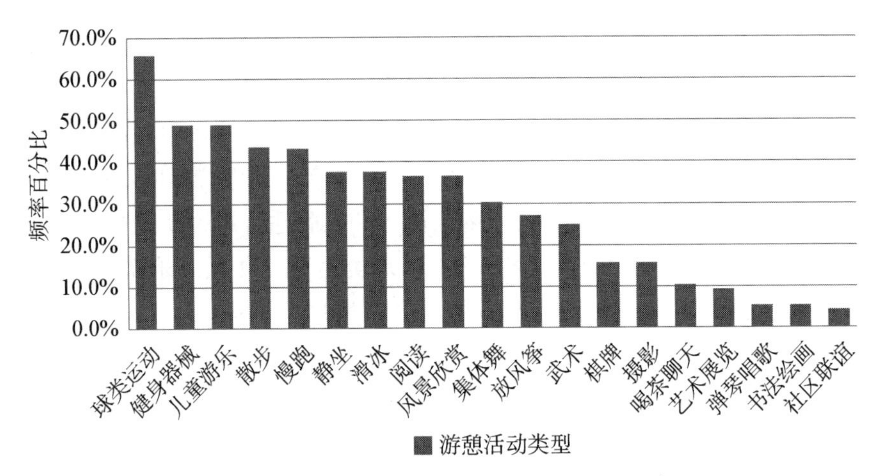

图 6 - 26　设施型游憩区域中居民偏好的活动类型

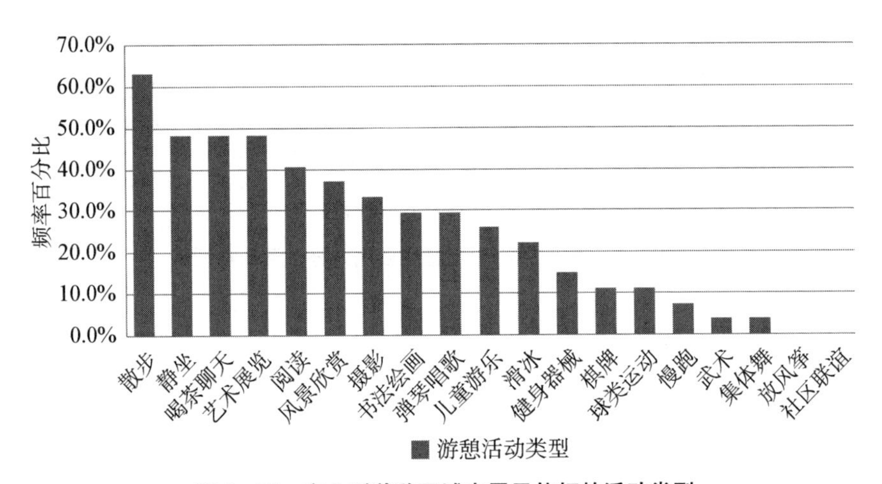

图 6 - 27　商业型游憩区域中居民偏好的活动类型

并且喝茶聊天一项的排名程度也相对高于其他环境，说明居民的游憩方式选择随着环境的变化也逐渐变得多样化。

通过综合比较居民在这 5 类游憩环境中所偏好的活动类型，可以发现偏好度较高的活动项目之间存在着交叉重复，如散步、静坐、阅读和风景欣赏这 4 种活动在每个环境中都受到居民较高程度的欢迎。其中对散步和静坐选择频率最高的是生态型游憩环境，对阅读偏好最高的是生活型游憩环境，而对风景欣赏选择更多的是生态型游憩环境和景观型游憩环境。除了这些相同的项目，在其他游憩方式的选择上，各类环境之间存在着部分差异。有一些活动方式在一种环境中偏好度较低，但在另一种环境中偏好程度可能较高，如，在生态型游憩环境中居民突出偏好的活动类型有慢跑、摄影、武术和棋牌活动；在景观型游憩环境中居民特别偏好的活动有摄影、喝茶聊天和弹琴唱歌；在生活型游憩环境中居民重点偏好的游憩方式有喝茶聊天、健身器械和棋牌活动；在设施型游憩环境中居民偏好更为强烈的活动项目有球类、健身器械、儿童游乐和滑冰；在商业型游憩环境中居民则更关注艺术展览、书法绘画、弹琴唱歌等文娱活动。

需要强调的是，居民所偏好的活动类型很大程度上是基于居民主观感受和个人喜好习惯而进行选择的，在客观上可能也并不是完全符合该游憩环境。同时，提供给居民可选择的各项游憩活动方式大多都是基于实地观察所真实存在发生的，不能完全涵盖居民对各类环境所期望的理想游憩活动类型。因此，居民凭借个人经验和主观感受对常见的游憩方式作出选择，更多的是提供参考的（而不是绝对）居民游憩活动偏好建议。

(3) 不同游憩环境序列的游憩者行为分析。根据不同人群对游憩环境类型的偏好度分析，已知不同性别、年龄、文化程度和职业类型的居民在游憩环境类型的选择上均存在差异性。针对该差异性可以归纳总结出每一类游憩机会序列的游憩主体构成，结合不同人群的其他行为特征可以进一步总结出每一类游憩机会中游憩者的相关行为特征。

a. 生态型游憩区域。偏好生态型游憩区域的居民仅占所有人群的8.1%，比重较少。在这8.1%的居民中，游憩者以65岁以上的人群为主，或者是受教育程度较低、学历在初中及以下的居民，职业类型上以工人、农民较多，而且女性较于男性更喜好这类游憩环境。

根据游憩行为特征差异分析已知，在游憩动机的选择上，65岁以上的老年人参与游憩的主要目的是“锻炼身体”(35.2%)，其次是“接触自然”(18.5%)和“打发时间”(16.7%)；文化程度在初中及以下的居民则与65岁以上的老年人相似；而工人或农民对“锻炼身体”(20.8%)和“娱乐兴趣”(20.8%)的需求同等强烈，其次是渴望“结交朋友”(12.5%)的社交需求。在游憩活动持续时间方面，65岁以上的居民每天用于游憩活动的时间分布较为平均，但以3 h以上(35.7%)的活动所占比例最高；低学历的居民尽管以1 h为主(37.1%)，但仍有一部分居民愿意花费3 h以上(25.7%)的时间参与游憩活动；而工人或农民的游憩持续则相对较少，主要集中在2 h以内。因此综合而言，选择生态型游憩区域的居民参与游憩的动机普遍是为了锻炼身体，其次是为了与大自然亲密接触或者打发空闲的时间。在游憩时间的花费上相对极端，一部分人群的游憩时间在1 h以内，而一部分人群的游憩时间则较长，超过了3 h。

b. 景观型游憩区域。居民对景观型游憩环境的偏好比例占25.1%，倾向程度较高。在该环境的游憩者中，50岁以上的居民较多，男性比女性多，在职业构成上多以自由职业、企业职员和学生为主。文化水平在初中及以下的居民相对而言更偏好该游憩环境类型，并且随着受教育程度的增加，居民的偏好程度呈现线性递减的趋势。

在游憩动机的选择上，50岁以上的居民游憩动机仍然以“锻炼身体”(35.2%)为主，但对“娱乐兴趣”(26.7%)的需求大幅提升；文化程度较低的居民同样呈现相似的特征；而自由职业人员(17.1%)和企业职员对“释放压力”(18.6%)的诉求也较为强烈，学生(20.6%)则更关注游憩活动的娱乐性。在游憩时间的支配上，50岁以上的居民均倾向于开展持续时间在1～2 h的游憩活动，而基于居民的文化程度和职业类型来看，居民更倾向于开展1 h以内的游憩活动。因此，选择景观型游憩区域的使用人群参与游憩活动的动机不仅是为了锻炼身体，也出于一部分的娱乐兴趣和释放压力的需求。在游憩时间的花费上倾向于短暂性游憩，活动时间基本维持在2 h以内，以1 h以内居多。

c. 生活型游憩区域。选择生活型游憩环境的居民占所有调查者的37.2%，居民的偏好程度在所有环境类型中最高。游憩者构成中女性比例明显高于男性，并且随着文化水平的增加，居民对环境的喜好程度也相应提高。该环境适合的年龄范围较广，在18～65岁的居民中都比较受欢迎。居民的职业分布也较为平均，仅工人或农民所占比例较低。因此综合而言，选择生活型游憩区域的使用人群参与游憩的动机也是多样化的，主要是为了娱乐兴趣，其次是为了锻炼身体，还有部分居民渴望在游憩活动的过程中享受家庭温馨或加强社会交际关系，或者只是消遣闲暇时间。在游憩时间的花费上大部分居民仍然倾向于短暂性游憩，基本在1 h以内，而较为年长的居民则更愿意花费1～2 h。

d. 设施型游憩区域。倾向于在设施型游憩环境中开展游憩行为的居民占总量的23.2%，偏好度较高。游憩者构成中，男性明显多于女性，并且年龄大多都在50岁以下。居民在文化程度上处于中等以上水平，以医生、教师、自由职业、个体户、企业职员这类职业人群所占比例较多。在游憩动机的选择上，36岁以下的居民普遍对“娱乐兴趣”的重视程度较高(18.3%～37.5%)，而36～50岁的居民则更关注“锻炼身体”的需求(21.8%～35.2%)；文化程度较高(高中及以上)的居民上述两种动机兼而有之，并且对“释放压力”的需求也较为凸显；而在以医生、教师、企业职员等职业为主导的游憩人群中，除了普遍对“锻炼身体”(17.1%～33.3%)的强烈重视，选择“释放压力”(17.1%～22.2%)的居民也占有较大比重。在游憩时间的支配上，居民的偏好程度较为一致，主要集中在1 h以内，选择比例超过了50%以上。因此可以看出，选择设施型游憩区域的居民参与游憩的目的显然是为了锻炼身体，同时也希望通过游憩活动的开展充分发挥个人的娱乐兴趣并释放生活和工作所带来的压力。居民的游憩活动时间基本保持在1 h左右，而以男性为主的居民对动态刺激的球类项目具有强烈的偏好。

e. 商业型游憩区域。居民对商业型游憩环境的偏好比例为6.4%，在所有环境类型中最低。在使用人群的构成中，由于整体偏好度偏低，居民在性别、年龄和文化程度上均无明显差异，仅在职业分布上以工人、农民相对较多，因此选择该游憩环境类型的居民在游憩行为特征的表现上相对不突出，与居民整体特征一致，在游憩活动的持续时间上以1～2 h为主。

3. 上海城市社区游憩谱综合构建

社区游憩机会谱(CROS)的组成部分体现在环境类型、环境特征、互动参与以及游憩者特征4个方面，即游憩机会＝游憩环境＋环境指标＋游憩活动＋游憩者类型≈游憩体验。前文已分别独立探讨了不同游憩环境序列的指标重要性和活动偏好分析，以及相应的适应适宜人群和游憩行为特征，组合这些不同的特征和条件，是构成整个社区游憩机会谱系(CROS)的关键。因此，有效地对前文所得分析进行全面、综合、简洁的概括，可以对整个社区游憩机会谱系中5个级别的环境序列的10个指标因子、活动类型以及游憩者构成的相关特征进行描述，如表6-25所示：

表6-25　社区游憩机会谱系描述

相关描述		环境类型					备注
		生态型游憩区域	景观型游憩区域	生活型游憩区域	设施型游憩区域	商业型游憩区域	
环境偏好度		8.1%	25.1%	37.2%	23.2%	6.4%	
居民对环境指标的重要性评价[a]	资源的保护与展示	+++	+++	++	++	+	优势因子
	游憩丰富度	+	++	++	+++	+	优势因子
	场所支持程度	+	++	++	+++	+++	潜力因子
	人工主导性	+	++	++	+++	++	优势因子
	自然主导性	+++	+++	++	++	+	优势因子

（续表）

相关描述		环境类型					备注
		生态型游憩区域	景观型游憩区域	生活型游憩区域	设施型游憩区域	商业型游憩区域	
	组织引导性	+	++	+++	++	++	潜力因子
	商业服务功能	+	++	++	+++	+++	弱势因子
	场所安全性	++	+++	++	++	++	控制因子
	市政服务功能	+	+	++	++	+++	控制因子
	游憩强度	++	+++	++	+++	++	弱势因子
居民偏好的游憩方式	偏好度较高适合所有环境的活动类型	散步、静坐、读书阅报、欣赏风景					
	偏好度较高适合不同环境的活动类型	慢跑、拍照摄影、武术太极、棋牌	拍照摄影、喝茶聊天、弹琴唱歌	喝茶聊天、棋牌、体育器材、儿童游乐	球类、体育器材、儿童游乐、慢跑、滑冰、集体舞	喝茶聊天、艺术展览、书法绘画、弹琴唱歌	
游憩者构成	性别	女性居多	男性居多	女性为主	男性为主	无差异	家庭构成在游憩环境的选择上无明显差异
	年龄	65岁以上居多	50岁以上居多	18～65岁	50岁以下为主	无差异	
	文化水平	较低	较低	较高	中高等	无差异	
	职业类型	以工人、农民较多	自由职业、企业职员、学生为主	广泛适合，以工人、农民较少	医生/教师、自由职业/个体户、企业职员	以工人、农民较多	
游憩者行为特征	游憩动机	锻炼身体、亲近自然、打发时间	锻炼身体、娱乐兴趣、释放压力	娱乐兴趣、锻炼身体、陪伴家人、结交朋友	锻炼身体、娱乐兴趣、释放压力	锻炼身体、娱乐兴趣	
	游憩时间段	无差异，均以上午或晚上为主					
	游憩时长	<1 h，或>3 h	<2 h	<1 h，或1～2 h	<1 h	1～2 h	

（备注：将各指标重要性等级分为高、中、低三个层次，用“+++、++、+”表示，仅用于横向比较，不用于纵向比较各类指标的重要性）

社区游憩机会谱的建立主要是通过划分社区潜在的游憩环境类型，激发居民选择偏好的环境参与偏好的活动，并且深入了解居民对各类环境在自然、社会和管理属性方面的客观需求和心理期望。这一调查结论的反馈和这一分类体系的参考，有助于管理者和规划者对社区游憩环境建立一个清楚全面的认识，以及对社区游憩活动的开展进行有目的的组织。通过组合这一系列的要素，可以为社区居民甚至外来游客提供一系列丰富的游憩机会。需要强调的是，任何一个单独的游憩区域都不可能完整地提供整个游憩机会谱中的所有机会类型。因此，只有加强不同游憩区域之间的联系和整合，才能为居民创造多样化的游憩体验。

4. CROS与其他游憩机会谱的比较

自游憩机会谱产生并陆续得到发展以来，国内外学者纷纷提出了一些适应不同环境条件特别是自然程度较高的环境下的游憩机会谱。本书尝试建立的社区游憩机会谱是对整个游憩机会谱理论的补充和完善，并且加以地域化的修订，将研究的环境本底逐步过渡到更为复杂的人居环境。参考蔡君在《国家森林公园游憩承载力研究》一书中对游憩机会谱的发展历程的总结[①]，通过比较各类游憩机会谱理论可以发现(见表6-26)，不同类型的游憩机会谱研究的核心仍然是基于“连续轴”的思想对环境进行类型划分，但在不同性质的环境本底中会存在一些指标上的差异。而且，由于社区游憩环境本底本身的复杂性，社区游憩机会谱的各项指标更倾向于是一种建设性指标，可以为社区游憩建设提供理论支撑，而不仅仅是用作划分游憩机会类型的参考依据。

表6-26　社区游憩机会谱与其他游憩机会谱的比较

ROS研究本底	构建方法	指标体系	谱系构成	理论出处
荒野游憩地	五标六类法	偏远程度、区域规模、人类迹象、使用密度和管理力度	原始区域、禁止机动车进入的半原始区域、允许机动车进入的半原始区域、有道路的自然区域、乡村区域和城市区域	美国林务局，1982
近城游憩地	六标三类法	偏远程度、区域规模、人类迹象、使用密度、设施水平和管理力度	大面积自然的区域、有小面积自然的区域、由设施主导的区域	[美]托马斯·A.莫(Thomas A. More)，2003

① 蔡君：《国家森林公园游憩承载力研究》，中国林业出版社，2010年。

（续表）

ROS研究本底	构建方法	指标体系	谱系构成	理论出处
沙丘游憩地	五标四类法	可达程度、区域规模、人类迹象、道路密度和管理力度	禁止动力车辆进入的半原生区域、允许动力车辆进入的半原生区域、有道路的自然区域、乡村区域	美国俄勒冈州大沙丘国有游憩区域管理规划，2000
河流水域游憩地	七标六类法	可达性、远隔性、自然性、游客相遇频率、游客冲击、场所管理、游客管理	原始区域、半原始区域、自然乡村区域、开发的乡村区域和城市区域	美国水务局，2003
城郊山地森林游憩地（FROS）	四标五类法	自然程度、偏远程度、游客密度和管理强度	近郊开发区域、近郊自然区域、乡村开发区域、乡村自然区域和半原始区域	肖随丽，2011
城市公园游憩地	九标五类法	自然环境游憩适宜度、人文环境游憩适宜度、景观美感质量、游憩活动类型、游憩活动频次、活动频次强度、环境卫生管理、遗产与自然资源保护和解说与教育	高适宜水平游憩机会、较高适宜水平游憩机会、中度适宜水平游憩机会、较低适宜水平游憩机会、低适宜水平游憩机会	王忠君，2013
社区户外游憩地（CROS）	十标五类法	资源的保护与展示、游憩丰富度、场所支持程度、人工主导性、自然主导性、组织引导性、商业服务功能、场所安全性、市政服务功能、游憩强度	生态型游憩区域、景观型游憩区域、生活型游憩区域、设施型游憩区域和商业型游憩区域	

基于居民重要性评价和行为特征及偏好，对社区游憩机会谱（CROS）进行理论体系的构建。在问卷调查中，居民对初步假定的35个环境变量根据其重要性分别进行“1～5”的分值评估，采用SPSS18.0统计软件中的频率分析对各项变量进行平均值和标准差的计算并相应排名，保留平均值大于3的变量，得到初步确定的33个变量。根据信度分析中的Cronbach α系数检验证明了问卷调查的可靠性，进一步通过KMO & Bartlett检验表明初步拟定的变量适于进行因子分析。通过因子分析中的主成分分析法初

步综合了最能代表整个环境变量体系的最具潜力的9个因子。为了方便对各因子进行更有效的命名和解释，将得到的9个因子根据其变量的属性进行适当调整，得到最终的10个因子，建立了指标体系。其中，10个指标分别为：资源的保护与展示、游憩丰富度、场所的支持程度、人工主导性、自然主导性、组织引导性、商业服务功能、场所安全性、市政服务功能和游憩强度。

根据SPSS18.0统计软件中的数据筛选，可以看出不同游憩环境类型中居民对指标的重要性评价，以此识别出不同环境类型中相对重要的环境因子。在生态型游憩区域中，居民认为该环境应当具有明显的自然主导性，特别是需要具备良好的空气质量和不受干扰的安静氛围。在管理方面应当更注重资源的保护与展示，对于植被的养护和环境卫生的管理要加强监督。在景观型游憩区域中，居民对该游憩环境的管理属性和社会属性较为重视，一方面建议加强治安管理和增加管理人员的巡视频率，提高场所的安全性；另一方面游憩区域的规划和管理均应对游憩者的数量进行控制，合理地安排游憩活动密度，避免过度拥挤。在生活型游憩区域中，作为与日常生活形态密切相关的游憩环境类型，居民在环境要素上更多地是考虑游憩活动的组织引导性，通过将不同年龄段的人群和不同人数的使用者聚集到一起，可以方便游憩活动更有效地开展。如何加强游憩活动的可参与性也是居民对该环境重点衡量的指标，突出体现了环境的社会属性。在设施型游憩区域中，居民对人工主导性环境因子的重要性评价相对较高，特别是在休憩设施、娱乐设施和运动设施等各类休闲游憩设施的供给方面尤为突出重视。同时，社区居民也非常期望能在该类游憩环境中通过参与多元化的活动项目来实现游憩方式的整体丰富度。在商业型游憩区域中，居民对环境指标的关注也重点集中在场所支持程度、市政服务功能和商业服务功能3个方面。其中，场所支持程度主要体现在文化特色、活动空间的开敞性和场地的尺度规模等因素的建设水平上；而市政服务功能和商业服务功能是环境的管理属性，包括对地面积水和夜间照明的处理以及商业、服务设施的配备。

通过进一步分析不同游憩环境类型与不同游憩活动类型的对应关系，以及不同游憩环境类型中居民所偏好的活动类型，本书探讨了不同游憩环境序列中适宜的游憩人群、适宜的游憩活动以及游憩者相应的行为特征。基于对这些不同的特征和条件的组合，构建了最终的社区游憩机会谱系(CROS)。

五、小结

采用问卷调查法对社区居民的游憩动机、游憩时间、游憩活动偏好和游憩满意度等行为规律进行一般特征分析和差异性特征分析，通过总结不同居民的游憩行为特征为社区游憩环境的优化设计对策提供了参考。根据SPSS18.0统计分析软件中的频率描述性分析表明，推动居民参与社区户外游憩的原因是多方面的，主要动机是为了满足娱乐兴趣(49.8%)和锻炼身体(48.3%)，这直观反映了居民渴望通过游憩实现身心愉悦的心理诉求。居民整体上倾向于选择上午(23%)和晚上(24%)开展游憩活动，在游憩时间的花费上超过80%的居民普遍持续在2 h以内。对于游憩方式的偏好程度，散步(59.7%)显然最受居民欢迎，是适合全民参与的最佳游憩选择。其次为体育器材(46.9%)、静坐(46.0%)、慢跑(44.1%)、阅读(42.2%)、欣赏风景(41.7%)、儿童游乐(41.7%)和球类运动(40.3%)，这些活动类型所占比重均比较接近，可协同发展。居民对社区户外游憩现状总体持满意态度(85%)，但仍有12.9%的居民对于社区设施的稀缺、活动空间的缺乏和场地的拥挤表示不满。

在此基础上，进一步采用SPSS18.0卡方检验及交叉列联表等数据处理方法，考察了不同人口构成的居民在游憩行为特征上的差异性。结果表明，在0.05显著性水平下，不同性别、年龄、文化程度和职业类型的居民在游憩动机因素、游憩时间支配和游憩活动的选择上均存在不同程度的差异性，而家庭人数的构成对居民的游憩行为特征影响并不显著。在游憩动机方面，年龄的影响较大，随着年龄的增长，居民对娱乐兴趣的需求逐渐减弱，而锻炼身体的需求相应呈递增趋势；而文化程度和职业类型与游憩动机的关系变化并不明显，影响较小。在游憩时长方面，年龄、文化程度和职业类型的影响均较大，但在文化程度的影响上，居民的游憩时长呈明显的递减趋势，即低学历的居民较于高学历的居民拥有更多的闲暇时间参与游憩活动。在游憩活动的偏好上，性别、年龄和文化程度的影响均较大，男性偏向于参与动态刺激的球类项目，女性则更侧重于静态惬意的风景观光；而随着受教育程度的增加，居民对游憩活动方式和游憩活动强度的需求也越来越高，从单调大众的活动种类逐渐趋向于更加全面和个性化。

研究采用李克特5点量表的问卷方式和均值描述统计，初步拟定了影响居民社区游憩的33个重要环境变量，根据因子分析中的主成分分析法将33个变量综合为9个因子，对因子和变量数目进行适当取舍、调整和命名，确定了最终的社区游憩环境指标体系，该指标体系共涵盖了3个维度（一级指标）、10个指标层（二级指标）和31个变量层（三级指标），其中10个指标层分别为资源的保护与展示、游憩丰富度、场所的支持程度、人工主导性、自然主导性、组织引导性、商业服务功能、场所安全性、市政服务功能和游憩强度。

进一步探讨各类游憩环境中居民对各环境指标的重要性感知，可以发现游憩者对不同类型环境的指标重要性评价存在着一定程度的差异，并且在部分指标的变化趋势上呈现出良好的单一线性规律，符合游憩机会谱的基本原理。其次，不同游憩环境对不同指标的侧重性也各不相同，其中生态型游憩环境对“资源的保护和展示”以及“自然主导性”的需求相对更加强烈，景观型游憩环境对“场所的安全性”和“游憩强度”因子的需求相对更加强烈，生活型游憩环境对“组织引导性”因子的需求相对更加强烈，设施型游憩环境则更侧重于“游憩的丰富度”和“人工主导性”，而商业型游憩环境重视的因素相对较多，集中在“场所支持程度”“市政服务功能”和“商业服务功能”3个方面。

结合不同社会属性居民对不同游憩环境类型的偏好度，以及不同游憩环境类型中居民所偏好的活动类型，最终构建了社区游憩机会谱（CROS）框架，通过量化的指标体系划分了不同等级游憩环境类型，并且总结了不同游憩区域中适宜开展的相关游憩活动以及适宜人群。该框架为社区管理者和社区游憩参与者均提供了参考指导，社区管理者可以根据不同环境指标的组合设计不同类型的游憩区域，并相应设计不同类型的游憩活动来提供多种游憩机会给不同的人群使用，游憩者也可以根据个人的喜好选择相应的游憩区域参与喜爱的游憩活动。

后文将以莘城社区为案例对象，通过CROS理论的指导作用对社区游憩环境现状提出规划层面和设计层面上的优化对策，实现社区游憩机会谱理论在社区户外环境管理中的有效应用。

规划层面上，基于居民游憩环境的偏好程度，对社区游憩机会的供给与需求进行对比分析，发现不同游憩机会类型的面积、数量分配和需求分配呈现不平衡状态，特别是生活型游憩区域和设施型游憩区域差异最大，这两类游憩机会在居民中受欢迎的程度较高，但是实际中存在较少，景观型游憩区域和生态型游憩区域的分布现状要略高于居民的理想期望，尤以生态型游憩区域存在着一定的供给过剩问题。商业型游憩区域则供需比例相对平衡。因此结合实地考察，对社区游憩机会进行适当补充和调整，并重点增加生活型游憩区域和设施型游憩区域，绘制出新的社区游憩机会分布图。优化后的社区户外游憩区域尽管由于诸多因素在面积的比例上仍与居民的理想期望存在一定差距，但在数量的分布上与居民的偏好度基本保持一致，以居民的喜好作为参考，客观构建了更符合该社区特点的游憩机会谱系。

设计层面上，基于 CROS 框架的指标特征和居民偏好的游憩方式，发现不同类型的游憩区域存在着不同方面的问题。在生态型游憩区域中，植被的养护和植物种类的丰富度较为欠缺，因此优化对策上重点引入了中小乔木和灌木丛丰富植物群落竖向结构。在景观型游憩区域中，主要是管理制度方面的欠缺以及游憩强度过于集中，相应的优化对策中一方面需要加强对环境的管理和监督，另一方面对于游憩空间的建设应当从提高空间丰富性的角度出发，以若干小型空间串联缓解游憩强度。在生活型游憩区域中，缺乏对游憩场合理组织以及对游憩活动的引导，同时存在着资源浪费和空间不足的现象，所以在优化对策中重点是考虑不同人群的使用需求而相应地设计游憩场地并提供游憩设施。在设施型游憩区域中，主要问题是在游憩场地和游憩设施的形制上较为单一和普通，因此优化对策中主要是增加更多元化的、具有多种复合功能的运动场地和更加新型的游憩设施。在商业型游憩区域中，商业文化特色的体现较为薄弱，并且游憩空间过于空旷，在优化对策中重点是引入商业景观和商业服务设施，并且通过对地面的改造打破游憩环境现状的沉闷感。

第七章　上海城市社区公共开放空间生态效益分析

社区公共开放空间绿地是城市绿地不可或缺的一部分，同样，社区绿地植物群落是城市绿地景观的重要组成部分，其在营造社区绿地景观、改善社区生态环境、提升社区精神文化等方面有着不可替代的作用。而植物群落的物种组成、群落类型、多样性等群落结构特征都会直接影响植物群落的生态及景观游憩功能的发挥。因此，采用法瑞学派调查方法对上海社区（公共开放空间）的绿地植物群落进行调查，对其物种组成、物种应用频率、物种丰富度和多样性、群落类型等进行分析总结，可以为社区公共开放空间绿地更好地发挥生态效应提供重要的理论依据①。

一、社区公共开放空间绿地植物群落结构特征分析

1. 社区公共开放空间绿地群落物种组成及应用频度

在瑞金、莘庄、方松 3 个社区公共开放空间中共选取了 168 个典型样地，共记录 92 科 204 属 280 种植物。其中乔木 49 科 80 属 118 种，灌木 29 科 46 属 64 种，草本 37 科 91 属 109 种，藤本 5 科 6 属 7 种，水生 4 科 4 属 4 种。其中，休闲公园绿地有 75 科 90 属 113 种；居住区休闲绿地有 83 科 115 属 152 种；社区休闲道路绿地有 52 科 55 属 59 种；其他绿地有 61 科 72 属 89 种（见表 7－1）。

以某个物种出现的样方数与总样方数的比值作为该物种的应用频率 f（frequency），在调查样地中，上海社区 4 种不同类型的公共开放空间绿地

① 王萍、蒋文绪：《昆明市大观河岸植被三维绿量及生态效益分析》，《山东林业科技》2010 年第 6 期。

表 7－1　瑞金、莘庄、方松社区不同类型绿地植物物种组成

	公园绿地	居住区绿地	道路绿地	其他绿地
科	75	83	52	61
属	90	115	55	72
种	113	152	59	89

应用频度 f≥10％的主要乔木树种为广玉兰、桂花、香樟、雪松，这些高频树种都为上海常见的乡土树种，由于适应性强、景观性好，在 4 个不同类型绿地中均得到广泛的应用。然而不同类型绿地应用频度高的乔木树种各异。其中，休闲公园绿地 9 种，居住区休闲绿地 15 种，休闲道路绿地应用频度高的主要树种有 8 种，其他绿地 12 种（见表 7－2）。由于社区绿地类型的差异性，各个类型绿地的高频树种也呈现了不同的特色，如悬铃木树种仅在道路绿地中大量应用。

表 7－2　上海社区三个类型调研样地植物群落常用主要树种（f≥10％）

绿地类型	f≥10％树种（Species）
公园	广玉兰、桂花、香樟、雪松、白玉兰、垂丝海棠、合欢、银杏、紫叶李
居住区	广玉兰、桂花、香樟、雪松、白玉兰、鸡爪槭、橘子、腊梅、枇杷、石榴、山茶、银杏、樱花、紫薇、棕榈
道路	广玉兰、桂花、香樟、雪松、鸡爪槭、悬铃木、银杏、紫薇
其他	广玉兰、桂花、香樟、雪松、白玉兰、垂柳、鸡爪槭、罗汉松、枇杷、石榴、樱花、棕榈
共有树种	广玉兰、桂花、香樟、雪松

备注：广玉兰（*Magnolia grandiflora*）、桂花（*Osmanthus fragrans*）、香樟（*Cinnamomum bodinieri*）、雪松（*Cedrus deodara*）、白玉兰（*Michelia alba*）、垂丝海棠（*Malus halliana*）、合欢（*Albizia julibrissin*）、银杏（*Ginkgo biloba*）、紫叶李（*Prunus ceraifera cv. Pissardii*）、鸡爪槭（*Acer palmatum*）、橘子（*Citrus reticulata*）、腊梅（*Chimonanthus praecox*）、枇杷（*Eriobotrya japonica*）、石榴（*Punica granatum*）、山茶（*Camellia japomica*）、樱花（*Prunus serrulata*）、棕榈（*Petilus Trachycarpi*）、悬铃木（*Platanus orientalis*）、紫薇（*Lagerstroemia indica*）、垂柳（*Salix babylonica*）、罗汉松（*Podocarpus macrophyllus*）

2. 社区公共开放空间绿地植物群落多样性分析

（1）休闲公园绿地。在所调查的 47 个社区公园绿地样地中，乔木层的 shannon's 指数在 0～2.35 之间，物种丰富度在 0～27 之间，灌草层的 shannon's 指数在 0～2.56 之间，物种丰富度在 1～20 之间，各样地植物群

落类型的物种多样性变化幅度较大。从图 7-1 和图 7-2 可以看出，植物群落中乔灌草多样性指数的变化趋势并不一致。其中 SNQR-6 样地因为只有一种乔木，使得样地植物群落乔木 shannon's 指数为 0，SBCR-9、SBCR-10、SNQR-2、SNQR-3 和 SNQR-9 这 5 个样地因为只有一种灌草，使得灌草的 shannon's 指数为 0，LFXGY-7 和 SBCR-11 样地因为只有一种乔木或灌木，或者没有乔木，使得样地植物群落乔木和灌草的 shannon's 指数都为 0。乔木层的平均物种数量为 4.8，灌草的平均物种数量为 6.5（如图 7-1 和图 7-2）①。

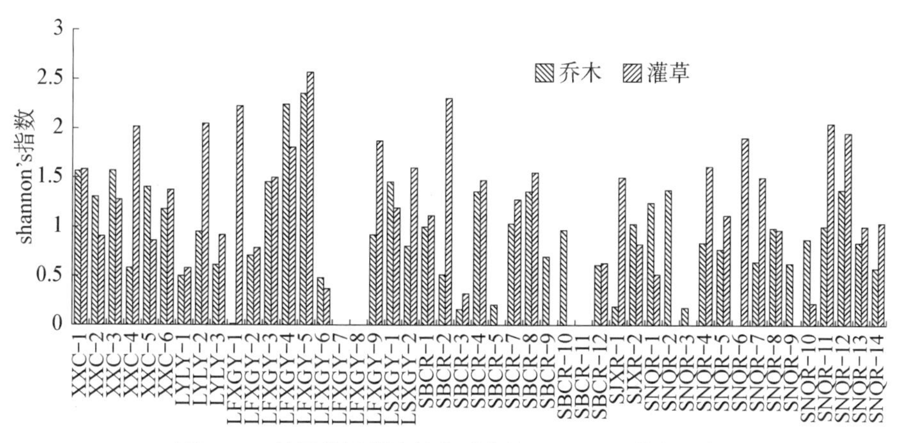

图 7-1 社区公园样地植物群落的 shannon's 指数分析

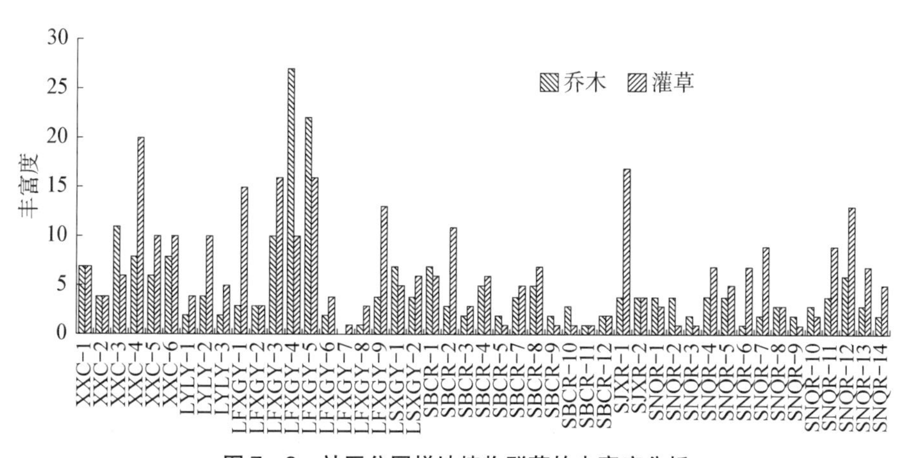

图 7-2 社区公园样地植物群落的丰富度分析

① 芮文娟：《基于生态效益的上海社区绿地植物群落分析及优化》，上海交通大学硕士学位论文，2014 年。

(2) 居住区休闲绿地。在所调查的68个社区公园绿地样地中,乔木层的shannon's指数在0～3.27之间,物种丰富度在1～40之间,灌草层的shannon's指数在0～2.68之间,物种丰富度在1～26之间,各样地植物群落类型的物种多样性变化幅度较大。从图7-3和图7-4可以看出,植物群落中乔灌草多样性指数的变化趋势并不一致。其中SAXHPTD-3、SLQGY-1和SLQGY-7这3个样地因为只有一种乔木,使得植物群落乔木shannon's指数为0, XMD-3和XXMXY-2样地因为只有一种灌草,使得样地植物群落灌草的shannon's指数为0。乔木层的平均物种数量为6.6,灌草的平均物种数量为9.5。

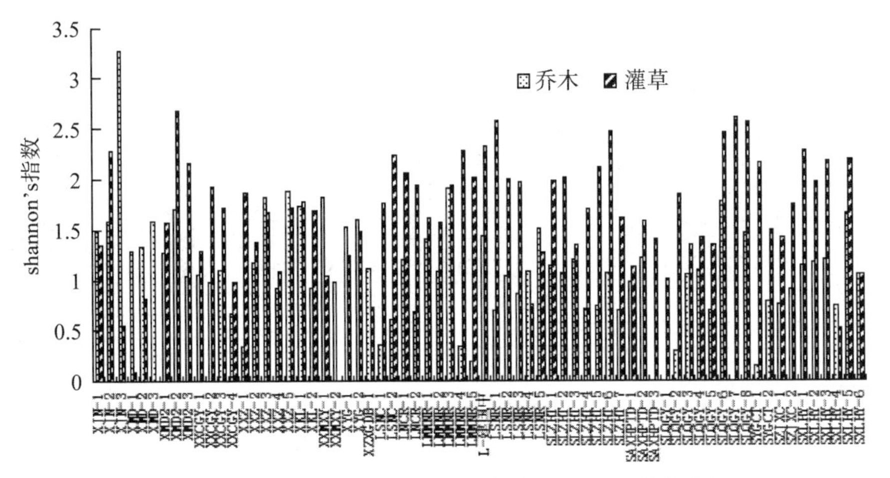

图7-3 社区居住区样地植物群落的shannon's指数分析

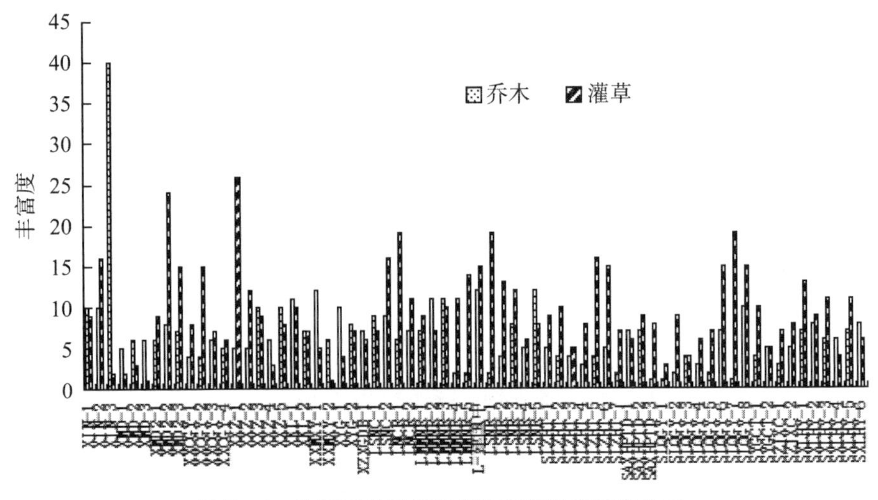

图7-4 社区居住区样地植物群落的丰富度分析

(3) 休闲道路绿地。在所调查的22个社区道路绿地样地中，乔木层的shannon's指数在0～1.74之间，物种丰富度在1～11之间，灌草层的shannon's指数在0～2.65之间，物种丰富度在1～21之间，各样地植物群落类型的物种多样性变化幅度较大。从图7-5和图7-6中可以看出，社区道路绿地调查样地植物群落乔木层和灌草层shannon's指数和丰富度呈现很大的差异性，其中XBC-1、XMDR-1、XMDR-2、XTHKC-1和SXLBR-1 5个调查样地由于仅有一种乔木，导致样地植物群落乔木层shannon's指数为0，LSNR-6样地由于仅有一种乔木和一种灌草，导致样地植物群落乔木层和灌草层的shannon's指数都为0；乔木的平均物种数量为2.6，灌草的平均物种数量为6.3。上述分析结果表明，上海社区道路绿地植物群落的物种多样性指数偏小，物种多样性不高。

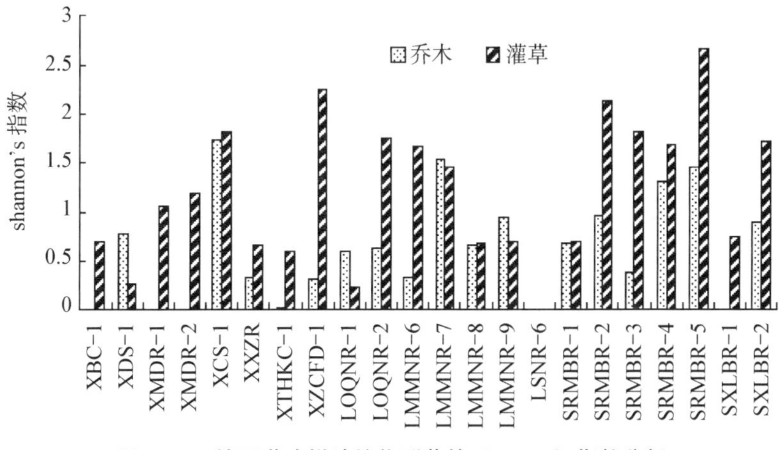

图7-5　社区道路样地植物群落的shannon's指数分析

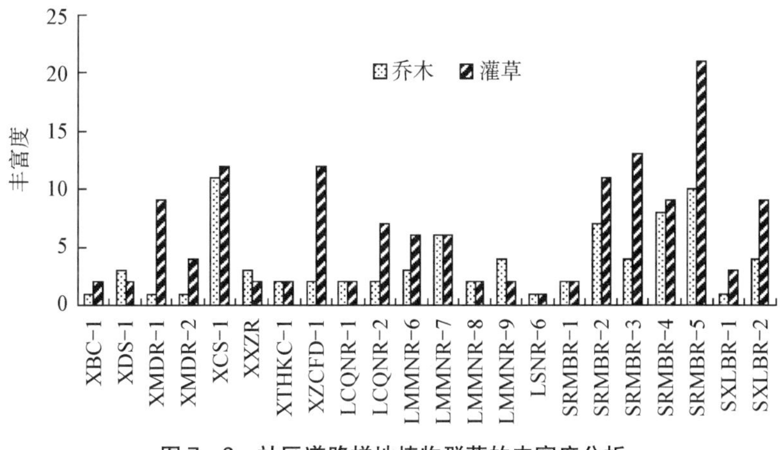

图7-6　社区道路样地植物群落的丰富度分析

(4) 社区其他绿地。在所调查的30个社区公园绿地样地中,乔木层的shannon's指数在0～1.83之间,物种丰富度在1～16之间,灌草层的shannon's指数在0～2.42之间,物种丰富度在1～14之间,各样地植物群落类型的物种多样性变化幅度较大。从图7-7和图7-8可以看出,植物群落中乔灌草多样性指数的变化趋势并不一致。其中LRJBG-1样地因为只有一种灌草,使得样地植物群落的灌草shannon's指数为0,SLQGY-11样地因为只有一种乔木和一种灌草,使得样地植物群落乔木和灌草的shannon's指数都为0。乔木层的平均物种数量为6.1,灌草的平均物种数量为7.7,上海社区其他绿地植物群落的物种多样性指数偏小,物种多样性不高。

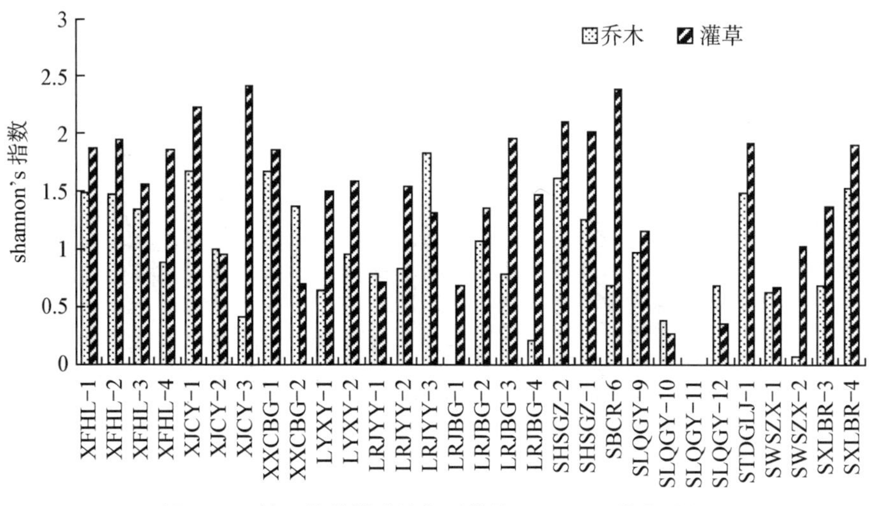

图7-7 社区其他样地植物群落的shannon's指数分析

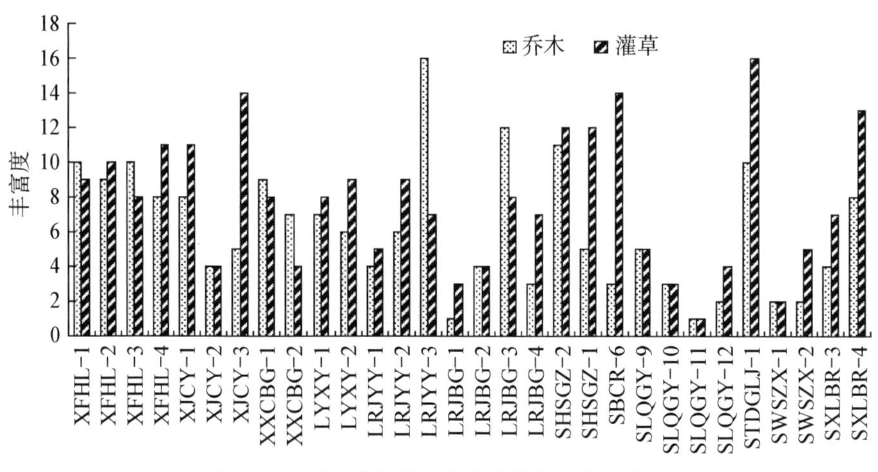

图7-8 社区其他样地植物群落的丰富度分析

综上所述，社区公园绿地乔木层的平均物种数量为 4.8，灌草的平均物种数量为 6.5；社区居住区乔木层的平均物种数量为 6.6，灌草的平均物种数量为 9.5；社区道路绿地乔木的平均物种数量为 2.6，灌草的平均物种数量为 6.3；社区其他绿地乔木层的平均物种数量为 6.1，灌草的平均物种数量为 7.7。社区不同类型绿地多样性排序为：道路绿地＜其他绿地＜公园绿地＜社区居住区绿地。社区公园绿地和居住区绿地相对社区道路绿地和其他绿地来说，植物配置形式多样化、植物群落类型更加丰富，植物群落的完整性也更高，使得社区道路绿地和其他绿地的多样性低于社区公园绿地和居住区绿地。

3. 社区公共开放空间绿地植物群落的类型分析

植物群落大都由许多种类组成，它们在群落中并不具有相同的群落学重要性，其中有的是主要的组成者，对群落具有很大的影响，而有的影响较小，有的甚至仅仅是偶然的成员①。因此，评价或划分种类成分的群落成员型具有重要意义。通过分析社区道路、公园、居住区及其他绿地人工植物群落的物种组成特征，可以进一步了解社区各个绿地类型中地带性植被类型。本书采用最近邻体法，通过 PC-ORD 统计对上海市三个社区所调查样地中乔木层组成树种的重要值进行分层聚类。结合具体调查的情况，参照《中国植被》的分类系统②，依据植物群落的外貌、种类组成等特征③，在相似度约为 75％的水平上将社区公园绿地 47 个样方划分为 23 个群落类型；社区居住区绿地 68 个样方划分为 30 个群落类型；社区道路绿地调查的 22 个样方划分为 11 个群落类型；社区其他类型绿地 30 个样地划分为 11 个群落类型，以优势种命名各群落类型，结果如下文所示。

（1）休闲公园绿地群落类型。在社区公园绿地植物群落所调查的 47 个样地被聚类为 23 个群落类型，其中有 2 个样地植物群落被聚类为紫叶李-桂花群落，占到总样地的 4.2％；有 3 个样地被聚类为桂花群落，占总样地的 6.4％；有 3 个样地被聚类为桂花群落，占总样地的 6.4％；有 3 个样地被聚类为银杏群落，占总样地的 6.4％；有 2 个样地被聚类为垂柳群落，占

① 张凯旋等：《城市化进程中上海植被的多样性、空间格局和动态响应（Ⅵ）：上海外环林带群落多样性与结构特征》，《华东师范大学学报（自然科学版）》2011 年第 4 期；余树全等：《千岛湖天然次生林群落生态学研究》，《浙江林学院学报》2002 年第 2 期。

② 吴征镒主编：《中国植被》，科学出版社，1980 年，第 54 页。

③ 达良俊、方和俊、李艳艳：《上海中心城区绿地植物群落多样性诊断和协调性评价》，《中国园林》2008 年第 3 期。

总样地的4.2%；有6个样地被聚类为香樟-桂花群落，占总样地的12.7%；有2个样地被聚类为香樟-枫香群落，占总样地的4.2%；有2个样地被聚类为旱柳群落，占总样地的4.2%；有3个样地被聚类为雪松-香樟-桂花群落，占总样地的6.4%；有2个样地被聚类为广玉兰群落，占总样地的4.2%；有2个样地被聚类为旱柳群落，占总样地的4.2%；有2个样地被聚类为无患子-桂花群落，占总样地的4.2%；有4个样地被聚类为榉树群落，占总样地的8.5%；有3个样地被聚类为水杉群落，占总样地的6.4%；有2个样地被聚类为枫杨群落，占总样地的4.2%；其他19个样地植物群落聚类为楝树-桂花、三角枫-女贞、马尾松-桂花、槐树、国槐-枫香群落、白玉兰-紫玉兰、夹竹桃、毛白杨-杜英、乐昌含笑-五角枫、栾树-臭椿群落（见图7-9）。

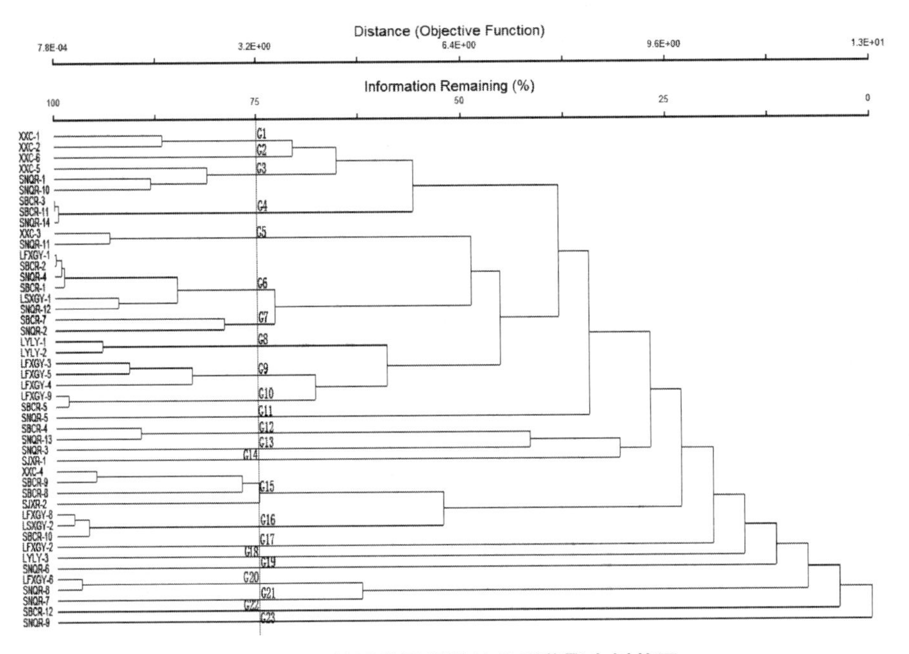

图7-9　社区公园绿地植物群落聚合树状图

备注：G1紫叶李-桂花群落（XXC-1、XXC-2样地），G2楝树 *Melia azedarach* -桂花群落（XXC-6样地），G3桂花群落（XXC-5、SNQR-1、SNQR-10样地），G4银杏群落（SBCR-3、SBCR-11、SNQR-14样地），G5垂柳群落（XXC-3、SNQR-11样地），G6香樟-桂花群落（LFXGY-1、SBCR-2、SNQR-4、SBCR-1、LSXGY-1、SNQR-12样地），G7香樟-枫香群落（SBCR-7、SNQR-2样地），G8旱柳 *Salix matsudana Koidz* -含笑 *Michelia figo* 群落（LYLY-1、LYLY-2样地），G9雪松-香樟-桂花群落（LFXGY-3、LFXGY-5、LFXGY-4样地），G10广玉兰群落（LFXGY-9、SBCR-5样地），G11三角枫 Acer *buergerianum* -女贞 *Ligustrum lucidum* Ait. 群落（SNQR-5样地），G12无患子 *Sapindus* -桂花群落（SBCR-4、SNQR-13样地），G13马尾松 Pinus massoniana Lamb -桂花群落（SNQR-3样地），G14槐树 *Sophora japonica L.* 群落（SJXR-1样地），G15榉树 *Zelkova serrata*（Thunb.）*Makino* 群落（XXC-4、SBCR-9、SBCR-8、SJXR-2样地），G16水杉 *Metasequoia glyptostroboides* 群落（LFXGY-8、LSXGY-2、SBCR-

10样地)，G17 国槐 *Sophora japonica*(Linn.)-枫香群落(LFXGY－2样地)，G18 白玉兰-紫玉兰 *Magnolia liliiflora* 群落(LYLY－3样地)，G19 夹竹桃 *Nerium indicum Mill* 群落(SNQR－6样地)，G20 枫杨 *China Wingnut* 群落(LFXGY－6、SNQR－8样地)，G21 毛白杨 *Populustomentosa*(Carr)-杜英 *Elaeocarpus sylvestris*(Lour.)*Poir* 群落(SNQR－7样地)，G22 乐昌含笑 *Michelia chapensis*-五角枫 *Acer elegantulum Fang et P. L. Chiu* 群落(SBCR－12样地)，G23 栾树 *Koelreuteria paniculata*-臭椿 *Ailanthus altissima* 群落(SNQR－9样地)

社区公园绿地在聚类的23个植物群落类型中，主要以落叶乔木群落为主，有7个群落为常绿乔木群落，9个群落为落叶乔木群落，有7个群落为常绿落叶混交群落，分别占总群落数的30.4%、39.2%、30.4%。

(2) 居住区休闲绿地群落类型。在社区居住区绿地植物群落所调查的68个样地被聚类为30个群落类型，其中有20个样地植物群落被聚类为香樟群落，占到总样地的44.1%；有7个样地被聚类为广玉兰-桂花群落，占总样地的10.3%；有2个样地被聚类为桂花群落，占总样地的2.9%；有2个样地被聚类为加拿利海枣群落，占总样地的2.9%；有4个样地被聚类为棕榈桂花群落，占总样地的5.9%；有2个样地被聚类为水杉-桂花-鸡爪槭群落，占总样地的2.9%；有3个样地被聚类为银杏群落，占总样地的4.4%；

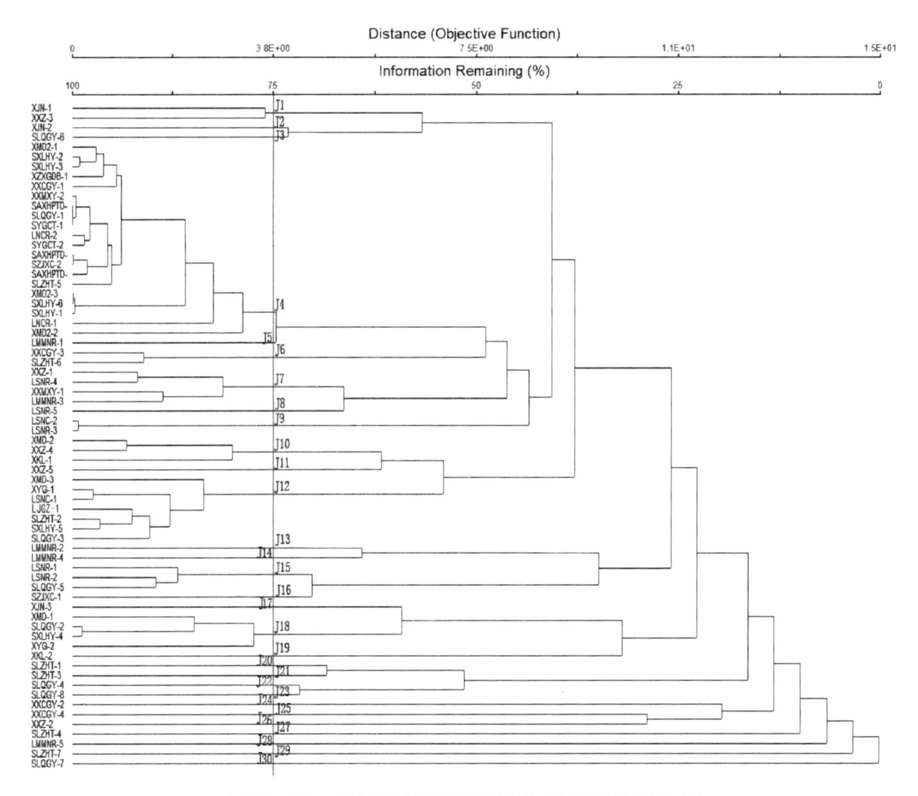

图7－10　社区居住区绿地植物群落聚合树状图

备注：J1 桂花群落(XJN - 1、XXZ - 3 样地)，J2 紫叶李-樱花群落(XJN - 2 样地)，J3 紫叶李-枣树 *Zizyphus jujuba* -桂花-橘子树群落(SLQGY - 6 样地)，J4 香樟群落(XMD2 - 1、SXLHY - 2、SXLHY - 3、XZXGDB - 1、XXCGY - 1、XXMXY - 2、SAXHPTD - 1、SLQGY - 1、SYGCT - 1、LNCR - 2、SYGCT - 2、SAXHPTD - 2、SZJXC - 2、SAXHPTD - 3、SLZHT - 5、XMD2 - 3、SXLHY - 6、SXLHY - 1、LNCR - 1、XMD2 - 2 样地)，J5 落羽杉 *Taxodium distichum*(L.) *Rich.*-香樟群落(LMMNR - 1 样地)，J6 加拿利海枣 *Phoenix canariensis* 群落(XXCGY - 3、SLZHT - 6 样地)，J7 棕榈-桂花群落(XXZ - 1、LSNR - 4、XXMXY - 1、LMMNR - 3 样地)，J8 枫杨-棕榈群落(LSNR - 5 样地)，J9 水杉-桂花-鸡爪槭群落(LSNC - 2、LSNR - 3 样地)，J10 银杏群落(XMD - 2、XXZ - 4、XKL - 1 样地)，J11 石榴-枇杷-柚子 *Citrus maxima* 群落(XXZ - 5 样地)，J12 广玉兰-桂花群落(XMD - 3、XYG - 1、LSNC - 1、L-JGZL、SLZHT - 2、SXLHY - 5、SLQGY - 3 样地)，J13 雪松-榆树 *Ulmus pumila*(L.)群落(LMMNR - 2 样地)，J14 榆树-桂花群落(LMMNR - 4 样地)，J15 桂花群落(LSNR - 1、LSNR - 2、SLQGY - 5 样地)，J16 合欢 *Albizia julibrissin Durazz* -桂花群落(SZJXC - 1 样地)，J17 构树 *Broussonetia papyrifera* -枇杷-樱花群落(XJN - 3 样地)，J18 桂花-樱花群落(XMD - 1、SLQGY - 2、SXLHY - 4、XYG - 2 样地)，J19 无患子群落(XKL - 2 样地)，J20 紫薇-悬铃木-广玉兰群落(SLZHT - 1 样地)，J21 杜英-悬铃木-合欢群落(SLZHT - 3 样地)，J22 银荆 *Acacia dealbara Link* -杜英-白玉兰群落(SLQGY - 4 样地)，J23 银荆-复羽叶栾树-石楠 *Photinia serrulata*(Lindl.)群落(SLQGY - 8 样地)，J24 泡桐 *Paulownia* -黄山栾树 *Koelreuteria integrifoliola* 群落(XXCGY - 2 样地)，J25 松树 *Pinus* 群落(XXCGY - 4 样地)，J26 龙爪槐 *Sophora japonica*(Pendula)-鸡爪槭群落(XXZ - 2 样地)，J27 腊梅-柿树 *Diospyros kaki L. f.* 群落(LMMNR - 5 样地)，J28 玉兰群落(SLZHT - 4 样地)，J29 榉树-垂柳群落(SLZHT - 7 样地)，J30 凤尾竹 *Bambusa multiplex* 群落(SLQGY - 7 样地)

有 3 个样地被聚类为桂花群落，占总样地的 4.4%；有 4 个样地被聚类为桂花-樱花群落，占总样地的 5.9%；其他 21 个样地植物群落聚类为悬铃木、鸡爪槭、桂花-紫叶李、广玉兰-垂丝海棠、白玉兰-青桐、朴树、瓜子黄杨、枫香和棕榈群落(见图 7 - 10)。

社区居住区绿地在聚类的 30 个植物群落类型中，主要以常绿落叶混交群落为主，有 8 个群落为常绿乔木群落，8 个群落为落叶乔木群落，有 14 个群落为常绿落叶混交群落，分别占总群落数的 26.7%、26.7.5%、46.6%。

(3) 休闲道路绿地群落类型。社区道路绿地植物群落所调查的 22 个样地被聚类为 11 个群落类型，其中有 11 个样地植物群落被聚类为香樟群落，占到总样地的 50%；有 2 个样地被聚类为银杏群落，占总样地的 9.1%；其他 9 个样地植物群落聚类为悬铃木、鸡爪槭、桂花-紫叶李、广玉兰-垂丝海棠、白玉兰-青桐、朴树、瓜子黄杨、枫香和棕榈群落(见图 7 - 11)。

社区道路绿地在聚类的 11 个植物群落类型中，主要以落叶乔木群落为主，其中有 3 个为常绿乔木群落，6 个为落叶乔木群落，有 2 个为常绿落叶混交群落，分别占总群落数的 27.3%、54.5%、18.2%。

(4) 社区其他绿地群落类型。在社区其他绿地植物群落所调查的 30 个样地被聚类为 11 个群落类型，其中有 16 个样地植物群落被聚类为香樟群落，占到总样地的 53.3%；有 3 个样地被聚类为垂柳群落，占总样地的 10%；有 2 个样地被聚类为香樟-鸡爪槭群落，占总样地的 6.7%；有 2 个样

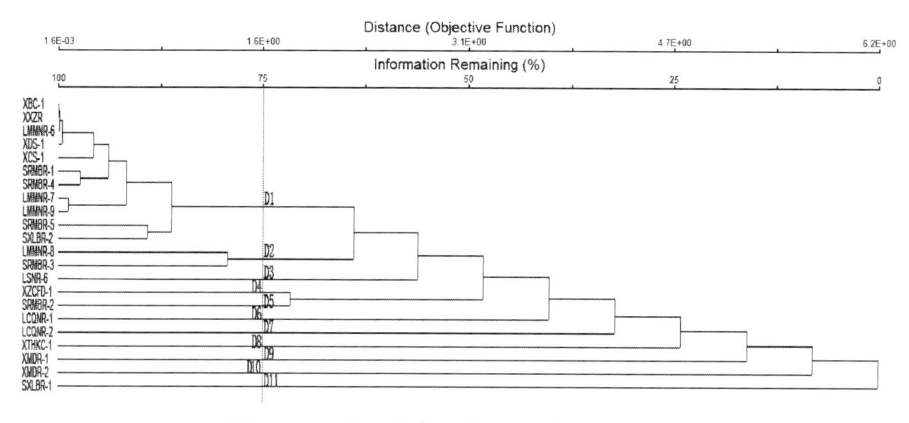

图 7－11 社区道路绿地植物群落聚合树状图

备注：D1 香樟群落（XBC－1、XXZR、LMMNR－6、XDS－1、XCS－1、SRMBR－1、SRMBR－4、LMMNR－7、LMMNR－9、SRMBR－5、SXLBR－2 样地），D2 银杏群落（LMMNR－8、SRMBR－3 样地），D3 悬铃木群落（LSNR－6 样地），D4 鸡爪槭群落（XZCFD－1 样地），D5 桂花-紫叶李群落（SRMBR－2 样地），D6 广玉兰-垂丝海棠群落（LCQNR－1 样地），D7 白玉兰-青桐 *Firmiana simplex* 群落（LCQNR－2 样地），D8 朴树 *Celtis sinensis Pers.* 群落（XTHKC－1 样地），D9 瓜子黄杨 *Buxus sinica*（Rehd. etWils.）群落（XMDR－1 样地），D10 枫香 *Hamamelidaceae* 群落（XMDR－2 样地），D11 棕榈群落（SXLBR－1 样地）

地被聚类为杜英群落，占总样地的 6.7%；其他 7 个样地植物群落聚类为香樟-杨树群落、合欢-桂花群落、雪松-复羽叶栾树群落、紫叶李-雪松-无患子群落、乌柏-桂花群落、榉树-银杏-日本晚樱群落、樱花群落。

社区其他绿地在聚类的 11 个植物群落类型中，主要以常绿落叶混交群落为主，有 2 个群落为常绿乔木群落，4 个群落为落叶乔木群落，有 5 个群落为常绿落叶混交群落，分别占总群落数的 18.8%、36.3%、44.9%（见图 7－12）。

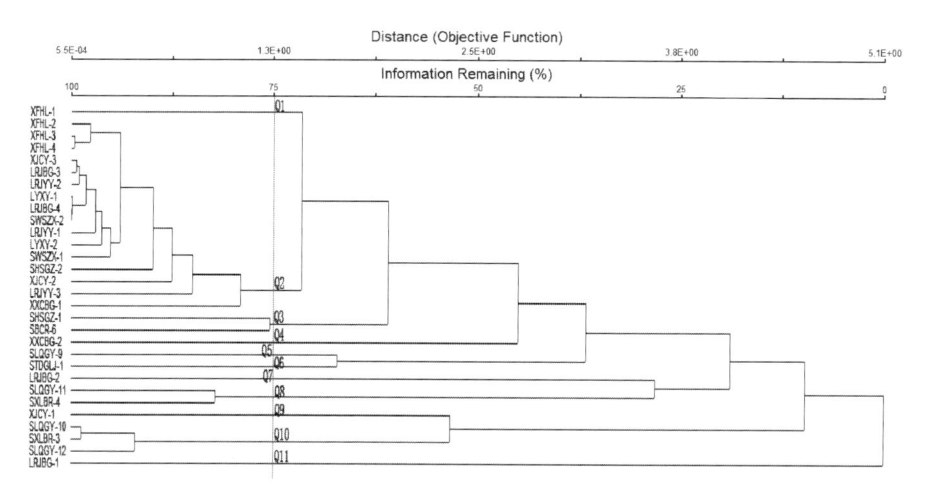

图 7－12 社区其他绿地植物群落聚合树状图

备注：Q1 香樟-杨树群落（XFHL－1 样地），Q2 香樟群落（XFHL－2、XFHL－3、XFHL－4、XJCY－3、LRJBG－3、LRJYY－2、LYXY－1、LRJBG－4、SWSZX－2、LRJYY－1、LYXY－2、SWSZX－1、SHSGZ－2、XJCY－2、LRJYY－3、XXCBG－1 样地），Q3 香樟-鸡爪槭群落（SHSGZ－1、SBCR－6 样地），Q4 合欢-桂花群落（XXCBG－2 样地），Q5 雪松-复羽叶栾树群落（SLQGY－9 样地），Q6 紫叶李-雪松-无患子群落（STDGLJ－1 样地），Q7 乌桕 *Sapium sebiferum* -桂花群落（LRJBG－2 样地），Q8 杜英群落（SLQGY－11、SXLBR－4 样地），Q9 榉树-银杏-日本晚樱群落（XJCY－1 样地），Q10 垂柳群落（SLQGY－10、SXLBR－3、SLQGY－12 样地），Q11 樱花群落（LRJBG－1 样地）

二、社区公共开放空间绿量与群落结构相关性分析

绿量不仅是决定园林植物生态效益大小最具实质性的因素，也是衡量和评估园林植物和城市绿化生态效益的基础性指标。因此，以绿化三维量的理论与测算方法为基础来研究城市园林绿化与附近小环境生态质量的定量关系，可以为预测园林绿化规划实现后的生态环境质量和决策城市园林绿地建设方案，提供一个理论基础可靠和易于操作的强有力工具。

本书对社区道路绿地、社区公园绿地、社区居住区绿地、社区其他绿地 4 个类型社区绿地的绿量进行计算，并将绿量与社区绿地植物群落的结构特征指标进行相关性分析，找出了影响社区绿地绿量的植物群落结构特征指标，同时列出了以绿量和群落特征相关性指标为主的回归方程。

1. 社区公共开放空间绿地植物群落绿量分析

绿量又称绿化三维量，是指所有生长植物的茎叶所占据的空间体积。城市三维绿量的测量研究是城市绿化环境效益评价的基本前提，也是城市生态系统研究的重要内容之一[①]。我国最早于 20 世纪 80 年代出现绿量这一名词，20 世纪 90 年代开始对此展开了大量的研究[②]。

（1）休闲公园绿地植物群落绿量分析。由图 7－13 可知，上海社区公园调查样地绿地植物群落的单位面积绿量值范围在 0.53 m^3～20.25 m^3 之间，变化幅度较大。从聚类的 23 个群落来看，其中绿量值最高的是广玉兰群落（G10），绿量值为 20.25 m^3，其次是水杉群落（G16），其值为 12.08 m^3，最低的是夹竹桃群落（G19），绿量值为 0.53 m^3。广玉兰、水杉、夹竹桃都是

① 周廷刚、罗红霞、郭达志：《基于遥感影像的城市空间三维绿量（绿化三维量）定量研究》，《生态学报》2005 年第 3 期。

② 杜鹏：《成都市五种常用园林树种三维绿量与生态效益研究》，四川农业大学硕士学位论文，2009 年。

常绿树种，而广玉兰和水杉都属于大乔木，夹竹桃为小乔木，小乔木的高度、冠幅都要低于大乔木。

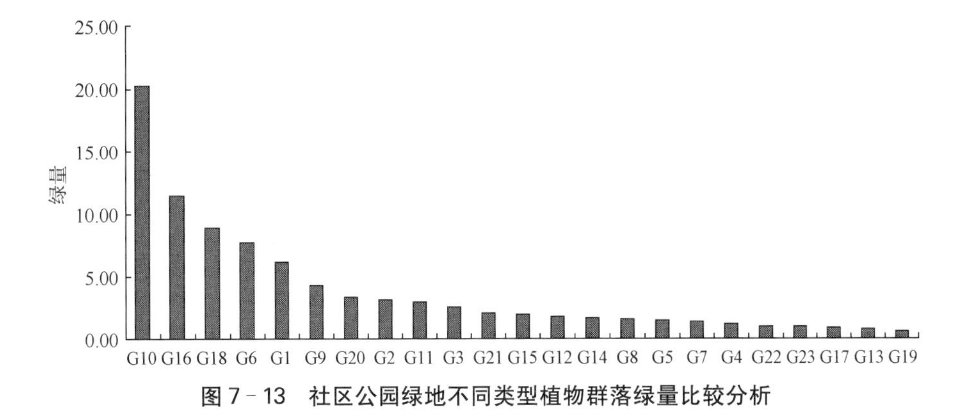

图 7－13　社区公园绿地不同类型植物群落绿量比较分析

由图 7－14 可知，所调查的 47 个样地中，绿量值最高的为乔灌草复层结构的植物群落样地(LFXGY－9)，其值为 40.12 m^3，绿量值最低的为乔草复层结构的植物群落样地(SBCR－5)，其值为 0.53 m^3。其中绿量较高的样地，上层有雪松＋广玉兰＋悬铃木，中层有黄杨＋南天竹＋平直荀子＋栀子＋贴梗海棠，下层有紫叶酢浆草＋麦冬＋玉簪，上层平均胸径为 45 cm，平均冠幅为 10.5 m。绿量较低的杨地中，上层为广玉兰＋白玉兰，下层为狗牙根，上层平均胸径为 14.9 cm，平均冠幅为 2.8 m。可见，冠幅是影响样地植物群落绿量的重要因素。

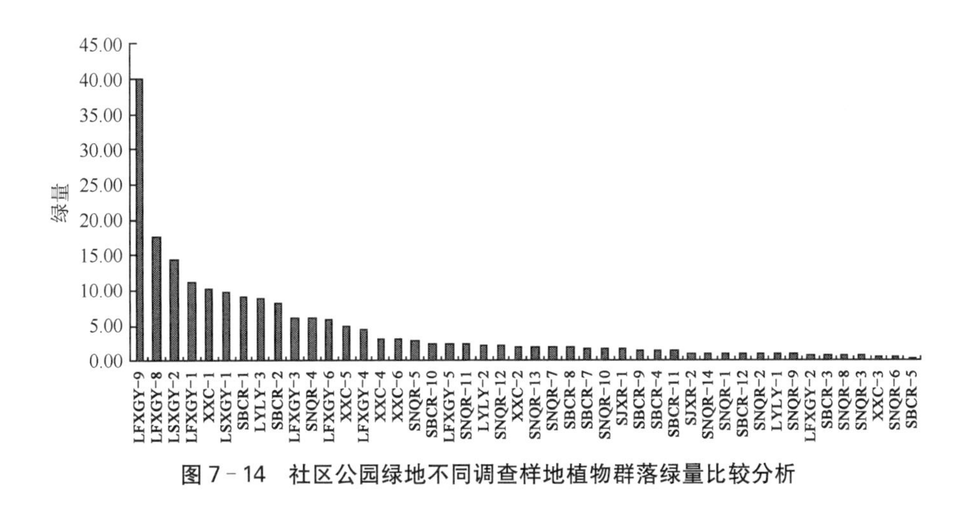

图 7－14　社区公园绿地不同调查样地植物群落绿量比较分析

(2) 居住区休闲绿地植物群落绿量分析。由图 7－15 可知，上海社区居住区调查样地绿地植物群落的单位面积绿量值范围在 0.58 m^3 ～13.69 m^3 之间，变化幅度较大。从聚类的 30 个群落来看，绿量值最高的是无患子群落(J19)，绿量值为 13.69 m^3，其次是加拿利海枣群落(J6)，绿量值为 7.92 m^3，最低的是龙爪槐群落(J26)，绿量值为 0.58 m^3。

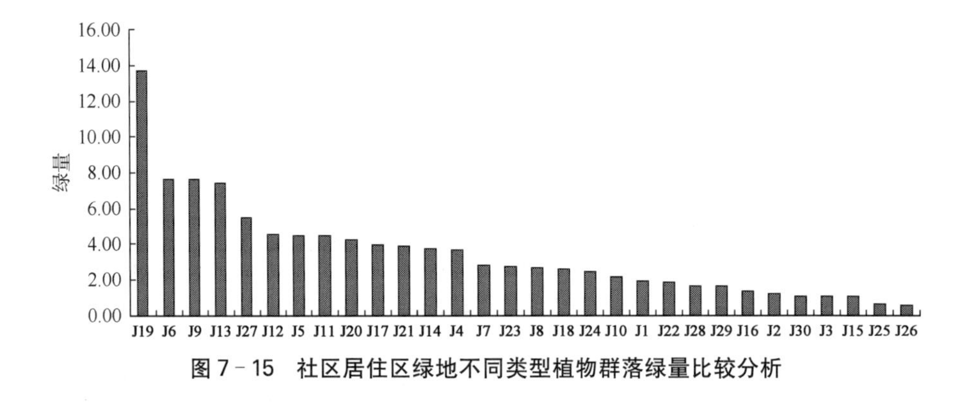

图 7－15 社区居住区绿地不同类型植物群落绿量比较分析

(3) 休闲道路绿地植物群落绿量分析。由图 7－16 可知，上海社区道路绿地不同群落类型植物群落的单位面积绿量值范围在 0.7 m^3～4.3 m^3 之间，变化幅度较大。从聚类的 11 个群落来看，绿量值最高的是悬铃木群落(D3)，绿量值为 4.3 m^3，其次是广玉兰-垂丝海棠群落(D6)，绿量值为 3.68 m^3，最低的是鸡爪槭群落(D11)，绿量值为 0.7 m^3。悬铃木和广玉兰树势高大雄伟，单片叶面积大，属于大乔木，而紫叶李树势单薄，单片叶面积小，属于小乔木，可见，树种、单片叶面积都是影响植物群落的重要因素。

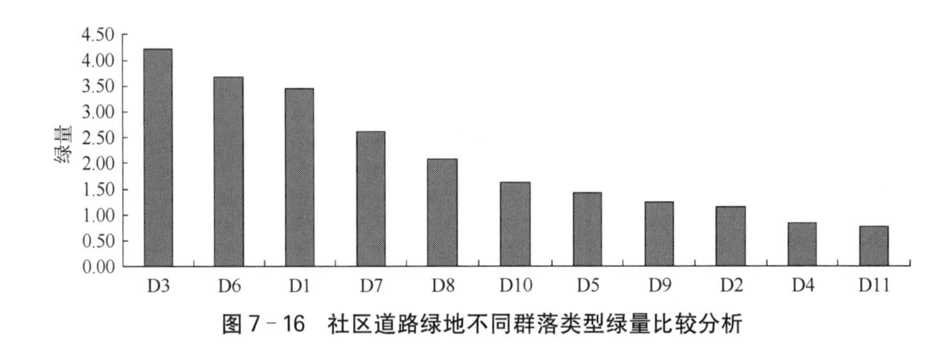

图 7－16 社区道路绿地不同群落类型绿量比较分析

(4) 社区其他绿地植物群落绿量分析。由图 7－17 可知，上海社区其他调查样地绿地植物群落的单位面积绿量值范围在 0.57 m^3～6.19 m^3 之间，变化幅度较大。从聚类的 11 个群落来看，绿量值最高的是香樟群落(Q2)，绿量值是 6.19 m^3，其次是香樟-鸡爪槭群落(Q3)，绿量值为

5.53 m^3，最低的是乌桕-桂花群落(Q7)，绿量值是 0.57 m^3。胸径和冠幅是影响样地植物群落绿量的重要因素。

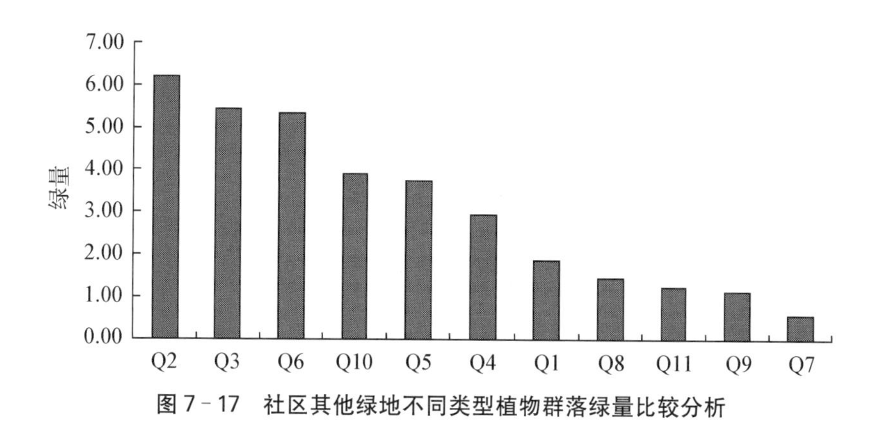

图 7－17　社区其他绿地不同类型植物群落绿量比较分析

2. 社区绿地绿量与群落结构特征相关性分析

(1) 休闲公园绿地绿量与群落结构相关性。由表 7－3 可以看出，社区公园绿地的绿量与乔木平均胸径($p<0.01$)、乔木平均高度($p<0.01$)、乔木平均冠幅($p<0.01$)都呈现极显著正相关。其中，与公园绿地植物群落绿量相关性最为显著的植物群落结构特征指标是乔木平均胸径，由于平均胸径在某种意义上代表了群落的年龄结构，在一定范围内，树种的年龄越大，树种的生长状态越好，绿量值越高。这个结果与学者王婷婷的研究结果相一致，她通过对常见园林植物绿量的研究，发现随着胸径树高的增加，绿量逐渐增加①。

表 7－3　社区公园绿地绿量与植物群落结构指标的相关性分析

指标	乔木平均胸径	乔木平均高度	乔木平均冠幅	灌草平均高度	灌草平均盖度	叶面积指数	郁闭度	乔木丰富度	乔木多样性指数	灌草丰富度指数	灌草多样性指数
绿量	0.721**	0.637**	0.568**	－0.003	－0.092	0.114	0.228	0.093	0.11	0.271	0.249

备注：** 表示在 0.01 水平(双侧)上显著相关；* 表示在 0.05 水平(双侧)上显著相关。

从上述社区公园绿地绿量与植物群落结构指标的相关性分析可知，社区公园绿地的绿量与群落乔木平均胸径存在显著正相关关系；社区公园绿

① 王婷婷：《上海市绿地植物群落绿量及其结构效应研究》，江西农业大学硕士学位论文，2008 年。

地的绿量与群落乔木平均高度存在显著正相关关系；社区公园绿地的绿量与群落乔木平均冠幅存在显著正相关关系。

(2) 居住区休闲绿地绿量与群落结构相关性。由表7-4可以看出，社区居住区绿地的乔木绿量与乔木平均胸径($p<0.01$)、乔木平均高度($p<0.01$)、乔木丰富度($p<0.01$)都呈现极显著正相关。与乔木平均冠幅($p<0.05$)、灌草平均高度($p<0.05$)呈现显著正相关。其中，与居住区绿地植物群落绿量相关性最为显著的植物群落结构特征指标也是乔木平均胸径。

表7-4 社区居住区绿地绿量与植物群落结构指标的相关性分析

指标	乔木平均胸径	乔木平均高度	乔木平均冠幅	灌草平均高度	灌草平均盖度	叶面积指数	郁闭度	乔木丰富度	乔木多样性指数	灌草丰富度指数	灌草多样性指数
绿量	0.640**	0.442**	0.282*	0.237	0.043	0.092	0.201	0.214	0.037	−0.025	0.063

备注：** 表示在0.01水平(双侧)上显著相关；* 表示在0.05水平(双侧)上显著相关。

从上述社区居住区绿地绿量与植物群落结构指标的相关性分析可知，社区居住区绿地的绿量与群落乔木平均胸径存在显著正相关关系，与群落乔木平均高度存在显著正相关关系，与群落乔木平均冠幅存在正相关关系。

(3) 休闲道路绿地绿量与群落结构相关性。从表7-5中可以看出，社区道路绿地植物群落绿量与乔木平均冠幅($p<0.01$)呈现极显著的正相关性，与乔木平均胸径、乔木平均高度、乔木平均盖度、灌草平均高度、灌草平均盖度、郁闭度等结构指标没有相关性。在乔木三维绿量计算中，冠幅是计算公式中的因素之一，验证了本书中采用三维绿量计算方法计算乔木的绿量是比较可行的。另外，由于植物群落大多以乔草或乔灌为主，乔木层在整个样地中所提供的绿量就比较大，所以样地植物群落绿量的大小直接受乔木层的群落结构特征指标影响。从上述社区道路绿地绿量与植物群落结构指标的相关性分析可知，社区道路绿地的绿量与群落乔木平均冠幅存在显著正相关关系。

表7-5 社区道路绿地绿量与植物群落结构指标的相关性分析

指标	乔木平均胸径	乔木平均高度	乔木平均冠幅	灌草平均高度	灌草平均盖度	叶面积指数	郁闭度	乔木丰富度	乔木多样性指数	灌草丰富度指数	灌草多样性指数
绿量	0.205	0.37	0.606**	0.148	−0.062	0.273	0.238	0.317	0.252	−0.029	−0.159

备注：** 表示在0.01水平(双侧)上显著相关；* 表示在0.05水平(双侧)上显著相关。

(4) 社区其他绿地绿量与群落结构相关性。由表7-6可知，社区其他绿地的绿量与乔木平均冠幅(p<0.01)呈现极显著正相关，与乔木平均胸径(p<0.05)、叶面积指数(p<0.01)呈现显著正相关。其中，与其他绿地植物群落绿量相关性最为显著的植物群落结构特征指标也是乔木平均冠幅。从上述社区其他绿地绿量与植物群落结构指标的相关性分析可知，社区其他绿地的绿量与群落乔木平均胸径存在正相关关系，与群落乔木平均冠幅存在显著正相关关系，与叶面积指数存在正相关关系。

表7-6　社区其他绿地绿量与植物群落结构指标的相关性分析

指标	乔木平均胸径	乔木平均高度	乔木平均冠幅	灌草平均高度	灌草平均盖度	叶面积指数	郁闭度	乔木丰富度	乔木多样性指数	灌草丰富度指数	灌草多样性指数
绿量	0.369*	0.29	0.621**	0.586**	−0.153	0.432*	0.354	0.199	−0.029	−0.076	−0.052

备注：**表示在0.01水平(双侧)上显著相关；*表示在0.05水平(双侧)上显著相关。

城市社区不同类型的绿地植物群落中，与绿量相关的群落结构特征指标都不尽相同。

社区公园绿地中，乔木平均胸径、冠幅、高度都对绿量有着不同程度的影响。其中对社区公园绿量影响最明显的是树种的平均胸径。在社区公园绿地植物群落进行配置时，应优先选择胸径大的树种，同时其他乔木的胸径、冠幅、高度也是重要的考虑因素。

社区居住区绿地中，乔木平均胸径、冠幅、高度也都对绿量有着不同程度的影响，其中对社区居住区绿地绿量影响最明显的是乔木平均胸径。社区居住区绿地植物群落进行配置时，应优先选择胸径大的树种，同时考虑乔木的平均冠幅、高度。

社区道路绿地的绿量与乔木平均冠幅存在正相关关系，其中对社区道路绿地绿量影响最明显的是乔木平均冠幅。为了提高社区道路绿地的绿量，应首先选用冠幅大的树种，其次考虑树种的胸径。

社区其他绿地中，乔木平均胸径、冠幅、高度和灌草平均盖度、叶面积指数都对绿量有着不同程度的影响，其中对社区其他绿地绿量影响最明显的是乔木平均冠幅。社区其他绿地植物群落进行配置时，应优先选择冠幅大的树种，同时考虑乔木的冠幅、高度和灌草的高度。

三、社区公共开放空间绿地植物群落生态效益分析

随着城市化的发展越来越快，人们的生态意识正在加强，生态建设与人

的生活越来越息息相关。绿地植物群落在创造景观的同时,在降温增湿、遮阴等生态方面也起着至关重要的作用。社区绿地作为城市绿地的一部分,与人们的生活密切相关,同样,社区绿地植物群落的生态效益也有着举足轻重的作用。

从生态效益指标中的降温增湿效应、遮阴效应、负离子效应来分析社区不同类型绿地的生态效益,同时将生态效益指标与群落结构指标进行相关性分析,可以找出影响社区绿地植物群落生态效益的群落结构特征指标,从而为社区绿地植物群落的优化提供重要的理论依据。

1. 社区公共开放空间绿地降温增湿效应分析

(1) 休闲公园绿地植物群落降温增湿效应分析。上海社区公园绿地的降温增湿率如图 7-18,降温率最高的是雪松-香樟-桂花群落(G9),其值为 6.02%,降温率最低的是夹竹桃群落(G19),其值为 0.28%;增湿率最大的是夹竹桃群落(G19),其值为 10.19%,增湿率最小的是毛白杨群落(G21),其值为 0.14%。

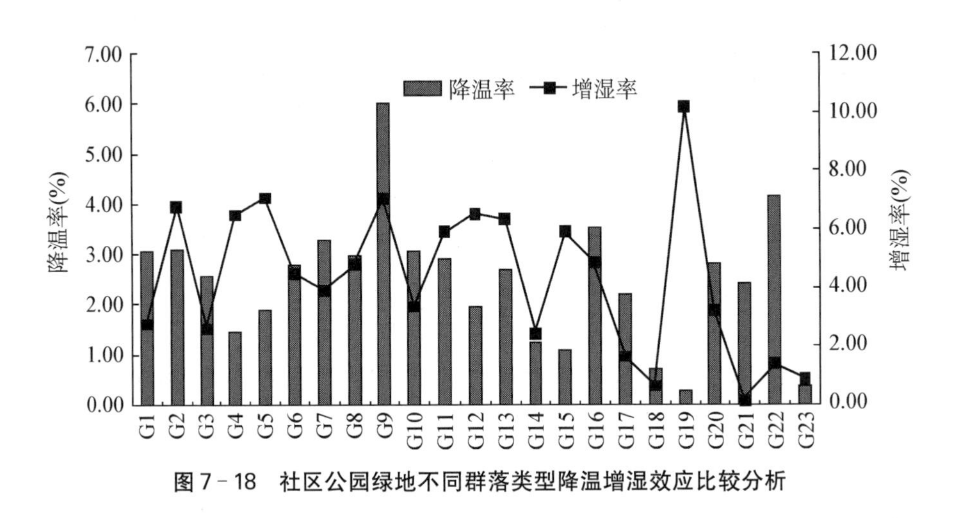

图 7-18 社区公园绿地不同群落类型降温增湿效应比较分析

(2) 居住区休闲绿地植物群落降温增湿效应分析。上海社区居住区绿地的降温增湿率如图 7-19,降温率最高的是龙爪槐-鸡爪槭群落(J26),其值为 8.52%;降温率最低的是合欢-桂花群落(J16),其值为 0.35%;增湿率最大的是龙爪槐-鸡爪槭群落(J26),其值为 21.19%,增湿率最小的是构树-枇杷-樱花群落(J17),其值为 0.28%。在社区居住区绿地中,龙爪槐-鸡爪槭群落的降温率和增湿率相对其他类型群落来说较高,其降温增湿效应也相对较好。

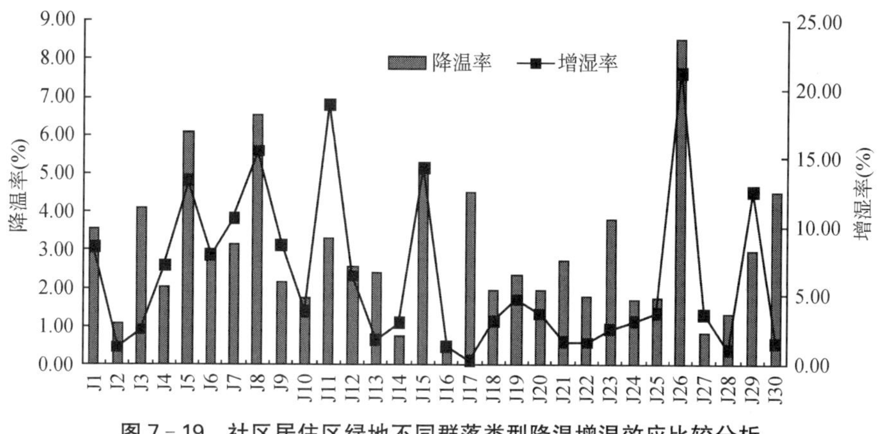

图 7-19 社区居住区绿地不同群落类型降温增湿效应比较分析

(3) 休闲道路绿地植物群落降温增湿效应分析。上海城市社区休闲街道绿地的降温增湿率如图 7-20,降温率最高的是广玉兰-垂丝海棠群落(D6),其值为 4.51%,降温率最低的是桂花-紫叶李群落(D5),其值为 1.09%;增湿率最大的是广玉兰-垂丝海棠群落(D6),其值为 16.01%,增湿率最小的是白玉兰-青桐群落(D7),其值为 1.04%。在社区道路绿地中,广玉兰-垂丝海棠群落的降温率和增湿率相对其他类型群落来说较高,其降温增湿效应也相对较好。

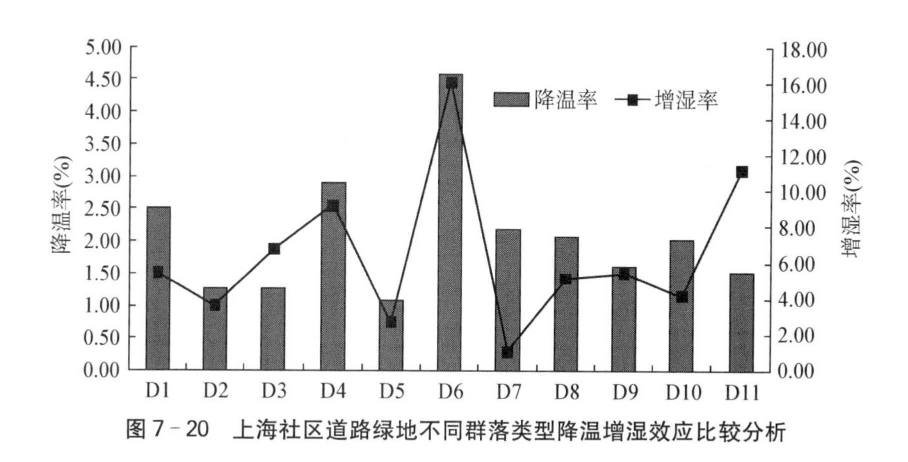

图 7-20 上海社区道路绿地不同群落类型降温增湿效应比较分析

(4) 社区其他绿地植物群落降温增湿效应分析。上海社区其他绿地的降温增湿率如图 7-21,降温率最高的是香樟-杨树群落(Q1),为 6.85%,降温率最低的是香樟-鸡爪槭群落(Q3),为 1.08%。上海社区道路绿地增湿率最大的是樱花群落(Q11),为 21.43%,增湿率最小的是榉树-银杏-日本晚樱群落(Q9),为 1.56%。

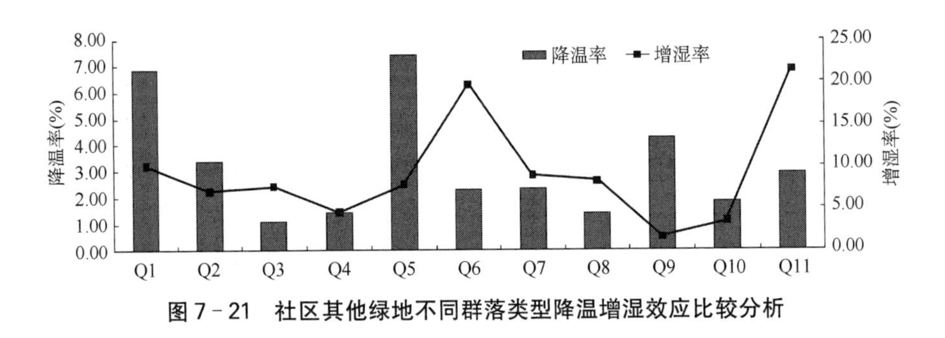

图 7－21　社区其他绿地不同群落类型降温增湿效应比较分析

(5) 社区绿地降温增湿效应与群落结构相关性分析

a. 休闲公园绿地降温增湿效应与群落结构的相关性分析。由表 7－7 可知，公园绿地的降温率与郁闭度(p＜0.01)、乔木丰富度(p＜0.01)都呈现极显著正相关性。公园绿地的增湿率与群落郁闭度(p＜0.01)呈现正相关性。植物群落的蒸腾作用随着郁闭度的增大而增强，蒸腾作用会带走热量，起到降温的效果，同时将根部吸收的水分转化为水蒸气，通过叶片气孔蒸发到大气中。而且这部分水分由于郁闭度较大也不会很快散失到外界环境中，从而起到增湿的作用。乔木丰富度越大、乔木种类数越多，遮挡的太阳辐射也就越多，可以起到越好的降温效果。社区公园绿地降温增湿效应与植物群落结构指标的相关性分析可知，社区公园绿地的降温率与群落郁闭度存在显著正相关关系，社区公园绿地的增湿率与群落郁闭度存在正相关关系。

表 7－7　社区公园绿地降温增湿效应与植物群落结构的相关性分析

指标	乔木平均胸径	乔木平均高度	乔木平均冠幅	灌草平均高度	灌草平均盖度	叶面积指数	郁闭度	乔木丰富度	乔木多样性指数	灌草丰富度	灌草多样性指数
降温率	0.303	0.328	0.267	0.065	－0.121	0.206	0.689**	0.406**	0.125	0.236	0.156
增湿率	－0.146	0.016	－0.145	0.030	－0.180	0.038	0.651*	0.194	－0.002	0.093	0.112

备注：** 表示在 0.01 水平(双侧)上显著相关；* 表示在 0.05 水平(双侧)上显著相关。

b. 居住区休闲绿地降温增湿效应与群落结构的相关性分析。由表 7－8 可知，社区居住区绿地植物群落降温率与郁闭度(p＜0.01)存在正相关关系。社区居住区绿地增湿率与郁闭度(p＜0.01)存在正相关关系。植物群落的蒸腾作用随着郁闭度的增大而增强，蒸腾作用会带走热量，起到降温的效果，同时将根部吸收的水分转化为水蒸气，通过叶片气孔蒸发到大气中。

而且这部分水分由于郁闭度较大也不会很快散失到外界环境中，起到了增湿的作用。社区居住区绿地随着郁闭度的增大，降温增湿作用也相应增大。从上述社区居住区绿地降温增湿效应与植物群落结构指标的相关性分析可知，社区居住区绿地的降温率与群落郁闭度存在正相关关系，社区居住区绿地的增湿率与郁闭度存在正相关关系。

表7-8　社区居住区绿地降温增湿效应与植物群落结构的相关性分析

指标	乔木平均胸径	乔木平均高度	乔木平均冠幅	灌草平均高度	灌草平均盖度	叶面积指数	郁闭度	乔木丰富度	乔木多样性指数	灌草丰富度指数	灌草多样性指数
降温率	−0.173	−0.170	−0.151	−0.089	−0.239	0.034	0.684*	0.140	0.212	0.133	0.154
增湿率	−0.124	−0.153	0.285	−0.005	−0.153	0.009	0.639*	−0.056	0.035	0.179	0.150

备注：** 表示在0.01水平(双侧)上显著相关；* 表示在0.05水平(双侧)上显著相关。

c. 休闲道路绿地降温增湿效应与群落结构的相关性分析。从表7-9中可以看出，社区休闲道路绿地降温率与乔木平均冠幅($p<0.05$)、灌草丰富度($p<0.05$)呈现显著正相关，道路绿地增湿率与植物群落结构特征指标没有明显的相关性。群落中的乔木冠幅大，所遮挡的太阳辐射也比较多，同时减弱太阳辐射热进入群落内，起到降温的效果。灌草的丰富度越大，说明群落灌草的物种数越多，同样吸收的热量越多，降温效果也越明显。

表7-9　社区休闲道路绿地降温增湿效应与植物群落结构的相关性分析

指标	乔木平均胸径	乔木平均高度	乔木平均冠幅	灌草平均高度	灌草平均盖度	叶面积指数	郁闭度	乔木丰富度	乔木多样性指数	灌草丰富度	灌草多样性指数
降温率	−0.148	−0.091	0.689*	−0.216	0.163	−0.031	0.213	−0.05	0.559	0.498*	−0.270
增湿率	0.204	−0.009	−0.237	−0.231	0.513	−0.011	0.203	−0.311	−0.218	0.437	−0.449

备注：** 表示在0.01水平(双侧)上显著相关；* 表示在0.05水平(双侧)上显著相关。

d. 社区其他绿地降温增湿效应与群落结构的相关性分析。由表7-10可知，社区其他绿地的降温率与叶面积指数($p<0.05$)、郁闭度($p<0.05$)存在正相关关系。社区其他绿地的增湿率与乔木平均冠幅($p<0.01$)、郁闭度($p<0.01$))存在显著正相关关系，与乔木的平均胸径、乔木平均高度、叶

面积指数等都没有明显的相关性。植物群落的蒸腾作用随着郁闭度的增大而增强,蒸腾作用会带走热量,起到降温的效果,同时将根部吸收的水分转化为水蒸气,通过叶片气孔蒸发到大气中。而且这部分水分由于郁闭度较大也不会很快散失到外界环境中,起到增湿的作用。社区其他绿地随着郁闭度的增大,降温增湿作用也相应增大。植物群落的叶面积指数是植物群体和群落生长的一个重要指标,同样影响植物群落的蒸腾作用,叶面积指数大的植物群落降温率更大。

表 7－10　社区其他绿地降温增湿效应与植物群落结构的相关性分析

指标	乔木平均胸径	乔木平均高度	乔木平均冠幅	灌草平均高度	灌草平均盖度	叶面积指数	郁闭度	乔木丰富度	乔木多样性指数	灌草丰富度指数	灌草多样性指数
降温率	0.216	0.401	－0.035	－0.185	－0.073	0.399*	0.538*	0.281	0.290	0.116	0.210
增湿率	－0.220	0.063	0.509**	0.308	－0.082	0.322	0.672**	0.154	0.136	0.165	0.010

备注：** 表示在 0.01 水平(双侧)上显著相关；* 表示在 0.05 水平(双侧)上显著相关。

2. 社区公共开放空间绿地群落遮阴效应分析

(1) 休闲公园绿地植物群落遮阴效应分析。上海社区公园绿地的遮阴率如图 7－22,从聚类的 23 个群落来看,遮阴率最高的是楝树-桂花群落(G2),遮阴率是 95.75%,最低的是国槐-枫香群落(G17),遮阴率是 6.44%。社区公园绿地中,楝树-桂花群落的遮阴率较高,遮阴效果比较显著。

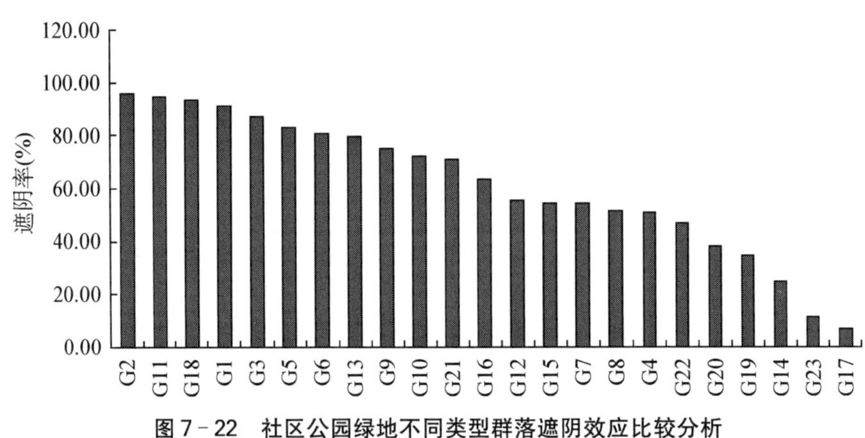

图 7－22　社区公园绿地不同类型群落遮阴效应比较分析

(2) 居住区休闲绿地植物群落遮阴效应分析。上海社区居住区绿地的遮阴率如图 7-23,从聚类的 30 个群落来看,遮阴率最高的是紫叶李-樱花群落(J2),遮阴率是 96.68%,最低的是合欢-桂花群落(J16),遮阴率是 24.26%。社区居住区绿地中,紫叶李-樱花群落的遮阴率较高,遮阴效果比较显著。

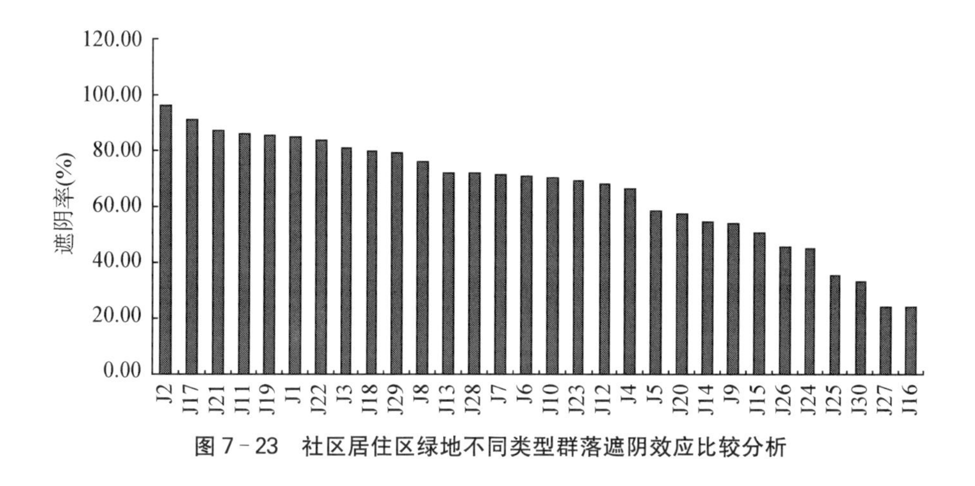

图 7-23　社区居住区绿地不同类型群落遮阴效应比较分析

(3) 休闲道路绿地植物群落遮阴效应分析。上海社区休闲道路绿地的遮阴率如图 7-24,从聚类的 11 个群落来看,遮阴率最高的是广玉兰-垂丝海棠群落(D6),遮阴率是 93.49%,其次是紫叶李-桂花群落(D5),遮阴率为 89.56%,最低的是鸡爪槭群落(D11),遮阴率是 17.65%。社区道路绿地中,广玉兰-垂丝海棠群落的遮阴率较高,遮阴效果比较显著。

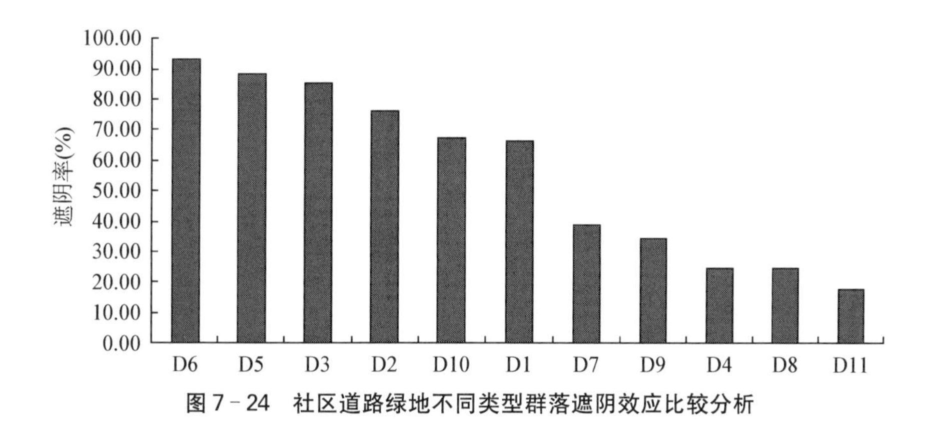

图 7-24　社区道路绿地不同类型群落遮阴效应比较分析

(4) 社区其他绿地植物群落遮阴效应分析。上海社区其他绿地的遮阴率如图 7-25,从聚类的 11 个群落来看,遮阴率最高的是群落香樟-杨树

(Q1),遮阴率是87.12%,其次为合欢-桂花群落(Q4),遮阴率为86.23%,最低的是乌桕-桂花群落(Q7),遮阴率是35.45%。社区其他绿地中,香樟-杨树群落的遮阴率较高,遮阴效果比较显著。

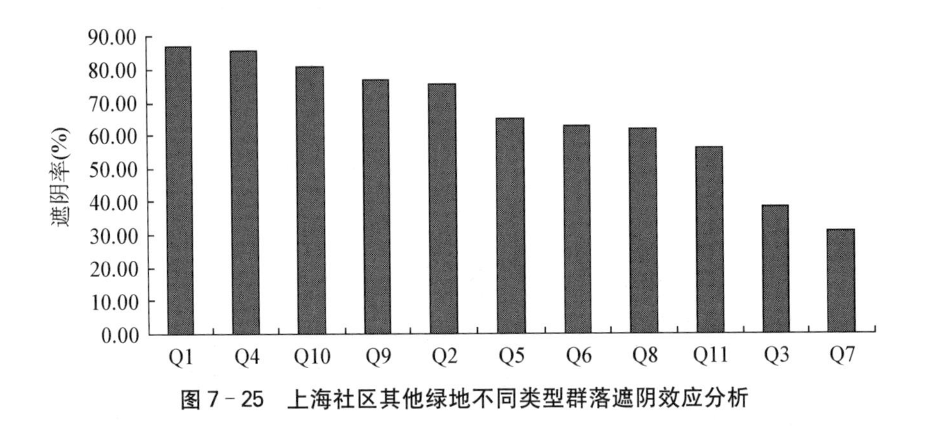

图7-25 上海社区其他绿地不同类型群落遮阴效应分析

(5) 社区绿地遮阴效应与群落结构相关性分析

a. 休闲公园绿地降温增湿效应与群落结构的相关性分析。由表7-11可知,社区公园绿地的遮阴率与叶面积指数($p<0.01$)、郁闭度($p<0.01$)都呈现极显著正相关,与灌草丰富度($p<0.05$)呈现显著正相关,与乔木平均胸径、乔木平均高度、乔木平均冠幅等不具有明显的相关性。叶面积指数是植物生理状态的重要指标,植物长得好,遮挡阳光照射的能力就越强,遮阴率就越强。同样郁闭度大的群落,遮挡阳光照射的范围越大,遮阴率也越强。灌草层同样会对阳光照射产生遮挡,灌草越丰富,遮挡范围越大,遮阴率越低。

表7-11 社区公园绿地遮阴效应与植物群落结构的相关性分析

指标	乔木平均胸径	乔木平均高度	乔木平均冠幅	灌草平均高度	灌草平均盖度	叶面积指数	郁闭度	乔木丰富度	乔木多样性指数	灌草丰富度	灌草多样性指数
遮阴率	−0.1	0.182	0.124	0.303	−0.165	0.499**	0.542**	0.236	0.213	0.310*	0.264

备注:** 表示在0.01水平(双侧)上显著相关;* 表示在0.05水平(双侧)上显著相关。

b. 居住区休闲绿地降温增湿效应与群落结构的相关性分析。由表7-12可知,社区居住区绿地的遮阴率与乔木丰富度($p<0.01$)、乔木多样性指数($p<0.01$)都呈现极显著正相关,与郁闭度($p<0.05$)呈现显著正相关。郁闭度大的群落,遮挡阳光照射的范围越大,遮阴率也越强。

表 7－12　社区居住区绿地遮阴效应与植物群落结构的相关性分析

指标	乔木平均胸径	乔木平均高度	乔木平均冠幅	灌草平均高度	灌草平均盖度	叶面积指数	郁闭度	乔木丰富度	乔木多样性指数	灌草丰富度	灌草多样性指数
遮阴率	−0.025	0.087	0.105	0.058	0.093	0.169	0.307*	0.348**	0.474**	−0.114	−0.101

备注：** 表示在 0.01 水平(双侧)上显著相关；* 表示在 0.05 水平(双侧)上显著相关。

c. 休闲道路绿地降温增湿效应与群落结构的相关性分析。从表 7－13 中可以看出，社区道路绿地的遮阴率与乔木平均胸径胸径($p<0.01$)、乔木平均冠幅($p<0.01$)、乔木丰富度($p<0.01$)呈现极显著正相关，与乔木多样性指数($p<0.05$)呈现正相关。乔木的冠幅越大，被冠幅反射的阳光越多，遮阴效果越好。

表 7－13　社区道路绿地遮阴效应与植物群落结构的相关性分析

指标	乔木平均胸径	乔木平均高度	乔木平均冠幅	灌草平均高度	灌草平均盖度	叶面积指数	郁闭度	乔木丰富度	乔木多样性指数	灌草丰富度	灌草多样性指数
遮阴率	0.554**	0.211	0.674**	0.098	−0.059	−0.025	−0.089	0.537**	0.502*	0.224	0.104

备注：** 表示在 0.01 水平(双侧)上显著相关；* 表示在 0.05 水平(双侧)上显著相关。

d. 社区其他绿地降温增湿效应与群落结构的相关性分析。由表 7－14 可知，社区其他绿地的遮阴率与叶面积指数($p<0.05$)、郁闭度($p<0.05$)呈现显著正相关，与乔木平均胸径、乔木平均高度、乔木平均冠幅乔木丰富度等不具有明显的相关性。叶面积指数大的群落，说明群落的叶片总面积大，也就可以遮挡更多的光照，使得遮阴率更高。郁闭度大的群落，遮挡的太阳辐射越多，遮阴率相对越高。

表 7－14　社区其他绿地遮阴效应与植物群落结构的相关性分析

其他指标	乔木平均胸径	乔木平均高度	乔木平均冠幅	灌草平均高度	灌草平均盖度	叶面积指数	郁闭度	乔木丰富度	乔木多样性指数	灌草丰富度指数	灌草多样性指数
遮阴率	0.148	0.312	0.33	0.029	−0.132	0.487*	0.430*	0.234	0.241	−0.204	−0.207

备注：** 表示在 0.01 水平(双侧)上显著相关；* 表示在 0.05 水平(双侧)上显著相关。

3. 社区开放空间绿地负氧离子效应分析

(1) 休闲公园绿地植物群落负离子效应分析。上海社区公园绿地的正负离子浓度如图 7－26，从聚类的 23 个群落类型来看，正离子浓度最高的是棕榈群落（G9），为 308 个/cm^3，正离子浓度最低的是枫香群落（G13），为 131 个/cm^3；负离子浓度最高的也是棕榈群落（G9），为 296 个/cm^3，负离子浓度最低的是枫香群落（G2），为 198 个/cm^3。社区公园绿地中，棕榈群落的正离子浓度、负离子浓度都相对较高，负离子效应相对较好。

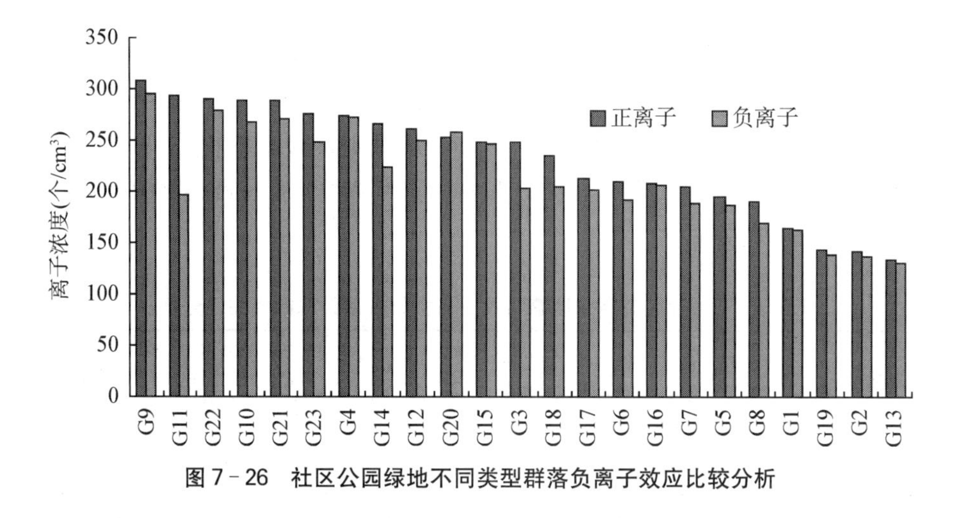

图 7－26　社区公园绿地不同类型群落负离子效应比较分析

（2）居住区休闲绿地植物群落负离子效应分析。上海社区居住区绿地的正负离子浓度如图 7－27，从聚类的 30 个群落类型来看，正离子浓度最高的是棕榈群落（J9），为 314 个/cm^3，正离子浓度最低的是枫香群落（J25），为 98 个/cm^3；负离子浓度最高的也是棕榈群落（J9），为 316 个/cm^3，负离子浓度最低的是枫香群落（J25），为 49 个/cm^3。社区居住区绿地中，棕榈群落的正离子浓度、负离子浓度都相对较高，负离子效应相对较好。

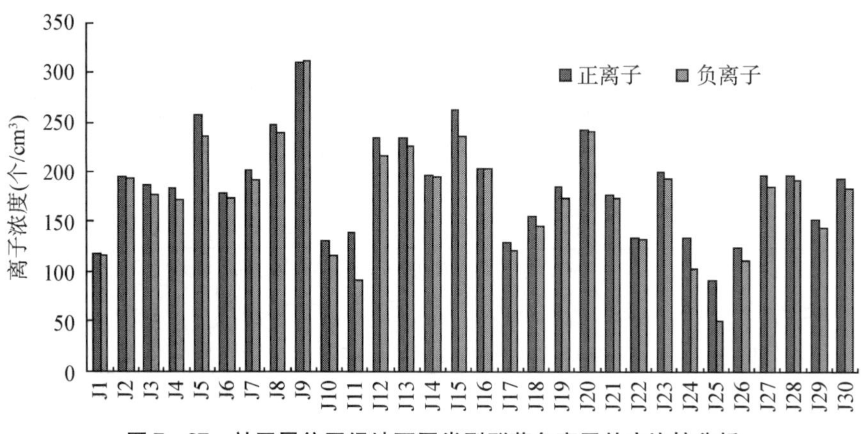

图 7－27　社区居住区绿地不同类型群落负离子效应比较分析

(3) 休闲道路绿地植物群落负离子效应分析。上海社区道路绿地的正负离子浓度如图 7-28,从聚类的 11 个群落类型来看,正离子浓度最高的是桂花-紫叶李群落(D5),为 309 个/cm³,正离子浓度最低的是枫香群落(D10),为 50 个/cm³;负离子浓度最低的是枫香群落(D10),为 49 个/cm³,负离子浓度最高的是棕榈群落(D11),为 230 个/cm³。社区道路绿地中,桂花-紫叶李群落的正离子浓度、负离子浓度都相对较高,负离子效应相对较好。

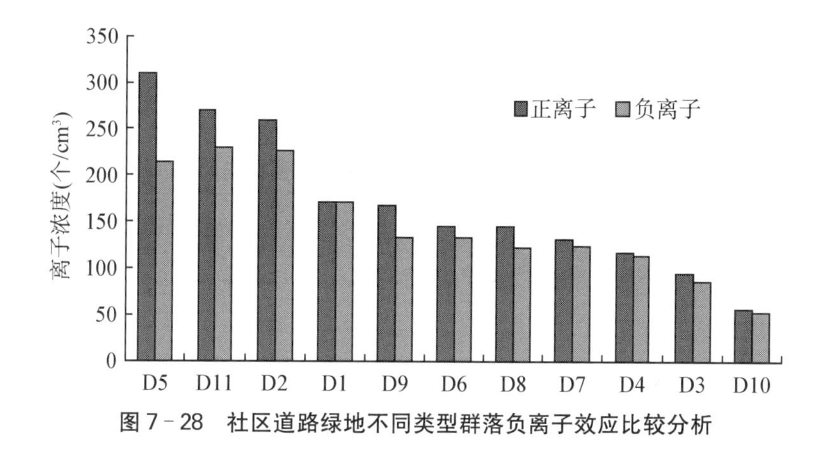

图 7-28　社区道路绿地不同类型群落负离子效应比较分析

(4) 社区其他绿地植物群落负离子效应分析。上海社区其他绿地的正负离子浓度如图 7-29,从聚类的 11 个群落类型来看,正离子浓度最高的是棕榈群落(Q7),为 348 个/cm³,正离子浓度最低的是枫香群落(Q4),为 128 个/cm³;负离子浓度最高的依然是棕榈群落(Q7),为 337 个/cm³,负离子浓度最低的是枫香群落(Q4),为 128 个/cm³。

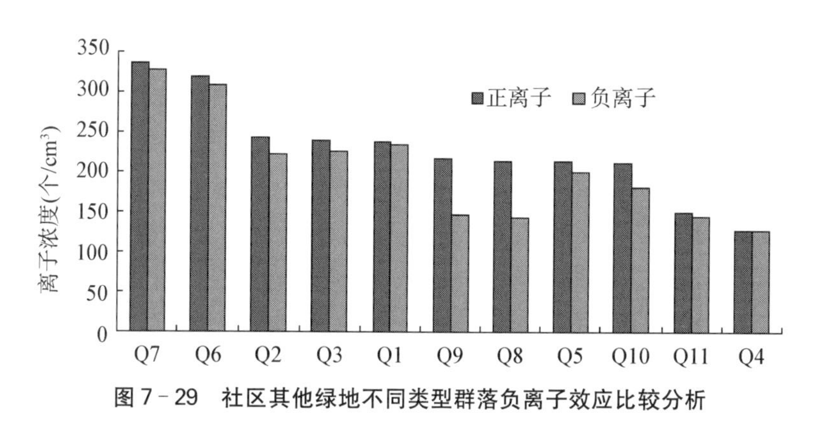

图 7-29　社区其他绿地不同类型群落负离子效应比较分析

(5) 社区绿地负离子效应与群落结构相关性分析

a. 休闲公园绿地降温增湿效应与群落结构的相关性分析。如表7-15所示,社区公园绿地的正离子浓度与叶面积指数($p<0.01$)呈现极显著负相关,与郁闭度($p<0.05$)呈现负相关,与剩下的指标不具有明显的相关性。负离子浓度与叶面积指数($p<0.01$)呈现显著负相关。郁闭度过高的群落,阳光无法透过树冠层叶片后照射到地被层植物叶片上,导致植物叶片不能在短波紫外线的作用下,发生光电效应产生离子,从而影响群落的离子浓度。同样叶面积指数过大,绿色植物叶片本身进行的多种生理生化作用越强,影响离子产生,从而导致离子浓度偏低。要提高社区公园绿地植物群落的离子浓度,就要有效控制叶面积指数和郁闭度。

表7-15 社区公园绿地负离子效应与植物群落结构的相关性分析

指标	乔木平均胸径	乔木平均高度	乔木平均冠幅	灌草平均高度	灌草平均盖度	叶面积指数	郁闭度	乔木丰富度	乔木多样性指数	灌草丰富度指数	灌草多样性指数
正离子	0.251	0.131	0.124	0.048	0.166	−0.440**	−0.334*	0.116	0.142	0.044	−0.023
负离子	0.281	0.162	0.159	0.153	0.153	−0.465**	−0.298	0.056	0.001	0.123	0.07

备注:** 表示在0.01水平(双侧)上显著相关;* 表示在0.05水平(双侧)上显著相关。

b. 居住区休闲绿地降温增湿效应与群落结构的相关性分析。如表7-16,社区居住区绿地的正离子浓度与叶面积指数($p<0.01$)、郁闭度($p<0.01$)呈现极显著负相关,而与灌草多样性指数($p<0.01$)呈现极显著正相关。负离子浓度与叶面积指数($p<0.01$)呈现极显著负相关,与郁闭度呈现显著负相关($p<0.05$),而与乔灌草多样性指数($p<0.05$)呈现显著正相关。郁闭度过高的群落,阳光无法透过树冠层叶片后照射到地被层植物叶片上,导致植物叶片不能在短波紫外线的作用下发生光电效应产生离子,从而影响群落的离子浓度。同样叶面积指数过大,绿色植物叶片本身进行的多种生理生化作用越强,影响了离子产生,从而导致离子浓度偏低。要提高社区居住区植物群落的离子浓度,就要有效控制叶面积指数和郁闭度。

表 7-16　社区居住区绿地负离子浓度与植物群落结构的相关性分析

指标	乔木平均胸径	乔木平均高度	乔木平均冠幅	灌草平均高度	灌草平均盖度	叶面积指数	郁闭度	乔木丰富度	乔木多样性指数	灌草丰富度指数	灌草多样性指数
负离子	−0.095	0.051	0.333	0.131	0.045	−0.544**	−0.379**	−0.038	−0.199	0.176	0.361**
正离子	−0.072	0.048	0.255	0.063	0.162	−0.381**	−0.256*	−0.056	−0.203	0.123	0.276*

备注：** 表示在 0.01 水平(双侧)上显著相关；* 表示在 0.05 水平(双侧)上显著相关。

c. 休闲道路绿地降温增湿效应与群落结构的相关性分析。如表 7-17，社区休闲道路绿地的正离子浓度与乔木丰富度($p<0.05$)、乔木多样性指数($p<0.05$)呈现正相关。负离子浓度与乔木植物群落指标都没有明显的相关性。乔木丰富度是样地中植物中的乔木种类数，可见，乔木的种类数会对社区道路绿地的正离子浓度受产生一定的影响，乔木种类数越多，正离子浓度越高。

表 7-17　社区休闲道路绿地负离子效应与植物群落结构的相关性分析

指标	乔木平均胸径	乔木平均高度	乔木平均冠幅	灌草平均高度	灌草平均盖度	叶面积指数	郁闭度	乔木丰富度	乔木多样性指数	灌草丰富度指数	灌草多样性指数
正离子	−0.217	−0.323	0.518	0.024	0.012	0.431	0.658	0.485*	0.497*	0.291	0.344
负离子	−0.3	0.463	0.329	0.284	−0.162	−0.296	−0.372	0.362	0.31	0.253	0.223

备注：** 表示在 0.01 水平(双侧)上显著相关；* 表示在 0.05 水平(双侧)上显著相关。

d. 社区其他绿地降温增湿效应与群落结构的相关性分析。如表 7-18，社区其他绿地的正离子、负离子浓度与植物群落的各项指标都不具有明显的相关性。在所调查的社区其他绿地的植物群落中，没有发现与离子浓度相关的群落结构指标。影响社区其他绿地植物群落离子浓度的群落结构因子还需进一步的调查研究。

表 7-18 社区其他绿地负离子浓度与植物群落结构的相关性分析

指标	乔木平均胸径	乔木平均高度	乔木平均冠幅	灌草平均高度	灌草平均盖度	叶面积指数	郁闭度	乔木丰富度	乔木多样性指数	灌草丰富度指数	灌草多样性指数
正离子	0.144	0.306	−0.1	0.11	0.082	0.057	−0.014	0.193	0.012	0.015	0.021
负离子	0.129	0.367	−0.05	−0.039	−0.043	0.136	0.119	0.307	0.203	0.282	0.164

备注：** 表示在 0.01 水平(双侧)上显著相关；* 表示在 0.05 水平(双侧)上显著相关。

4. 社区绿地绿量与生态效益指标的相关性分析

(1) 休闲公园绿地绿量与生态效益指标的相关性分析。在社区公园绿地中，绿量与降温率($p<0.05$)、遮阴率($p<0.05$)呈现显著正相关，与增湿率、负离子效应相关性不明显。降温率与增湿率($p<0.01$)呈现极显著正相关，与遮阴率($p<0.05$)呈现显著正相关，与负离子效应的相关性不明显(如表 7-19)。

表 7-19 社区公园绿地生态效益指标间的相关性分析

	绿量	降温率	增湿率	遮阴率	负离子效应
绿量	1				
降温率	0.302*	1			
增湿率	0.094	0.372**	1		
遮阴率	0.348*	0.302*	0.038	1	
负离子效应	0.194	0.149	−0.057	−0.077	1

如图 7-30 所示，将社区公园绿地的绿量、降温率、增湿率、遮阴率和负离子效应进行相关性比较发现，社区公园绿地的降温率与绿量存在正相关关系，与遮阴率存在正相关关系。社区公园绿地的降温率与遮阴率存在正相关关系，与增湿率呈显著正相关关系。

(2) 居住区休闲绿地绿量与生态效益指标的相关性分析。由表 7-20 可知，在社区居住区绿地中，降温率与遮阴率($p<0.01$)呈现极显著正相关，与遮阴率、负离子效应相关性不明显。绿量与降温率、增湿率、遮阴率和负离子效应相关性都不明显。增湿率与遮阴率和负离子效应相关性也都不明显。

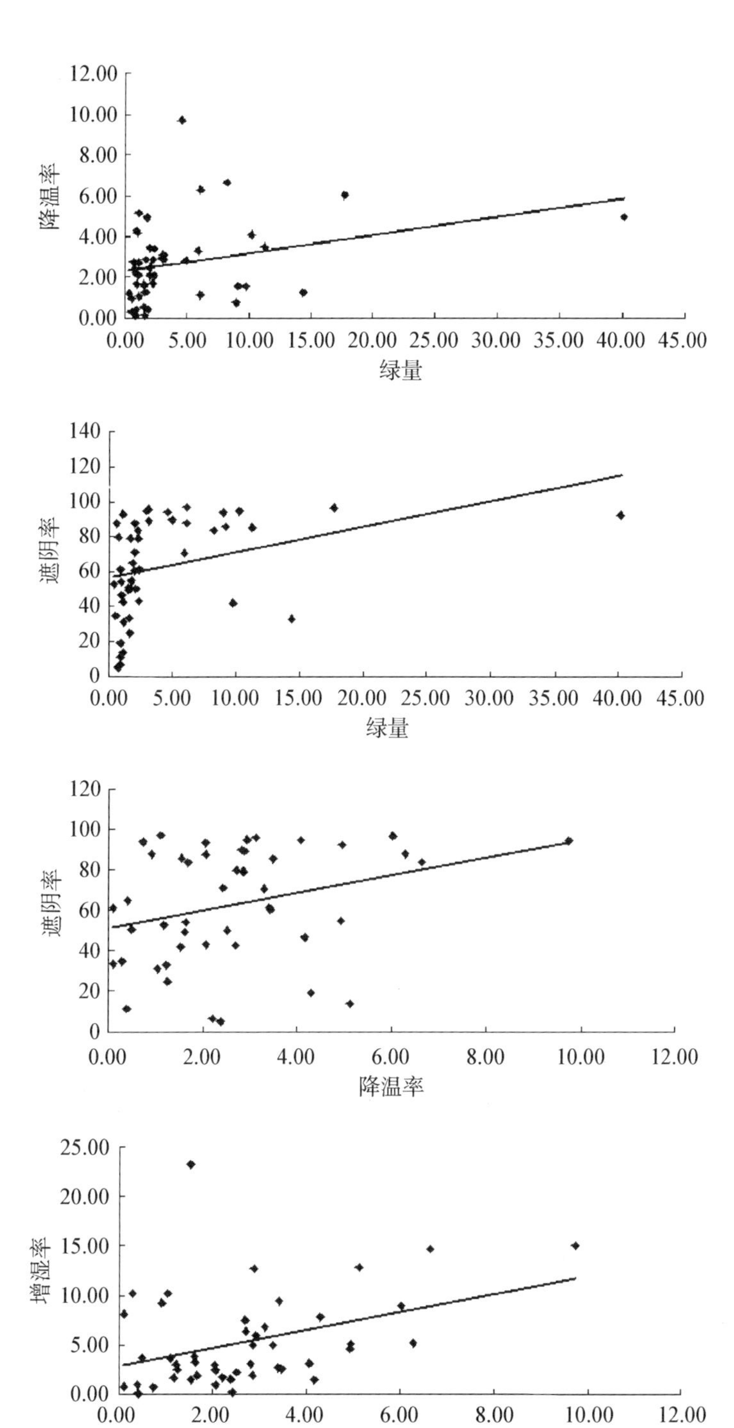

图 7-30　社区公园绿地绿量与降温率、遮阴率的关系

表 7-20 社区居住区绿地生态效益指标间的相关性分析

	绿量	降温率	增湿率	遮阴率	负离子效应
绿量	1				
降温率	−0.088	1			
增湿率	−0.057	0.665**	1		
遮阴率	0.119	0.22	0.111	1	
负离子效应	0.155	0.125	0.186	−0.246	1

如图 7-31 所示，将社区居住区绿地的绿量与降温率、增湿率、遮阴率和负离子效应进行相关性比较发现，社区道路绿地的降温率与增湿率有显著正相关关系。

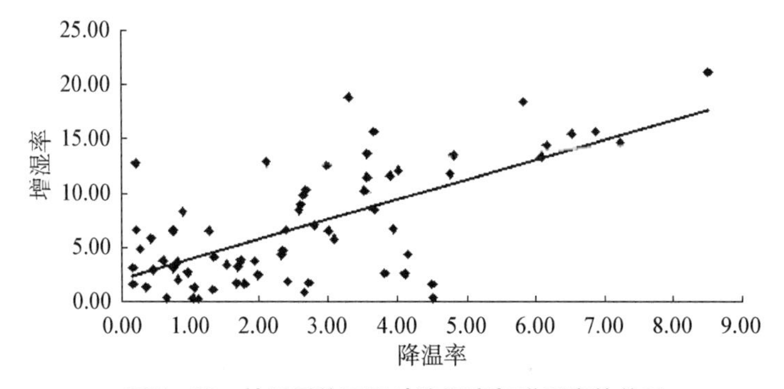

图 7-31 社区居住区绿地降温率与增湿率的关系

(3) 休闲道路绿地绿量与生态效益指标的相关性分析。在社区休闲道路绿地中，绿量与降温率($p<0.05$)、遮阴率($p<0.05$)呈现显著正相关，与增湿率、负离子效应相关性不明显。降温率与增湿率、降温率、负离子效应相关性不明显；增湿率与遮阴率负离子效应相关性都不明显；遮阴率与负离子效应相关性不明显。可见，影响绿量、降温率、遮阴率的植物群落结构指标在一定程度上具有相似性(如表 7-21)。

表 7-21 社区道路绿地生态效益指标间的相关性分析

	绿量	降温率	增湿率	遮阴率	负离子效应
绿量	1				
降温率	0.428*	1			
增湿率	−0.171	0.04	1		
遮阴率	0.457*	0.319	−0.238	1	
负离子效应	−0.079	−0.155	0.143	−0.062	1

如图 7－32 所示，将社区道路绿地的绿量、降温率、增湿率、遮阴率和负离子效应进行相关性比较发现，社区道路绿地的绿量与降温率存在正相关关系，与遮阴率存在正相关关系。

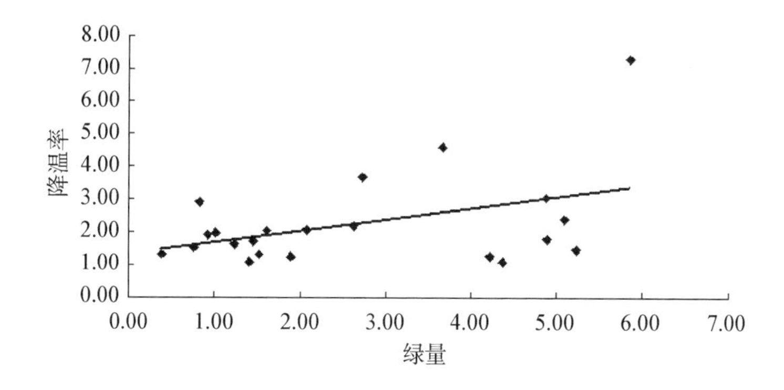

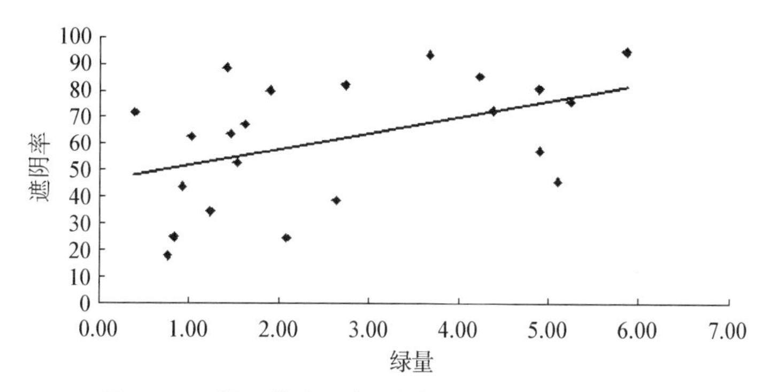

图 7－32　社区道路绿地绿量与降温率、遮阴率的关系

（4）社区其他绿地绿量与生态效益指标的相关性分析。在社区其他绿地中，绿量与降温率、增湿率、遮阴率负离子效应相关性不明显，降温率与遮阴率、负离子效应相关性不明显。增湿率与遮阴率和负离子效应相关性都不明显；遮阴率与负离子效应相关性不明显（如表 7－22）。

表 7－22　社区其他绿地生态效益指标间的相关性分析

	绿量	降温率	增湿率	遮阴率	负离子效应
绿量	1				
降温率	0.027	1			
增湿率	0.009	0.279	1		
遮阴率	0.268	0.32	－0.054	1	
负离子效应	－0.195	0.067	0.204	0.183	1

四、小结

通过选取上海城市社区公共开放空间绿地中168个样地作为研究对象,调查分析了社区不同绿地类型植物群落的结构特征指标,测定社区不同类型绿地植物群落的绿量和生态效益指标,并对社区不同类型绿地植物群落结构特征指标和绿量、生态效益指标进行相关性分析,进而找出影响群落生态效益的群落结构特征核心指标,对这些指标进行定性、定量的分析,在此基础上建立了相应的回归方程。

所调查的168个城市社区公共开放空间绿地中共记录92科204属280种植物。其中,休闲公园绿地有73科77属82种,居住区休闲绿地有81科86属95种,社区休闲道路绿地有52科55属59种,其他绿地有56科61属67种。社区群落类型丰富,休闲公园绿地被划分为23个群落类型;居住区休闲绿地被划分为30个群落类型,社区休闲道路绿地被划分为11个群落类型;其他类型绿地被划分为11个群落类型。社区休闲道路绿地和休闲公园绿地以落叶乔木群落为主,社区居住区休闲绿地和社区其他绿地以常绿落叶混交群落为主。上海社区各类型绿地植物群落的物种多样性指数偏小,物种多样性不高。

社区休闲公园绿地的生态效益受植物群落中乔木平均胸径、乔木平均高度、乔木平均冠幅及平均高度等结构特征指标影响;社区居住区休闲绿地受植物群落中乔木平均胸径和平均高度、乔木丰富度、灌草平均高度等结构特征指标影响;社区休闲道路绿地绿量受植物群落中乔木平均冠幅等结构特征指标影响;其他绿地受植物群落中乔木平均高度和平均冠幅、郁闭度、乔木平均胸径、乔木平均冠幅等结构特征指标影响。

社区休闲公园绿地植物群落的降温率与郁闭度、乔木丰富度等都呈现极显著正相关,与乔木平均胸径、乔木平均高度呈现显著正相关;社区居住区休闲绿地植物群落的降温率与灌草平均高度呈现显著正相关;社区休闲道路绿地植物群落的降温率与乔木多样性指数呈现极显著正相关,与灌草丰富度呈现显著正相关;社区其他绿地植物群落的降温率与叶面积指数呈现显著正相关。

社区公园绿地植物群落的增湿率与植物群落结构特征指标没有明显的相关性;社区居住区绿地植物群落的增湿率与乔木平均冠幅呈现显著正相关;社区道路绿地植物群落的增湿率与灌草平均高度、灌草丰富度、灌草多样性指数呈现显著正相关;社区其他绿地植物群落的增湿率与乔木平均高度呈现极显著正相关。社区道路绿地的遮阴率与乔木多样性指数呈现正相关；社区公园绿地的遮阴率与叶面积指数、郁闭度都呈现极显著正相关，与灌草平均盖度、灌草丰富度都呈现显著正相关；社区居住区绿地的遮阴率与乔木丰富度、乔木多样性指数都呈现极显著正相关，与郁闭度呈现显著正相关，其中，与遮阴率相关性最为显著的植物群落结构特征指标是乔木多样性指数。社区其他绿地的遮阴率与叶面积指数、郁闭度呈现显著正相关。

社区公园绿地的正离子浓度与叶面积指数、郁闭度呈现负相关，负离子浓度与叶面积指数呈现显著负相关。社区居住区绿地的正离子浓度与叶面积指数、郁闭度呈现极显著负相关，而与灌草多样性指数呈现极显著正相关，负离子浓度与叶面积指数呈现极显著负相关，与郁闭度呈现显著负相关，而与乔灌草多样性指数呈现显著正相关。社区道路绿地的正离子浓度受乔木丰富度、乔木多样性指数所影响而负离子浓度与乔木植物群落指标都没有明显的相关性。其他绿地的正离子浓度与植物群落的各项指标都不具有明显的相关性，负离子浓度与乔木平均高度呈现显著正相关。

通过改善影响社区不同绿地类型绿量和生态效益的群落结构特征指标来提高植物群落的绿量和生态效益，分别对社区休闲公园绿地、居住区休闲绿地、休闲道路和其他绿地提出优化对策。在社区休闲公园绿地植物群落的建设过程中，应结合实际情况调整乔木平均胸径、乔木平均高度、乔木平均冠幅，以提高植物群落的绿量，调整群落郁闭度、叶面积指数、乔木丰富度，以提高植物群落的生态效益；在居住区休闲公园绿地植物群落的建设过程中，应结合实际情况调整乔木平均胸径、乔木平均高度、乔木平均冠幅、乔木丰富度、灌草平均高度，以提高植物群落的绿量，调整郁闭度、乔木丰富度、乔木多样性指数、叶面积指数、灌草多样性指数，以提高植物群落的生态效益；在休闲道路绿地植物群落的建设过程中，应结合实际情况调整乔木平均冠幅，以提高植物群落的绿量，调整乔木平均冠幅、乔木平均胸径、乔木丰富度和乔木多样性指数，以提高植物群落的生态效益；在社区其他绿地植物群落的建设过程中，应结合实际情况调整乔木平均冠幅、乔木平均胸径、叶面积指数，以提高植物群落的绿量；调整乔木平均冠幅、叶面积指数、郁闭度，以提高植物群落的生态效益。

第八章　上海城市社区公共开放空间服务功能共轭策略

公共开放空间的不同功能决定了规划设计的目标呈现了两个“相对立”的方面：其一是关注休闲游憩、康乐设施和环境质量需求；其二是保护现有景观和自然资源。这两种方面被视为“需求方法”和“供应方法”的二分法。随着生活方式的改变，人们对户外游憩的需求逐渐增长，大部分的游戏、赏景、社交等休闲游憩活动都要在城市公共开放空间中得到满足。一个复杂而多样的开放空间系统可以满足不同类型人群（不同年龄、文化差异等）的需求。因此，满足社会服务的开放空间规划设计涉及多使用者的需求，如公共开放空间的空间特征、属性、数量、与活动之间的兼容性、可达性、可见性和适宜性等。城市公共开放空间的服务功能包含城市环境提升、心理压力的释放（接触自然、释放压力等）、社会公平（促进社会交流、平等等）、教育与科研服务（为各种教育程度的人提供相应环境）、融合价值观和道德的态度（人与自然的关系等）①。

由调查分析的结果可知，年龄、职业、文化分异导致了社区居民游憩需求、行为偏好及满意度的差异性。同时，社区居民的潜在需求、偏好及其对公共开放空间游憩功能的满意度与景观质量、游憩空间、游憩设施、游憩环境和服务管理等主要元素密切相关。因此，在规划设计之初，理应对社区居民的游憩需求分异进行充分的调查和分析，以指导社区公共开放空间的规划设计和建设管理。此外，随着时间的推移和社会的发展，社区居民对游憩的需求也会发生不断的变化，因此，在公共开放空间的后期管理过程中，也应对公共开放空间的景观风貌、游憩空间和设施及管理策略进行阶段性调整。根据前文的研究结果，本章将对瑞金、莘庄、方松社区中的公共开放空间，分别提出能够满足其主体居民构成群体的游憩需求和偏好的优化对策，以提升其对社区公共开放空间游憩功能的满意度。

---

① 吴伟、杨继梅：《1980年代以来国外开放空间价值评估综述》，《城市规划》2007年第6期。

一、社区公共开放空间优化原则

根据调查问卷及访谈的居民反馈，社区公共开放空间的优化提升既要满足一般城市社区公共开放空间的设计原则，也要兼顾所在社区自身地域及文化特征，满足以下 6 条关键性原则：生态性原则、人性化原则、地域性原则、可达性原则、公平性原则和活力性原则。其中，生态性原则可以为居民提供适宜的游憩环境；人性化原则能够从居民的潜在需求、游憩偏好和满意度出发，使社区绿地空间的游憩功能与居民需求相互契合；地域性原则强调社区公共开放空间景观风格和植物选择的乡土性，能够体现地区的文化、历史、地理特色；可达性原则在社区尺度中比较容易满足，因为社区公共开放空间的服务半径基本能够辐射整个社区尺度。

1. 生态性原则

生态性原则已成为当今城市规划和风景园林设计领域的一个焦点问题，将生态理念引入社区公共开放空间的设计已迫在眉睫。社区公共开放空间的绿地生态效应与城市公共开放空间类似，具有调节小气候、改善城市局部生态环境、净化空气、降噪、降温、增湿等效果。生态性原则提倡运用生态设计、再生设计等技术，注重节约型、低碳型、近自然型植物群落的搭配构建，强调社区绿地绿量的提升，以发挥社区公共开放空间绿地的生态效益，在注重景观视觉效果的同时兼顾社区公共开放空间整体生态系统给社区带来的综合效益。

2. 人性化原则

社区公共开放空间的规模相对于城市综合型公共开放空间的规模要小，服务对象主要为社区的居民，而居民的文化背景、职业、个人经历等因素均会影响其对社区公共开放空间的期望和游憩感知。因此，社区公共开放空间优化提升的前提应该是对社区内游憩居民的人口特征（如不同年龄、职业、文化程度等）、心理需求、思维方式、生活行为习惯等因素的充分调查，从而为居民提供符合其实际需求的游憩空间、设施，并营造适宜的游憩环境，提供令居民满意的服务，并制定相应的管理制度。例如，为满足学龄前儿童的游憩需求而增添供其玩耍的沙坑或游戏设施；为青少年提供可以群聚的、公共的、开敞的、多样的游憩空间；为老年人增添适合健身锻炼、休憩、聊天的场所，如器械健身场、休憩座椅、景亭、花架、遮阳棚等设施。

3. 地域性原则

社区公共开放空间的优化提升应以社区居民为服务对象，以游憩居民的实际需求为根本，为社区居民提供一处亲近自然的场所，以弥补与自然相互隔离的心理缺失。因此，社区公共开放空间的规划设计要体现地域性和乡土性，从实际需求、自然地理条件及历史文化底蕴出发，突出带有场地印记的景观风格、适合气候条件的植物种类选择以及与居民的游憩需求相契合的空间和设施的设置。例如，黄浦瑞金社区是中西文化交融的中心，而位于其中的复兴公园则兼具中国传统园林特色和浓郁的法国风情，既包含亭台水榭、集散广场，也包含了开敞的草坪景观、沉床花园和高大茂盛的法国梧桐，充分体现了瑞金社区的历史文化印记。

4. 可达性原则

便于社区居民就近在户外游憩空间休闲游憩以亲近自然环境是社区公共开放空间建设的主要目的之一。因此社区公共开放空间应具备较高的可达性才能满足居民游憩的需求。社区公共开放空间的可达性主要体现在道路交通组织合理、到达公共开放空间的时间短、道路标识信息清晰、入口景观视线通透等要求。但是，基于社区公共开放空间的服务半径基本可以辐射至整个社区，因此可达性原则是社区公共开放空间规划设计以及优化提升中比较容易实现的原则。

5. 公平性原则

“公平”意味着充足合理、机会均等，公平的目标是针对公共空间的数量不足、结构失衡、空间布局不合理等问题提出的。公共性是社区公共开放空间的基本属性之一，每个社区居民都有使用它的权利。因此，设计师在设计及优化的过程中始终要坚持公平性原则，主要体现在无障碍设计和游憩空间分布状况上。在无障碍设计上，公平性原则提倡要特别注意老年人、儿童及残疾人等社会弱势群体的需求，以期为具有不同生理及心理需求的居民提供能够休闲、娱乐、健身的场所，从而推进社会和谐的发展，这是设计师应尽的职责。在社区公共开放空间的游憩空间分布问题上，要注重一些收入偏低、人口密度较高的老城区居民的实际需求，适当调整社区公共开放空间的绿地面积、提升绿地生态效益，提升设施数量，把合理化布局落到实处。实现公平的城市社区公共开放空间的规划设计与建设需要保障足够的面积和数量,形成小尺度点状空间、线状空间与面状空间的合理构成,平等地为不同阶层、不同身份、不同职业、不同区位的人提供户外公共活动的条件与机会。

6. 活力性原则

"活力"代表了方便的联系和激发积极性的参与。根据政治理论家迈克尔·沃尔泽的城市空间分类,公共开放空间属于"开放思维"的空间。"开放思维"的空间是多功能的,并且演化或被设计成任何人均可参与的、为多种用途服务的空间。当人们身处"开放思维"空间时,意味着有准备地迎接人们的注视,并更加乐于参与活动[①]。而激发人们迎接注视和参与活动的首要条件是城市社区公共开放空间本身要具有足够的吸引力,并且可以便捷地到达。因此,公共开放空间需具有一定程度的功能复合、空间环境多样化,且与使用者之间具有便捷的公共交通或步行联系通道。

二、社区公共开放空间优化策略

针对城市社区公共开放空间的现状,结合前面上海城市社区公共开放空间的调查和分析,首先,从"厚数据+大数据"迭代、空间数量、空间使用、空间体验能动性以及空间管理 5 个层面,提出上海社区不同模式公共开放空间规划策略。其次,根据上海不同区位的城区特点,提出了城市社区公共开放空间规划与建设中人均面积和服务覆盖范围的参考指标。最后,以莘城社区为例,提出公共开放空间规划的分析方法及空间布局与优化建议。

1. "厚数据+大数据"迭代

前文的分析既包含基于社交媒体数据的宏观尺度对城市社区公共开放空间的客观属性和居民行为的大数据分析,也包含微观尺度的空间、植物及人的行为和心理关系的分析,符合基于现象解释和数据迭代的"厚数据"理论。基于"厚数据+大数据"的数据迭代,有益于激活社区公共开放空间的活力,已有研究也验证了此数据迭代方法介入社区公共开放空间生活的评估与规划建设的必要性和有效性。

通过宜出行等大数据对居民时空行为分布特征的分析,提供了基于动

① [英]理查德·罗杰斯、[英]菲利普·古姆齐德简:《小小地球上的城市》,仲德译,中国建筑工业出版社,2004 年。

态数据的广泛城市社区量化研究，但仍难以在微观的精细尺度和深度研究中取代社会学研究方法，因此人类学家提出了“厚数据”的理论[①]。扬・盖尔结合建筑学和社会学研究范式提出的研究方法[②]奠定了社区规划厚数据的基本数据获取方法，而近来兴起的基于贝叶斯算法的机器学习方法的视频分析、审美偏好量化、街道审美分析、社区口述史[③]等研究方法也在不断丰富社区厚数据的研究内容、深度和维度。前文采用的行为观察、跟踪记录、现场计数、地图标记、居民访谈、问卷调查等方法均属于厚数据研究常用方法。

此外，通过百度宜出行、微博签到数据等网络开放数据和社交媒体数据，所获取的城市社区中居民行为的时空分布数据和基于 GIS 软件得出的关于社区公共开放空间的面积、数量、长度等数据属于“大数据”范畴。通过厚数据和大数据的分析可知，城市社区公共开放空间由于使用率低，而造成了城市社区的“假性拥挤”。城市社区公共开放空间中形成的公共生活是居民一系列活动组成的行动线，反映了居民潜在的需求和偏好。同时，不同公共开放空间之间的关联性也有助于理解和构建社区公共开放空间的网络结构、“触点式”微更新和社区的精细化管理。

2. 空间数量优化策略

“上海 2035”纲要提出了构建 15 min 社区生活圈的理念以及配置生活所需的基本服务功能和公共开放空间需求。其中，对公共开放空间的要求有以下 3 点：每 500 m 服务半径布局一处社区公园，面积不小于 3 000 m^2；增加绿地、广场等公共空间，每个社区生活圈至少拥有 1 处不小于 1.5 hm^2 的公园；实现人均 4 m^2 社区公共空间的规划目标，包括社区公园、小广场、街旁绿地等。在这样的背景下，在不同模式城市社区公共开放空间数量现状分析的基础上，结合各城市社区所在城区建设条件，研究分别从空间数量补充和空间类型补充两个层面提出不同模式公共开放空间数量上的优化对策，包括社区公共开放空间数量、人均面积、服务人口覆盖率、空间覆盖率、邻近距离均值与空间可达效率等指标。

（1）空间数量补充。对于空间总量不足的区域，需从以下方面进行公

---

① Tricia Wang, *The human insights missing from big data*, TED, 2013

② ［丹麦］扬・盖尔、［丹麦］拉尔斯・吉姆松：《公共空间・公共生活》，汤羽扬等译，中国建筑工业出版社，2003 年。

③ 熊文、阎伟标、刘璇等：《基于人本观测的北京历史街道空间品质提升研究》，《城市建筑》2018 年第 6 期。

共开放空间的补充。

a. 其他类型绿地休闲化改造。休闲绿地是城市绿地系统的一部分而非全部。除休闲绿地外，城市中还保有大量的防护绿地、生产绿地等空间。通过“适度开发”，在其他类型绿地中适度的布置休闲、游乐设施，进行休闲化改造，使其他类型绿地具有一定的休闲功能，是对公共开放空间数量的重要补充。

b. 公共开放空间“临时使用”策略。针对城市公共开放空间不足的问题，德国在规划实践中提出了“临时使用”策略，为样点绿地增量提供了借鉴。“临时使用”策略强调以城市土地的过渡性使用满足市民临时性的游憩与活动需要。这一措施的特点有两个：首先，不根据规划确定的土地性质限制土地的使用；其次，该策略强调以公民需求和土地现状为依据，合理利用土地。

研究根据对规划区域的土地利用构成分析，采用“临时使用”策略，在未利用土地选取合适地块，建设成为休闲绿地或广场空间，提供居民休闲使用。

c. 附属绿地开放使用。开放性附属绿地可供居民正常使用的，具有一定规模、服务设施和活动场地的，其他各类用地中的附属绿化用地。将具有一定规模和质量的附属绿地在常规时间对游人开放形成附属型开放绿地，是对城市公共开放空间数量和功能上的重要补充。

d. 小型节点空间的规划建设。当样点用地受到限制，不能进行大规模的公共开放空间和广场建设，此时，只能通过将有限的土地建设成为“口袋公共开放空间”“袖珍广场”等小型节点空间，来丰富区域公共开放空间类型与形式，提升土地利用效率，并小幅度增加空间数量。

(2) 空间类型补充。在进行空间数量补充的同时，还应针对不同模式样点公共开放空间类型构成的情况，补充样点缺失的空间类型，加强区域弱势类型空间的建设力度，加强市区级、社区级公共开放空间的建设，如方松社区应注重休闲街道类型的补充等。此外，针对不同模式样点在空间数量上表现出的问题，采取不同的规划措施。

瑞金样点总量和人均公共开放空间面积均较为充足，规划应在保持现状基础上优化空间使用。莘城社区主要问题在于空间总量的不足。应根据样点用地情况，在莘城社区，规划采取防护绿地休闲化改造、暂未利用地块公共开放空间临时使用、附属绿地适当改造开放等措施增加样点空间总量；同时，建设道路交口处“袖珍广场”，补充广场数量的缺失。方松样点空间总量充足，但人民北路的休闲街道空间较少，规划拟加强休闲街道建设；方松样点作为城市新区，空间数量上有较好的规划，可基于现状，作小幅度调整。

3. 空间使用优化策略

(1) 休闲活动引导。根据调查问卷居民休闲活动偏好程度分析，对上海居民偏好的休闲活动进行分类；同时根据居民休闲活动观察休闲活动记录频率，对居民实际休闲活动进行分类。综合两方面归类，对上海社区公共开放空间常见休闲活动进行发展引导。

a. 上海居民偏好休闲活动分类。根据问卷调查中居民对不同休闲活动类型的偏好程度，可将活动分为受欢迎活动、一般活动和不受欢迎活动 3 类，如表 8－1 所示。

表 8－1 上海居民偏好休闲活动分类

类型	概述	休闲活动
受欢迎活动	受欢迎程度较高，选择比例超过 30%的活动	观光游览、散步、慢跑、逛街购物、聊天、游乐场娱乐活动、球类、户外餐饮等
一般活动	受欢迎程度中等，选择比例 10%～30%	拍照摄影、带小孩、弹琴唱歌、体育器材、棋牌活动、自行车、志愿者活动、读书看报、书法绘画、宠物遛弯、舞蹈等
待开发活动	受欢迎程度较低，选择比例小于 10%，但有特定的群体	垂钓、户外商业活动、武术太极、放风筝、轮滑滑板、动物喂食、踢毽子、抖空竹等

b. 休闲活动现状分类。根据居民休闲活动观察中记录的各项活动出现的频率，可将活动分为常见活动、一般活动和特色欢迎活动 3 类，如表 8－2 所示。

表 8－2 上海居民休闲活动现状分类

类型	概述	休闲活动
常见活动	不同时间，不同样点各类型空间的观察中都有记录的休闲活动	散步、慢跑、聊天、球类、舞蹈、武术太极、带小孩、宠物遛弯、棋牌活动、逛街购物等
一般活动	只在个别样点或类型空间观察中有记录的休闲活动	观光游览、拍照摄影、读书看报、书法绘画、弹琴唱歌、抖空竹、放风筝、踢毽子、体育器材、户外商业活动、户外餐饮等
特色活动	只在极个别样点或类型空间和时段有记录的极具特色的活动类型	自行车、轮滑滑板、垂钓、游乐场娱乐活动、动物喂食、志愿者活动等

c. 上海城市社区公共开放空间休闲活动发展引导。综合以上两方面分析，结合居民主观活动需求偏好和客观休闲实际，将上海城市社区公共开放空间休闲活动分为重点推广、优先发展、保持现状、控制发展 4 类，具体如表 8-3 所示。

表 8-3　上海城市社区公共开放空间休闲活动发展引导

类型	概述	休闲活动
重点推广	具有较高的居民休闲偏好，且有一定的现状基础或发展潜力的活动	散步、慢跑、聊天、球类、逛街购物
优先发展	具有一定的居民休闲偏好或有一定的现状基础或发展潜力的活动	观光游览、宠物遛弯、带小孩、自行车、轮滑滑板、弹琴唱歌、志愿者活动、读书看报、户外餐饮、体育器材等
保持现状	固定人群偏好对空间要求较高的活动类型	棋牌活动、放风筝、抖空竹、踢毽子、游乐场娱乐活动、动物喂食、书法绘画、拍照摄影
控制发展	活动偏好较低，现状发展已具有相当规模或具有较小且固定的休闲群体的活动	垂钓、武术太极、舞蹈、户外商业活动等

(2) 空间布局优化。瑞金、莘庄、方松样点中均具备一定的公共开放空间总量和必要的空间类型，适于开展各类休闲活动，并可对其休闲活动进行引导。在空间使用规划对策方面，则主要考虑空间布局与设计的优化。

瑞金样点休闲绿地保持着良好的使用状态，但街道和广场使用效率低下，规划拟通过户外活动的引导开展、增加必要的服务设施等，激活广场和街道的使用。

莘城社区公共开放空间类型完整，质量较好，但存在使用强度过高的现象，尤以早晨的莘城中央公园和夜间的仲盛南广场最为典型。针对这一问题，研究从空间布局调整和空间优化设计两方面提出规划对策。空间布局调整方面，在样点公共开放空间综合分析的基础上，结合区域建设条件，选择合适的区域增建点面状公共开放空间，如东部带状防护绿地改造以分散莘城公寓等居住小区人流。空间优化设计方面，增加开敞场地，以应对过多的使用人群；同时将开敞场地和座椅、公告栏、遮阳遮雨棚等服务设施分散布局，以防止人群集中。

方松样点具有较大的公共开放空间总量，但空间使用强度最低，资源浪费严重；同时，还存在空间质量较差的问题。规划应从空间优化角度着手，提升区域公共开放空间环境，重点改造质量较差的部分，辅以休闲游憩设施的导入，建设更适宜居民使用的公共休闲空间。

4. 强化空间体验的能动性

城市社区公共开放空间的建设和管理需要民众有途径表达其对城市公共开放空间建设的关心和建议。公共开放空间存在的价值在于促进不同团队和层次的人进行交流和融合。同时，环境的舒适性也是评价公共开放空间品质的标准，不舒适的空间很可能是使用效率低下的，而在舒适的环境中，民众才更倾向于交流和参与活动。公共开放空间的舒适性表现为是否满足了使用者的生理和心理需求，影响因素包括生态环境（日照、温度、噪音、风速、湿度等）和心理诉求（安全感、归属感）。此外，混合功能可以为公共开放空间带来多样的人群和活动，以避免公共开放空间因使用人群和活动的单一性而导致活力的丧失。社区公共开放空间的参与性以及参与模式对人的情绪、健康的影响，可以依托沉浸式虚拟现实技术和人体脑电、皮电、心跳、温度等指标予以测定。

5. 空间管理优化策略

根据公共开放空间选择影响因素的问卷分析，近63%的居民对“空间管理水平”表示关注。有效的空间管理不仅能够提升公共开放空间环境质量，还能够有效调节周边居民对空间的使用。针对样点调查中发现的空间管理方面问题，在针对不同空间管理模式分析的基础上，提出相应的对策，具体如表8-4所示。

表8-4　针对空间管理不同模式的公共开放空间规划对策

空间模式	代表样点	主要问题	规划对策
单核型	莘庄	部分街区环境质量较差 公共开放空间夜间关门较早 乱停车占据广场、街道等空间	1. 重点整治环境较差的街区，合理安排停车车位及其管理； 2. 延长莘城中央公园开放时间2小时
双核型	瑞金	街道、广场使用强度低下 夜间照明不够 公共开放空间夜间关门较早	1. 加强游人的引导，举行社区交流活动带动空间使用； 2. 检修相关设备，补充照明、遮阴避雨等服务设施，延长公共开放空间开放时间

（续表）

空间模式	代表样点	主要问题	规划对策
轴向型	方松	设施维护不到位 部分区域环境质量较差 空间使用强度低下	1. 定期检修、更新服务设施； 2. 整治部分节点卫生环境； 3. 组织社区交流等活动带动空间使用

三、社区公共开放空间利用途径

城市社区公共开放空间按照空间构成和属性划分，可以分为闭合空间（四面由建筑或构筑物围合而成）、单边开放空间（三边由建筑或构筑物等围合而成）、双边开放空间（两端封闭或半封闭）、三边开放空间（一面封闭，三边或为城市道路，或为自然景观）、交通岛式空间（四周皆为城市道路，无围合）、无边界开放空间（无严格划分边界，因地形等产生的潜在用途，自然衍生的空间）等。相应地，公共开放空间中的植物群落也能形成开放、私密、半私密、开敞、郁闭、半开敞空间等，并与空间的游憩度息息相关。界面的围合与开敞取决于公共开放空间的功能和选址。

围绕研究城市社区公共开放空间绿地群落结构与游憩度的量化关系，我们为具体的群落优化模式构建提出科学合理的建议和控制指标。我们建立了群落景观结构要素与游憩度的多元数量化模型，筛选出对游憩度贡献大的景观要素，确定其在不同数量级上对游憩度的反映，控制其取值范围，提出对群落营建的具体建议。适当划分和安排绿地游憩空间以满足不同游憩功能的需要，在游憩型群落营建中至关重要，但现在游憩空间的划分缺乏明确的指标控制标准。安全感是影响空间游憩度最重要的指标之一，而私密度是空间安全感最直接的体现，对群落空间结构的控制是实现不同私密度的重要途径。而从游憩心理需要的角度对私密度和空间结构关系进行量化研究，得到的多元线性回归模型可以用来指导群落构建时的空间划分工作。

1. 社区公共开放空间绿地游憩度与群落结构关系

采用多元数量化模型对群落的景观结构要素与游憩度关系进行分析，即同时对多种定性或定量因子进行分析，可以找出群落的具体指标和游憩度的量化关系。首先，根据调查结果和研究需要，把影响植物群落游憩度的主要群落景观要素分解成因素，每一个因素又包括不同的类目，对所选样本进行要素分解，根据各类目的指标，分别确定各类目对各样本景观的反映。其次，根据数量化理论，以各个样地景观的游憩度标准化得分值为因变量，以反映表的类目反映值为自变量，通过运算，确定对游憩度贡献大的几个建模因子，得出各类目的得分值和各个项目的得分范围，同时求得复相关系数、剩余标准差等。

用样地游憩度值作为因变量，以各样地的群落景观要素值为自变量。用 SPSS17.0 软件处理数据建立多元线性回归方程。模型建立过程中，综合运用以下原则：优先删除偏相关系数小的因子；充分考虑自变量间的多重共线性关系，尽量使模型变量具有良好的独立性；优先保留可确定性和可解释性更好的因子；尽量减少建模因子的数量。

(1) 群落景观要素分解。将评价得到的游憩度值作为建立模型的因变量 Y；根据调研实测结果以及游憩度评价中各评价指标对结果的影响程度大小分析，筛选出树种组成、平均胸径、景观质地、群落清晰度、色彩季相、群落边界、垂直层次、水平层次、混交方式、林冠线、乔木覆盖度、林下覆盖度 12 个要素作为群落景观结构要素 X。景观要素分解中，定性的变量叫项目，各个项目中的各种不同等级叫类目，类目分解时，充分考虑游憩度评价时各个评价指标包含的信息及每个群落前期调研所得的信息。根据实测记录数据、计算结果、现场调研平面图和记录的照片数据划分区间。构成群落的景观要素分解如表 8-5 所示。

表 8-5　社区绿地植物群落景观要素分解[①]

项目编号	群落要素	群落类目				类目数
X1	树种组成	单一	一般	多样		3
X2	平均胸径	<7 cm	7 cm～15 cm	16 cm～30 cm	>30 cm	4
X3	景观质地	刚质	柔质	混合质		3
X4	群落清晰度	非常清晰	较清晰	不可辨		3
X5	色彩季相	单一	较丰富	丰富		3
X6	群落边界	流畅曲线	直线或折线	无清晰边界		3
X7	垂直层次	乔草型	乔灌型	乔灌草型		3

① 周娴：《杭州城市公园典型植物群落结构与游憩度研究》，上海交通大学硕士论文，2012 年。

（续表）

项目编号	群落要素	群落类目				类目数
X8	水平层次	几乎没有	丰富而清晰	杂乱		3
X9	混交方式	杂乱	呈条带	星状混交	呈块状	4
X10	林冠线	无起伏	起伏不大	起伏较大		3
X11	乔木覆盖度	<25%	25%～50%	50%～75%	>75%	4
X12	林下覆盖度	<25%	25%～50%	50%～75%	>75%	4

（2）游憩度模型建立与分析。将评价得到的游憩度值作为因变量，景观要素的量化值作为自变量，用 SPSS17.0 软件及 ForStat 软件处理数据建立多元线性回归模型。利用朗奎健、唐守正编制的“多元数量化模型Ⅰ”程序进行建模，首先根据结果进行偏相关系数 t 检验，删除差异不显著、偏相关系数小的项目，以此类推，共进行了 7 次运算（见表 8－6）。最后筛选出来平均胸径、景观质地、群落清晰度、群落边界、垂直层次、前后层次 6 个景观要素作为影响群落游憩度的主导因素进行建模。

表 8－6 中项目的类目得分值代表每个类目的权重系数，说明每个类目在该项目中对游憩度的贡献大小。项目得分范围代表项目对群落游憩度影响的权重系数。根据群落游憩度模型可知 6 个项目对游憩度贡献率由大到小的顺序分别为群落清晰度、群落边界、垂直层次、水平层次、景观质地、平均胸径。

表 8－6　模型运算结果[①]

项目	序号	类目	内容	得分值	得分范围	偏相关系数	T 检验
平均胸径	X2	1	<7 cm	−0.025	0.118	0.538	2.555**
		2	7 cm～15 cm	0			
		3	16 cm～30 cm	0.027			
		4	>30 cm	0.093			
景观质地	X3	1	刚质	0	0.327	0.496	2.286**
		2	柔质	0.071			
		3	混合质	0.327			

① 周娴、靳思佳、车生泉：《城市公园植物群落空间特征与私密度关系研究——以杭州为例》，《中国园林》2012 年第 5 期。

（续表）

项目	序号	类目	内容	得分值	得分范围	偏相关系数	T检验
群落清晰度	X4	1	非常清晰	0.477	1.081	0.746	4.481**
		2	较清晰	0			
		3	不可辨别	−0.605			
群落边界	X6	1	流畅曲线	0.669	0.668	0.533	2.517**
		2	直线或折线	0.588			
		3	无清晰边界	0			
垂直层次	X7	1	乔草型	0.410	0.634	0.437	1.942*
		2	乔灌型	0			
		3	乔灌草型	0.634			
水平层次	X8	1	几乎没有	0	0.343	0.421	1.858*
		2	丰富清晰	0.343			
		3	杂乱	0.003			

（3）基于游憩度的群落构建途径

a. 群落树龄的管理。在4个胸径类目中，平均胸径“＞30 cm”的群落游憩度最高，其次为在“15～30 cm”的群落，“＜7 cm”的群落游憩度最低。由此可见，群落的乔木胸径越大，群落的游憩度越高。胸径大的成熟林具有较好的可进入性和林内透视距离。但是一般而言，胸径大的乔木在价格上也相对较高，因此，进行景观营造时可根据现有的经济预算选择规格大小合适的乔木。作群落管理时，应加强对发育程度高的成熟林木的保护，这既符合景观要求，也是生态保护的要求。壮龄树林冠外貌整齐，可以作为中景林和远景林来经营；胸径太小的树种多为幼龄树，因而自然整枝差，外貌不整齐，而影响了整体效果，应采取适当的人工措施，以促使其综合游憩度提高。

b. 群落质地的构建。群落质地应遵循统一性和差异性原则。群落质地与游憩关系研究表明，群落的质地类型对游憩度没有必然的影响。刚质为主的群落与柔质为主的群落在游憩度得分上差异不大，但是混合质的群落因其景观效果更为丰富而吸引游人视线，游憩度高于单一质地的群落。整个群落的清晰度反映了群落的质地整体效果是否清晰，从而在很大程度上影响了群落的游憩度。构成群落外貌的统一及对比强烈程度与群落的整体清晰度有必然联系，即在刚质或柔质群落内，构成群落质地的树冠形状统一度越高，在群落外貌上反映出的整齐度越高，越能表现出典型的质地特征，其群落质地越清晰，越能吸引游人的注意。而在混质景观中，两树种冠形的对比越强烈，其群落质地越清晰。对相邻群落而言，质地反差越大，其整体质地越清晰，游憩度越高。因此，在群落的质地设计时，应首先考虑原有相邻群落的质地特征，据此确定将营造的群落块质地，进而选择适宜的景观树种，使其与周围环境在色彩和质地上形成对比。而群落内的质地构建要做到整齐划一，即该树种的年龄、冠形、生长势等力求一致，使该类型质地表现出鲜明的特征；同时，不同质地组成树种间应具有强烈的质地反差，即一树种为典型的柔性冠面树种，而另一个树种则应为典型的刚性冠面树种，并且两个树种最好在颜色、高度上也表现出明显的差异，以达到醒目、夸张的目的，吸引游人的视线，从而提高群落的游憩度。

c. 群落边界线的构建。不同线型的边界线能产生不同的视觉牵引力和景观效果，由于群落形状多样，使得其边界线的形状也复杂多样。由各边界线类型得分值可知，曲线边界线的游憩度＞直线或折线边界线的游憩度＞无清晰边界线的游憩度。曲线给人流畅的感觉，直线和折线有较好的视觉牵引力、简约性和整齐性，不清晰的边界线既不能产生好的视觉牵引效果，也在一定程度上降低了整个群落的景观效果。景观斑块构建时，其边界线宜首先采用曲线（特别是流畅的曲线），而后选用直线，若边界上种植植物，树种上宜采用颜色突出、树体高大或具有鲜艳花色的树种，使群落边界线更加突出。

d. 群落空间结构的构建。从垂直结构来看，乔灌草型的结构在游憩空间中还是最受欢迎的，其次是乔草型双层结构，乔灌型双层结构的游憩度相对较低。乔草型的空间虽然层次清楚，视线通透，但是在一定程度上因为中层的缺失而不能满足游人的私密和安全感的需求，因此整体游憩度不如乔灌草型的群落高。乔灌型的群落在景观效果上不如乔灌草型，同时在一定程度上限制了游人的活动场地和视线通透度，因此比乔草型的结构空间游憩度低。但是对部分垂直层次的复杂群落也要注意其林内透视性，以保证其较高的景观效果。

空间的前后层次是植物在平面空间上布局方式的体现，第 2 类目层次清晰而丰富，其游憩度得分最高，丰富的前后层次为不同游憩活动提供了场所和可能，清晰的层次感在一定程度上也加强了景观效果，从而使游憩度相应提高。前后层次杂乱的群落游憩度稍高于单一而没有层次的空间。没有层次的空间因场所没有进行划分而使游憩活动不能有效开展。杂乱的层次虽然在景观效果上不佳，但是空间还是有一定的划分，只是在群落构建时，划分空间的同时要在前后层次的拉开和整理上进行考虑,使得划分的空间前后清晰而丰富。

2. 社区公共开放空间绿地私密度与群落结构关系

(1) 私密度与空间结构量化方法。园林植物空间是由基面、垂直分隔面、覆盖面和时间构成的四维空间。其中,3 个构成面以各种变化方式互相组合,形成不同的空间形式。选取空间底面积、覆盖度、围合度和 D/H 作为衡量空间私密度的主要空间要素指标(见表 8-7)。

表 8-7 植物群落空间要素的描述与量化方法①

空间构成	空间要素	量化描述	图示
底平面	面积(m^2)	以乔木种植点、地被、灌木围合和分隔出来的独立样本空间的底面面积大小,由调查中直接测得。	
覆盖面	覆盖度(%)	样本空间中枝下高>1.8 m 的乔木的树冠垂直投影覆盖面积 S_1 与样本空间底面积 S 的比值。	
垂直分隔面	围合度(%)	样本植物元素中枝下高<1.2 m、高度>1.8 m 的中小乔木布局位置与该空间结合部分 L_2 与整个样本空间边界周长 L_1 的比值。	
	D/H	H 取枝下高<1.2 m、高度>1.8 m 的植物元素的平均高度,D 取其种植点到对应边垂直距离的平均值。	

对场所的心理认识很难从外表上进行描述,但利用 SD 法能有效地将其量化。本书的目的在于通过对空间的私密性和公共性的控制为使用者提供安全感和选择性。因此,将衡量空间感受的标准评定尺度划分为 5 个等

① 周娴:《杭州城市公园典型植物群落结构与游憩度研究》,上海交通大学硕士学位论文,2012 年。

级,其排序为－2，－1，0，1，2(见表 8－8)。

表 8－8　私密度的 SD 法评定标准

	－2	－1	0	1	2	
公共性	强	较强	一般	较强	强	私密性

最终的 SD 得分值为私密度,其中当空间的 SD 分值在[－2，－1]时,为公共空间,在(－1，0]时为半公共空间,在(0，1]时为半私密空间,在(1，2]时为私密空间。

将调查的 23 个样地根据乔木种植和空间围合度划分出 43 个独立的子空间,选取每个样本子空间具有代表性的照片 1 张,共 43 张,采用幻灯片展示样本照片。之后对调查表进行检查,获得的有效调查表为 100%,最终取每个样本 SD 得分的平均值作为其最后的私密度值。最终,用 SPSS18.0 进行相关分析,并逐步建立空间结构指标与私密度关系的多元线性回归方程。

(2) 私密度与群落结构优化途径

相关分析的结果表明,4 个自变量中覆盖率对空间私密度的影响最大,D/H 次之,面积相对来说影响最小。说明游人在公园中活动时,浓密的树阴为人们提供了遮阴纳凉的场地,同时给人以安全保护之感,很好地满足了游憩私密性的需要。为植物群落空间的划分和控制提供参考和依据时,应有意识地根据私密性、半私密性、半公共性、公共性的活动层次需要来处理空间感。利用植物作为各个类型空间之间的过渡应该是缓和、流畅的,分界线不能过于生硬以致阻碍与外界的接触,同时必须有良好的视线联系。

3. 社区公共开放空间游憩型绿地植物群落优化模式

通过对社区城市公园植物群落调研、游憩度评价以及群落结构与游憩度关系的进一步量化研究,可以得到一些针对不同空间类型的优化方案和典型群落植物配置模式。通过对社区绿地的游憩度和空间私密度的分析,对空间的空间围合度、覆盖度、D/H、面积的范围加以优化,从而使社区空间满足居民的心理和生理需求。

(1) 开放草地型空间的优化模式

草地作为空间限定要素的乔灌群落一般位于公园路边或者入口旁,背景层以景观效果为主,草地空间地形丰富,起伏变化,为人们不同游憩活动提供可能。关于该类型的群落质地,背景层冠形较一致,但整体会有起伏错落，以刚质为主，整体具有统一美，中景冠形有一定差异，以柔质为主，与背景拉开一定的层次。作为背景林冠线绵延起伏，与前面草坪形成对比。关于群落边界，一般以草坪和道路交接形成清晰边界，边界线以清晰简单的直线为主，也可是整体流畅的圆润的弧线。水平结构中景和背景由乔木和灌丛斑块组成，前景主要由草坪草组成，占群落 2/3 以上的面积，有时可配以小的组团形成视觉焦点。视线一侧受阻，另一侧几乎完全通透，景观视野良好。整体视线上形成前—中—后梯度分布。垂直结构类型可以为乔草型和乔灌草型；乔木层覆盖度：15%～30%，灌木层覆盖度：10%～20%，草本层覆盖度：70%～80%。该类型群落能承载多种游憩活动，包括放风筝、运动、玩耍、用餐、聚会、休息、聊天等，游人通常聚散为多个不同类型群组（见图 8－1 和图 8－2）。

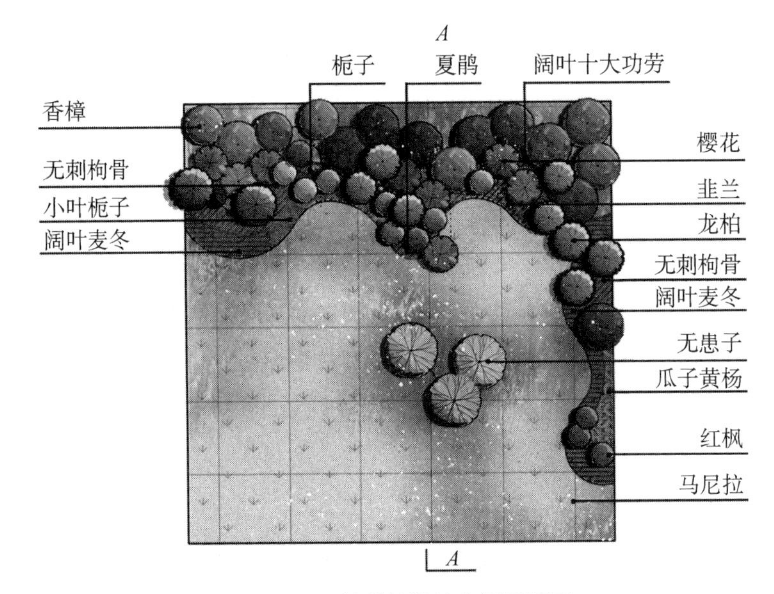

图 8－1 开放草地绿地空间平面图

图 8－2 开放草地绿地空间立面图

也可将草坪中作为空间限定要素的乔灌群落位于整个空间的中央，使其成为视线焦点。一般选用高大乔木，为游人在其下休息提供阴凉处。形成的空间视线完全通透，游人可以从各个方向来到草坪中游玩，在其中一角用小灌木或地被进行边界的限定，游人可以进行放风筝、运动、玩耍、用餐聚会、休息聊天等各种活动(见图 8 - 3 和图 8 - 4)。

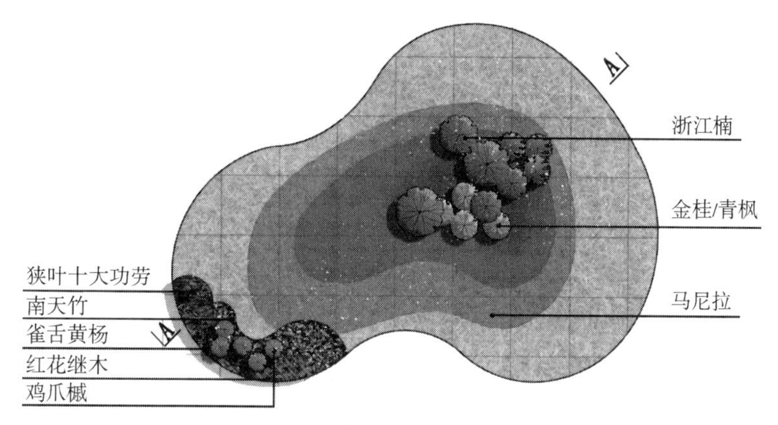

图 8 - 3 开放草地型Ⅱ植物配置平面图

图 8 - 4 开放草地型Ⅱ植物配置 A-A 立面图

(2) 封闭草地型群落优化模式

封闭草地型的空间开敞小，一般乔灌群落主要位于整个群落空间的边缘，草坪游憩空间处于中央呈内聚状态，群落内部用高大且枝叶繁茂的乔木形成大树阴，以供游人休息，游人在中间的草坪上嬉戏游玩时一般安全感强。有一面需留有适宜宽度的出入口，与外界空间要形成一定的沟通与交流。在外立面上一般采用乔灌草的搭配，层次丰富，同时也可以形成一个外部空间。水平结构乔木和灌丛混合斑块三面围合，群落内部为草坪草，方便休憩。内部视线较封闭，但是与外界保持视线畅通。垂直结构为乔灌草型；

乔木层覆盖度：40%～70%，灌木层覆盖度：20%～40%，草本层覆盖度：60%～80%，乔木层平均高度：6～15 m。封闭型草地可以进行较多的游憩活动，有休息、聊天、锻炼、棋牌、用餐、聚会、玩耍等（见图 8-5 和图 8-6）。

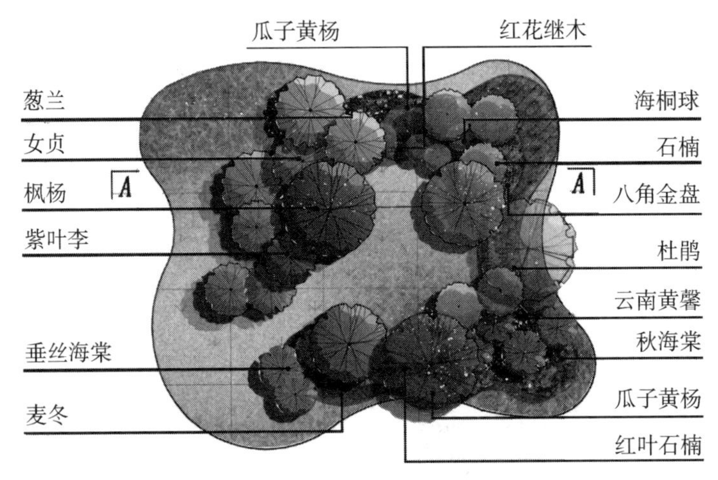

图 8-5　封闭草地型植物配置平面图

图 8-6　封闭草地型植物配置 A-A 立面图

(3) 疏林草地型群落优化模式

疏林草地型群落特点是稀疏的上层乔木，且有比较丰富的灌木层和地被层，人的视线被植物部分遮挡，透过树木枝干仍然可以看到远方空间，沿路可种植一排乔木，往里的乔木可以依次变密。要有一定数量的树丛配置，丰富景观的同时提供休憩及心理安全暗示。水平结构背景由灌丛和草本斑块组成，中前景由不规则乔木斑块组成，空间从里到外的乔木可以依次变密。视线被植物部分遮挡，空间前后层次丰富。垂直结构为乔草型和乔灌草型；乔木层覆盖度：40%～60%，灌木层覆盖度：20%～30%，草本层覆盖度：60%～80%，乔木层平均高度：6～15 m。疏林草地上的游憩活动较多样，且因为活动场地大小不同而有较大差异，一般包括休息、聊天、锻炼、棋牌、用餐、聚会、玩耍等(见图 8－7 和图 8－8)。

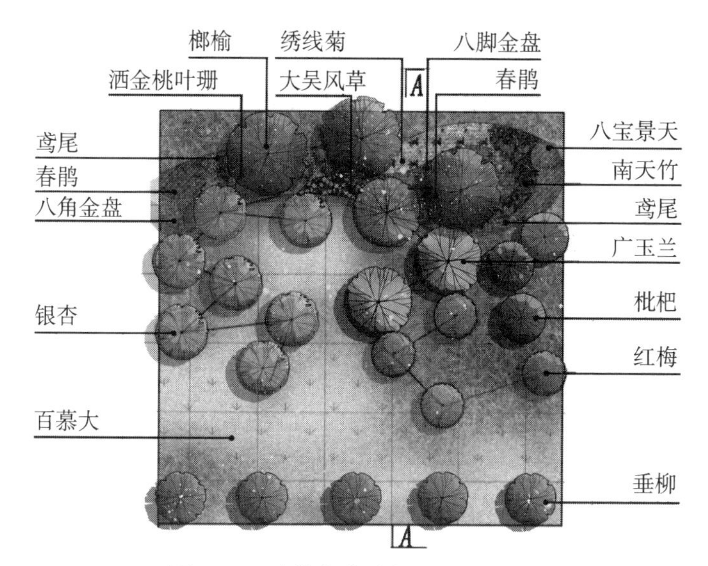

图 8－7　疏林草地型植物配置平面图

图 8－8　疏林草地型植物配置 A-A 立面图

(4) 冠下活动型群落优化模式

冠下活动型群落特点是浓荫的乔木层下有一定面积的内部空间。与疏林草地型不同的是，冠下活动空间除了边缘外群落内部几乎没有灌木和地被。乔木的覆盖度高，几乎是覆盖了整个平面或者是冠搭冠的情况。水平结构背景由整齐灌丛在边界组成，前中景由不规律分布的乔木斑块组成，对外有一定的遮蔽效果，内部视线透过树木枝干仍可看到远方。垂直结构为单层乔木型、乔草型、乔灌草型；乔木层覆盖度：60%～90%，灌木层覆盖度：10%～20%，草本层覆盖度：40%～50%，乔木层平均高度：15～25 m。冠下活动型群落若群落林下有一定的空地或者活动场地时，游人会进行休息、棋牌、锻炼等活动，但是如果没有留活动场地，则多以提供游人观光拍照为主（见图 8－9 和图 8－10）。

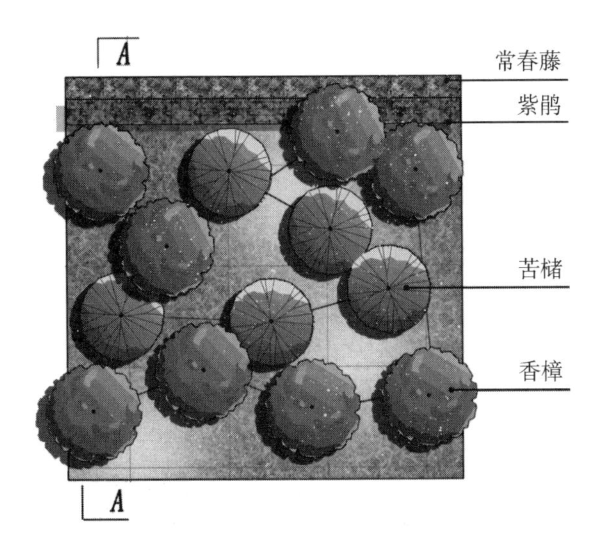

图 8－9　冠下活动型植物配置平面图

图 8－10　冠下活动型植物配置 A-A 立面图

四、小结

1. 社区公共开放空间生态、游憩等综合服务功能共轭的优化原则包括生态性原则、人性化原则、地域性原则、可达性原则和公平性原则；社区公共开放空间的优化策略包括空间数量上的优化、空间使用上的优化和空间管理上的优化策略；对于社区公共开放空间绿地的利用及植物群落的优化主要考虑空间的游憩功能和生态效益，以及与社区居民私密度感知和体验的关系。

2. 以社区公共开放空间绿地植物群落游憩度与空间结构的关系为例，筛选出来平均胸径、群落质地、群落清晰度、群落边界、垂直层次和前后层次6个景观要素，作为影响群落游憩度的主导因素进行建模，得到游憩度与群落景观结构的多元数量化模型。以此模型为依据对群落从树龄管理、质地构建、群落边界和空间结构上的优化提出具体建议。胸径越大，游憩度越高，群落管理时，应加强对发育程度高的成熟林木保护，对于胸径太小的幼龄树应采取适当的人工措施。乔灌草型的垂直结构和丰富的前后层次在游憩空间中是最受欢迎的。群落清晰度高的群落游憩度得分高，因此，同种质地构建要做到整齐划一，不同质地组成树种间应具有强烈的质地反差。群落边界要清晰，边界线以圆滑流畅的曲线为宜，其次为直线或者折线。通过拟合空间私密度与群落空间结构多元线性回归方程得到模型，通过控制空间围合度、覆盖度、D/H、面积4个指标，可以有意识地根据私密性、半私密性、半公共性、公共性的活动层次需要来处理空间感受。

3. 将社区公共开放空间绿地的植物群落分成开放草地型、封闭草地型，疏林草地型和冠下空间型4类，不同类型的游憩空间功能各有所侧重。根据以上的游憩度评价和群落总结建模，从群落外貌、群落结构、空间划分等方面针对不同类型空间提出具体优化方案。

第九章　上海城市社区公共开放空间优化设计实证研究

以莘城社区为例，在详细分析样地用地构成、主要公共开放空间服务覆盖范围及街道叠加使用频度的基础上，提出休闲绿地、城市广场和休闲街道3类空间的布局对策，形成区域公共开放空间布局规划；然后结合居民休闲需求特征分析与空间休闲使用特征分析，针对不同公共开放空间类型提出相应的优化建议。

之所以选择莘城社区作为实证研究的依据主要因为：其基本涵盖了公共开放空间所有类型，其结构亦为城市公共开放空间规划建设的主要类型，基于莘城社区的规划设计研究对城市更新过程中的城市地块和城市新建区域有普遍的借鉴意义；用地类型与结构相对简单，各地块性质明确，主次出入口明晰，便于相关规划分析的进行；东、西、北三侧为铁路、高速等分割界面，南部为城市主干道，将样点与周边区域进行了空间上的隔离，能最大程度上避免后期分析中周边区域公共开放空间对样点干扰引起的误差。

一、莘城社区公共开放空间现状与问题

根据前文的调查与分析结果可知，莘城社区公共开放空间存在公共开放空间数量不足、空间使用强度不均及空间管理不善等3个方面的问题。

1. 公共开放空间数量不足。莘城社区内休闲绿地以独立设置的公共开放空间绿地为主；样点内无独立广场，但分布有规模各异的商业和休闲附属广场；休闲街道已初步形成网络化体系，表现出沿居住小区布局的特征，类型上以商业休闲型和生态休闲型为主。根据分析，样点公共开放空间总体上呈现出“一核、多点、休闲街道初步网络化”的特征。

样点公共开放空间累计面积16.28 hm^2，其中，各类休闲绿地总面积8.65 hm^2，城市广场总面积2.28 hm^2；休闲街道相对密度0.79。就空间类

型构成而言，样点包含全部3大类11个小类的公共开放空间；就空间数量而言，莘城社区存在一定的不足，需采取有效措施进行补充。

2. 公共开放空间使用强度不均。莘城社区的空间使用主体主要以周边居民为主，同时由于接近地铁站的区位和内部商业综合体的影响，游人亦占空间使用主体的小部分比例。

就空间使用者构成而言，莘城社区游人以青壮年为主体，比例超过50%；老年人比例较高，接近33%。同时，工作日游人总量略高于节假日，反映出莘城社区的公共开放空间吸引力有限，仅能满足居民日常休闲需求。

就空间使用强度而言，莘城社区公共开放空间存在部分时段使用强度过高的问题(见图9-1)，以上午的莘城中央公园绿地空间和夜间的仲盛南

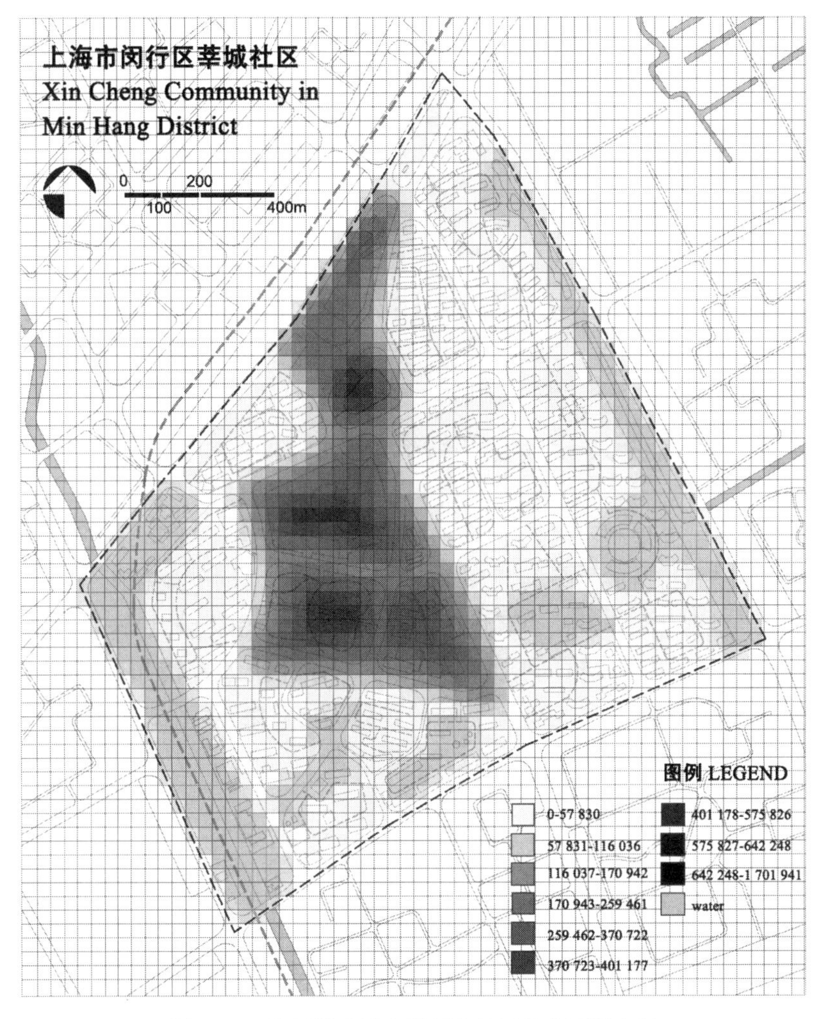

图9-1　使用强度过高的城市社区公共开放空间

广场空间尤甚。这与社区优质公共开放空间资源总量的不足以及空间管理方式有关。

3. 公共开放空间管理不到位。在空间管理方面,莘城社区内主要的绿地、广场和街道都得到了相对较好的日常维护和管理,但部分边缘绿地和主要的商业街道,如西边菜市场周边尚存在一定程度的脏、乱、差等管理不到位问题。此外,公共开放空间的管理也影响了使用的频率。例如,莘城中央公园夜间过早关园(18:00 pm),导致部分居民不得不在仲盛南广场活动,导致空间使用强度激增。

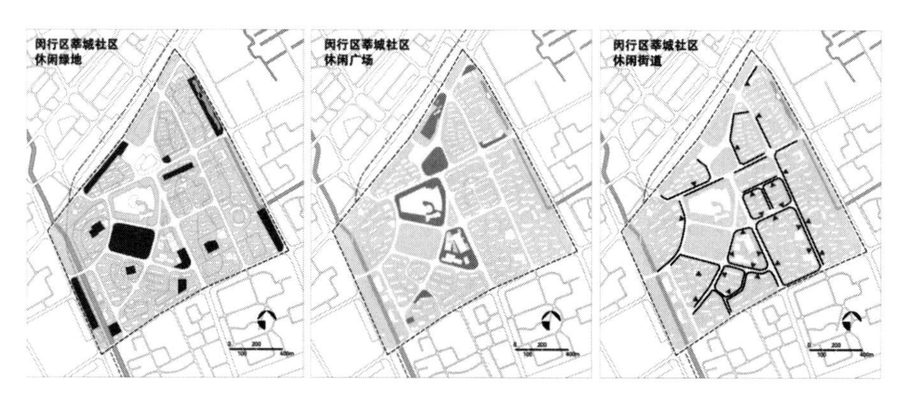

图 9-2 上海莘城社区公共开放空间现状

二、莘城社区公共开放空间综合分析

构建了由土地利用分析、主要公共开放空间服务范围分析以及街道叠加使用频度分析组成的公共开放空间分析方法。根据土地利用分析,提出社区公共开放空间建设核心区域,并分析社区中可用作公共开放空间开发的区域;根据公共开放空间服务范围、评价指标、使用频率等角度,提出休闲绿地、休闲广场、休闲街道 3 类空间的布局优化对策,为莘城社区中公共开放空间的布局优化提供理论支撑。

1. 土地利用现状分析

莘城社区内土地利用类型主要包括居住用地、公共管理与公共服务用地、商业服务业设施用地、工业用地、交通设施用地、绿地以及未利用地 7 类。其中,公共管理与公共服务用地包括西南部检察院的行政办公用地和中部闵行博物馆、剧院集中分布的文化设施用地两小类;商业服务业设施用地主要包括中部仲盛商业中心和西部莘庄宾馆；工业工地主要为西北角玻璃钢公司；而绿地则以莘庄中央公园的公共开放空间绿地和沪金高速沿线的防护绿地为主(见图9-3)。

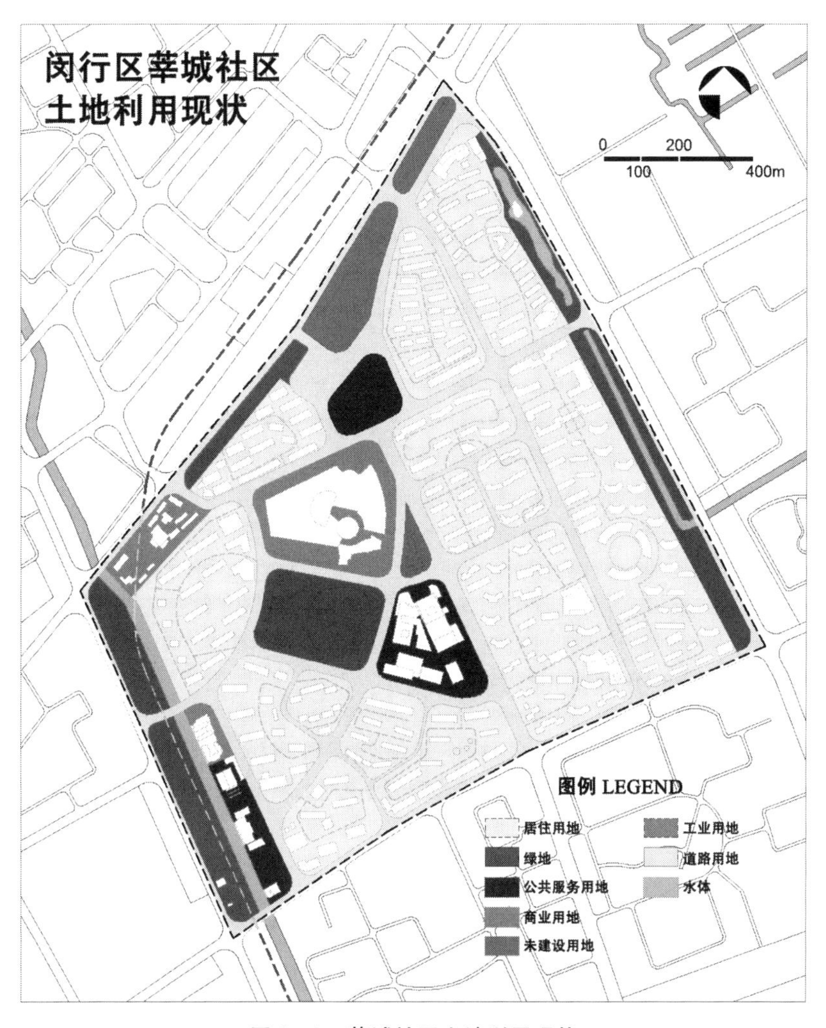

图9-3　莘城社区土地利用现状

根据城市社区公共开放空间建设的适宜程度，将不同类别用地进行分组，可分为居住用地(适当开发)、交通设施用地(不适宜开发)、绿地和未利用地(改造和开发重点)和其他建设用地(附属公共开放空间开发重点)4组。莘城社区各组用地类型比例如表9-1所示，居住用地为社区内的主体用地类型，总面积超过样点用地的50%。由此，在后续的公共开放空间规划设计中要充分考虑周边居民的实际需求与休闲特征，因而依托居住小区游园、居住小区附属绿地等适当将居住区绿地公共化是满足居民现实需求的可能途径。同时，仲盛商业中心、闵行博物馆地块和中央公共开放空间地块构成的以商服用地、文化设施用地和绿地为主体的区域形成了样点公共活动中心节点和公共开放空间核心区域。

表 9－1　莘城社区土地利用构成

土地利用类型	总面积(hm^2)	面积比	备注
居住用地(适当开发)	93.02	52.92%	居住小区内的游园等附属绿地的公共化
交通设施用地(不适宜开发)	37.68	21.44%	道路用地为主，包括场站用地 2.39 hm^2
绿地和未利用用地(改造开发重点)	24.82(绿地包括公共开放空间绿地和防护绿地)	14.12%	公共开放空间绿地 8.96 hm^2 防护绿地 10.09 hm^2 未利用用地 5.77 hm^2
其他建设用地(附属公共开放空间开发重点)	20.25(由商服用地、公共管理与服务设施用地和工业用地构成)	11.52%	商业用地 9.63 hm^2 行政办公、文化设施用地共 7.82 hm^2 工业工地 2.80 hm^2

2. 社区公共开放空间绩效评价因子

基于社区生活圈的公共开放空间绩效评价指标，评价社区公共开放空间舒适性的因子包含数量、人均面积、空间覆盖率、服务人口覆盖率、临近距离均值、空间可达效率等(见表 9－2)①。

表 9－2　基于社区生活圈的公共开放空间绩效评价指标

指标类型	评价因子		计算/获取方法
基础绩效指标	社区公园数量		游憩中心数量
	社区人均面积		人均拥有的社区公园的面积
空间绩效指标	空间对人	空间覆盖率	社区公园在 500 m 服务半径所覆盖的总面积(不计算重叠面积)/社区总面积

① 杜伊、金云峰：《社区生活圈的公共开放空间绩效研究——以上海市中心城区为例》，《现代城市研究》2018 第 5 期。

(续表)

指标类型	评价因子		计算/获取方法
空间绩效指标	空间对人	服务人口覆盖率	社区内所有居住小区被社区公园 500 m 服务半径覆盖面积与各小区人口密度乘积的总和/社区总人口
	人对空间	临近距离均值	社区居民(各居住小区几何中心)到达最近社区公园的平均距离
		空间可达效率	选择所属社区生活圈的游憩中心进行活动的人口数/社区总人口

(1) 空间覆盖率。500 m 的社区公园服务半径为合适的行走距离,也就是作为社区核心的点状和面状公共开放空间的理想步行可达范围。以各核心公共开放空间出入口、道路交叉点作为出发点,以沿路 500 m 范围作为该公共开放空间的服务覆盖范围,最终形成各公共开放空间节点在该区域内的覆盖范围并叠加,生成总的覆盖范围,通过面积计算得出社区内步行可达范围覆盖率。就莘城社区而言,其核心公共开放空间由中心区域的莘城中央公园、仲盛南广场和闵行文化广场组成。

目前,莘城社区核心区域公共开放空间服务覆盖了 68.3%的范围,但位于西南角的部分行政办公用地、东部莘城公寓和东苑丽景两大居住区大部分不在覆盖范围之中。社区公共开放空间的更新应在现状的基础上,结合现有或潜在的公共开放空间资源开发,在覆盖范围之外区域增加点、面状公共开放空间,使得样点内居民在合适的步行距离里都能享受到区域公共开放空间资源。更新后的莘城社区公共开放空间的覆盖率将达到 80%以上,服务人口覆盖率也期望达到 80%以上。

(2) 临近距离均值与空间可达效率。在莘城社区,核心公共开放空间节点莘城中央公园覆盖范围 640 048 m^2,占样地面积的 36.4%;仲盛南广场覆盖范围 915 079 m^2,占样地面积的 52.1%;文化广场覆盖范围 763 745 m^2,占样地面积的 43.5%;核心区域总覆面积 1 201 380 m^2,占样地面积的 68.3%。其中,莘城中央公园与仲盛南广场共同覆盖 548 129 m^2,与文化广场共同覆盖 531 026 m^2,文化广场和仲盛南广场共同覆盖 481 543 m^2(见表 9－3)。莘城中央公园和仲盛南广场可以被视为社区生活圈的游憩中心,那么居民到达最近游憩中心的距离均值以及游憩中心的空间可达性则与社区公共开放空间的空间绩效息息相关。

表 9-3　莘城社区公共开放空间覆盖范围

核心节点	覆盖面积(m^2)	占地比例(%)	中央公共开放空间(m^2)	仲盛南广场(m^2)
中央公园公共开放空间	640 048	36.4	—	—
仲盛南广场	915 079	52.1	548 129	—
文化广场	763 745	43.5	481 543	531 026

此外,以休闲街道为主的线性公共开放空间在串联各点、面状空间、完善公共开放空间服务功能等方面发挥着重要作用。街道叠加频度可以指示社区居民出行网络中不同路段线性空间使用频度的叠加,叠加频度越高,说明该路段被居民使用的几率越大。莘城社区中的高频使用路段分布在主要的休闲活动场地周围及居住小区出入口附近,可以提供居住地到休闲活动场地之间的舒适性连接通道,在更新过程中建议加大路段周边休闲线性空间的生态和人文环境建设。

对于中频使用路段而言,其具有一定的叠加使用频度,更新中可以结合道路自身位置条件,合理安排两侧休闲街道建设。而低频使用路段,其使用叠加频率不及前两项,但在完善区域休闲街道网络构建中,具有不可或缺的作用。低频使用路段周边线性休闲空间应保证基本的步行空间和服务设施,以便与其他空间相衔接,保证休闲街道网络体系建立。同时,针对部分具有特色的路段,可以营建社区内的特色街区。

3. 公共开放空间布局调适

根据《上海市城市总体规划(2017—2035 年)》的要求,至 2035 年,社区公共服务设施 15 min 步行可达覆盖率达到 99%,公共开放空间(400 m^2 以上的公园和广场)的 5 min 步行可达覆盖率达到 90%左右。要实现这一目标,可以建设类型丰富的小型点状公共开放空间,并形成社区的归属感①。在城市有机更新的背景下,点状公共开放空间以存量空间的挖掘为主,建议将各类零散分布的城市消极空间加以改造和利用,或者结合有机更新推动居住小区内部附属公共开放空间对外开放,以丰富社区生活圈的公共开放空间类型,形成多样化的休闲、健身与社交空间。公共开放空间的步行可达

---

① 杜伊、金云峰、李宣谕:《风景园林学视角下基于生活圈的开放空间布局调适研究——以上海为例》,载于中国风景园林学会编:《中国风景园林学会 2018 年会论文集》,中国建筑工业出版社,2018 年。

性与便利性可以通过提高公共开放空间的密度和联通度来实现，串联社区中的公共开放空间节点。

通过前文对城市社区的用地利用方式和景观格局的分析可知，社区中的休闲绿地是城市社区中居民开展户外休闲游憩活动的主要场所，也是提升社区生态环境功能的有效途径。目前，莘城社区绿地斑块的破碎化程度比较高，还未形成网络状布局的公共开放空间绿地系统。因此，加强对居住小区的附属绿地和公园绿地的建设与管理，并利用休闲街道将孤立的休闲绿地和休闲广场斑块连接为网络是实现休闲与生态服务功能耦合的重要途径。

此外，社区公共开放空间具有公共属性，因此多方参与的公共开放空间营造逐渐成了常用的城市社区更新策略。

(1) 公共开放空间纳入城市发展规划。城市社区公共开放空间的更新在城市发展中发挥着重要的作用，可以调动社区居民参与积极性，提升社区的归属感。例如，莘城社区休闲绿地、休闲广场的存量过少，分布不均匀，东南部的公共开放空间不在社区公园和休闲广场的 500 m 服务范围内。因此，防护绿地和居住小区内的附属绿地可以适当开放，以增加休闲绿地和休闲广场的总量，形成上海城市近郊区域发展的模式。同时，依托社区公共开放空间网络系统，提供以休闲游憩为主的场地和设施，如慢跑小径等。甚至可以设立专门的文化和休闲部门，或者采用部门与社区合作的方式[①]。

(2) 社区居民的多代际交流与决策。社区居民是公共开放空间更新的最直接利益相关者。社区居民的年龄层次呈现多样化。由于青少年、儿童和老年人、中年人的需求各不相同，因此代际之间的交流组织是一种可能的途径。例如，组织青年人和中老年人对自身社区印象深刻的公共开放空间、场所、记忆等进行摄影或者草图绘制，以共同表达其对社区公共开放空间的感受和对社区更新的意愿。

例如，由于用地的限制，莘城社区或难以再新建较大规模的休闲广场。通过组织莘城社区内青少年和中老年人的空间记忆回溯和交流，发现社区居民对广场等社区公共开放空间的记录，为莘城社区公共开放空间的更新决策奠定基础。代际交流的结果可知，休闲广场等对于特定时段居民的休闲活动开展具有重要意义，需要通过对具有一定规模和使用强度的广场优化改造，提升居民休闲广场空间质量，形成分散布局的小型集散和休闲广场，以丰富广场类型，增加社区公共开放空间总量(见图 9 - 4)。

---

① 《赫尔辛基城市发展规划(2050)》。

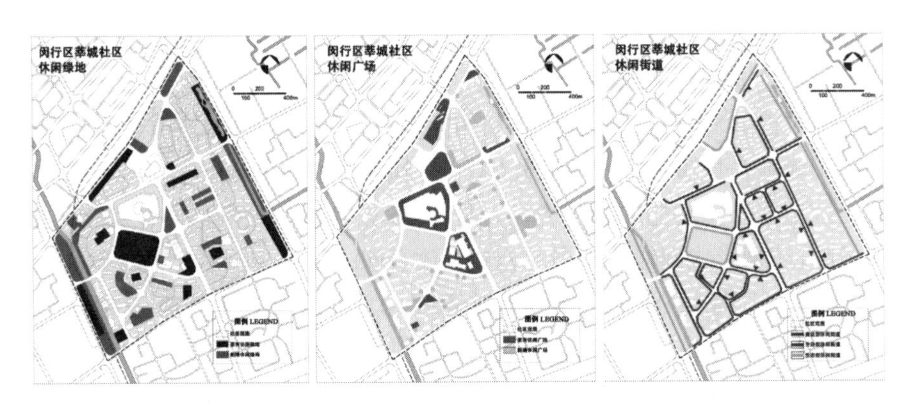

图 9－4　莘城社区公共开放空间更新策略

(3) 社区公共开放空间的参与方式更新。居民的主动参与可以激活社区公共开放空间的更新。社区居民可以通过“圆桌会议”的形式参与决策，实现公共开放空间的共建、共享和共治。例如，居委会组织居民参与莘城社区休闲街道的网络化结构优化过程。通过对居民在街道中日常休闲活动的视频采集与分析，得知居民的时空分布规律，结合居民在圆桌会议中提出的意见，从休闲道路的使用频度、居民需求、街道特色、街旁绿地环境等角度提出莘城社区的休闲街道优化策略。以商业中心辐射出的周边街道是串联主要公共开放空间的重要步行空间；居住小区周边的街道是社区内步行交通及区域线性休闲空间的重要组成；以原有的商业步行街区为基础，构建特色的步行街区空间。

(4) 公共开放空间的连通性、场所性与功能性营造。城市社区内的街旁绿地、居住小区内的附属绿地和滨河防护绿地等需要与面状的城市公共开放空间相互连接，以形成完善的休闲游憩空间网络，为社区居民提供日常休闲场所。依托现有道路的社区慢行系统的营建，也可以为多个社区提供宝贵的连通机会。公共开放空间的场所性是吸引居民开展休闲行为的基础，而空间的自由度、景观质量、空间的多样性、安全和安静程度等均是公共开放空间吸引力的重要影响因素。功能性则是触发社区居民休闲游憩行为、提供互动机会与生态服务作用发挥的直接原因。

例如，莘城社区公共开放空间的更新可以形成“一区、三轴、多点、休闲街道网络化”的整体空间结构。其中，“一区”指莘城社区公共开放空间中部的仲盛商业中心、莘庄博物馆和莘城中央公园。“三轴”指沿都市路、莘朱路、名都路 3 条沟通内外并具有一定使用频度的区域重点道路形成的公共开放空间轴线。“多点”指基于现状保留、改造和增建的绿地和广场公共开放空间，是周边居民日常停留和开展休闲活动的主要节点。“休闲街道网络化”指在原有休闲街道空间的基础上，通过完善街道衔接、空间环境优化提升，构建休闲街道空间体系，形成区域完整的线性休闲空间网络，有效串联各节点空间和重要地块。

(5) 引导社区存量公共开放空间的整合。上海城市社区密度较高，公共开放空间破碎化比较严重，协同发挥的功能受到了限制。中微型的点状和线性公共开放空间可以通过整合构建公共开放空间的网络；优化社区公园和休闲广场的配置，发挥场地的复合功能，实现错峰使用；推动社区公共开放空间的自主组织和常态化营建。例如，莘城社区中新增的休闲广场和绿地具有临时的属性，可以进行错峰使用，以保障公共开放空间的功能多样性。

(6) 提高社区公共开放空间的休闲游憩与生态功能。通过公共开放空间网络的建设推进城市社区生活圈的营建，平衡社区内各个区位居民的需求。在有限的公共开放空间中，通过植物群落和动线、多样性空间的营造增强居民的空间生态性和体验性。改善公共开放空间的休闲游憩功能和生态环境功能，能够有效提升城市居民的归属感和幸福感。例如，在社区公共绿地中增设厨房花园，通过可食性景观提升老年人的幸福感，调节儿童自然缺失症。

4. 分类设计对策

根据城市社区休闲绿地、休闲广场与休闲街道3类公共开放空间总体布局规划与发展策略，有针对性地提出公共开放空间分类设计对策与建议。

(1) 休闲绿地。根据发展策略的不同，规划休闲绿地主要可分为保留绿地、新增绿地和“错峰使用”绿地。针对3类绿地不同的现状条件，在社区更新中提出不同的对策(见表9-4)。

表9-4 不同类型休闲绿地更新策略与建议

类型	位置示意图	设计策略与建议
保留优化绿地		1. 以居民休闲活动需求为导向，增加、改造相关场地 2. 增加相关游憩服务设施 3. 完善管理

（续表）

类型	位置示意图	设计策略与建议
新增休闲绿地		1. 附属绿地开放化应结合其区位特征，合理选择并布置出入口、指示牌等设施，引导居民对附属绿地的使用 2. 对防护绿地进行休闲化改造，建设适宜休闲活动开展的带状公共开放空间
错峰使用绿地		1. 将两处现状暂未利用、并具有一定绿地资源的地块用作临时休闲绿地建设 2. 尽量减少投入，不用大树，不建亭廊，以低成本、简单的绿化营建多样空间

a. 保留绿地优化提升建议。依据对现状休闲绿地综合评估，规划保留具有一定规模和场所、设施的公共开放空间绿地，包括莘城中央公园、博物馆地块南侧游园、莘城宾馆附属游园以及东南角游园。针对各处保留绿地现状，提出更新设计对策。

一是以居民休闲活动需求为导向，增加、改造相关场地。以散步、慢跑等绿地重点推广活动引导为基础，在保留绿地优化提升时，重点增加或改造与推广活动类型相关的空间与场所。如针对散步与慢跑活动，应改建园区步道，构建专门的散步道和慢跑道；又如，针对志愿者活动，可在绿地中设置志愿者服务角等。

二是增加相关游憩服务设施。适当增加座椅、公告栏、遮阳遮雨棚、夜间照明及针对老年人和少年儿童的游乐设施和无障碍设施等游憩服务设施。

三是完善管理。通过调整绿地管理措施，提升绿地空间的使用体验。以莘城中央公园为例，夜间关门过早（夏秋 19:00 pm，冬春 18:00 pm）导致了居民夜间活动受限，适当延长公共开放空间开放时间（2 h），可充分满足周边居民的休闲需求。

b. 新增绿地休闲化改造与建设。规划通过“附属绿地开放”“防护绿地休闲化改造”等方式增加样点休闲绿地总量。针对不同手段增加的绿地类型，设计时应采取不同的策略。

一是附属绿地改造。附属绿地一般具有相对优良的空间品质和游憩设施，一般情况下不需要进行额外的优化改造。附属绿地开放化应结合其区位特征，合理选择并布置出入口、指示牌等设施，引导居民对附属绿地的使用。

二是防护绿地休闲化建设。样地内现在存在大量带状的防护绿地，目前尚未用作休闲开发。针对休闲绿地总量不足的问题，应对防护绿地进行休闲化改造，建设适宜休闲活动开展的带状公共开放空间。

鉴于防护绿地有着较为优越的环境条件和植物景观，对其优化改造，应在确保其防护功能的前提下，本着“适度开发”的原则，科学布局游览路线，合理选择步道形式，安置座椅、路灯、垃圾桶等服务设施，并在适当的场所安置景观亭等小型构筑物。

c. 错峰使用绿地设计策略。规划以“错峰使用”策略为思路，将两处现状暂未利用、并具有一定绿地资源的地块用作临时休闲绿地建设。

考虑到用地属性的问题，在进行绿地设计时，应以“低成本、低冲击、空间多样化”为原则，布局简单的开敞空间与绿地。在建设居民休闲节点的同时，尽可能降低对地块后续开发利用的影响。所谓“低成本”，要求在临时绿地建设时应尽量减少投入，不用大树，不建亭廊，以低成本、简单的绿化营建多样空间；“低冲击”则更多地强调绿地建设应尽量保持原地块风貌，以免影响地块后续的正常开发；“空间多样化”则指在低成本、低冲击的基础上，尽量多的营建观赏绿地、活动绿地、硬质场地等多样的空间类型。

(2) 休闲广场。城市广场是城市中最具公共性、最富艺术感染力，也最能反映现代都市文明魅力的开放空间。规划提出了“袖珍广场”的新增广场策略，并根据样点广场现状，提出了广场设计的建议。

a. 新增广场策略。受限于城市用地，“袖珍广场”的规划建设日益得到人们的重视。“袖珍广场”是在中心城区的存量空间中挖掘和创造公共空间，为以更加务实和灵活的方式改善城市空间质量提供了一种新的视角。结合莘城社区用地情况，规划拟根据道路叠加使用频度，有选择地在道路交叉口处设置交通型“袖珍广场”作为样点新增广场的主要形式。

b. 莘城社区广场规划设计建议。

一是突出广场的设计主题与地方特色。通过对广场规模尺度和空间形式的合理处理，创造丰富的广场空间意象，突出广场既定的设计主题和样点的人文与历史特色。

二是科学处理广场与城市交通和建筑界面的关系。广场布局与交通组织应首先处理好与周边城市道路的关系，以确保游人安全为前提。同时，作为广场重要的界面，针对不同的尺度，应采取不同的建筑界面围合方式(见表 9-5)。

表 9-5 广场与建筑界面的关系处理

尺度	示意图	处理对策
大规模广场		在合理处理广场交通的前提下，应保证广场具有1～2边由构筑物进行围合，以确定广场的界限，同时便于相关商业休闲活动的开展
“袖珍广场”		对于小尺度的广场空间，宜由直接面向广场的建筑界面直接围合产生，并通过设计，沟通广场与周边建筑界面的沟通与联系

三是以人为本，依据居民需求进行具体设计。广场空间应以铺装硬地为主，提供居民活动的开敞空间，同时也应保证一定比例（25%～35%）的绿化用地，丰富景观和色彩层次。

合理布置坐凳、垃圾桶等服务设施；根据周边实际，有选择地布置厕所、小售货亭等服务设施。同时，应兼顾广场的无障碍设计。

（3）休闲街道。作为最为常见的公共开放空间类型，街道在串联各类空间的同时，其自身也是居民开展各类活动的重要空间载体。多样的城市生活需要一个具有多样性选择的步行环境。基于此，规划将莘城社区内的休闲街道分为商业休闲型、生态生活型以及特色步行街区3类，并分类提出设计策略（见表9-6），旨在建设安全、可靠、连续、舒适的步行空间，构建空间形式统一、具有魅力的区域休闲街道网络。

表 9-6 不同类型街道规划策略与建议

类型	位置示意图	设计策略与建议
商业型休闲街道		（1）步行空间宽度：不小于4 m （2）沿步行空间商业界面通透化设计，提升街道活力，活跃街道气氛 （3）增强业态管理，完善建筑与街道协调性 （4）提升路面铺装质感、形式与色彩

（续表）

类型	位置示意图	设计策略与建议
生活型休闲街道	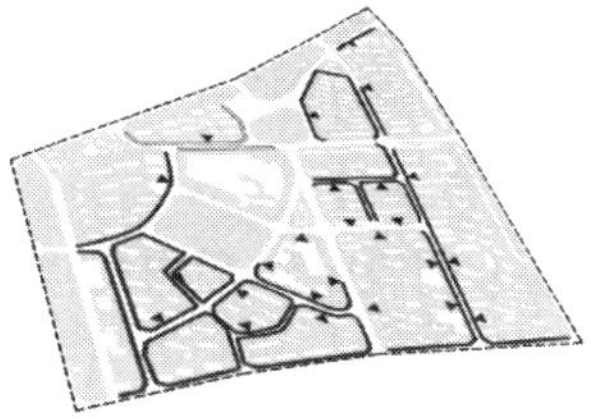	（1）步行空间宽度：不小于 3 m （2）设施带状沿边绿化，优化居住小区边界游憩视线 （3）合理养护行道树，保证一定的林荫覆盖 （4）采用形式多样的绿化种植方式，营造富于变化和趣味的空间感受
生态型休闲街道	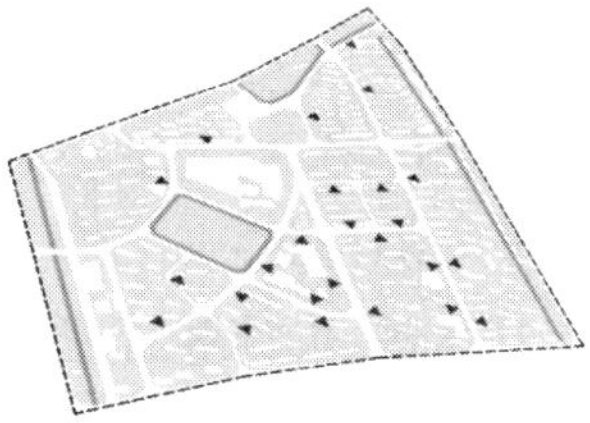	（1）步行空间宽度：10 m （2）提升路面铺装质感、形式与色彩 （3）优化绿地植物搭配，丰富竖向绿化空间 （4）沿步行空间商业界面通透化设计，提升街道活力，活跃街道气氛

其中，商业休闲型街道为样点重点控制街道界面，主要沿都市路、莘朱路、名都路轴线布置，周边建筑界面以商业界面为主。生态生活型街道为样点主要控制街道界面，主要环样点各个居住小区设置，主要服务居住小区周边居民。特色步行街区则依托区域原有商业一条街，优化改造形成样点特色休闲街区。

三、基于居民游憩需求的莘城社区公园优化设计

1. 居民游憩满意度与重要性对应分析

为了给不断增长的、多元化的城市人口提供休闲游憩服务，社区公园等开放空间的规划设计和管理人员正面临着新的挑战①。而影响社区居民游憩感知的因素、重要性及居民对其现状的满意评价对于社区公园规划设计、游憩空间创造、游憩环境提升、服务质量改善和未来发展至关重要。满意度是有多个独立指标表征的多维度概念②。一般认为满意度是期望与实际体

① Tingwei Zhang, Paul H. Gobster, "Leisure Preferences and Open Space Needs in an Urban Chinese American Community", *Journal of Architectural and Planning Research*, 1998(4).

② Hughes K., "Tourist Satisfaction: A Guided 'Cultural' Tour in North Queensland", *Australian Psychologist*, 1991(3).

验之间的比较[①],容易受到个人经历、心理状况、社会因素、环境因素、群体互动等外在因素的影响[②]。20世纪70年代,美国学者皮泽姆(Pizam)的期望与实际感知相比较理论奠定了游客满意度研究的基础[③]。20世纪80年代中后期,满意度的研究由制造业产品质量和服务质量的研究逐渐拓展到户外游憩、自然和文化遗产、国家公园等领域。

目前,关于游憩满意度的研究主要基于期望—感知模型,用层次分析法提取指标,并在调查问卷的基础上运用合图法(Co-plot)及T检验等方法进行聚类分析和差异性分析,以便在区域或风景区尺度对游憩满意度进行因子分析和评价,以指导旅游业的经营与管理[④]。由于研究对象的不同,游憩满意度的评价体系也存在显著的差异性,在城市公园(国家公园)尺度,主要涉及游人的特征因素、资源环境及其他行人等干涉变量、游人的行为偏好、游憩的需求4个因素,其中游憩需求包括景观、设施和管理3个维度。然而,面向区域或风景区尺度的游憩满意度评价体系并不完全适用于社区公园尺度。此外,现有研究中采用的封闭式问卷中,问题的设定基于文献调查和研究者经验,排除了意料之外的、受访者可能反馈的因素,有失全面性;而层次分析法确定影响因子的重要性有赖于专家打分,受其游憩体验的影响,具有一定的局限性。因此,本书在社区尺度上,通过IPA分析法,在开放式调查问卷的基础上设计封闭式量表,对影响居民游憩满意度的景观、空间、环境、设施、管理、干扰6个主要维度进行重要性和满意度评价的对应性分析,优化了单纯以封闭式问卷为基础的调查方法,并采用定性描述与定量分析结合的方法,通过居民对开放式问题选择频次累计百分比确定游憩感知评价指标的权重,使居民对其满意程度的评判更符合心理预期,通过对应性分析展现的分析结果更加直观且有针对性,对上海城市社区公园的规划设计、建设管理及游憩功能的优化提升均具有一定的现实意义。

---

① Gronroos C., "A Service Quality Model and Its Marketing Implications", *European Journal of Marketing*, 1984(4).

② Crompton J. L., L. L. Love, "The Predictive Validity of Alternative Approach to Evaluation Quality of Fesrtival", *Journal of Travel Research*, 1995(1).

③ Pizam A., Neumann Y., "Dimensions of tourist satisfaction with a destination area", *Annals of Tourism Research*, 1978(5).

④ 董观志、杨凤影:《旅游景区游客满意度测评体系研究》,《旅游学刊》2005年第1期;王群、丁祖荣、章锦河、杨兴柱:《旅游环境游客满意度的指数测评模型——以黄山风景区为例》,《地理研究》2006年第1期;万绪才、丁敏、宋平:《南京市国内游客满意度评估及其区域差异性研究》,《经济师》2004年第1期;马秋芳、杨新军、康俊香:《传统旅游城市入境游客满意度评价及其期望—感知特征差异分析——以西安欧美游客为例》,《旅游学刊》2006年第2期。

根据上海城市社区的地理位置，由城市中心向西南延伸的线性方向分别选取黄浦区瑞金社区复兴公园(fx)、闵行区莘城社区莘城公园(xc)、松江区方松社区中央公园(cp)为研究对象(见图 9－5)。其中，松江中央公园本质上属于区级公园，但由于方松社区紧邻中央公园，且其主要使用人群是社区居民，中央公园实质上发挥了社区公园的作用。因此，回收的调查问卷需排除非社区居民的无效问卷，以获得有效样本数据。

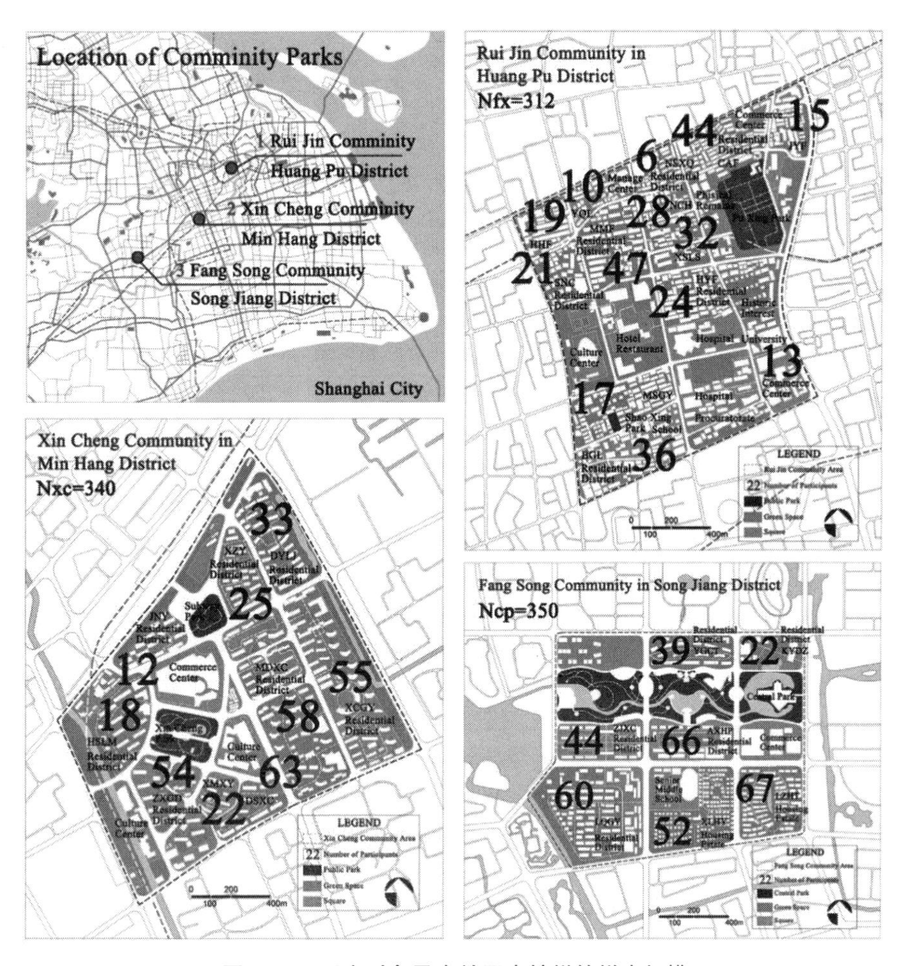

图 9－5　研究对象及在社区内抽样的样本规模

在非概率抽样条件下，样本规模与总体规模相关。由于社区居民的总体规模约为 3 万～4 万人，故选取的样本规模为 900～1 100 人[①]，置信度为

① [美]林楠：《社会研究方法》，本书翻译组译，农村读物出版社，1987 年，第 182 页。

95%的条件下,容许误差为3.5%~3.0%[①]。实际发放问卷1 200份,除去非社区居民的无效问卷,实际回收有效问卷1 002份(Nfx=312, Nxc=340, Ncp=350),其中工作日调查问卷461份,节假日调查问卷541份,回收问卷的有效率为83.5%。

(1) 满意度评价指标的选取。首先,在每个社区公园随机抽取400人为调查对象(n=1 200),发放含有开放式问题的调查问卷,以调查社区居民主要关注的和社区公园游憩功能相关的维度、指标和重要性。调查结果表明,影响社区公园游憩感知质量满意度的因素主要表现为景观质量(n=200, 16.7%)、游憩空间(n=270, 22.5%)、游憩设施(n=220, 18.3%)、游憩环境(n=215, 17.9%)、服务管理(n=167, 13.9%)及他人影响(n=128, 10.7%)等方面。根据相关文献和开放式问卷的调查结果,将社区公园中影响居民游憩满意度的主要因素聚类为6个维度和33个子维度(见表9-7)。

表9-7 城市社区公园感知满意度评价的多维量表(MDS)及权重分配

维度	子维度	n*	R(%)	维度	子维度	n	R(%)	维度	子维度	n	R(%)
景观质量	植物选择	75	6.33	游憩设施	设施数量	74	6.17	服务管理	环境清洁	42	3.50
	景观风格	43	3.67		设施安全	45	3.75		设施维护	39	3.25
	丰富度	33	2.83		照明设施	42	3.50		治安维护	32	2.75
	景点数量	28	2.50		引导标志	32	2.67		植物养护	30	2.58
	地域特色	21	1.83		植物解说	27	2.25		停车管理	24	2.08
游憩空间	游憩容量	66	5.50	游憩环境	温湿感受	52	4.42	他人干扰	乱扔垃圾	34	2.92
	互动体验	56	4.67		蚊虫影响	48	4.08		大声喧哗	31	2.67
	多样性	54	4.58		水体质量	32	2.75		花木攀折	21	1.83
	联通性	34	2.83		空气质量	31	2.67		活动冲突	19	1.67
	私密性	32	2.75		噪音影响	29	2.50		涂写刻画	13	1.17
	尺度感	28	2.42		土壤现状	23	2.00		公物毁损	10	1.00

备注:n为该指标在开放式问题的答案中出现的次数;R为选择次数占总样本量的百分比;多维量表法(Multidimensional Sealing, MDS)即通过逐一考察研究对象的每个维度调查对研究对象的总体评价[②]。

① D. A. de Vaus, *Surbey in Social Research*, George Allen & Unwin Ltd, 1986

② 骆文淑、赵守盈:《多维尺度法及其在心理学领域中的应用》,《中国考试》2005年第4期。

（2）满意度调查问卷的设计。根据居民普遍关注的6个维度和33个子维度设计封闭式问题，内容主要分为问卷说明、人口统计特征和满意度调查3个部分。为检测受访者对每个子维度的满意程度并实现对满意度的量化分析，在居民游憩感知满意度的测量上采用李克特五点量表尺度（Likert Sealer）作为评判标准，即针对社区公园游憩功能现状的问题描述，依次设定数字"1、2、3、4、5"分别代表满意度等级的"非常不满意""不满意""一般""较满意"和"非常满意"，以及严重性等级的"非常严重""较严重""一般""不严重"和"极不严重"。根据受访者的年龄差异，调查问卷分为自填式和代填式两种，以自填式为主。

发放调查问卷的时间为2012年9月至2013年9月，涵盖春夏秋冬4个季节，包括工作日和节假日。根据雷默尔（Raymore）提出的发放公园问卷的方法，在每个公园的主要入口处，随机选择游客群（独行游客可单独视为一群），在每个游客群中用"随机数字法"选择群组中的个人发放调查问卷[①]。

（3）满意度调查问卷的统计。对于确认可信的有效问卷进行编码，并录入SPSS17.0软件进行频数统计，采用克朗巴哈（Cronbach's α）系数来测量累加李克特量表的可信度。由公式9-1可得，本问卷量表α系数为0.819（>0.7）。因此，本书使用的问卷在反映社区居民对社区公园的游憩感知满意度方面具有较高的内在可信度[②]。

$$\alpha = \frac{K}{K-1}\left(1 - \frac{\sum_{i=1}^{K}\sigma_{Yi}^{2}}{\sigma_{X}^{2}}\right) \qquad \text{公式(9-1)}$$

公式中，K为样本数；σ_x^2为总样本的方差；σ_{Yi}^2为目前观测样本的方差。

采用受访者选择累计百分比的计算方法表征单项子维度的重要性。根据问卷调查的结果，通过SPSS17.0软件中的加权平均值计算，构建游憩感知满意度评价模型，以进行游憩感知满意度的综合分析，并反映受访者对景观、空间、设施、环境、管理、干扰等游憩功能影响因子的主观感受和态度。

（4）满意度调查问卷的分析

a. 游憩感知满意度评价模型构建。根据回收的有效调查问卷，应用李

① Raymore L., Scott D., "The characteristics and activities of older adult visitors to a metropolitan park district", *Park Recreation Admin*, 1998(16).

② 黄希庭、余华：《青少年自我价值感量表构念效度的验证性因素分析》，《心理学报》2002年第5期。

克特的等级划分方法，将社区居民的游憩感受分为 5 个等级，并分别用 1、2、3、4、5 表示，如果居民的游憩感知满意程度大于 3，则表示居民对社区公园的游憩功能满意，反之则为不满意。通过加权平均值计算（公式 9－2）构建游憩感知满意度评价模型，以直观地表达居民对社区公园中景观、空间、环境、设施、管理、干扰等维度的游憩感知满意度评价结果。

$$X_j = \sum_{i=0}^{1} \frac{n_i}{N} m_i \qquad \text{公式(9－2)}$$

公式中，X_j 为居民对游憩感知质量中每一指标的满意度，m_i 为每一受访者对第 i 个感知质量指标的评价程度，n_i 为第 i 个感知质量指标每个评价等级的样本出现频率，N 为被调查样本总数[①]。

b. 游憩感知满意度综合及差异性分析。由公式 9－2 可得上海市瑞金、莘庄、方松 3 处社区公园居民综合及分维游憩感知满意度评价（见表 9－8）。

表 9－8　城市社区公园居民游憩感知满意度综合加权平均值

维度	X_j	子维度	X_j	维度	X_j	子维度	X_j	维度	X_j	子维度	X_j
景观质量	3.18	植物选择	2.78	游憩设施	3.00	设施数量	3.41	服务管理	3.00	环境清洁	3.00
		景观风格	3.00			设施安全	3.28			设施维护	3.25
		丰富度	3.37			照明设施	2.83			治安维护	3.05
		景点数量	3.40			引导标志	2.84			植物养护	2.91
		地域特色	3.37			植物解说	2.64			停车管理	2.81
游憩空间	2.81	游憩容量	3.15	游憩环境	2.75	温湿感受	2.02	他人干扰	3.02	乱扔垃圾	2.93
		互动体验	2.40			蚊虫影响	2.48			大声喧哗	2.99
		多样性	2.91			水体质量	2.77			花木攀折	3.00
		联通性	2.74			空气质量	2.99			活动冲突	2.97
		私密性	2.77			噪音影响	3.26			涂写刻画	3.09
		尺度感	2.89			土壤现状	3.03			公物毁损	3.13

由表 9－8 可知，就景观、空间、设施、环境、服务、干扰 6 个维度 33 个子维度的综合游憩感知满意度评价而言，居民对社区公园的游憩空间和游憩

① 侯杰泰、温忠麟、成子娟：《结构方程模型及其应用》，教育科学出版社，2004 年，第 154—169 页。

环境不满意，说明游憩空间和环境感受是影响居民游憩感知质量的重要因素，其中空间的私密感受、流动联通性和体验的丰富性评价值依次降低，而环境的温湿感受和蚊虫影响则是影响游憩环境舒适感知的主因。此外，居民对社区公园的景观质量、设施、服务管理和干扰等因素相对比较满意，但游憩设施和服务管理两方面的评价相对较低，说明目前这3处社区公园的建设中，设施配备和服务管理相对滞后，不能够满足居民日益增长的游憩需求，尤其体现在夜间照明的充分性、标示系统的引导性、植物解说的充分性及植物养护和停车管理等方面。

c. 影响游憩感知维度重要性分析。根据问卷中开放式问题的调查和统计，采用社区居民选择累计百分比的计算方法，即以游憩感知满意度评价体系中每一子维度被选择频次的百分比来表征每一子维度对整体游憩感知评价体系的重要性。由表9-8可知，影响游憩感知质量6个维度的综合重要性排序由高至低依次为游憩空间(3.75%)、游憩设施(3.66%)、景观质量(3.33%)、游憩环境(3.00%)、服务管理(2.78%)和他人干扰(1.78%)。说明在社区公园目前的游憩功能中，游憩空间、游憩设施和景观质量是居民普遍共同重视的因素；其中，游憩容量感知、体验丰富性、游憩设施数量、设施安全性和植物选择合理性等因素的权重系数较大，说明在游憩感知方面，居民对上述因素的感受是敏感的。

d. 多维满意度与重要性对应性分析。采用定量与定性相结合的方法，对影响游憩感知重要性与满意度的多个维度进行对应性分析，将居民认为影响游憩感受的因素选择频次累计百分比作为评价其重要程度的定量标准，与每一维度的游憩感知满意度相对应，分别归入包含4个象限的对应分析图中(见图9-6)[①]，并将4个象限以逆时针方向依次定义为重要且满意区、重要但不满意区、不满意亦不重要区、满意却不重要区，以分析社区公园在规划设计及建设管理中存在的问题和不足，据此提出有针对性的优化建议。

(5) 优化建议

a. 重要且满意区。评价维度及子维度分布在此象限时，表示这些因素对居民的游憩感知质量是至关重要的影响因素，且居民对目前社区公园中上述因素的现状满意度评价相对较高，而这些优势因素是需要继续保持并

① Badoglio S., Love C., "Association Meeting Planners' Perceived Performance of Las Vegas: An Importance-Performance Analysis", *Journal of Convention & Exhibition Management*, 2003(1).

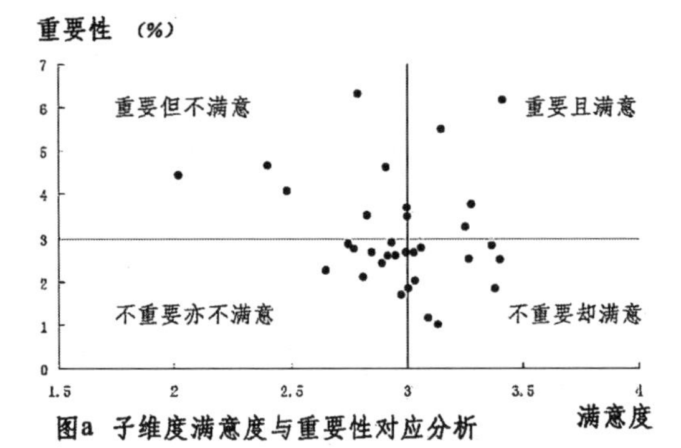

图a 子维度满意度与重要性对应分析

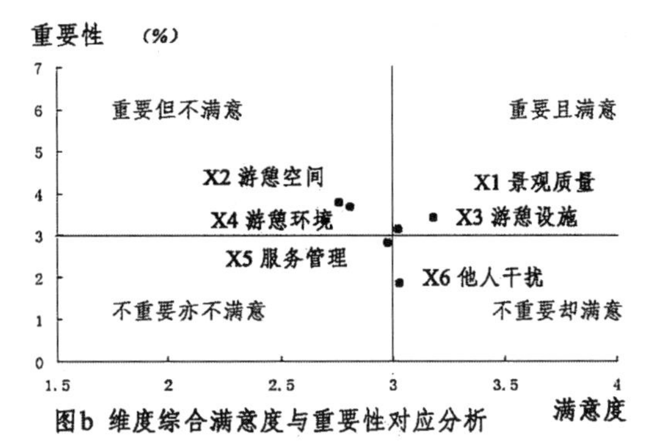

图b 维度综合满意度与重要性对应分析

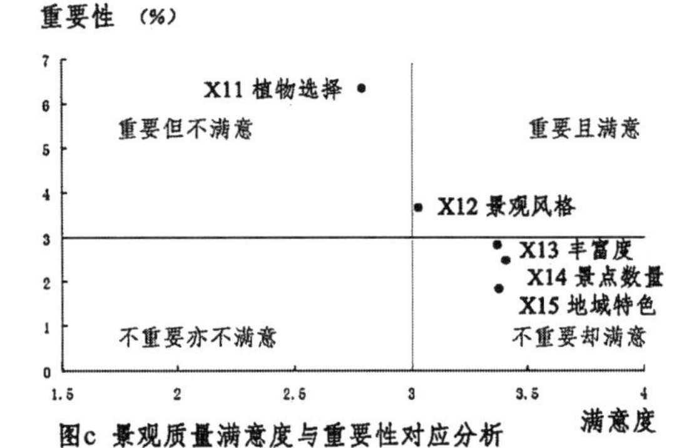

图c 景观质量满意度与重要性对应分析

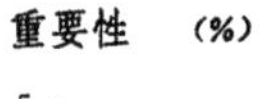

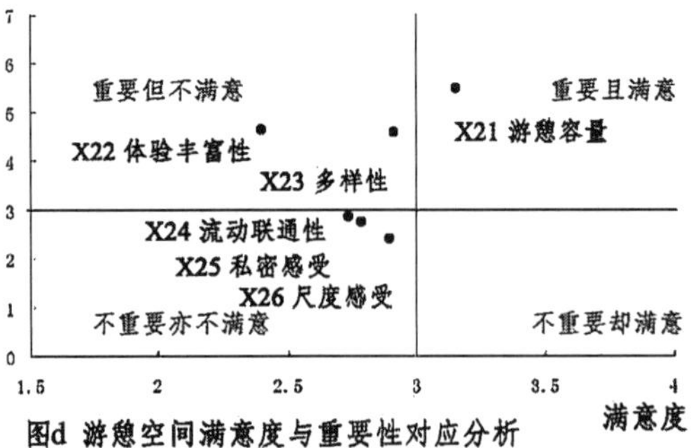

图d 游憩空间满意度与重要性对应分析

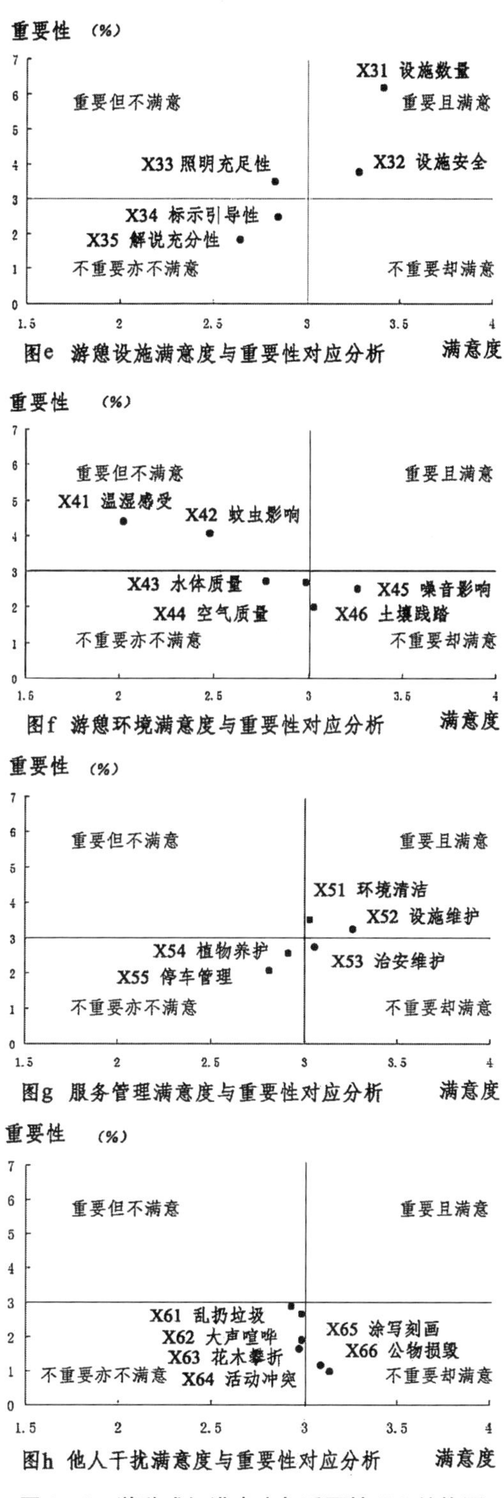

图e 游憩设施满意度与重要性对应分析

图f 游憩环境满意度与重要性对应分析

图g 服务管理满意度与重要性对应分析

图h 他人干扰满意度与重要性对应分析

图9-6 游憩感知满意度与重要性IPA结构图

发扬的。分析结果表明，就维度的综合游憩感知而言，景观质量和游憩设施两个维度分布于此区域；而子维度中，景观风格、游憩容量、设施数量、设施安全、环境清洁度、设施维护状况 6 个因素是影响居民游憩感知的重要因素，且居民对其现状比较满意。

b. 重要但不满意区。评价指标分布在此象限时，表明这些因素是居民能够敏锐感知的、影响社区游憩功能的关键因素，且在目前的社区公园建设和管理中亟待改进和优化提升的。调查结果显示，游憩空间和游憩环境是影响居民游憩感受的主要因素，且居民对社区公园这两方面的现状满意评价较低，急需优化提升，以满足居民的游憩需求。其中，游憩空间的多样性和体验的丰富性是提升其游憩功能的关键因素，居民对其游憩感知满意度的评价与社区公园的空间连通性、景观丰富度、地域特色、设施数量、植物景观等因素的评价密切相关，同时也与居民日益丰富的休闲游憩活动、较高的游憩活动频率和社交需求相关，且随着社区中儿童的成长和老年人年龄的增长，对游憩空间和设施的需求可能进一步提升。此外，由于 20.3%的居民游憩时段集中于傍晚，居民对夜间照明设施的需求强烈；而 36.2%的居民认为环境的温湿感受及蚊虫的影响等因素也同样有调整改进的必要，其满意度评价与植物种类的选择、水体质量和环境清洁度等因素的评价值显著相关。

c. 不满意亦不重要区。此象限代表分布其中的因素目前对居民的游憩感知影响不强烈，但居民对其满意度的评价较低，因此这些因素并不是提升社区公园游憩功能亟待解决的首要问题，如社区公园的服务管理因素。分布在此区域的因素包括空间的流动性和连通性、空间的私密感受、空间的尺度感受、标示的引导性、解说的充分性、水体的质量、空气质量、植物养护情况、停车管理状况、游憩活动冲突等 13 项子维度。虽然，在现阶段这些因素对居民的游憩感知而言并不是最重要的，但却是社区公园在规划设计和建设中提升其游憩功能和感知满意度的重要机会因素。同时，随着社区管理单元和文化单元的逐渐成熟、社区公园建设时间的增长及居民游憩需求的提升，这部分因素很可能由不重要因素向重要因素转变。

d. 满意却不重要区。当指标分布于此区域时，表示目前这部分因素对于居民的游憩感知影响是相对不重要的，其原因是目前居民对该指标的满意度评价较高，但并不意味着这部分因素没有优化提升的必要。调查分析的结果表明，分布于此象限的游憩感知评价指标有景观丰富度、景点数量、地域特色、环境噪音影响、土壤践踏现状、治安维护及他人的涂写刻画、公物毁损等干扰行为，分别涉及了景观质量、游憩环境、服务管理和他人干扰等4个维度。由于居民对上述因素的感知评价相对较满意，故其现状质量应该得到保证和持续，并在此基础上进一步优化提升，以适应不同年龄居民或不同文化群体的游憩需求。

在期望—感知满意度研究的基础上，本书探讨了上海这一特定区域内人员构成相对均质化的城市社区居民在社区公园中的游憩感知满意度的影响因素及其重要性。开放式问卷居民选择百分比结果显示，社区公园的游憩空间(3.75)是居民普遍关注度最高的因素，其次是游憩设施(3.66)和景观质量(3.33)。封闭式问卷加权平均的结果表明，在社区公园中影响居民游憩感知满意评价的6个维度中，居民对社区公园现状景观质量(3.18)满意程度最高，他人干扰(3.02)、游憩设施(3.00)和服务管理(3.00)次之。满意度和重要性对应分析的结果显示，景观质量和游憩设施被认为是影响社区公园游憩功能的重要因素，且满意评价相对较高；游憩空间和游憩环境层面的指标则满意评价相对较低，说明这是制约社区公园游憩功能的关键因素，急需优化提升；而社区公园的后续维护、修缮和管理等服务则是提升居民游憩满意评价的重要机会因素。

本书采用调查问卷开放式问题和封闭式问题相结合的调查方式，以及定性描述与定量分析相结合的统计分析方法，通过居民对开放式问题选择频率累计百分比确定评价指标的内容及重要性，使后续开展的满意度评价调查更符合被调查者的心理预期，同时，IPA分析法与问卷调查方法更容易相互结合，满意度和重要性对应的结果直观且易于理解，有助于规划师和设计师快速而准确地发现社区公园中影响游憩功能和居民游憩感知的关键性因素。

2. 基于IPA对应性分析的社区公园优化

位于上海城市近郊的闵行区莘城社区的莘城中央公园中的游憩居民以新上海居民和来沪探亲的外来人员为主。游憩居民的职业构成以无职业型(40.82%)、事业型(16.77%)、常规型(12.03%)人群为主；游憩居民的年龄构成以壮中年(30.9%)及老年人(15.7%)为主；游憩居民的文化程度构成以高中及初中以下文化程度人群为主(51.4%)。根据主要人口构成(职业、年龄、文化程度)特征所对应的游憩需求与偏好，莘城中央公园在景观质量、游憩空间、游憩设施、游憩环境、服务管理5个方面的优化提升对策(见表9-9、图9-7、图9-8、图9-9、图9-10、图9-11)。

表 9-9　莘城中央公园居民游憩需求、现存问题及优化对策

	居民游憩偏好及需求	观察发现现存问题	优化提升对策
景观质量	(1) 中老年游憩者需要多样的景观类型，如垂钓的水体、开敞的活动草坪等； (2) 需要种植能够反映地方特色植物种类和反映季相变化的色叶植物； (3) 需要种植更多的花灌木和草本花卉，以丰富植物景观。	(1) 公园铺装色彩单一，硬质铺装过多，缺乏丰富的多样的景观气氛； (2) 大量绿地是观赏性的，缺少可进入、可游憩的绿地； (3) 灌木等植物的修建过度，流露出强烈的人工痕迹，自然性差。	(1) 增添可开展休闲娱乐活动的多样性景观，以减轻事业型人群工作带来的心理及生理上的压力； (2) 提升植物景观的乡土性特色，丰富植物种类； (3) 注重常绿、落叶树与花灌木、草本花卉的搭配，以满足高中及初中以下文化人群的观赏需求； (4) 注重铺装材质选择，如避免选择鹅卵石及反光效果强烈的石材，以避免其对婴儿车造成的颠簸，及阳光反射和热量聚集； (5) 绿地景观的设置不仅要考虑视觉效果，更要注重游憩功能，以增加有限绿地的利用率，增加绿地的可进入性。
游憩空间	(1) 需要活动草坪、公共休闲广场、健身步道等多样游憩空间； (2) 需要林下活动空间、线性林荫道等垂直空间； (3) 需要适宜婴儿车、老年人及儿童行走的无障碍坡道。	(1) 缺少不同类型空间之间的隔离； (2) 游步道坡度的设计不合理，导致儿童在奔跑、追逐中容易跌倒。 (3) 铺装的设计不适合婴儿车推行。	(1) 增设公共开敞的空间，以满足无职业型及初高中文化人群喜欢热闹的、集体性游憩活动的需求； (2) 根据不同年龄层居民的需求和行为模式，加强多样性空间的融合，注重不同空间之间的隔离、过渡与连通； (3) 游步道坡度的设计尽量平缓，以便于老年人和儿童的行走及婴儿车的推行，避免拥挤、堵塞等现象的发生； (4) 选择软质铺装，提升儿童活动的安全性。
游憩设施	(1) 游憩设施破碎严重，需要提升对游憩设施的检修次数； (2) 需要棋牌室、茶室室内休憩娱乐空间； (3) 需要遮阳棚，以供在炎热及多雨季节为游憩者提供遮蔽；	(1) 缺少景亭等遮阳(雨)设施，雨天游憩者只能集中在房檐下躲雨； (2) 缺少分散的电源及音响、接线板等基础设备； (3) 缺少秋千、沙坑、攀岩场等儿童娱乐设施，导致儿童多攀爬健身器械；	(1) 提高设施检修和更新的频率； (2) 增添棋牌室等休闲娱乐健身的场地及设施，以满足无职业型人群及壮中年的游憩活动的需求； (3) 增添遮阳设施及休憩设施，以便居民在进行游憩活动时减轻天气变化的影响； (4) 为需要音乐伴奏及乐器演奏的居民提供方便的电源，以便连接音响等设备；

（续表）

	居民游憩偏好及需求	观察发现现存问题	优化提升对策
	(4) 需要延长夜间开放时间并相应地设置夜景灯光等照明设施； (5) 增加健身器械和儿童娱乐设施。	(4) 缺少有效的指引标志。	(5) 为满足青少年、壮中年人群休闲娱乐需求，增添篮球场地、草地足球场地、健身设施，以及适合学龄前儿童玩耍的游乐设施； (6) 增添道路及游憩空间的有效指引标识，以便外地来沪看护儿童的中老年人迅速高效地寻找游憩道路及空间。
游憩环境	(1) 需要提升植物的遮阴效果； (2) 需要提升植物的降噪效果。 (3) 需要提升环境舒适度。	(1) 景观水体的水质较差； (2) 滨水植物的选择不当； (3) 蚊虫叮咬现象严重，影响儿童安全	(1) 提升整体环境的舒适度，特别是可以通过合理选择植物减轻蚊虫的叮咬现象，并尽量避免种植麦冬等人工性强的园林植物，降低了绿地的可进入性。 (2) 治理水体景观环境，选择耐水湿的乡土植物，为青少年提供亲水的嬉戏环境。
服务管理	(1) 需要适当延长公园的夜间开放时间； (2) 完善机动车及非机动车的停车管理。	缺少乡土性的时令活动，如花展、琵琶节、桂花节、盆景展等艺术文化交流活动。	(1) 加强早晚社区公园开放时间的管理，并适当延长公园的开放时间； (2) 加强停车管理服务，控制商贩对停车场的占用，为非机动车提供更多停车空间； (3) 举行社区居民参与的群聚性社区交流活动。

a. 入口的鹅卵石铺装影响婴儿车的推行

b. 硬质铺装面积过多，材质单一，缺乏色彩变化

图 9－7　莘城社区内莘城中央公园景观现存问题

a. 游步道的坡度设计不合理

b. 缺少无障碍的设计，不适合儿童及婴儿车使用

c. 空间公共性开敞性强，私密性较弱

d. 适合集体性、群聚性游憩活动的林下空间不足

图 9－8　莘城社区内莘城中央公园空间现存问题

a. 缺少适合开展球类活动的专类活动场地

b. 缺少适合打羽毛球的公共休闲广场

图 9－9　莘城社区内莘城中央公园设施现存问题

c. 缺少亲水平台等休闲设施

d. 缺少适当的遮阳(雨)设施

图 9－10　莘城社区内莘城中央公园设施现存问题

a. 麦冬等植物易产生严重的蚊虫叮咬现象

b. 水体质量较差,不适合垂钓、嬉戏等游憩活动

c. 机动车停车空间不足,非机动车秩序混乱

d. 社区文化交流等活动缺乏组织性

图 9－11　莘城社区内莘城中央公园环境现存问题

从图 9－12(A)可以看出,此处为莘城社区内莘城中央公园的滨水景观。由于没有任何防护保护措施,很多青少年和学前儿童会都偏爱在此嬉

水,安全隐患很大。此外,作为主要游憩人群的中老年人喜爱在卵石滩处从事垂钓、合唱、诗朗诵、太极拳等低强度的游憩活动,但缺乏适宜的亲水空间和设施。因此,莘城公园中滨水景观的优化提升措施包括:增加亲水平台,增设安全防护措施,以满足青少年及学前儿童独立意识的增长、社交关系的拓展和好奇心驱使的探索意愿,也为其嬉戏、玩耍及游戏提供适宜的场所;提高青少年及儿童游憩的安全性;提升滨水植物景观,丰富社区公园整体景观风貌。优化提升示意图可见图 9－12(B)。

图 9－12(A)　莘城社区内莘城中央公园滨水景观现状图

图 9－12(B)　莘城社区内莘城中央公园滨水景观的优化提升示意图

从图 9－13(A)可以看出，此处原为莘城社区内莘城中央公园中的一处密林景观，密林下层种植了整片的麦冬，植物景观单一。经前文对莘城中央公园中游憩居民的调查分析可知，大多数游憩居民认为密林的边缘地被植物的选择不合理，特别是过度种植的麦冬经常引起严重的蚊虫叮咬现象，对儿童的游憩活动造成了干扰。同时，麦冬的人工性强烈，将有限的绿地空间限定为不可进入型绿地，也丧失了游憩的功能。因此，莘城中央公园中密林植物景观的优化提升措施为：提高莘城中央公园整体实际可游憩面积，提升有限的户外游憩空间利用率，为居民提供更多的游憩空间；丰富植物群落的垂直空间结构。优化提升示意图可参考图 9－13(B)。

图 9－13(A)　莘城社区内莘城中央公园密林景观的现状图

图 9－13(B)　莘城社区内莘城中央公园密林景观的优化提升示意图

从图 9-14(A)可以看出,此处原为莘城中央公园一处水体景观,由于水资源不足,导致水体景观的水量并不充沛,水体的质量也明显下降,亲水性较差,水景资源的利用率比较低。由行为观察和居民需求调查可知,水体景观是吸引主要游憩群体(无职业型、事业型、常规型人群、中老年人群及高中、初中以下文化群体)的主要景观元素,因此水体景观质量的下降将很大程度上影响居民的游憩感知。莘城中央公园中水体景观的优化提升措施包括:提升水体景观的活力和吸引力;增加水景的亲水性;改善水体景观的质量,为居民营造亲水的游憩空间,改善整体游憩环境的舒适性。优化提升示意图可见图 9-14(B)。

图 9-14(A) 莘城社区内莘城中央公园跌水景观现状图

图 9-14(B) 莘城社区内莘城中央公园跌水景观的优化提升示意图

改造示意图并不是今后公园规划改造设计唯一的设计效果图，只是根据社区居民具体的游憩需求及现状问题所提出的优化提升对策的一种简单的图示说明，仅作参考。

从图 9－15(A)可以看出，作为复兴公园茶室前的树阵广场，原本是供居民休憩的露天场地。由于大量的中老年游憩者在此停留、聚集、聊天、饮茶，现状较为拥挤且秩序杂乱无章。夏天天气炎热，冬天寒冷，缺乏遮阳(雨)棚，因此优化提升的措施主要为：增添遮阴设施张拉膜或遮阳伞，减轻季节变化给居民带来的不便；美化公园的整体景观，使之整洁有序。优化提升示意图见图 9－15(B)。

图 9－15(A)　瑞金社区内复兴公园开敞空间现状图

图 9－15(B)　瑞金社区内复兴公园对开敞空间中遮阳设施优化提升示意图

从图 9 - 16(A)可以看出,此处场地原为复兴公园中的一片密林景观,植物因密度过高而生长不良,且降低了整体植物景观的美感度。经过前文的需求分析及行为观察,复兴公园内供游憩居民运动健身的场地及器械严重不足,导致部分老人都在密林中依靠植物做健身操及拉伸、压腿等运动。同时,现有的游憩空间以公共性和开放性空间居多,受到其他游憩者的影响严重。因此,优化提升的措施为:增添健身的器械和场地供居民游憩;利用植物景观与公共开敞空间进行一定的隔离,为需要安静休憩的居民提供私密与半私密的空间。优化提升示意图见图 9 - 16(B)。

图 9 - 16(A) 瑞金社区内复兴公园林中游憩活动空间现状图

图 9 - 16(B) 瑞金社区内复兴公园林中游憩活动空间的优化提升示意图

四、基于生态效益提升的社区公共空间绿地优化

在上海社区绿地植物群落结构和生态效益调查数据以及植物群落结构特征指标与生态效益相关性分析的基础上，针对4个社区绿地类型提出相应的群落结构配置优化对策。其优化的过程基于两个方面进行，一方面是通过对社区绿地植物群落的调查，归纳总结出社区绿地植物群落所存在的主要问题，针对这些问题提出相应的解决对策；另一个方面是总结出影响社区不同绿地类型绿量和生态效益的群落结构特征指标，通过改善植物群落结构特征指标来提高植物群落的绿量和生态效益。

在城市不同绿地植物群落配植及组合状况千差万别的条件下，绿量是衡量不同绿地生态效益及其绿化水平的重要参数。在提高植物群落生态效益的同时，把影响绿量的群落结构特征指标作为首要考虑的因素，其次考虑影响植物群落的降温增湿效应、遮阴效应、负离子效应的群落结构特征指标。

1. 休闲公园绿地植物群落优化

（1）休闲公园绿地现存问题。所调查的社区休闲公园绿地包括居住区公园、小区游园、街旁绿地、广场绿地，根据对社区公园的调查发现，上海社区公园绿地植物群落存在一些问题。其中，居住区公园由于人工植物群落的规划设计主观意图和对景观审美要求等诸多因素，人为将主观认为景观效果良好、配置合理的植物种类结合在一起，导致植物群落的物种组成科学性、合理性不足；街旁绿地存在的主要问题是物种多样性不高，某些群落灌木层物种很丰富，而乔木层物种多样性却很低，个别植物群落因缺少灌木层和草本层或灌木层和草本层仅有一种植物，使得该层物种多样性指数为零，一些植物群落虽乔木层物种较丰富，但因草本层物种单一而降低了物种多样性，某些群落灌木层物种很丰富，而乔木层物种多样性却很低；广场绿地存在的主要问题是树种比较单一，林相、林分结构单一，四季景观单调，观赏性欠佳。同样在很多公园的空旷地、山坡、林下、岸边和路旁，林下植物景观缺乏，有的甚至部分山体裸露，严重影响了植物景观的效果（如图9-17、图9-18）。

（2）休闲公园绿地优化建议。社区公园绿地相对于居住区绿地、道路绿地及其他类型绿地植物群落结构比较丰富，从点状绿地到块状绿地，形式多样化。因此，在对社区公园绿地植物群落绿量和生态效益的优化过程中，首先可以通过调整与绿量和生态效益存在相关性的相关植物群落结构指

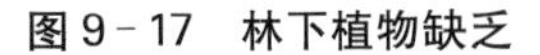

图 9-17　林下植物缺乏

图 9-18　林下植被缺乏

标，来改善样地植物群落的绿量和生态效益。同时在绿地植物群落的垂直结构上选择大乔木、小乔木、大灌木、小灌木、草本丰富的植物群落层次结构；水平结构选择不同品种的植物，丰富水平层次，形成起伏的林冠线。

从社区绿地植物群落结构特征指标与生态效益的相关性分析可知，社区公园绿地植物群落的绿量与乔木平均胸径、乔木平均高度、乔木平均冠幅存在显著正相关关系，因此，在对社区公园绿地植物群落的建设过程中，应结合实际情况调整乔木平均胸径、乔木平均高度、乔木平均冠幅，以提高植物群落的绿量；社区公园绿地植物群落的降温增湿效应与郁闭度、乔木丰富度都存在显著正相关关系，遮阴效应与叶面积指数、郁闭度、灌草丰富度存在正相关关系，负离子效应与叶面积指数、郁闭度存在负相关关系，因此在对社区公园绿地植物群落的建设过程中，应结合实际情况调整群落郁闭度、叶面积指数、乔木丰富度，以提高植物群落的生态效益。

(3) 休闲公园绿地优化案例。根据对所调查的 47 个社区公园绿地调查分析，位于闵行莘城社区的样地植物群落绿量和生态效益的各个指标都相对偏低，该样地位于莘城中央公园的中部，样地面积约为 600 m^2，其中上层为枫杨＋苦楝，中层为山麻杆，草本层物种是狗牙根。乔木层乔木品种相对单一，样地滨临水面，具有良好的生态环境和游憩环境，绿地属于可进入的绿地类型，主要功能是供社区居民游憩和休闲活动，由于绿地使用频率较高，对样地草坪的过度践踏，出现地表裸露现象，影响了植物群落的绿量和生态效益的发挥。因此，在对该样地植物群落的具体优化中，一方面应保留其原有树种，在不影响该绿地主要功能正常发挥的同时，增加常绿树种的应用，使绿地植物群落外貌呈现丰富的季相变化；另一方面加强草坪的养护管理(见表 9-10)。

表 9－10　闵行莘城社区公园绿地优化

优化内容	优化前	优化后
功能类型	可进入绿地群落	可进入绿地群落
群落结构	垂直结构类型：乔灌草型； 平均胸径：18 cm； 平均冠幅：2.5 m； 郁闭度：0.28； 群落配置：枫杨＋苦楝—美人蕉—狗牙根	垂直结构类型：乔灌草型； 平均胸径：20～22 cm； 平均冠幅：2.8～3 cm； 郁闭度：0.3～0.32； 群落配置：枫杨＋苦楝＋杜英＋桂花—金丝桃＋美人蕉—狗牙根
绿地绿量	1.52	1.68～1.82
生态效益	降温率：1.05% 增湿率：1.31% 遮阴率：32.85% 负离子效应：144 个/cm^3（正离子），139 个/cm^3（负离子）	降温率：1.2%～1.4% 增湿率：1.4%～1.6% 遮阴率：35.3%～36.7% 负离子效应：160～180 个/cm^3（正离子），150～165 个/cm^3（负离子）

2. 居住区休闲绿地植物群落优化

（1）居住区休闲绿地现存问题。所调查的社区居住区绿地包括组团绿地、宅旁绿地、小区道路绿地、配套公建绿地，通过对社区居住区绿地植物群落的调查，发现社区其他绿地植物群落存在一些问题。其中，组团绿地存在的问题是过分注重植物群落的美学效果，而忽略了植物群落的生态效益，使得植物群落的生态效益偏低。宅旁绿地存在的问题是花坛、花境植物种类缺少变化；小区道路绿地所存在的问题是树种比较单一，群落结构单一；配套公建绿地所存在的问题是部分样地的植物群落养护管理较差，严重影响了植物群落的特色和绿化效果。

（2）居住区休闲绿地优化建议。社区居住区绿地与居民的生活息息相关，对社区居住地植物群落进行精心栽培和养护管理，既能实现植物景观设计的效果，又能使其发挥更好的生态效益。在社区绿地建设中不仅要在绿化施工中做到按图施工，确保苗木规格和栽植要求，更需要在栽培养护管理中及时、精心地进行肥水管理和病虫害防治，经常除草，适时修剪，才能使植物景观的特色和绿化效果得到充分的展现。同时充分利用彩叶草和一、二年生花卉类等观叶观花植物来丰富宅旁绿地的花坛花镜。

从群落结构特征指标与绿量和生态效益的相关性分析可知，社区居住区绿地的乔木绿量与乔木平均胸径、乔木平均高度、乔木丰富度、乔木平均冠幅、灌草平均高度存在正相关关系，因此，在对社区居住区绿地植物群落的建设过程中，应结合实际情况调整乔木平均胸径、乔木平均高度、乔木平均冠幅、乔木丰富度、灌草平均高度，以提高植物群落的绿量；社区居住区绿地植物群落的降温增湿效应与郁闭度存在正相关关系；遮阴效应与乔木丰富度、乔木多样性指数、郁闭度存在正相关关系；负离子效应与叶面积指数、郁闭度呈现极显著负相关而与灌草多样性指数呈现极显著正相关，因此，在对社区公园绿地植物群落的建设过程中，应结合实际情况调整郁闭度、乔木丰富度、乔木多样性指数、叶面积指数、灌草多样性指数，以提高植物群落的生态效益。

(3) 居住区休闲绿地优化案例。案例选取的是闵行区莘城社区的居住小区样地，面积 210 m^2，乔木层树种有香樟＋栾树，灌木层树种有珊瑚树，草本层树种有麦冬。该植物群落结构层次丰富，群落健康状况良。对该植物群落进行优化，主要是丰富乔木层、灌木层和草本层的搭配，植物群落已具备高大乔木，与周围环境相协调，是比较稳定的群落，在进行优化时，保留其原有高大乔木，增加物种多样性及乡土树种比例(表 9－11)。

表 9－11　莘城社区居住区休闲绿地优化

优化内容	优化前	优化后
功能类型	可进入绿地群落	可进入绿地群落
群落结构	垂直结构类型：乔灌草型； 平均胸径：6.73 cm； 平均冠幅：2.97 m； 郁闭度：0.39； 群落配置：合欢＋桂花—红花檵木＋茶梅—高羊茅	垂直结构类型：乔灌草型； 平均胸径：7～8 cm； 平均冠幅：3～3.5 cm； 郁闭度：0.7～0.8； 群落配置：合欢＋桂花＋垂丝海棠/紫薇＋广玉兰/香樟—红花檵木＋茶梅＋日本女贞/小叶女贞—高羊茅＋玉簪/紫叶酢浆草
绿地绿量	1.35	15～1.8
生态效益	降温率：0.35% 增湿率：1.29% 遮阴率：24.26% 负离子效应：115 个/cm^3(正离子)，102 个/cm^3(负离子)	降温率：0.5%～0.8% 增湿率：1.4%～1.6% 遮阴率：40%～50% 负离子效应：120～130 个/cm^3(正离子)，110～120 个/cm^3(负离子)

3. 休闲道路绿地植物群落优化

(1) 休闲道路绿地现存问题。所调查的道路绿地包括行道树绿带、分车绿带、交通岛，根据对社区道路绿地的调查发现社区道路绿地存在一些问题。其中行道树绿带的问题是忽视了乔灌草的搭配，大部分的行道树样地植物群落缺少灌木或者缺少草本，有的甚至只有乔木，导致道路绿地植物群落的灌草层多样性指数偏低。

道路绿地跟其余3种绿地类型比较，相对形式比较单一，群落结构也没有那么复杂。由于受到面积上的限制，也使得道路绿地没有很大的发挥空间。

(2) 休闲道路绿地优化建议。从群落结构特征指标与生态效益的相关性分析可知，社区道路绿地绿量与群落乔木平均冠幅存在正相关关系，因此，在对社区道路绿地植物群落的建设过程中，应结合实际情况调整乔木平均冠幅，以提高植物群落的绿量；社区道路绿地植物群落的降温增湿效应与群落乔木平均冠幅、乔木平均胸径、乔木丰富度和乔木多样性指数存在正相关关系，负离子效应与乔木丰富度和乔木多样性指数存在正相关关系，因此，在对社区道路绿地植物群落的建设过程中，应结合实际情况调整乔木平均冠幅、乔木平均胸径、乔木丰富度和乔木多样性指数，以提高植物群落的生态效益。

在垂直结构上，乔木一般选取悬铃木、香樟等常用行道树。灌木采用耐受性比较好的植物，如八角金盘、洒金桃叶珊瑚等。为了丰富垂直结构，可以种植多种灌草。在水平结构上，为了丰富视觉效果，可以种植不同的树种、不同的灌草来丰富水平结构的植物群落。要利用有限的空间，让道路绿地植物群落发挥更大的生态效益。

(3) 休闲道路绿地优化案例。案例选取的是闵行莘城社区的道路绿地杨地，该样地位于珠城路，样地面积100 m^2，乔木层有朴树，草本层物种是结缕草。样地位于人行道两侧，使用频率较高，然而该样地植物品种太单一，一侧的绿地没有很好利用，仅仅铺了结缕草草皮。

对该植物群落进行优化，考虑到经济效益和景观效益，应保留其原有树种，在维持优美群落外貌的同时，增加灌木的应用，使群落外貌呈现丰富的垂直结构层次。在丰富群落结构的同时，也能使样地植物群落发挥更好的生态效益(见表9-12)。

表9-12　莘城社区道路绿地样地优化

优化内容	优化前	优化后
功能类型	行道树绿带	行道树绿带
群落结构	垂直结构类型：乔草型； 平均胸径：21 cm； 平均冠幅：5.5 m； 郁闭度：0.52； 群落配置：朴树—结缕草＋红花酢浆草	垂直结构类型：乔灌草型； 平均胸径：17～18 cm； 平均冠幅：4～4.5 cm； 郁闭度：0.55～0.6； 群落配置：朴树＋紫薇—海桐—结缕草＋红花酢浆草

（续表）

优化内容	优化前	优化后
绿地绿量	2.07	2.1～2.2
生态效益	降温率：1.68% 增湿率：4.78% 遮阴率：24.37% 负离子效应：95 个/cm^3（正离子），88 个/cm^3（负离子）	降温率：1.7%～1.8% 增湿率：5%～6% 遮阴率：30%～40% 负离子效应：100～105 个/cm^3（正离子），95～110 个/cm^3（负离子）

4. 社区其他绿地植物群落优化

（1）社区其他绿地现存问题。所调查的社区其他绿地包括单位附属绿地、防护林等，通过对社区其他绿地植物群落的调查，发现社区其他绿地植物群落存在一些问题。其中单位附属绿地存在的问题是植物群落的原生态性体现不够。植物作为自然系统中的一个成分，有其自身的多种价值。自然环境条件下植物全部的运动形式和过程都是自然选择的结果，内部充满逻辑性。植物作为园林景观的一部分后，它就能发挥其自身的生态效益。人们总是希望通过合理的植物选择和配置结构改善人居生态环境，这就为园林种植带来了相应的设计要求。由于受传统造林方法的影响，进行建设时多采用等间距栽植乔木或灌木林，因此原生态体现不足，形成许多缺憾。防护林存在的问题是上海社区其他绿地植物群落结构有乔木—草坪、乔木—灌木、乔木—灌木—草坪、灌木—草坪等多种模式，但植物配置水平参差不齐，有些配置显得过于凌乱（如图 9－19、图 9－20）。

图 9－19　规则种植

图 9－20　配置过乱

（2）社区其他绿地优化建议。从群落结构特征指标与生态效益的相关性分析可知，社区其他绿地的绿量与乔木平均冠幅呈现极显著正相关，与乔木平均胸径、叶面积指数呈现显著正相关，因此，在对社区公园绿地植物群落的建设过程中，应结合实际情况调整乔木平均冠幅、乔木平均胸径、叶面积指数，以提高植物群落的绿量；社区其他绿地的降温增湿效应与乔木平均冠幅、叶面积指数、郁闭度存在正相关关系，遮阴率与叶面积指数、郁闭度呈现显著正相关，因此，在对社区公园绿地植物群落的建设过程中，应结合实际情况调整乔木平均冠幅、叶面积指数、郁闭度，以提高植物群落的生态效益。以上海社区其他绿地为服务对象，在物种选择和指标量化方面均以上海社区绿地植物群落调查为基础，并根据上海社区绿地水文环境，选择适合当地环境条件的群落配置模式。

（3）社区其他绿地优化案例。案例选取的样地位于闵行莘城社区的文化中心，面积 100 m^2，乔木层树种由两种常绿树构成，灌木层物种主要是大面积种植的珊瑚树，草本层物种仅麦冬一种。该样地群落结构清晰，乔木层盖度较大。然而通过对物种组成和群落结构的分析，看出该群落物种组成较单一，垂直结构单调，虽然具备乔灌草三个层次的搭配，却没有充分利用每个层次的垂直空间。对样地植物群落进行优化配置，可以从以下两个方面进行配置：一是增加观花树种和乡土树种的应用；二是增加灌木层物种数，在林下种植开花灌木，丰富群落的色彩（见表 9－13）。

表 9－13　莘城社区附属绿地样地优化

优化内容	优化前	优化后
功能类型	可进入绿地群落	可进入绿地群落
群落结构	垂直结构类型：乔灌草型； 平均胸径：16 cm； 平均冠幅：4.25 m； 郁闭度：0.71； 群落配置：香樟＋栾树—珊瑚树—麦冬	垂直结构类型：乔灌草型； 平均胸径：16 cm； 平均冠幅：4～5 m； 郁闭度：0.7～0.8； 群落配置：香樟＋栾树＋白玉兰/紫玉兰＋垂丝海棠/紫荆/紫薇—珊瑚树＋杜鹃/水栀子—玉簪/鸢尾＋麦冬
绿地绿量	1.82	1.9～2.0
生态效益	降温率：0.34％ 增湿率：3.68％ 遮阴率：42.37％ 负离子效应：123 个/cm^3（正离子），118 个/cm^3（负离子）	降温率：0.4％～0.5％ 增湿率：4％～5％ 遮阴率：45％～50％ 负离子效应：140～160 个/cm^3（正离子），130～150 个/cm^3（负离子）

五、基于游憩机会谱应用的社区公共开放空间优化

基于居民的主观评价和偏好感知构建的社区游憩机会谱框架，反映了居民对游憩环境的理想期望值，居民根据个人的经验习惯和心理认知表达了对不同游憩机会的偏好程度，并且进一步强调了不同游憩机会在环境指标建设和游憩活动方式方面应当具备的相关特征和条件。通过将社区游憩机会谱在现实利用中的情况与居民的理想状态进行对比，可以了解在社区游憩环境建设中的问题，以便对社区游憩环境进行更好的规划管理。下文以莘城社区为案例，对社区游憩机会谱（CROS）的实践应用进一步展开讨论，从规划角度到设计层面探讨社区户外游憩环境现状的不足及相应的优化对策。

1. 社区游憩机会谱现实利用与理想状态对比

（1）社区游憩机会现实供给与现在需求对比。通过对社区进行实地踏勘，结合社区游憩资源清查与分析的结果，可绘制出社区各类游憩机会分布图，如图 9－21 所示。根据社区目前所提供的各类游憩机会，社区户外游憩区域占整个社区面积的 20.7%，其中生态型游憩区域共有 7 处，占社区总面积的 4.8%，占游憩区域总面积的 23.0%；景观型游憩区域共有 36 处，占社区总面积的 10.2%，占游憩区域总面积的 49.4%；生活型游憩区域共有 30 处，占社区总面积的 3.0%，占游憩区域总面积的 14.3%；设施型游憩区域共有 11 处，占社区总面积的 1.7%，占游憩区域总面积的 8.1%；商业型游憩区域共有 8 处，占社区总面积的 1.1%，占游憩区域总面积的 5.2%。

通过统计各游憩区域的面积比例，并结合居民对各类游憩机会的偏好度进行分析，如表 9－14 所示，可以进一步对比发现，社区供给和居民需求之间的差异最大的是生活型游憩区域和设施型游憩区域，这两类游憩机会在居民中受欢迎的程度较高，但是社区内的游憩机会现状却并不能满足居民的偏好需求。景观型游憩区域显然要远超出居民的理想期望。尽管，居民对该类游憩机会类型的偏好度也比较高，但是就目前的分布状况而言，景观型游憩区域数量及所占面积均超过了理想预期。而需求比例非常小的生态型游憩区域相对而言也存在供给过剩的问题，虽然数量较少，但是在总体面积上占有较大比重。而商业型游憩区域则比较符合居民的期望值，无论其分布数量还是面积比例，都和居民的偏好度一样，供需比例相对平衡。综合来看，不同社区游憩机会类型的面积、数量分配和与居民的理想需求不太

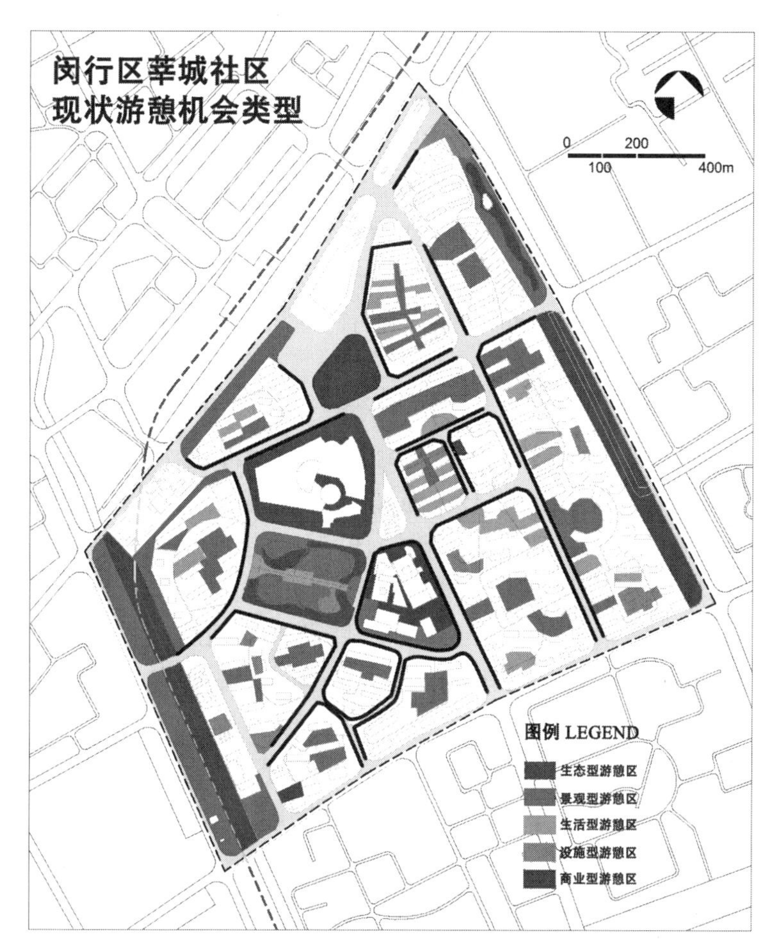

图 9-21 莘城社区游憩机会类型分布现状

表 9-14 莘城社区游憩机会的供给与居民理想状态的对比

	社区游憩机会供给现状			居民理想状态
	分布数量	占社区总面积	占游憩区域总面积	居民偏好度
生态型游憩区域	7 处	4.8%	23.0%	8.1%
景观型游憩区域	36 处	10.2%	49.4%	25.1%
生活型游憩区域	30 处	3.0%	14.3%	37.2%
设施型游憩区域	11 处	1.7%	8.1%	23.2%
商业型游憩区域	7 处	1.1%	5.2%	6.4%
累计	91 处	20.7%	100%	100%

协调,因此需要对社区户外游憩空间的整体规划和游憩资源分配等方面进行适当调整。

(2) 社区各类游憩机会的具体问题分析。根据已构建的社区游憩机会谱系可以清楚了解各类游憩环境中的相关指标建设的重要性程度和适宜的游憩方式。但是,通过实地踏勘发现,各游憩机会类型在指标体系构成和游憩方式构成上的实际情况与居民的理想期望仍存在着不同程度的差距。由于指标数量较多,为了更加有针对性地发现并解决问题,下文将重点讨论每一种游憩机会类型中相对重要的指标特征,即相较于其他游憩机会类型更应得到重视的指标。

a. 生态型游憩区域。生态型游憩区域尽管数量较少,但所占面积比重较大,很大程度上是基于社区东西两侧保留原始风貌的大片滨水区域。区域内植被多呈自然生长状态,环境的自然主导性明显,植被覆盖度高,仅有小路贯穿区域内部。在 CROS 框架中,居民对生态型游憩区域最重视的指标分别为“资源的保护与展示”和“自然主导性”。这两个指标因子均为“优势因子”,在该环境中应当得到更多的关注,具体体现在植被的养护、环境卫生的管理、设施的维护、植物解说信息和安全警告信息等有助于保护游憩资源完整性的相关举措,以及良好、舒适、安静的绿色空间微环境的营造上。在游憩方式的选择上,除了普遍适用的散步、静坐、读书阅报和欣赏风景,居民更渴望在该环境类型中参与慢跑、拍照摄影、武术太极、棋牌等不同于其他游憩区域的活动类型。但在现状生态型游憩区域中,对比居民的各项指标偏好和活动偏好可以发现以下问题(见表 9 - 15、图 9 - 22、图 9 - 23)。

表 9 - 15 生态型游憩区域的居民需求及现存问题

居民高度重视的游憩体验		需关注的要素	调查发现的现存问题
指标特征	资源的保护与展示	植被的养护	现状植被呈自然生长状态,尽管部分地段对植物采取了适当的补植补种和浇水施肥管理,但总体缺乏明显的定形修剪和病虫害治理等养护措施,造成侧枝生长过度旺盛、枯枝横斜、地表裸露、树干和粗根损伤、树形畸形甚至树木枯死等问题,影响环境的美观。
		环境卫生的管理	由于该环境人迹稀少,人为产生的垃圾也较少,主要是植物本身生长代谢所带来的保洁问题。在该游憩区域中,普遍缺乏对地表的枯枝败叶进行定期的回收及清理,使地面覆盖物增加并分布不均,降低了环境的整洁度,而且枯叶容易燃烧,存在着火灾隐患。

（续表）

居民高度重视的游憩体验		需关注的要素	调查发现的现存问题
指标特征	资源的保护与展示	设施的维护	几乎没有可使用的游憩设施，因此也相应缺乏对设施的维护和定期更换，给居民开展游憩活动带来了不便。
		植物解说信息	缺乏相关解说标识牌对植物的学名、产地、生长习性等基本特征进行文字描述，弱化了植物的可识别性，不利于居民科普知识及环境意识的提升。
		安全警告信息	在危险的地段相应地设置有警告指示，但是在指示牌的形制和内容上都较为随意和生硬，不能完全突出该环境的生态教育功能。
	自然主导性	植物丰富度	在植物的群落结构上，地被层普遍为麦冬，中层乔木有紫薇、桂花、上层乔木有香樟和梧桐，植物种类太少，色彩也比较单一，缺乏季节性色叶树种，并且群落结构也不完整，缺少下层灌木丛和草本花卉。
		场所微气候	该环境多为密闭的林地，形成了良好的绿色屏障，能有效地减弱大风和尘埃的冲击。而且环境多临水分布，气温较其周边低，提高了环境的舒适度。场所的微气候调节通常依赖于植物空间进行营造，但由于现状植物群落结构相对单一，绿色植物能发挥的固碳释氧、增湿降温、抑菌滞尘等功能有限，因此仍存在着很大的优化改造和提升空间。
		空气质量	该环境多远离社区中心并且人迹较少，高大的绿色屏障有效隔绝了部分污染物和城市交通的干扰，而且邻近分布的河流水体水质较好，不存在污染物排放等现象，总体上环境的空气质量良好，但仍需结合植物的环境功能进行适当提升。
		安静程度	远离人群活动中心和社区中心，几乎不受外部噪音干扰，环境内部人为活动产生的声音也较弱，较为安静。
游憩方式	基本性活动	散步、静坐、读书阅报、欣赏风景	生态型游憩环境内可开展的活动较为单一，由于临水而存，活动多以钓鱼居多，其次是散步和拍照摄影，该游憩区域提供的场地和设施非常少，不能满足居民开展可静态停留的游憩活动方式。
	提升性活动	慢跑、拍照摄影、武术太极、棋牌	

图 9－22　生态型游憩区域在指标特征方面的现存问题

图 9－23　生态型游憩区域在游憩方式上的现存问题

b. 景观型游憩区域。景观型游憩区域无论是在数量还是在面积上都占有绝对优势。莘城社区中的景观游憩区域大多分布在社区公园和各居住小区的中心绿地中，以及道路附属绿地中景观风貌较好的区域。由于西侧沿沪闵公路分布和东侧沿河分布的带状绿地以及社区公园中的主体部分占有较大面积，因此提升了整个景观型游憩区域的面积比例。

在 CROS 框架中，相较于其他游憩环境类型，居民对景观型游憩区域最重视的指标分别为“场所的安全性”和“游憩强度”，其中前者为管理因子也是“控制因子”，后者为社会因子也是“弱势因子”，说明这两个环境指标在所有指标中总体受重视程度较低，因此在该游憩区域中只要求进行适当体现和调节，以适应不断增长的游憩需求。具体对比居民的各项指标偏好和活动偏好可以发现在现状中存在着如下问题(见表 9－16、图 9－24、图 9－25)。

表 9－16　景观型游憩区域的居民需求及现存问题

居民高度重视的游憩体验		需关注的要素	调查发现的现存问题
指标特征	场所安全性	治安状况	在治安管理上缺乏监督，存在居民乱采乱摘的现象，而且部分游憩区域较为隐蔽，缺乏相关的措施，不适合夜间开展游憩活动。
		管理人员巡视	现场几乎无任何管理人员巡视，并且由于管理的疏忽导致环境被用作临时堆放垃圾的场地，破坏了环境的游憩功能。
		限制开放条件	大部分游憩区域均分布在公园和居住小区内，因此随着公园和小区的开放时间也相应地存在着定时开放。但是公园的关闭时间较早，晚上 6 点以后则不能进入，引起许多居民的不满。
	游憩强度	游憩活动密度	由于没有对游憩空间进行合理的划分使空间高度开敞，导致了游憩活动过于集中而产生游憩拥挤感，这也对软质草坪地面也带来了过度的压力。
		活动持续时间	居民理想的活动时间是 1～2 h，但实际上由于植物占据较大空间，使环境缺乏可停留的场地和可参与的项目，居民很难持续较长时间的游憩活动。
游憩方式	基本性活动	散步、静坐、读书阅报、欣赏风景	居民在游憩活动的选择上多为散步、静坐和欣赏风景，有少数居民参与拍照摄影和弹琴唱歌的相关活动。总体上可开展的游憩方式仍然比较单调，能满足基本的活动需求，但在提升性的活动方面欠缺。
	提升性活动	拍照摄影、喝茶聊天、弹琴唱歌	

图 9－24　景观型游憩区域在指标特征方面的现存问题

图 9－25　景观型游憩区域在游憩方式上的现存问题

c. 生活型游憩区域。生活型游憩区域由于分布比较零散，尽管在数量上较多，但整体面积相对较少。莘城社区中的生活型游憩区域多分布在居住小区内部的组团绿地和宅旁绿地，以及商场周边和社区公园中居民穿行较为频繁的区域。在 CROS 框架中，居民对生活型游憩区域最重视的指标为“组织引导性”，是游憩环境社会因子也是“潜力因子”，说明该指标在游憩环境建设中容易被忽视而需要加强重视，具体表现在游憩者参与形式（个人/结伴/小众/集体）、游憩活动的可参与性以及游憩活动人群的分类（儿童/青少年/中年/老年）对游憩引导作用的发挥。

在实地考察中发现，部分居住小区的宅旁绿地设置有休憩长椅或石桌、石凳，可就近为附近居民提供游憩便利。如果能充分利用组团绿地和宅旁绿地的空间开展游憩建设，可以有效组织引导居民在各自区域内参与游憩活动，从而分担一部分游憩者，缓解对各居住小区中心以及社区公园的游憩压力。具体对比居民的各项指标偏好和活动偏好可以发现在现状中存在着如下问题（表 9－17、图 9－26、图 9－27）。

表 9－17　生活型游憩区域的居民需求及现存问题

居民高度重视的游憩体验		需关注的要素	调查发现的现存问题
指标特征	组织引导性	游憩活动的可参与性	缺少具有良好遮阴效果的大树或遮阳设施，使游憩区域暴露程度较高，空间的公共性和开敞性过于强烈，降低了场所的吸引力和居民的参与热情，游憩区域无人问津，造成了资源浪费的现象。同时，游憩设施在分布上缺乏合理的空间关系，大量相同的设施紧密集中在一起，种类单一，样式单调，降低了居民的游憩兴趣。
		游憩者参与形式	缺乏对场地的合理划分以引导游憩者的参与数量，不同游憩场地之间缺少适当的过渡和隔离，容易使不同游憩者受到其他群体的干扰。
		活动人群的分类	居民希望在该游憩区域中不同年龄段人群聚类在一起参与各自适宜的游憩活动，但是在现状环境中没有明显的人群分类特征，根据场地和设施所提供的游憩条件以及在景观空间的处理上都欠缺对不同年龄居民的考虑。
游憩方式	基本性活动	散步、静坐、读书阅报、欣赏风景	缺乏可供居民进行静态休憩的设施座椅，居民往往席地而坐，相互之间缺乏交流。在提升性活动方面几乎不能满足居民的需求，缺少可下棋打牌的场地，居民通常以垃圾桶或者台阶作为替代，也缺乏儿童游乐的设施。
	提升性活动	喝茶聊天、棋牌、体育器材、儿童游乐	

图 9－26　生活型游憩区域在指标特征方面的现存问题

图 9－27　生活型游憩区域在游憩方式上的现存问题

d. 设施型游憩区域。设施型游憩区域由于对场地和设施有一定要求，因此在分布数量和分布面积上均较少。莘城社区中的设施型游憩区域多为篮球场、乒乓球场等运动场地或者运动娱乐设施数量较多的区域，或者是一些以儿童游乐设施为主题的小型游憩场所。在 CROS 框架中，居民对设施型游憩区域最重视的指标为“游憩丰富度”和“人工主导性”，前者是游憩环境社会因子，后者是游憩环境自然因子，两者均为“优势因子”，说明该指标在游憩环境建设中非常重要，应当予以保持并加强和突出其游憩功能。结合居民对具体的各项要素的偏好可以发现现状中存在着如下问题（表 9－18、图 9－28、图 9－29）。

e. 商业型游憩区域。商业型游憩区域在所有游憩机会类型中分布最少，主要分布在仲盛广场和闵行春申图书馆周围。该游憩区域基本为硬质环境，点缀少量绿化和商业设施，面积较大的区域可兼作人流集散之用。在

表 9-18　设施型游憩区域的居民需求及现存问题

居民高度重视的游憩体验		需关注的要素	调查发现的现存问题
指标特征	游憩丰富度	游憩动机的实现	根据居民游憩行为特征分析已知居民的游憩动机是多元化的，以娱乐兴趣和锻炼身体为主，并辅以其他的游憩目的。实际上居民在该游憩区域中更多地是实现锻炼身体的游憩需求，在娱乐兴趣方面得到的满足较少，而对于其他的游憩目的也相应地较为弱化，特别是为了实现陪伴家人的亲子类的游憩活动较少。
		活动项目的丰富性	活动项目以常见的篮球场和体育器材为主，缺乏新型活动类型和针对不同人群的活动类型，如瑜伽、门球、足球、网球等，特别是在儿童的游憩项目方面有所缺失，缺少儿童专门的游憩区域，而这一点是居民普遍关注和重视的。此外，由于场地均较为开敞和空旷，在空间的处理上较为单调，也影响了游憩的丰富度。
	人工主导性	休憩设施	存在少量的石凳座椅，但形制简陋、单一、生硬，没有靠背和扶手，影响使用舒适度，并且缺少相应的遮阴挡雨措施，因此使用率较低。
		娱乐设施	缺乏可提升游憩愉悦性和趣味性的老少皆宜的娱乐设施，现存的儿童游乐设施过于简陋和老化，并且靠近道路布置，不利于使用的安全性。
		运动设施	在种类和数量上仍然比较单一，缺少针对儿童的木质的或者塑料材质的简单运动设施。现存的篮球架和部分器材已经残旧，而且硬质化的水泥地面并不利于对设施的使用，儿童往往容易因不小心跌落引起受伤。
		人工景观构筑物	可感受的景观艺术感较弱，缺少花廊、花架、景观亭或者趣味性座椅等同时可兼作休憩设施的景观构筑物，以及可充当娱乐设施或运动设施的雕塑小品和艺术品等。
游憩方式	基本性活动	散步、静坐、读书阅报、欣赏风景	总体上能满足居民大部分的活动需求，篮球场可同时用作集体舞和滑冰项目的开展，但提供的球类运动场地和儿童游乐活动较少，并且缺乏专门的慢跑道的建设和适量的座椅。此外，由于环境的硬质化程度较高并且缺乏适量的人工景观点缀，在视觉美感上的可欣赏性也相应降低。
	提升性活动	球类、体育器材、儿童游乐、慢跑、滑冰、集体舞	

图 9－28　设施型游憩区域在指标特征方面的现存问题

图 9－29　设施型游憩区域在游憩方式上的现存问题

CROS 框架中，居民对商业型游憩区域最重视的指标为“场所支持程度”“商业服务功能”和“市政服务功能”，其中“场所支持程度”是自然环境因子，也是“潜力因子”；“商业服务功能”和“市政服务功能”是游憩环境管理因子，分别为“弱势因子”和“控制因子”，说明在商业型游憩区域中应当重点突出环境的“场所支持程度”，对环境的市政、商服等功能可以加以适当体现。结合居民对具体的各项要素的偏好可以发现在现状中存在着如下问题（见表 9－19、图 9－30、图 9－31）。

表 9－19 商业型游憩区域的居民需求及现存问题

居民高度重视的游憩体验		需关注的要素	调查发现的现存问题
指标特征	场所支持程度	文化特色	户外消费停留场所规模较小，而且在形制上比较随意，仅有少量简易遮阳伞和座椅，不易突显成特色商业文化氛围。部分游憩区域环境脏乱，分布杂乱，减弱了商业文化特色的吸引力。
		道路的通畅性	由于该游憩区域多以场地为主，因此在道路通畅性的考量上可以间接通过地面铺装是否合宜加以体现。总体上该游憩区域极为开敞，方便集散和穿行，但是大面积的场地在硬砖铺面上非常单一和同质化，并不能突出道路的引导功能。部分游憩区域由于摊点摆设或者杂物的堆放占据了道路的行走空间，影响到道路的通畅性。
		活动空间开敞性	基本能有效体现游憩空间的公共性和活动场所的开敞性，缓解高密度的人流量。但是在开敞空间的类型上过于单调，特别是对于大面积的广场，配套设施单一，缺少个性化的设计来提升游憩活力。而且在花坛边缘可以休憩的地方缺乏有效的遮阴避雨措施，休憩空间过多地曝露于阳光之下，影响夏季和雨天的使用。
		场地尺度规模	不同尺度的游憩空间呈明显的不平衡状态，尺度较大的场地由于缺乏合理的划分使场地显得过于空旷，存在资源浪费、利用率低下的现象；而尺度较小的场地由于非游憩使用的影响导致游憩空间缩小，同样难以利用开展游憩活动。
	商业服务功能	小卖部报刊亭	由于该游憩区域多依赖商业建筑而形成，因此在商业服务功能的提供上也通常取决于周围的建筑性质。基本上居民在该项指标上的需求能通过室内环境得到解决，但是在户外游憩环境中得不到体现和实施，缺乏必要的消费设施以提供较为完整的商业服务功能。
		公共厕所	
	市政服务功能	地面无积水现象	对地面积水的处理主要取决于地面路基是否具备透水条件或者是否具有一定的地形变化，也可以通过植物群落的蓄积作用来实现。现状中的游憩场所基本由平整的同一材质的抛光地砖无缝拼接构成，对雨水的渗透率较低，因此在地面积水的处理上功能较弱。
		场所的夜间照明	场所在夜间灯光的供给上能满足基础的照明需要，但是缺乏对不同类型的灯光设施的混合应用，降低了场所在晚间应当具备的游憩吸引力和不同于白天的游憩体验。

（续表）

居民高度重视的游憩体验		需关注的要素	调查发现的现存问题
游憩方式	基本性活动	散步、静坐、读书阅报、欣赏风景	现有的游憩环境中能开展的活动方式较少，由于环境本身的游憩功能不足以及居民对该场所的游憩参与意识薄弱，居民能参与的活动基本以静态、简单、短暂的停留为主，有部分居民会阅读书籍报纸以作消遣。
	提升性活动	喝茶聊天、艺术展览、书法绘画、弹琴唱歌	

图 9－30　商业型游憩区域在指标特征方面的现存问题

图 9－31　商业型游憩区域在游憩方式上的现存问题

2. 基于 CROS 理论框架提出的社区优化对策

(1) 社区各类游憩机会供给与调整的规划对策。由前文分析已知，社区游憩机会的供需呈现不平衡状态，在进一步地实地踏勘后，结合各游憩机会类型的指标特征，对社区游憩机会进行适当补充和调整，绘制出调整后的社区游憩机会分布图，如图 9－40 所示。优化后的社区户外游憩区域共有 147 处，增加了 56 处各类型游憩机会，共占整个社区总面积的 26.8%，比现状提高了近 6 个百分点。其中，生态型游憩区域增加为 8 处，占社区总面积的 5.1%，占游憩区域总面积的 18.9%；景观型游憩区域共有 41 处，增加了 5 处，占社区总面积的 11.3%，占游憩区域总面积的 42.1%；生活型游憩区域共有 54 处，大幅增加了 25 处，占社区总面积的 5.1%，占游憩区域总面

图 9－32　优化后的莘城社区游憩机会分布图

积的 18.9%;设施型游憩区域共有 32 处,增加了 21 处,占社区总面积的 3.9%,占游憩区域总面积的 14.4%;商业型游憩区域共有 11 处,增加了 4 处,占社区总面积的 1.5%,占游憩区域总面积的 5.7%。

在莘城社区户外游憩空间的调整优化过程中,重点对供需差异较大的生活型游憩区域和设施型区域进行大量补给,对于那些具有一定景观风貌并适合引入道路、场地和设施的组团绿地和宅旁绿地,考虑将其发展为生活型游憩区域,而景观风貌较为良好并且面积较大的区域可以补充适量景观构筑物,以进一步提升为景观型游憩区域,而硬质化程度较高或者景观风貌一般的部分场所则被改造为设施型游憩区域。在生态型游憩区域中,可以考虑将莘城社区东侧面积较大的部分区域改造为景观型游憩区域。商业型游憩区域虽然在居民中的偏好程度最低,但作为人为干扰严重的游憩环境本底,必然要存在一些开发利用强度较高的游憩区域,因此可以对商业型游憩区域进行适量增加,以满足居民群聚型的游憩方式,但该游憩机会类型在整体比例上浮动较小。

根据优化后的各游憩区域的数量以及面积比例统计显示(见表 9 - 20),各类游憩机会在面积的比例上仍与居民的理想期望存在一定差距,这可能是受到不同类型游憩区域本身性质的影响,或者是其他诸多不可避免的因素,但在数量的供给上,景观型、生活型和设施型游憩区域三种主要机会类型与居民的偏好度基本保持一致。生态型游憩区域由于部分地段所占面积较大,在数量上进行了适当减少,而商业型游憩区域则由于社区环境的需要反而进行了增加。因此,优化后的社区游憩机会图谱并没有完全以居民的喜好作为绝对参考,而是结合了社区实际情况适度取舍来实现最优的调整,构建更符合该社区特点的游憩机会谱系。

表 9 - 20 优化后的社区游憩机会供给与居民理想状态的对比

	优化后的社区游憩机会供给			居民理想状态
	分布数量	占社区总面积	占游憩区域总面积	居民偏好度
生态型游憩区域	8 处	5.1%	18.9%	8.1%
景观型游憩区域	41 处	11.3%	42.1%	25.1%
生活型游憩区域	54 处	5.1%	18.9%	37.2%
设施型游憩区域	33 处	3.9%	14.4%	23.2%
商业型游憩区域	11 处	1.5%	5.7%	6.4%
累计	147 处	26.9%	100%	100%

(2) 社区游憩机会的具体设计优化对策。在已构建的CROS框架中，不仅反映了各类游憩机会在环境建设上的指标特征，以及居民在该游憩区域中所偏好参与的活动类型，同时也体现了不同游憩区域所吸引的不同人群。前文的分析中已表明莘城社区居民的游憩行为具有明显的聚类特征，不同年龄、性别、文化程度和职业类型的使用人群在游憩偏好和游憩需求方面存在着显著差异。因此，在针对每一类游憩机会类型进行改造优化提升时应充分考虑这些游憩者的不同需求。

a. 生态型游憩区域。偏好生态型游憩区域的游憩者中，以女性居多，以65岁以上的老年人为主，游憩者受教育程度较低，多为初中及以下水平，职业类型也集中在工人或者农民。这些使用人群的参与游憩的动机普遍是为了锻炼身体，其次是为了与大自然亲密接触或者打发空闲的时间。在游憩时间的花费上相对极端，一部分人群的游憩时间在1 h以内，而一部分人群的游憩时间则较长，超过了3 h。并且这类居民更偏好于静态的、怡情养性的游憩活动，如欣赏风景、下棋打牌。因此综合来看，在该游憩区域的设计优化对策上应注重对自然的、生态的环境营造和健康步道的建设，并且相应地设置一些停留点来满足居民较长时间的游憩活动。优化对策结合CROS框架具体体现见表9-21。

表9-21　生态型游憩区域的设计优化对策

居民高度重视的游憩体验		需重视的要素	设计优化对策
指标特征	资源的保护与展示	植被的养护	在地表裸露贫瘠的地方进行补草种草，保持草坪的均匀一致，四季常绿。对长势较差的植物采取适量的药物喷洒并进行合理施肥，对形态异常的植物进行适当修剪，将一些不规则的树枝及时锯掉，使其整齐有序，疏密相间。在长势良好的植物或古树名木等珍稀植物的周围设立防护栏进行保护。
		环境卫生的管理	加强对环境卫生的监督力度，安排人员对垃圾和落叶进行定时定期的打扫和清理。控制游憩区域水体的污染现象，及时清除水面漂浮物和繁殖过剩的水草等，营造更加舒适的垂钓环境。在设计上增添与环境相衬的原生态形制的垃圾桶。
		设施的维护	增加休憩座椅、临水观景平台等游憩服务设施，可以考虑利用枯死树木的树干加以适当的整形用作生态座椅。对公共设施材质的选择尽量保证不易被盗而且不易被损坏。提高设施检查和维护的频率，发现设施毁坏或被盗的，应及时维修和恢复，避免由于设施破损造成的伤害。

（续表）

<table>
<tr><th colspan="2">居民高度重视的游憩体验</th><th>需重视的要素</th><th>设计优化对策</th></tr>
<tr><td rowspan="7">指标特征</td><td rowspan="2">资源的保护与展示</td><td>植物解说信息</td><td>对每种植物都增添标识牌及科普展示板等科普教育设施，由于游憩者文化程度较低，老年人居多，尽量采用趣味性、生态性的标牌形式，以娱乐和教育相结合的方式增强居民对植物种类和植物文化的认知。</td></tr>
<tr><td>安全警告信息</td><td>在水边设立安全警告牌，标明具体的水深和距离水边的安全距离，提醒游憩者注意安全。在草地和珍稀植物的周边设置安全标语呼吁人们不要随意践踏保护自然环境。考虑到游憩者的人口特征，在警示牌的形制内容上尽可能采用温馨生动且容易解读形式。</td></tr>
<tr><td rowspan="4">自然主导性</td><td>植物丰富度</td><td>提高群落中木本植物的比例，培育以木本植物为主、多种灌草共生的植物群落结构，增添遮阴效果良好的常绿乔木及观花、观果等色叶植物，以渲染景观氛围。注重常绿与落叶树种的搭配，在种植形式上可以通过丛植、群植、孤植、对植等方式提升植物丰富度。</td></tr>
<tr><td>场所微气候</td><td rowspan="2">选用调节小气候能力较强的合上海地区的植物。如，在固碳释氧方面，可以种植垂柳、紫叶李、乌桕、枇杷等乔木以及紫荆、木芙蓉、贴梗海棠等灌木，还有荷花、鸢尾等水生植物，来增加空气中的含氧量。在增湿降温方面可以种植悬铃木、泡桐等阔叶大乔木。在吸尘降尘方面可以选用女贞、广玉兰、垂丝海棠、八角金盘等植物。</td></tr>
<tr><td>空气质量</td></tr>
<tr><td>安静程度</td><td>可以适当增种一些消除噪声能力较强的植物，如水杉、云杉、鹅掌楸、桂花、臭椿、女贞等，选用枝繁叶茂的植物有利于减缓噪音的传播。</td></tr>
<tr><td rowspan="2">游憩方式</td><td>基本性活动</td><td>散步、静坐、读书阅报、欣赏风景</td><td rowspan="2">重点考虑居民对欣赏风景和棋牌活动的需要，增添较为私密的不易被打扰的活动空间并配置生态化材质的桌椅。增强绿地的可进入性，以汀步或碎石形成景观步道。注重植物群落的景观美感，多种植花叶植物。</td></tr>
<tr><td>提升性活动</td><td>慢跑、拍照摄影、武术太极、棋牌</td></tr>
</table>

b. 景观型游憩区域。偏好景观型游憩区域的游憩者中，以男性居多，年龄多分布在50岁以上，游憩者受教育程度同样较低，多为初中及以下水平，但职业类型却较为反常，以自由职业和企业职业为主，还包括部分学生。

这些使用人群参与游憩活动的动机不仅是为了锻炼身体，也出于一部分的娱乐兴趣和释放压力的需求。在游憩时间的花费上倾向于短暂性游憩，活动时间基本在 1 h 以内。综合来看，在该游憩区域的设计优化对策上应加强环境的娱乐性和愉悦性，通过简单易操作的活动方式来帮助居民放松身心，获得愉悦的游憩体验。优化对策结合 CROS 框架具体体现见表 9－22。

表 9－22　景观型游憩区域的设计优化对策

居民高度重视的游憩体验		需重视的要素	设计优化对策
指标特征	场所安全性	治安状况	通过设置宣传栏提高居民的自我保护意识，在较为隐蔽的场所可以适当安装电子监控设施。在游憩人群较为集中的公共场合可以提供看管服务，帮助暂时管理居民的私人物品。在场所安全性的设计方面要考虑铺装材质的选择，既要避免路面不平对婴儿车造成颠簸，也要避免地面过于光滑、反光过于强烈影响行走的安全性。
		管理人员巡视	建立完善的管理人员配备制度，并增强管理人员的日常巡视力度，特别是对植物的乱采乱摘和乱砍乱伐等不良行为要加强监督和控制，保持完整美观的游憩场所，避免居民对环境的破坏降低游憩品质。
		限制开放条件	对公园等面向大众的景观游憩区域可以根据季节的交替变化进行适当地延长和缩减开放时间，对居住小区应当严格规定外来人员进入的时间段。对重要的景观植物和观赏性小品等景观构筑物可以适当控制使用力度，减少游憩者的可进入性。
	游憩强度	游憩活动密度	对游憩活动密度的控制从显性上可以设置场地的使用须知标识牌，来告知游憩场地合适的游憩者数量以及人与人之间保持的合理距离，以实现最佳的游憩体验。隐性上可以在一定范围的场所内，调整软硬材质的比例以及观赏空间和活动空间的比例来合理引导居民开展适量的游憩活动。
		活动持续时间	居民倾向于花费 1 h 参与游憩，因此重点加强空间的流动性，通过串联多个小型活动空间来满足居民在短时间内可以充分享受游憩环境的心理感受。在景观质量的营造上增添可开展休闲娱乐活动的多样性景观，在活动的同时也能感受到丰富的视觉冲击，提升双重体验。

（续表）

居民高度重视的游憩体验		需重视的要素	设计优化对策
游憩方式	基本性活动	散步、静坐、读书阅报、欣赏风景	多提供具有健身和娱乐的双重功效的游憩方式，如拍照摄影、弹琴唱歌，以减轻使用人群在心理及生理上的压力。增加趣味性的艺术感较强的景观雕塑，以满足居民对拍照的需求。为需要音乐伴奏及乐器演奏的居民提供方便的电源，以便连接音响等设备。可以增设一些宣传栏用于张贴报纸等，或者设计富有创意的可翻阅的书本形制的景观小品，满足居民对读书阅报的需求。
	提升性活动	拍照摄影、喝茶聊天、弹琴唱歌	

c. 生活型游憩区域。偏好生活型游憩区域的游憩者中，以女性居多，年龄跨度范围较大，主要集中在18～65岁之间，游憩者的文化程度较高，多为大学及以上水平，在职业类型的构成上也没有明显的差异性。这些使用人群参与游憩的动机也是多样化的，主要是为了娱乐兴趣，其次是为了锻炼身体，还有部分居民渴望在游憩活动的过程中享受家庭温馨或加强社会交际关系，或者只是消遣闲暇时间。在游憩时间的花费上大部分居民仍然倾向于短暂性游憩，基本在1 h以内，而较为年长的居民则更愿意花费1～2 h。因此综合来看，在该游憩区域的设计优化对策上应注重游憩空间的相互渗透性，以及游憩方式上的互动性和交流性，增强邻里交往和与人为乐的游憩体验，结合CROS框架具体体现见表9-23。

表9-23　生活型游憩区域的设计优化对策

居民高度重视的游憩体验		需重视的要素	设计优化对策
指标特征	组织引导性	游憩活动的可参与性	以半私密的公共空间为宜，满足人们体会“人看人”的乐趣。增设不同主题的游憩空间以吸引不同爱好的游憩者，如带小孩的居民、遛狗的居民等，通过引起共同的话题方便居民参与其中。在曝露程度较高的场所适当增添高大乔木或者遮阴设施，以提高居民参与的积极性。
		游憩者参与形式	在游憩场地的划分上避免千篇一律，加强多样性空间的融合，并注重不同空间之间的隔离与过渡。增设不同形制的休憩设施来适合不同数量的游憩人群，如单人座椅、双人长椅、四人桌椅等。
		活动人群的分类	由于游憩者分布在各个年龄段，因此需要分别提供适合儿童、青少年、中青年和中老年的不同游憩场地并配置合适的游憩设施。

（续表）

<table>
<tr><th colspan="2">居民高度重视的游憩体验</th><th>需重视的要素</th><th>设计优化对策</th></tr>
<tr><td rowspan="2">游憩方式</td><td>基本性活动</td><td>散步、静坐、读书阅报、欣赏风景</td><td rowspan="2">注重儿童亲近大自然的需求，增添适于儿童认知和使用的景观小品或设施。避免种植有刺激气味的、带刺的以及易招惹蚊虫的植物，防止对儿童带来伤害。提供适量的棋牌桌椅或者建立棋牌室，可以在小区内部举行不同主题的联谊活动，如围棋比赛、品茶赏花节等，加强邻里交流。</td></tr>
<tr><td>提升性活动</td><td>喝茶聊天、棋牌、体育器材、儿童游乐</td></tr>
</table>

d. 设施型游憩区域。偏好设施型游憩区域的游憩者中，以男性居多，年龄集中在50岁以下，相对年轻。居民的受教育程度也较高，多为高中以上水平，在职业类型的构成上以医生、教师、企业职员以及自由职业为主。这些使用人群参与游憩的目的显然是为了锻炼身体，其次对释放压力的需求也较为强烈。居民在游憩活动的时间上基本保持在1 h左右，而男性居民对动态刺激的球类项目的强烈偏好可以在该游憩区域中得到体现。因此在该游憩区域的设计优化对策上应注重运动场地和娱乐设施的多样化，通过高强度的游憩活动来满足游憩体验，结合CROS框架具体体现见表9-24。

表9-24　设施型游憩区域的设计优化对策

<table>
<tr><th colspan="2">居民高度重视的游憩体验</th><th>需重视的要素</th><th>设计优化对策</th></tr>
<tr><td rowspan="5">指标特征</td><td rowspan="2">游憩丰富度</td><td>游憩动机的实现</td><td rowspan="2">通过场地和设施的共同作用来提升居民的游憩丰富度。分别提供成年人和儿童的运动娱乐设施和场地，增添适合1 h内完成项目的运动场地以适合不同人群（特别是男性），如羽毛球、乒乓球、网球、门球等。可利用部分草坪作为瑜伽或者小型高尔夫场地。儿童场地以软质铺装为主，如地毯、草坪、或沙地，提升儿童活动的安全性。</td></tr>
<tr><td>活动项目的丰富性</td></tr>
<tr><td rowspan="3">人工主导性</td><td>休憩设施</td><td rowspan="3">注重对各类设施的充分供给。休憩设施多分布在场地周边，并相应配置有遮阳棚和衣物架。在形制上可与场地的运动性质相符合，突出场地的主题特征。分别提供适合成年人和儿童的运动娱乐设施，适合成年人使用的设施应当注重形式的多元和操作难度的变化，而儿童游乐设施可使用塑料材质并做好防护措施。运动设施和娱乐设施应有相应的场地支撑，避免靠近道路设置。对各类设施的使用方法应当提供指示牌进行说明。</td></tr>
<tr><td>娱乐设施</td></tr>
<tr><td>运动设施</td></tr>
</table>

（续表）

居民高度重视的游憩体验		需重视的要素	设计优化对策
指标特征	人工主导性	人工景观构筑物	一方面加强各类设施在形制上的艺术美感，另一方面增添适当的具有运动主题或具有现代感的景观小品和景观廊架兼作设施之用。
游憩方式	基本性活动	散步、静坐、读书阅报、欣赏风景	围绕运动场地增加塑胶跑道，提高场地的利用率，重视居民在散步和慢跑方面的需求。多提供强度较高时间较短的活动类型，让居民可以充分快速地释放压力。增加适合家庭共同参与的亲子类活动，并定期举办适合全民参与的运动比赛或者针对不同人群举办不同主题的比赛活动。
	提升性活动	球类、体育器材、儿童游乐、慢跑、滑冰、集体舞	

e. 商业型游憩区域。偏好商业型游憩区域的游憩者在人口构成上并没有明显的特征体现，因此在该游憩区域的设计优化对策上主要结合CROS框架中的现存问题进行探讨（见表9－25）。

表9－25　商业型游憩区域的设计优化对策

居民高度重视的游憩体验		需重视的要素	设计优化对策
指标特征	场所支持程度	文化特色	增添广告牌、自助售卖机、电话亭、LED显示屏、展示台等设施渲染商业氛围，为居民提供便利。增加喷泉水景或者具有工艺特色的雕塑小品突出商业景观特色。
		道路的通畅性	对地面铺装进行适当分隔，并采用不同形式的地砖来加强道路的引导作用，丰富行走的视觉体验。加强管理监督，避免货柜、非机动车辆等占据道路空间，以及对地面铺装造成磨损。
		活动空间开敞性	对大面积的广场适当增加地面式绿化或花坛式种植，既不影响空间的开敞又可以避免尺度过于空旷。对于尺度较小的游憩空间应减少绿化的面积或者采用立体式绿化或点缀式绿化。
		场地尺度规模	
	商业服务功能	小卖部报刊亭	增加便民服务的报刊亭、茶室或者流动饮食摊点，可以根据场所的条件增加流动式公厕或饮水池、洗手池等。增加露天咖啡座椅或者吧式座椅并相应采取遮阴避雨措施。加强对商贩商业活动的管理，避免对游憩场地不合理地占用。
		公共厕所	

（续表）

居民高度重视的游憩体验		需重视的要素	设计优化对策
指标特征	商业服务功能	地面无积水现象	增加具有透气能力和渗水能力的生态植草砖，或者增加小型植草沟，在用地较为充足的场所可以充分结合绿地、树池、花坛等构造雨水花池等形式，加强对雨水的收集。
		场所的夜间照明	增加特色路灯、草坪灯、地灯、壁灯等装饰灯具和照明器方便游憩者夜行，也可以增加具有景观效果的大型灯柱。在满足基本的安全性和可见性的前提下，光线应较为柔和宜人。
游憩方式	基本性活动	散步、静坐、读书阅报、欣赏风景	不定期举办交响乐演奏、时装表演、工艺表演、书画展览等适于在该游憩区开展的特色表演活动。以树池、花坛的形式提供较多座椅方便路过或者短暂停留的居民进行简单的休憩或者商务洽谈等活动。
	提升性活动	喝茶聊天、艺术展览、书法绘画、弹琴唱歌	

以莘城社区为案例对象探讨了社区游憩机会谱（CROS）的实践应用。通过将社区游憩机会谱在现实利用中的情况与居民的理想状态进行对比，发现社区游憩机会的现实供给与潜在需求存在明显不平衡。其中，差异最大的是生活型游憩区域和设施型游憩区域，这两类游憩机会在居民中受欢迎的程度较高，但是社区内的游憩机会现状却并不能满足居民的偏好需求。同时，基于 CROS 框架的指标特征和居民偏好的游憩方式，发现各游憩机会类型在指标体系构成和游憩方式构成上的实际情况与居民的理想期望也存在着不同程度的差距。针对莘城社区游憩环境现状存在的相关问题，结合 CROS 理论的指导作用，基于生态先行、因地制宜、以人为本和公平统一的优化原则，本章对社区游憩环境现状提出了规划层面和设计层面上的优化对策，以期实现社区游憩机会谱理论在社区户外环境管理中的有效应用。

主要参考文献

[1] Alessandro de Lima Bicho, Rafael Arau jo Rodrigues, Soraia Raupp Musse, et al, "Simulating crowds based on a space colonization algorithm", *Computer & Graphics*, 2012(6).

[2] Antoni B., Chan Z. S., John L., Nuno Vasconcelos, "Privacy preserving croed monitoring: counting people without people models or tracking", *Computer Vision and Recognition*, 2008(2).

[3] Badoglio S., Love C., "Association Meeting Planners' Perceived Performance of Las Vegas: An Importance-Performance Analysis", *Journal of Convention & Exhibition Management*, 2003(1).

[4] Bomansa K., Steenberghenb T., Dewaelheynsa V., et al, "Underrated transformations in the open space: The case of an urbanized and multifunctional area", *Landscape Urban Plan*, 2009 (3-4).

[5] Chen C. E., "Eye-tracking technology used in advertising psychology", *Journal of the Graduated Sun Yat-Sen University: Natural Sciences*, 2014(4).

[6] Daniel T. C., *Aesthetic preference and ecological sustainability*, *In: Sheppard SH, eds. Forests and Landscape: Linking Ecology, Sustainability and Aesthetics*, Oxford: CAB International Publishing, 2001.

[7] Daniel T. C., "Whither scenic beauty? Visual landscape quality assessment in the 21st century", *Landscape and Urban Planning*, 2001(1).

[8] Deng Z., "Theories, techniques and applied researches about eye movement psychology", *Journal of Nanjing Normal University (Social Science)*, 2005(1).

[9] Duchowski A. T., "Abreadth-first survey of eye-tracking applications", *Behavior Research Methods, Instruments & Computers*, 2002(3).

[10] Dupont L., Antrop M., Van Eetvelde V., "Eye-tracking analysis in landscape perception research: Influence of photograph properties and landscape characteristics", *Landscape Research*, 2014(4).

[11] Dupont L., Antrop M., Van Eetvelde V., "Does landscape related expertise influence the visual perception of landscape photographs? Implications for participatory landscape planning and management", *Landscape and Urban Planning*, 2015(41).

[12] Echeverria S. E., Amiee L., Carmen R. I., et al, "A community survey on neighborhood violence, park use and physical activity among urban youth", *Journal of Physical Activity Health*, 2014 (1).

[13] Francis M., *Urban open space: designing for user needs*, Island Press, 2003.

[14] Gobster P. H., Nassauer J. I., Daniel T. C., et al, "The shared landscape: What does aesthetics have to do with ecology?", *Landscape Ecology*, 2007(1).

[15] Gittings T., O'Halloran J., Kelly T., et al, "The contribution of open spaces to the maintenance of hoverfly (Diptera, Syrphidae) biodiversity in Irish plantation forests", *Forest Ecology and Management*, 2006 (3).

[16] Guo S. L., Zhao N. X., Zhang J. X., et al, "Landscape visual quality assessment based on eye movement: college students eye-tacking experiments on tourism landscape pictures", *Resources Science*, 2017(6).

[17] Herlod M., Goldstein N. C, Clarke K. C, "The spatiotemporal form of urban growth: measurement, analysis and modeling", *Remote sensing of Environment*, 2002(86).

[18] Henderson J. M., Ferreira F., "Modeling the role of salience in the allocation of overt visual attention", *Scene Perception for Psycholinguists*, 2002(1).

[19] Hongrun J. U., Zhang Z. X., Zuo L. J., et al, "Driving forces and

their interactions of built-up land expansion based on the geographical detector: a case study of Beijing, China", *International Journal of Geographical Information Science*, 2016 (11).

[20] Hu F. P., Han J. L., Ge L. Z., "A review of eye tracking and usability testing", *Chinese Ergonomics*, 2005(6).

[21] Jenkins J. C., Chojnacky D. C., Heath L. S., etc, "National-scale biomass estimators for United States tree species", *Forest Science*, 2003(1).

[22] Jonh F., Karlik K., Arthur M. Winer, "Plant species composition, caculated leaf masses and estimated biogenic emissions of ubran landscape types form a field suvrey in Phoenix, Arizona", *Landcape and Urban Planning*, 2001(4).

[23] Kevin Greenidge, "Forecasting Tourism Demand: An STM App roach", *Annals of Tourism Research*, 2001(27).

[24] Karen Joyce, Steve Sutton, "A method for automatic generation of the Recreation Opportunity Spectrum in New Zealand", *Applied Geography*, 2009(3).

[25] Lee S. W., Ellis C. D., Kweon B. S., et al, "Relationship between landscape structure and neighborhood satisfaction in urbanized areas", *Landscape and Urban Planning*, 2008 (1).

[26] Li F. Z., Zhang F., Li X., et al, "Spatiotemporal patterns of the use of urban green spaces and external factors contributing to their use in central Beijing", *International Journal of Environment and Public Health*, 2017(3).

[27] Li Z. P., Liu L. M., Xie H. L., "Methodology of rural landscape classification: A case study in Baijiatuan Village, Haidian District, Beijing", *Resources Science*, 2005(2).

[28] Linda E. K., "Community and Landscape Change in Southeast Alaska", *Landscape and Urban Planning*, 2005(72).

[29] Liu K. L., Lin Y. J., "The Relationship between physical landscape attributes of neighborhood parks and emotional experiences", *Journal of the Taiwan Society for Horticultural Science*, 2007 (1).

[30] Meijles E. W., Bakker M., Groote P. D., et al, "Analyzing hiker movement patterns using GPS data: Implications for park management", *Computer, Environment and Urban System*, 2014(4).

[31] Meer M. J., "The sociospatial diversity in the leisure activities of older people in the Netherlands", *Journal of Aging Studies*, 2008 (1).

[32] Morgan H. S., Kaczynski A. T., Child S, et al, "Green and lean: is neighborhood park and playground availability associated with youth obesity: variations by gender, socioeconomic status, and race/ethnicity", *Preventive Medicine*, 2017 (Suppl.).

[33] Neef L. J., Ainsworth B. E., Wheeler F. C., et al, "Assessment of trail use in a community park", *Family & Community Health*, 2000(3).

[34] Nordh H., Hagerhall C. M., Holmqvist K., "Tracking restorative components: Patterns in eye movements as a consequence of a restorative rating task", *Landscape Research*, 2013(1).

[35] Norhaida Hussain, Halimatul Saadiah Md. Yatim, Nor Liza Hussain, et al, "CDES: A pixel-based crowd density estimation system for Masjid al-Haram", *Safety Science*, 2011(7).

[36] Pataki D. E., Carreiro M. M., Cherrier J., etc, "Coupling biogeochemical cycles in urban environments: ecosystem services, green solutions, and misconceptions", *Frontiers in Ecology and the Environment*, 2011(7).

[37] Qi T., Wang Y. J., Wang W. H., "A review on visual landscape study in foreign countries", *Progress in Geography*, 2013(6).

[38] Taylor J. J., Brown D. G., Larsen L., "Preserving natural features: A GIS-based evaluation of a local open-space ordinance", *Landscape and Urban Planning*, 2007(1-2).

[39] Turel H. S., Yigit E. M., Altug I., "Evaluation of elderly people's requirements in public open spaces: A case study in Bornova District (Izmir, Turkey)", *Building and Environment*, 2007(42).

[40] Thomas A. More, Susan Bulmer, Linda Henzel, *Extending the recreation opportunity spectrum to nonfederal lands in the northeast: an implementation guide*, USDA Forest Service

Northeastern Research Station, 2003.

[41] Thompson J. W., Sorvig K., *Sustainable landscape construction: A guide to green building outdoors*, Island Press, 2000.

[42] Wang B. Z., Wang B. M., He P., "Aesthetics theory and method of landscape resource assessment", *Chinese Journal of Applied Ecology*, 2006(9).

[43] Wang J. F., Li X. H., Christakos G., et al, "Geographical detectors-based health risk assessment and its application in the neural tube defects study of the Heshun Region", China, *International Journal of Geographical Information Science*, 2010 (1).

[44] Wu B. H., Li M. M., "EDVAET: A linear landscape evaluation technique-a case study on the Xiao-xinganling scenery drive", *Acta Geographica Sinica*, 2001(2).

[45] Yu K. J., *Landscape: Culture, Ecology and Perception*, Science Press, 2008.

[46] Yoshitaka Oishi, "Toward the Improvement of Trail Classification in National Parks Using the Recreation Opportunity Spectrum Approach", *Environmental Management*, 2013(5).

[47] 蔡君:《略论游憩机会谱(Recreation Opportunity Spectrum, ROS)框架体系》,《中国园林》2006年第7期。

[48] 曹星渠:《基于视觉感受的网师园中部景区空间量化分析及其启示》,北京林业大学硕士学位论文,2013年。

[49] 车生泉、徐浩、李志刚、卫宏健:《上海城市公共开放空间与休闲研究》,上海交通大学出版社,2019年。

[50] 程娟:《社区概念的演变》,《知识经济》2012第4期。

[51] 陈明玲:《上海城市典型林荫道生态效益调查分析与管理对策探讨》,上海交通大学硕士学位论文,2013年。

[52] 达良俊、方和俊、李艳艳:《上海中心城区绿地植物群落多样性诊断和协调性评价》,《中国园林》2008年第3期。

[53] 杜伊、金云峰:《社区生活圈的公共开放空间绩效研究——以上海市中心城区为例》,《现代城市研究》2018第5期。

[54] 杜伊、金云峰、李宣谕:《风景园林学视角下基于生活圈的开放空间布局调适研究——以上海为例》,载于中国风景园林学会编:《中国风景

园林学会 2018 年会论文集》,中国建筑工业出版社,2018 年。
[55] 董观志、杨凤影:《旅游景区游客满意度测评体系研究》,《旅游学刊》2005 年第 1 期。
[56] 丁绍刚、陆攀、刘瓔瑛、程顺:《中国园林空间分析之驻点研究法——以网师园为例》,《南京农业大学学报》2017 年第 6 期。
[57] 付国良:《城市公共开放空间设计探讨》,《规划师》2004 年第 5 期。
[58] 顾冬晨:《新时代上海城市化发展过程中的若干问题探讨》,《上海城市规划》2003 年第 4 期。
[59] 蒋艳:《居民社区休闲满意度及其影响因素研究——以杭州市小河直街历史街区为例》,《旅游学刊》2011 年第 6 期。
[60] 李琼:《免费开放城市公共开放空间的居民满意度研究:以南京玄武湖公共开放空间为例》,南京大学硕士学位论文,2011 年。
[61] 李方正、戴超兰、姚朋:《北京市中心城社区公园使用时空差异及成因分析——基于 58 个公园的实证研究》,《北京林业大学学报》2017 年第 9 期。
[62] 李祖芬、于雷、高永等:《基于手机信令定位数据的居民出行时空分布特征提取方法》,《交通运输研究》2016 年第 1 期。
[63] 骆天庆、夏良驹:《美国社区公园研究前沿及其对中国的借鉴意义——2008—2013 Web of Science 相关研究文献综述》,《中国园林》2015 年第 12 期。
[64] 马秋芳、杨新军、康俊香:《传统旅游城市入境游客满意度评价及其期望-感知特征差异分析——以西安欧美游客为例》,《旅游学刊》2006 年第 2 期。
[65] 毛蔚瀛:《城市公共开放空间的规划控制研究》,同济大学硕士学位论文,2003 年。
[66] 牛翊:《基于数字化技术的苏州留园“园”空间驻点验证研究》,南京农业大学硕士学位论文,2015 年。
[67] 潘桂菱、靳思佳、车生泉:《城市公园植物群落结构与绿量相关性研究——以成都市为例》,《上海交通大学学报(农业科学版)》2012 年第 4 期。
[68] 潘桂菱:《合肥城市公园生态型植物群落评价与配置优化研究》,上海交通大学硕士学位论文,2012 年。
[69] 覃杏菊:《城市公园游憩行为的研究》,北京林业大学硕士学位论文,2006 年。

[70] 芮文娟:《基于生态效益的上海社区绿地植物群落分析及优化》,上海交通大学硕士学位论文,2014 年。
[71] 宋立新、周春山、欧阳理:《城市边缘区公共开放空间的价值、困境及对策研究》,《现代城市研究》2012 年第 3 期。
[72] 童明、戴晓辉等:《社区的空间结构与职能组织——以上海市江宁路街道社区规划为例》,《城市规划学刊》2005 年第 4 期。
[73] 万绪才、丁敏、宋平:《南京市国内游客满意度评估及其区域差异性研究》,《经济师》2004 年第 1 期。
[74] 王保忠、王彩霞、和平等:《城市绿地研究综述》,《城市规划汇刊》2004 年第 2 期。
[75] 王忠君:《基于园林生态效益的圆明园公园游憩机会谱构建研究》,北京林业大学博士学位论文,2013 年。
[76] 王发曾:《论我国城市开放空间系统的优化》,《人文地理》2005 年第 2 期。
[77] 王群、丁祖荣、章锦河、杨兴柱:《旅游环境游客满意度的指数测评模型——以黄山风景区为例》,《地理研究》2006 年第 1 期。
[78] 吴承照:《游憩效用与城市居民户外游憩分布行为》,《同济大学学报(自然科学版)》1999 年第 27 期。
[79] 吴承照、刘文倩、李胜华:《基于 GPS/GIS 技术的公园游客空间分布差异性研究——以上海市共青森林公园为例》,《中国园林》2017 年第 9 期。
[80] 吴承照、方家、陶聪:《城市公园游憩机会谱(ROS)与可持续性研究——以上海松鹤公园为例》,载于中国风景园林学会编:《中国风景园林学会 2011 年会论文集》(下册),中国建筑工业出版社,2011 年。
[81] 吴勉勤:《休闲游憩活动与游憩需求之研究——以台湾为例》,载于周武忠、邢定康主编:《旅游学研究(第四辑)》,东南大学出版社,2008 年。
[82] 吴云霄、王海洋:《城市绿地生态效益的影响因素》,《林业调查规划》2006 年第 2 期。
[83] 吴志强、李德华:《城市规划原理》,中国建筑工业出版社,2010 年。
[84] 吴伟、杨继梅:《1980 年代以来国外开放空间价值评估综述》,《城市规划》2007 年第 6 期。
[85] 卫宏健、李志刚、迟娇娇:《上海建成区公共开放空间模式和优化对策研究》,《上海交通大学学报(农业科学版)》2016 年第 1 期。

[86] 肖星、杜坤:《城市公园游憩者满意度研究——以广州为例》,《人文地理》2011 年第 1 期。
[87] 杨晓春、司马晓、洪涛:《城市公共开放空间系统规划方法初探——以深圳为例》,《规划师》2008 年第 6 期。
[88] 杨硕冰、于冰沁、谢长坤、车生泉:《人群职业分异对社区公园游憩需求的影响分析》,《中国园林》2015 年第 1 期。
[89] 杨硕冰:《上海社区公园居民游憩需求分析及优化提升对策研究——以上海复兴公园、莘城中央公园、松江中央公园为例》,上海交通大学硕士学位论文,2014 年。
[90] [丹麦]扬・盖尔、[丹麦]拉尔斯・吉姆松:《公共空间・公共生活》,汤羽扬等译,中国建筑工业出版社,2003 年。
[91] [英]乔治・托可尔岑:《休闲与游憩管理》,田里、董建新、曾萍等译,重庆大学出版社,2010 年。
[92] 于冰沁、谢长坤、杨硕冰:《上海城市社区公园居民游憩感知满意度与重要性的对应分析》,《中国园林》2014 年第 9 期。
[93] 赵新灿等:《眼动仪与视线跟踪技术综述》,《计算机工程与应用》2006 年第 12 期。
[94] 张杨、于冰沁、谢长坤、车生泉:《基于因子分析的上海城市社区游憩机会谱(CROS)构建》,《中国园林》2016 年第 6 期。
[95] 张明丽、秦俊、胡永红:《上海市植物群落降温增湿效果的研究》,《北京林业大学学报》2008 年第 2 期。
[96] 张凯旋等:《城市化进程中上海植被的多样性、空间格局和动态响应(Ⅵ):上海外环林带群落多样性与结构特征》,《华东师范大学学报(自然科学版)》2011 年第 4 期。
[97] 周进:《城市公共空间建设的规划控制与引导——塑造高品质城市公共空间的研究》,中国建筑工业出版社,2005 年。
[98] 周廷刚、罗红霞、郭达志:《基于遥感影像的城市空间三维绿量(绿化三维量)定量研究》,《生态学报》2005 年第 3 期。
[99] 周娴、靳思佳、车生泉:《城市公园植物群落空间特征与私密度关系研究——以杭州为例》,《中国园林》2012 年第 5 期。
[100] 周娴:《杭州城市公园典型植物群落结构与游憩度研究》,上海交通大学硕士学位论文,2012 年。

图书在版编目(CIP)数据

高密度城市中的公共开放空间:上海城市社区游憩与生态服务功能共轭研究/于冰沁等著.
—上海:复旦大学出版社,2021.1
ISBN 978-7-309-15304-0

Ⅰ.①高… Ⅱ.①于… Ⅲ.①城市空间-公共空间-研究-上海 Ⅳ.①TU984.251

中国版本图书馆 CIP 数据核字(2020)第 165194 号

高密度城市中的公共开放空间:上海城市社区游憩与生态服务功能共轭研究
于冰沁 等 著
责任编辑/黄 丹

复旦大学出版社有限公司出版发行
上海市国权路 579 号 邮编:200433
网址:fupnet@fudanpress.com http://www.fudanpress.com
门市零售:86-21-65102580 团体订购:86-21-65104505
外埠邮购:86-21-65642846 出版部电话:86-21-65642845
上海四维数字图文有限公司

开本 787×1092 1/16 印张 23 字数 400 千
2021 年 1 月第 1 版第 1 次印刷

ISBN 978-7-309-15304-0/T·683
定价:88.00 元